高等职业院校“互联网+”系列教材——软件技术系列

软件测试项目实训

于艳华　孙佳帝　主　编
许春艳　吴艳平　李　航　沈继伟　副主编

電子工業出版社
Publishing House of Electronics Industry
北京 • BEIJING

内 容 简 介

本书作者根据多年的教学经验和企业兼职软件测试工作经验，精心选取了实训项目，完整体现企业测试流程，对项目进行了完整的测试任务设计，使其易于上手。读者可在具有一定理论知识的基础上，使用本书进行项目实战，本书提供的项目具有一定的可操作性、参考性，使读者能深入了解测试的过程，可以边学习边实践，能够做到触类旁通、举一反三。

本书既可作为职业院校，普通高校软件测试类教学用书，也可作为软件测试自学者的参考用书。

图书在版编目（CIP）数据

软件测试项目实训 / 于艳华，孙佳帝主编. —北京：电子工业出版社，2023.2

ISBN 978-7-121-44927-7

Ⅰ. ①软… Ⅱ. ①于… ②孙… Ⅲ. ①软件-测试-高等职业教育-教材 Ⅳ. ①TP311.55

中国国家版本馆 CIP 数据核字（2023）第 015358 号

责任编辑：孙　伟
印　　刷：三河市鑫金马印装有限公司
装　　订：三河市鑫金马印装有限公司
出版发行：电子工业出版社
　　　　　北京市海淀区万寿路 173 信箱　　邮编：100036
开　　本：787×1092　1/16　印张：23.5　字数：601.6 千字
版　　次：2023 年 2 月第 1 版
印　　次：2023 年 2 月第 1 次印刷
定　　价：62.00 元

凡所购买电子工业出版社图书有缺损问题，请向购买书店调换。若书店售缺，请与本社发行部联系，联系及邮购电话：（010）88254888，88258888。

质量投诉请发邮件至 zlts@phei.com.cn，盗版侵权举报请发邮件至 dbqq@phei.com.cn。

本书咨询联系方式：（010）88254609，hzh@phei.com.cn。

前　言

党的二十大报告中强调，我们要坚持教育优先发展，加快建设教育强国、科技强国、人才强国，坚持为党育人、为国育才。现今社会，高科技的国际化竞争非常激烈，软件测试是每一个软件的质量保障，只有提高软件质量才是软件企业的唯一出路，才能在高科技竞争中站得稳，走得远。《软件测试项目实战》教材紧跟二十大精神，在课程内容设计上体现了创新、实用、多元化，培养了学生的分析问题、解决问题、总结提升的专业能力，同时也提高了学生的团队意识，以及创新、社会责任心等核心素养，培养德智体美劳全面发展的社会主义合格建设者和可靠接班人。

作为全国高职示范院校之一，我院紧跟高职课程改革步伐，密切与企业合作，按照工作过程系统化的理念，对课程进行了一系列的改革与实践，取得了初步的成果。软件测试课程是我们改革的课程之一，通过与企业专家座谈，并与企业合作，共同完成了本教材的编写工作。

本书既可作为高等职业教育计算机类专业学生的专业教材，又可作为计算机类专业大学生辅助教科书，更可以作为计算机爱好者学习的工具。

本书共分 6 章。在前 4 章中，以一个项目作为教学项目，以另一个项目作为拓展项目，以讲解软件测试的企业流程、方法、技术等内容。

第 1 章项目发布，是测试活动的第一个步骤，本章以一个具体项目为例讲解 Linux 系统下项目的发布过程。

第 2 章测试用例项目实训，本章根据测试项目权限管理系统来设计测试用例，测试用例设计完整、充分，为测试执行做好充分的准备。

第 3 章缺陷管理项目实训，本章根据测试计划及测试用例，来设计测试执行，并形成缺陷集。

第 4 章白盒测试项目实训，本章通过多个小实例进行白盒测试方法的实训。

第 5 章自动化测试项目实训，本章通过 Selenium 工具，以权限管理系统进行自动化测试执行。

第 6 章性能测试项目实训，本章通过 LoadRunner12 工具，以权限管理系统进行性能测试，包括脚本录制参数设置、参数化、检查点、集合点等内容。

本书配备全方位立体化的教学资源。读者可以随时访问智慧职教网站，搜索“软件测试”（作者于艳华）即可找到，在网站上可以获取动画、视频、PPT、教案、习题答案等，另外，教材中也设置了二维码，可随时通过移动终端扫描二维码进行在线学习，也可进行在线测试，检验自己对知识的掌握情况。

本书由长春职业技术学院于艳华、孙佳帝任主编，许春艳、吴艳平、李航、沈继伟任副主编。由于作者水平和时间有限，书中难免有错误之处，欢迎各界同事给与批评指正 E-mail：923134546@163.com.

编　者

2022 年 11 月 16 日

目　录

第 1 章　项目发布 …… 1

实训 1：环境部署 …… 1

实训 2：“权限管理系统”环境部署 …… 36

第 2 章　测试用例项目实训 …… 44

实训 1：权限管理系统管理员测试用例集 …… 44

实训 2：权限管理角色管理员测试用例集 …… 127

第 3 章　缺陷管理项目实训 …… 229

实训 1：权限管理系统——系统管理员用户缺陷集 …… 229

实训 2：权限管理系统——角色管理员用户缺陷集 …… 279

第 4 章　白盒测试项目实训 …… 341

实训 1：代码走查 …… 341

实训 2：编写程序并写出测试数据 …… 347

第 5 章　自动化测试项目实训 …… 351

实训：权限管理系统自动化测试——Selenium …… 351

第 6 章　性能测试项目实训 …… 357

实训：权限管理系统性能测试——LoadRunner …… 357

第1章　项目发布

实训1：环境部署

一、环境部署

1. 什么是环境部署

这里的环境部署是一个动词，泛指在软件发布过程中，将软件产品发布到对应运行环境的动作。从环境上，一般分为测试环境部署和生产环境部署两种；从部署运作方式上，一般分为多机热备部署和单机覆盖式部署等。

2. 环境部署的目的

这里环境部署的主要目的是指模拟Web项目正式发布上线，以作为软件测试的测试目标。

二、CentOS 7

1. 什么是CentOS 7

CentOS 7是一个企业级的Linux发行版本，它基于Red Hat免费公开的源代码进行再发行。

2. 为什么要使用CentOS发布Web项目

（1）生命周期长。在企业开发过程中，CentOS的生命周期是7年，基本上可以覆盖硬件的生命周期，也就意味着一个新硬件安装以后，不用再次安装操作系统。

（2）对硬件的支持性很好。主流硬件厂商早就将服务器拿过去测试，一般不存在硬件的兼容性问题。

（3）有良好的技术支持。大量商业软件，比如Oracle，都是针对Red Hat认证的，有大量的帮助文档和使用说明，有良好的技术支持。

（4）批量安装更方便。在机房，使用Kickstart + PXE安装，让客户使用定制的Kickstart光盘，即可以一键安装，一般在5分钟左右就可以安装完。

（5）CentOS是免费的。在企业开发过程中，CentOS能大幅度降低企业的成本，很大程度上提高了软件开发的效率和稳定性。同时，CentOS相对于其他Linux发行版更为简单，因此CentOS也成为学习Linux的首选。对于开发及测试人员来说，CentOS已经成为必须掌握的一门系统。

三、环境部署步骤

1. 步骤一：安装VirtualBox

（1）选择VirtualBox-6.1.18-142142-Win.exe安装包，如图1-1所示。

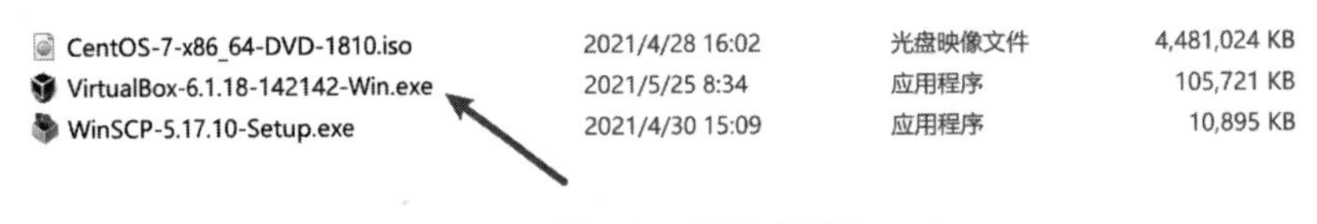

图 1-1　选择安装包

（2）在打开的“安装向导”界面上单击“下一步”按钮，如图 1-2 所示。

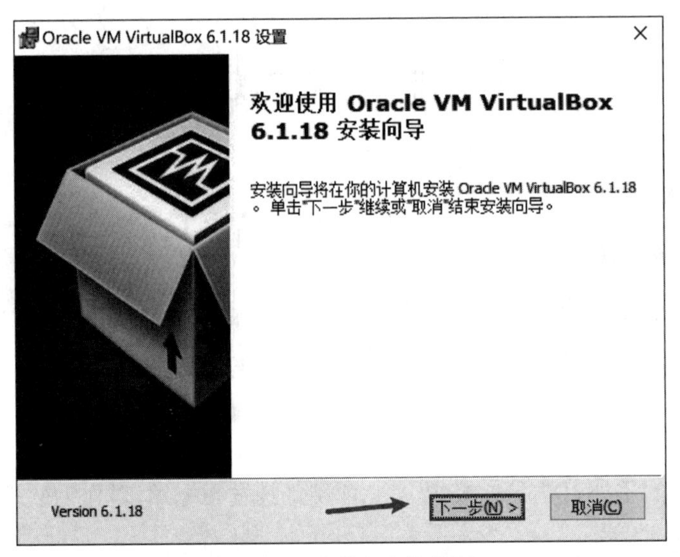

图 1-2　“安装向导”界面

（3）在打开的“安装设置”界面中，安装目录保持默认即可，也可根据自身情况选择，然后单击“下一步”按钮，如图 1-3 所示。

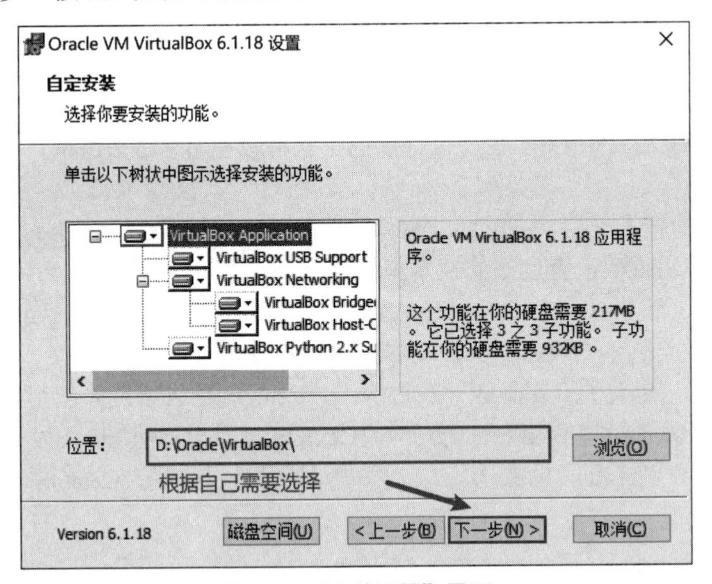

图 1-3　“安装设置”界面

（4）在打开的“选择安装功能”界面中选择需要安装的功能，单击“下一步”按钮，如图 1-4 所示。

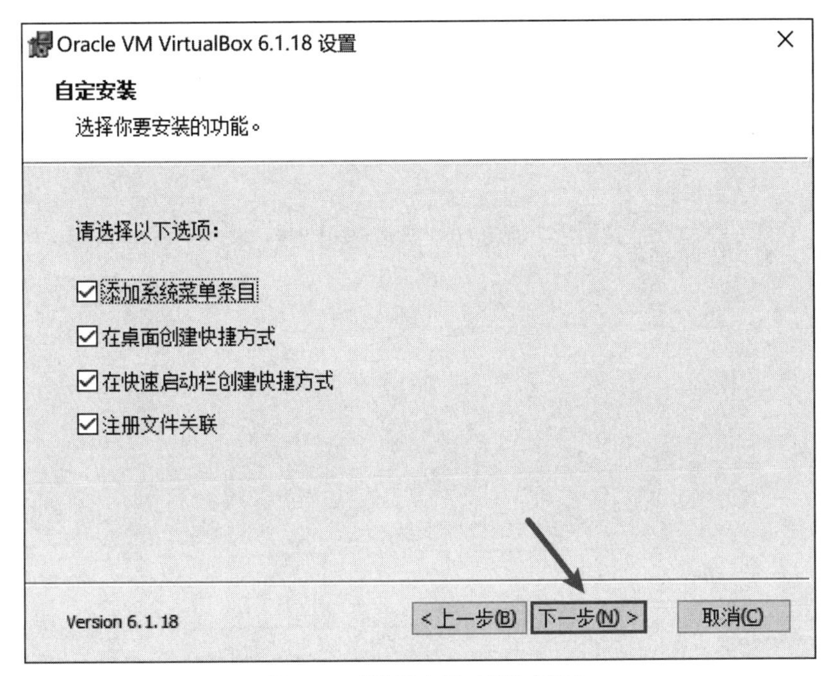

图 1-4　“选择安装功能”界面

（5）在打开的“是否安装”界面中单击“是”按钮，如图 1-5 所示。

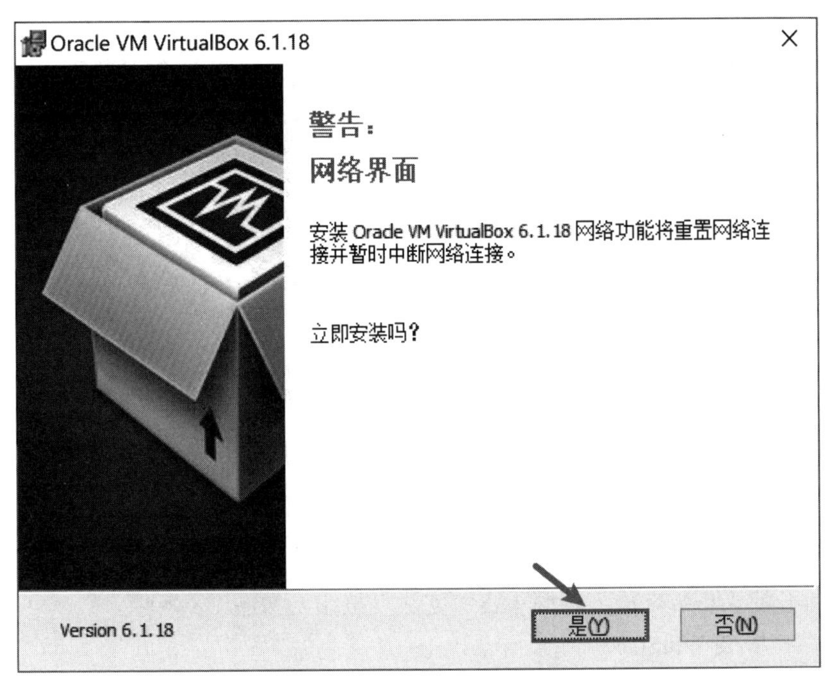

图 1-5　“是否安装”界面

（6）在打开的“准备安装”界面中单击“安装”按钮，如图 1-6 所示。

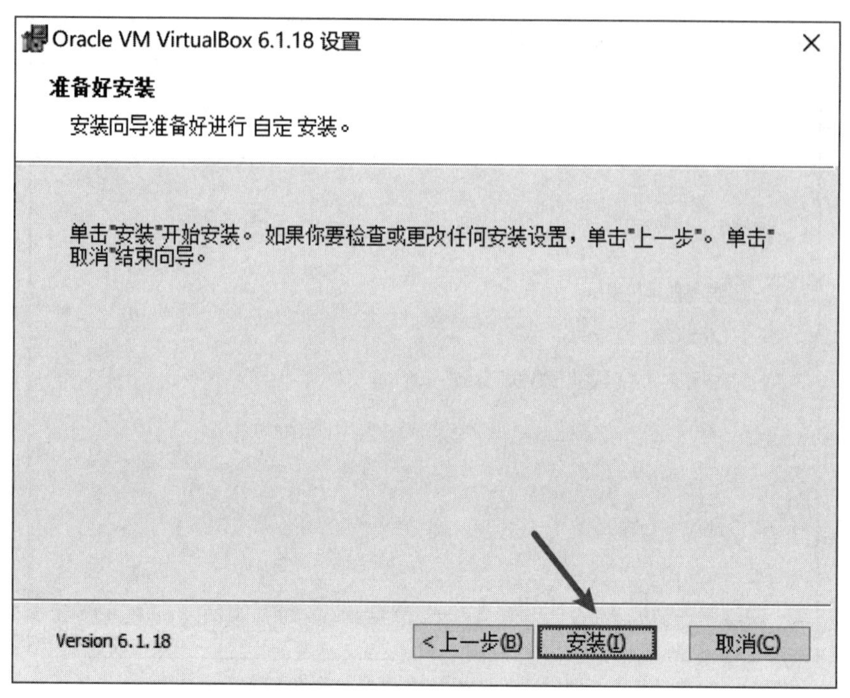

图 1-6 “准备安装”界面

（7）在打开的“用户账户控制”界面中单击“是”按钮，如图 1-7 所示。

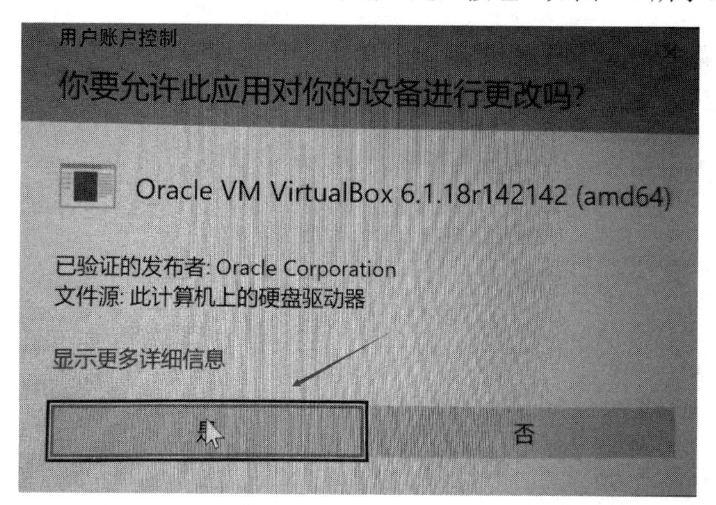

图 1-7 “用户账户控制”界面

（8）在打开的“安装完成”界面单击“完成”按钮，如图 1-8 所示。

2. 步骤二：安装 WinSCP

（1）选择 WinSCP-5.17.10-Setup.exe 安装包，如图 1-9 所示。

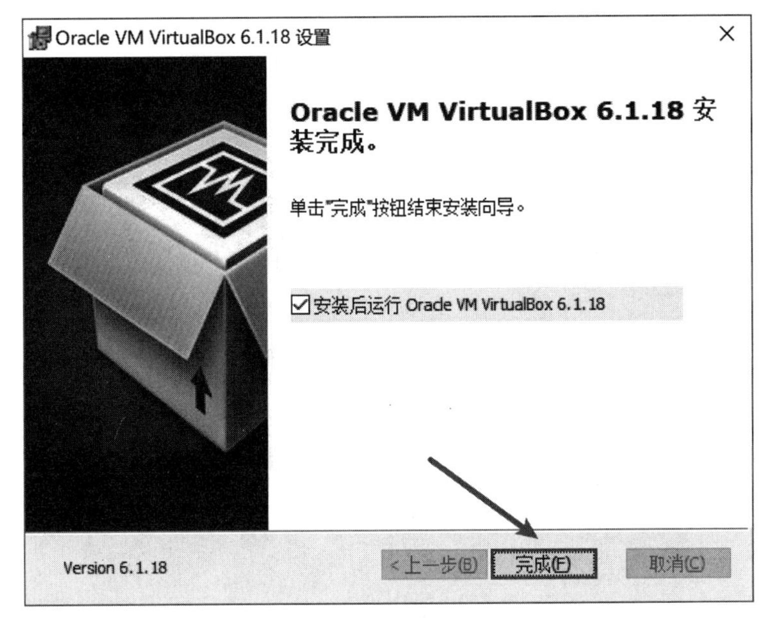

图 1-8　“安装完成”界面

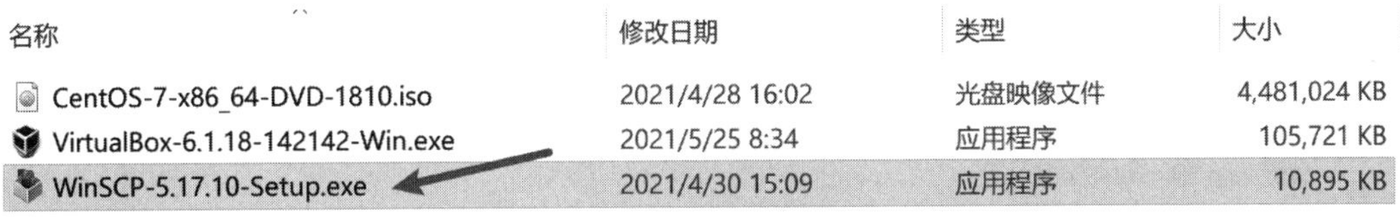

名称	修改日期	类型	大小
CentOS-7-x86_64-DVD-1810.iso	2021/4/28 16:02	光盘映像文件	4,481,024 KB
VirtualBox-6.1.18-142142-Win.exe	2021/5/25 8:34	应用程序	105,721 KB
WinSCP-5.17.10-Setup.exe	2021/4/30 15:09	应用程序	10,895 KB

图 1-9　选择安装包

（2）在打开的“选择安装模式”界面中选择“为所有用户安装（建议选项）”选项，如图 1-10 所示。

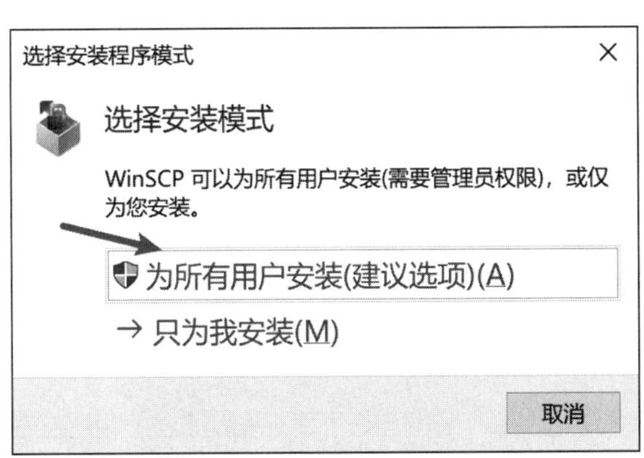

图 1- 10　“选择安装模式”界面

（3）在打开的“用户账户控制”界面中单击“是”按钮，如图 1-11 所示。

（4）在打开的“许可协议”界面中单击“接受”按钮，如图 1-12 所示。

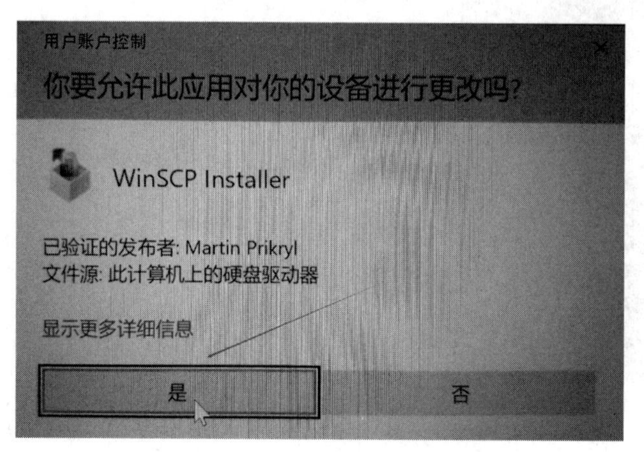

图 1-11 “用户账户控制”界面

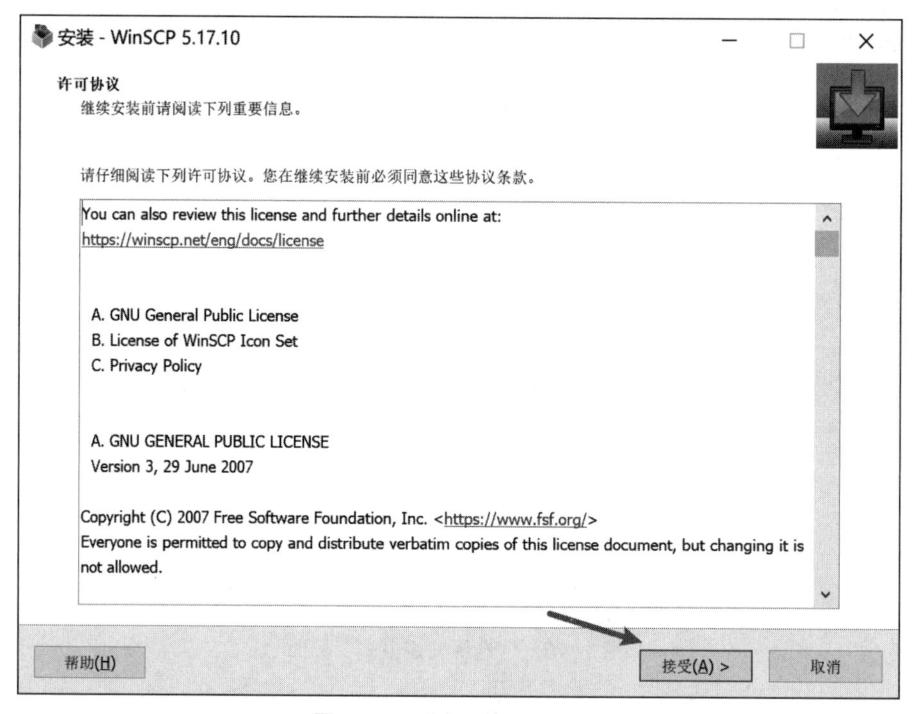

图 1-12 “许可协议”界面

（5）在打开的“安装类型”界面中选择“自定义安装”选项，然后单击“下一步”按钮，如图 1-13 所示。

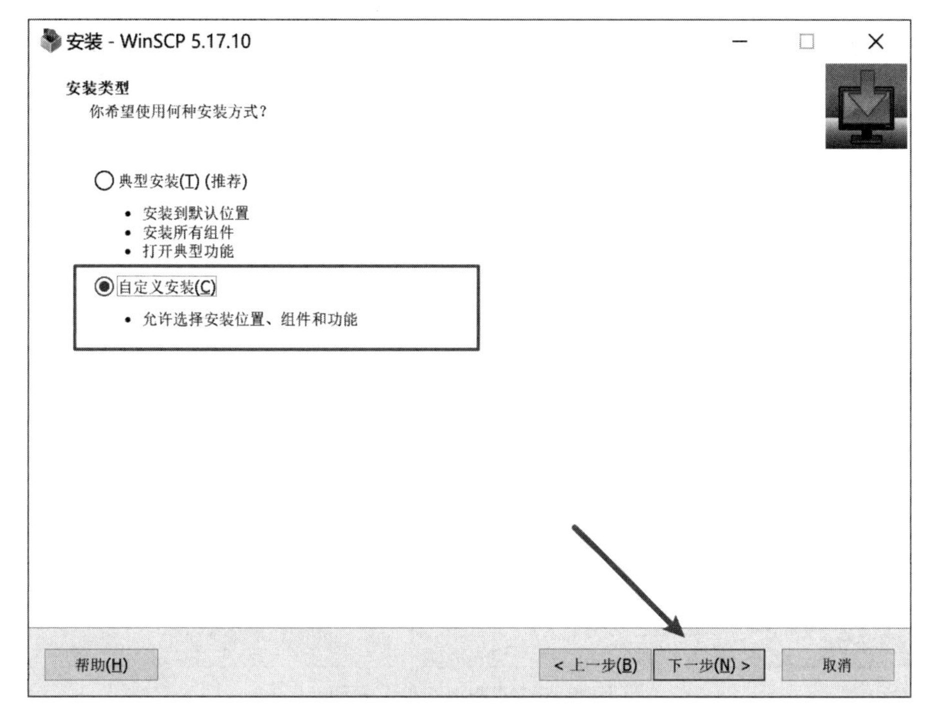

图 1-13　“安装类型”界面

（6）在打开的“选择目标位置”界面中，安装目录可根据自身情况选择，然后单击“下一步”按钮，如图 1-14 所示。

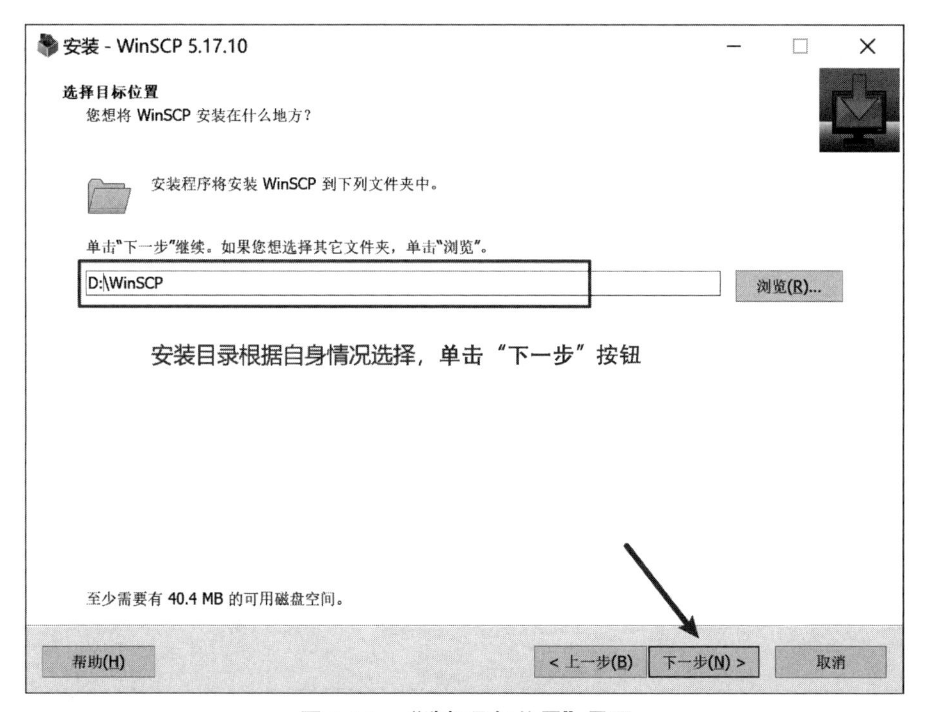

图 1-14　“选择目标位置”界面

（7）在打开“选择组件”界面中选择相关组件，然后单击“下一步”按钮，如图 1-15 所示。

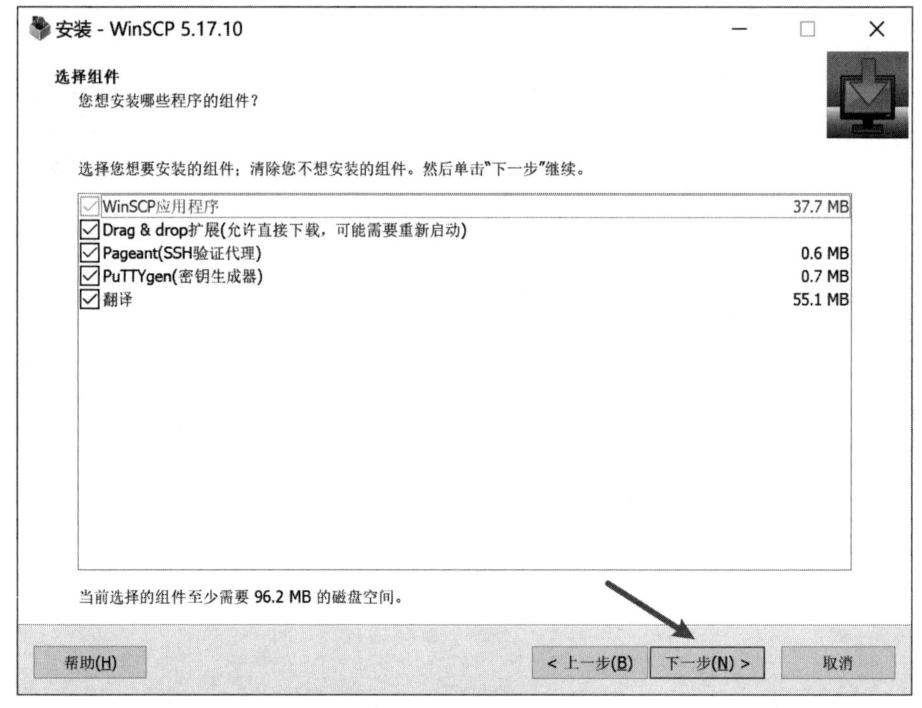

图 1-15　“选择组件”界面

（8）在打开的“选择附加任务”界面中勾选全部附加任务，然后单击“下一步”按钮，如图 1-16 所示。

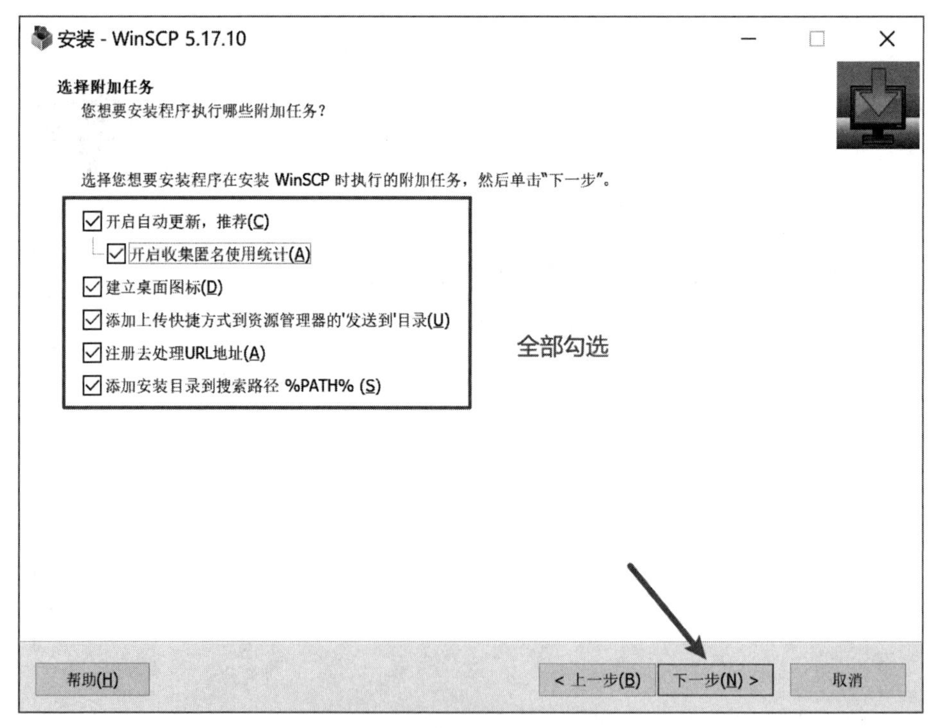

图 1-16　“选择附加任务”界面

（9）在打开的“初始化用户设置”界面中，“用户界面风格”选择“Commander”选项，然后单击“下一步”按钮，如图 1-17 所示。

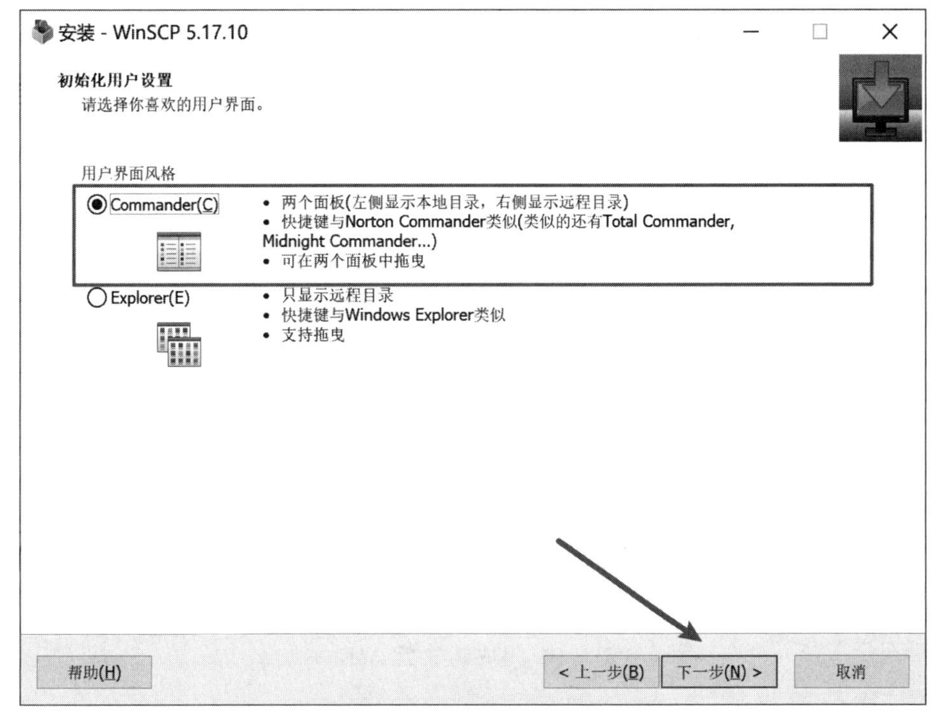

图 1-17　“初始化用户设置”界面

（10）在打开的“准备安装”界面单击“安装”按钮，如图 1-18 所示。

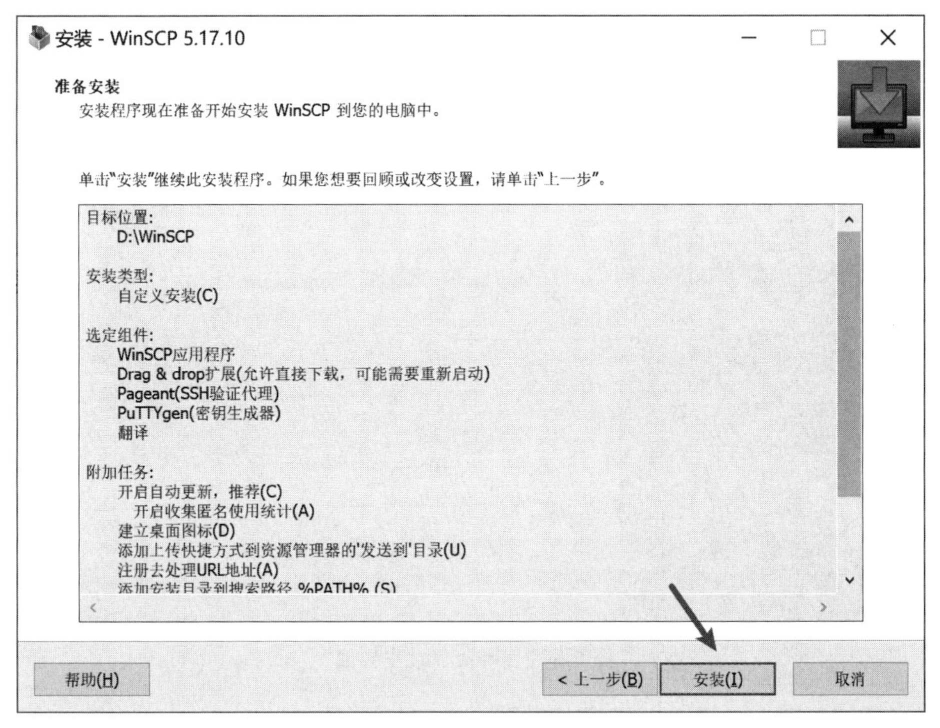

图 1-18　“准备安装”界面

（11）安装结束，在打开的“安装完成”界面单击“完成”按钮，如图 1-19 所示。

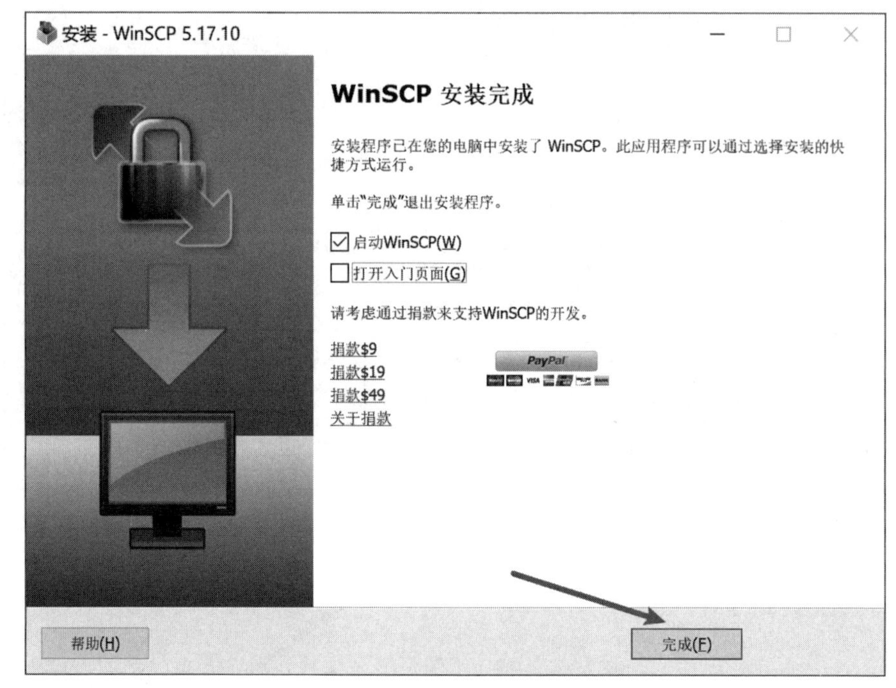

图 1-19 “安装完成”界面

3. 步骤三：在 VirtualBox 中安装 CentOS 7

（1）打开 VirtualBox 主界面，如图 1-20 所示。

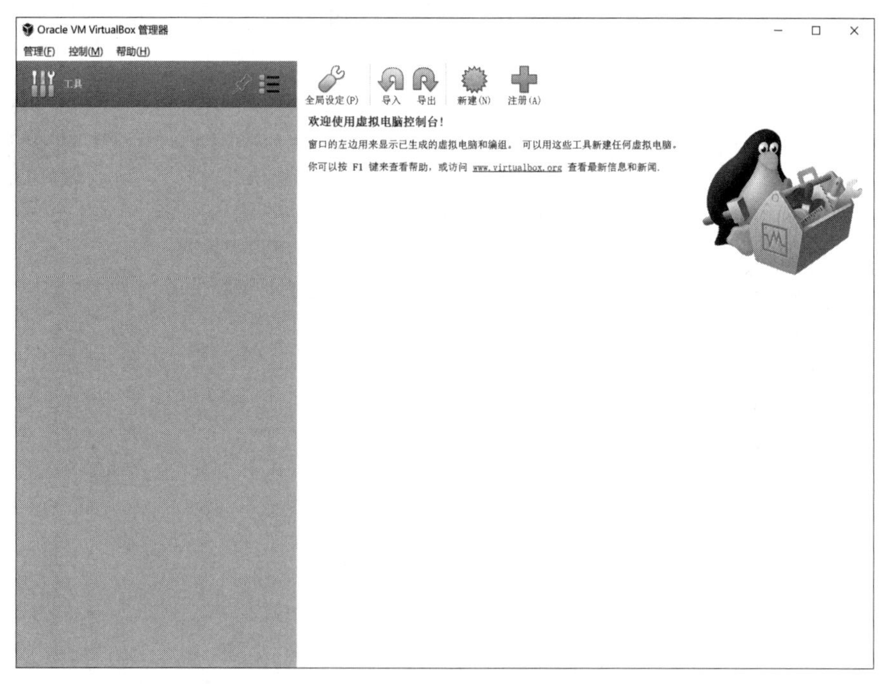

图 1-20 VirtualBox 主界面

（2）单击“新建”按钮，如图 1-21 所示。

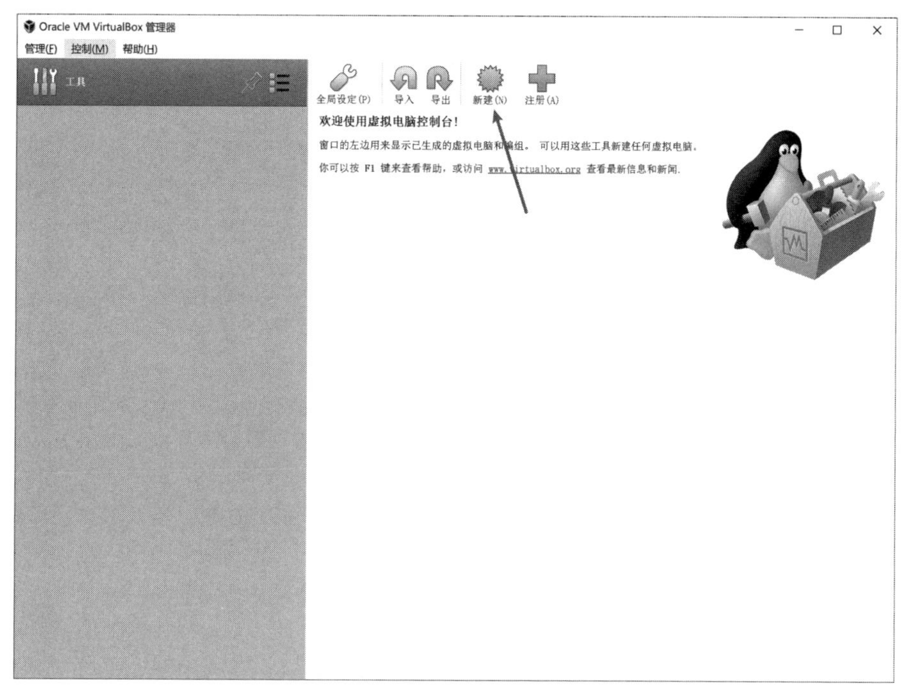

图 1-21　单击“新建”图标

（3）在打开的“新建虚拟电脑”界面中输入名称，名称可以按照自己的喜好输入，选择文件夹（用于存放虚拟机），文件夹也可根据自己的喜好选择。“类型”选择“Linux”，“版本”选择“Red Hat（64-bit）”。单击“下一步”按钮，如图 1-22 所示。

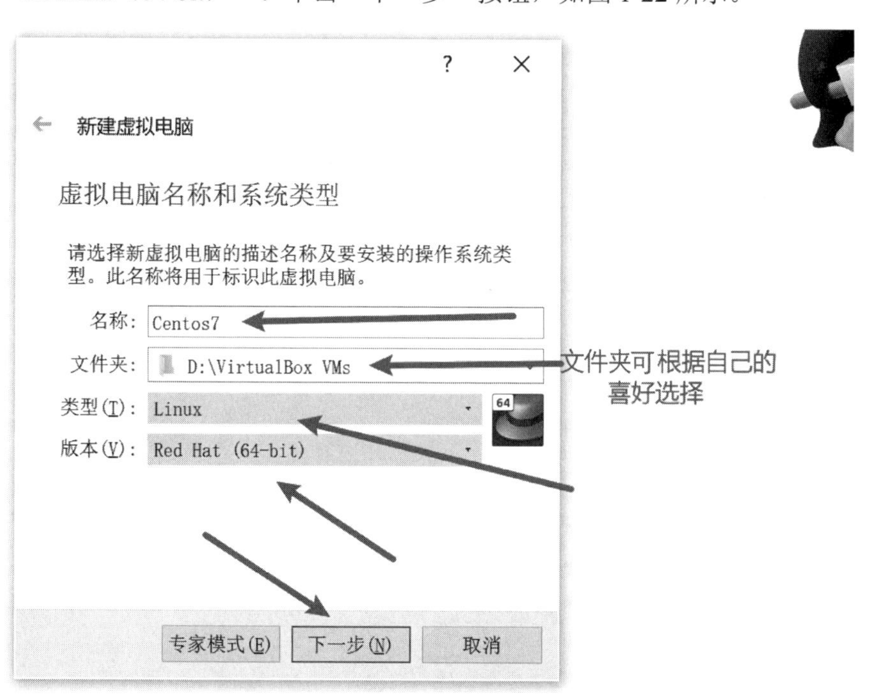

图 1-22　“新建虚拟电脑”界面

注：由于软件界面中有“电脑”字样，故全书电脑与计算机不做统一处理，局部保持统一，以便读者理解。

（4）内存大小默认即可，也可根据实际情况进行调整。单击“下一步”按钮，如图 1-23 所示。

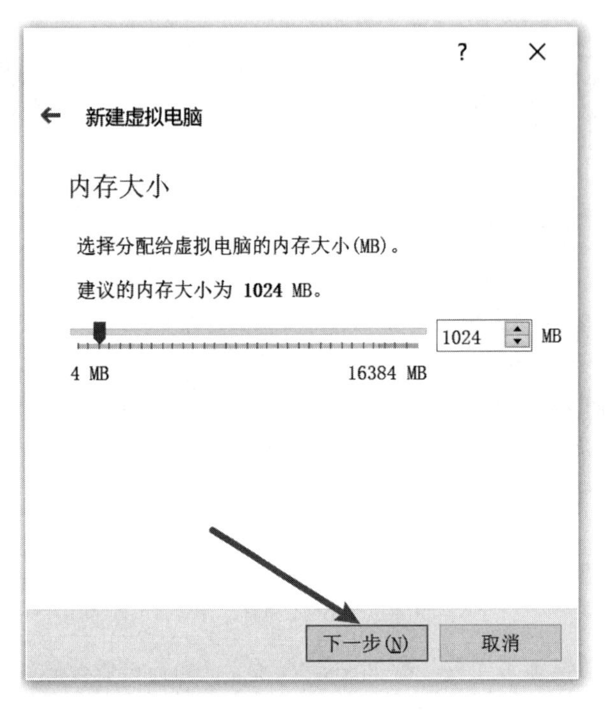

图 1-23　选择内存大小

（5）虚拟硬盘选择“现在创建虚拟硬盘”选项，然后单击“创建”按钮，如图 1-24 所示。

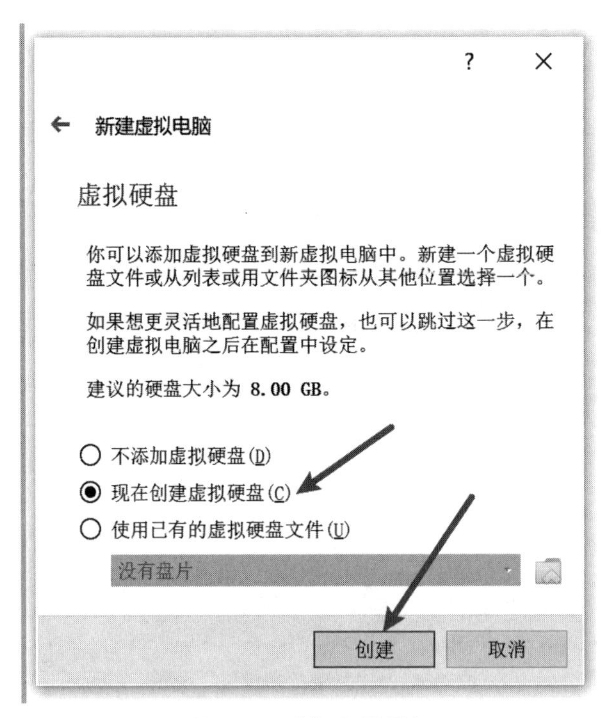

图 1-24　选择虚拟硬盘

（6）虚拟磁盘文件类型选择“VDI（VirtualBox 磁盘映像）”选项，然后单击“下一步”按钮，如图 1-25 所示。

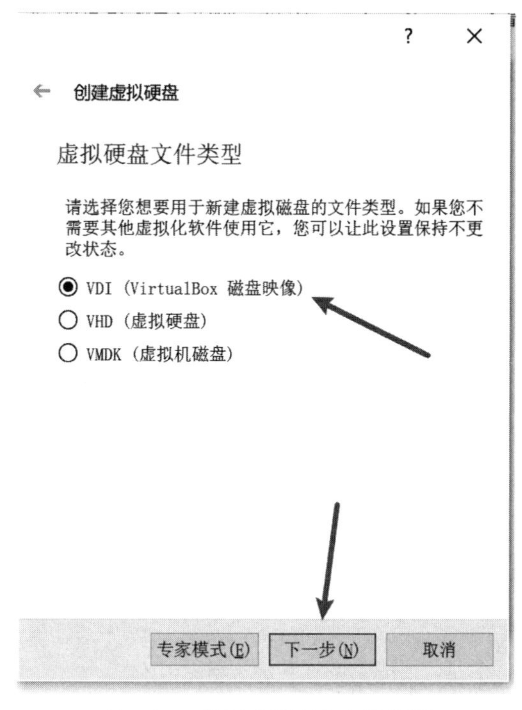

图 1-25　选择虚拟硬盘文件类型

（7）选择“动态分配”选项，　然后单击“下一步”按钮，如图 1-26 所示。

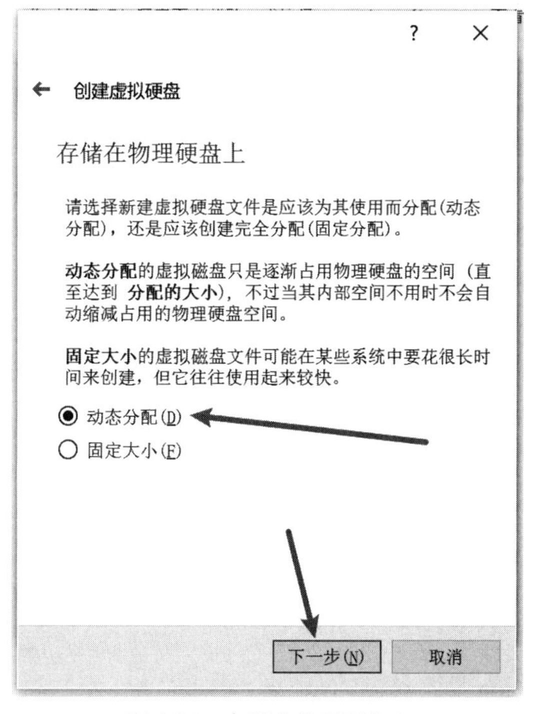

图 1-26　存储在物理硬盘上

（8）将虚拟硬盘大小调整到16GB，然后单击“创建”按钮，如图1-27所示。

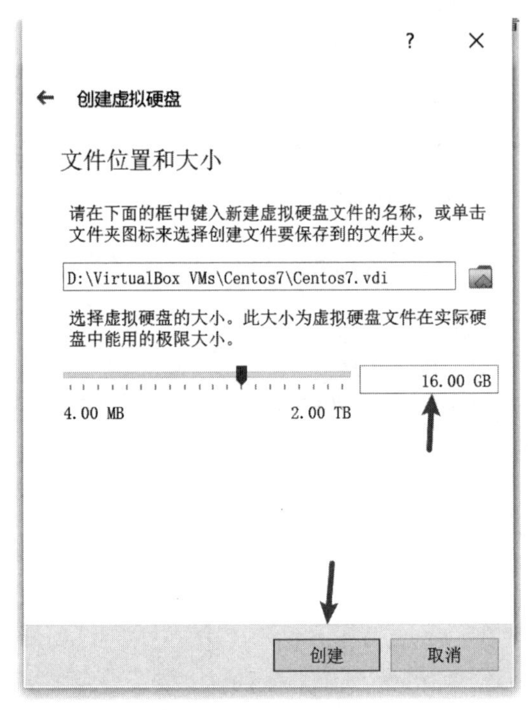

图1-27　文件位置和大小

（9）目前为止虚拟电脑创建完成，接下来安装CentOS 7镜像到虚拟电脑中。单击“设置”图标，如图1-28所示。

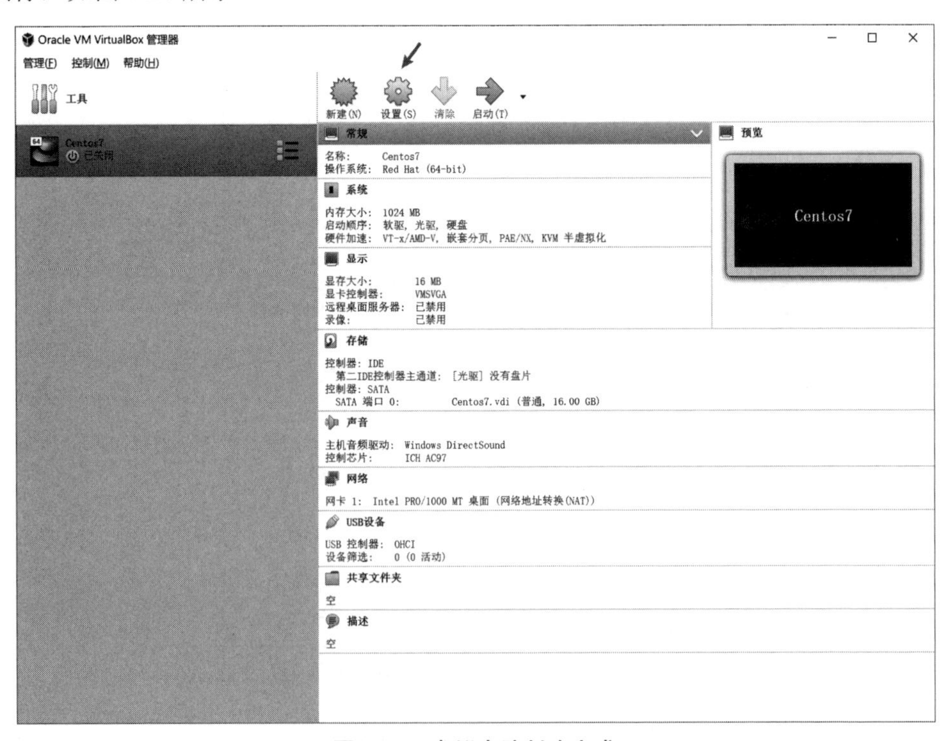

图1-28　虚拟电脑创建完成

（10）选择“系统”选项，进入“系统”设置界面，在“启动顺序”中，将“光驱”上移到顶部，然后单击“OK”按钮，如图 1-29 所示。

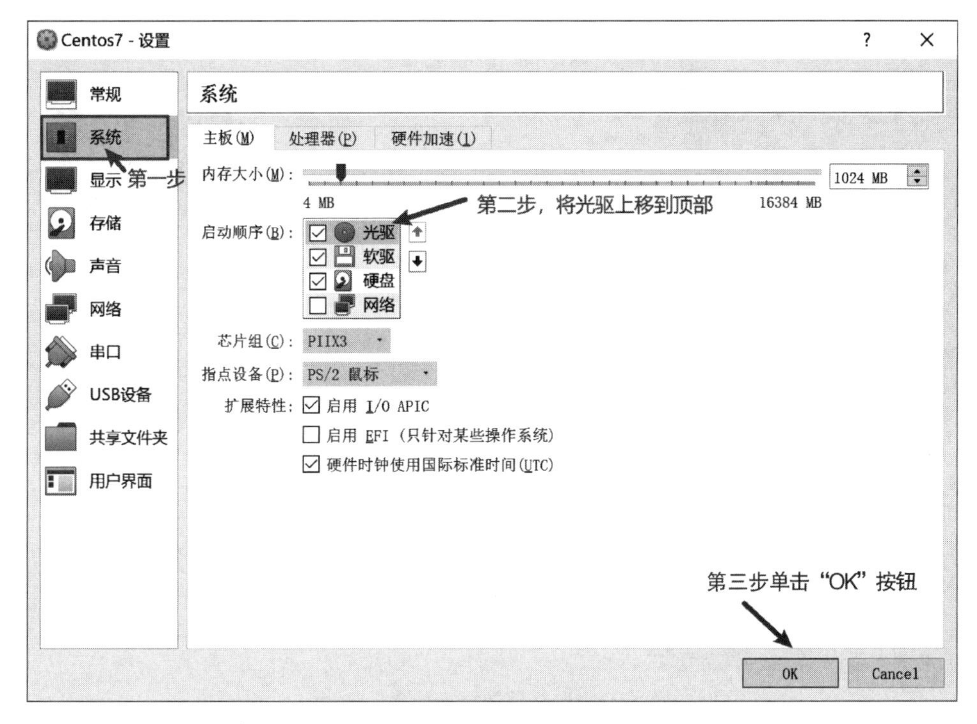

图 1-29　“系统”设置界面

（11）选择镜像，选择“没有盘片”，如图 1-30 所示。

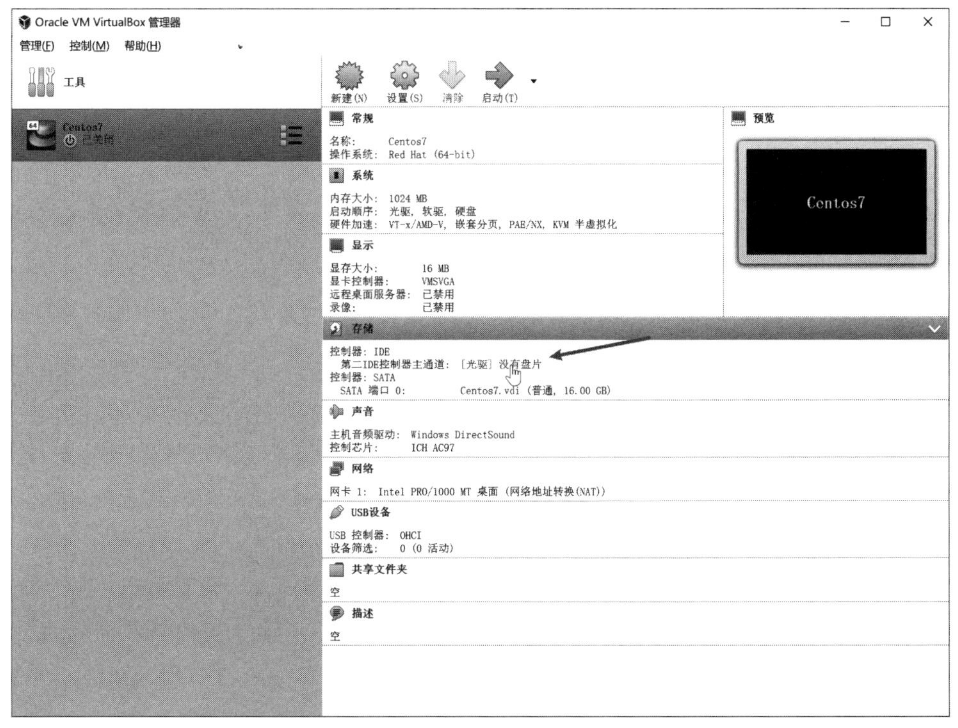

图 1-30　选择镜像

（12）在弹出的快捷菜单中选择“选择虚拟盘”选项，如图 1-31 所示。

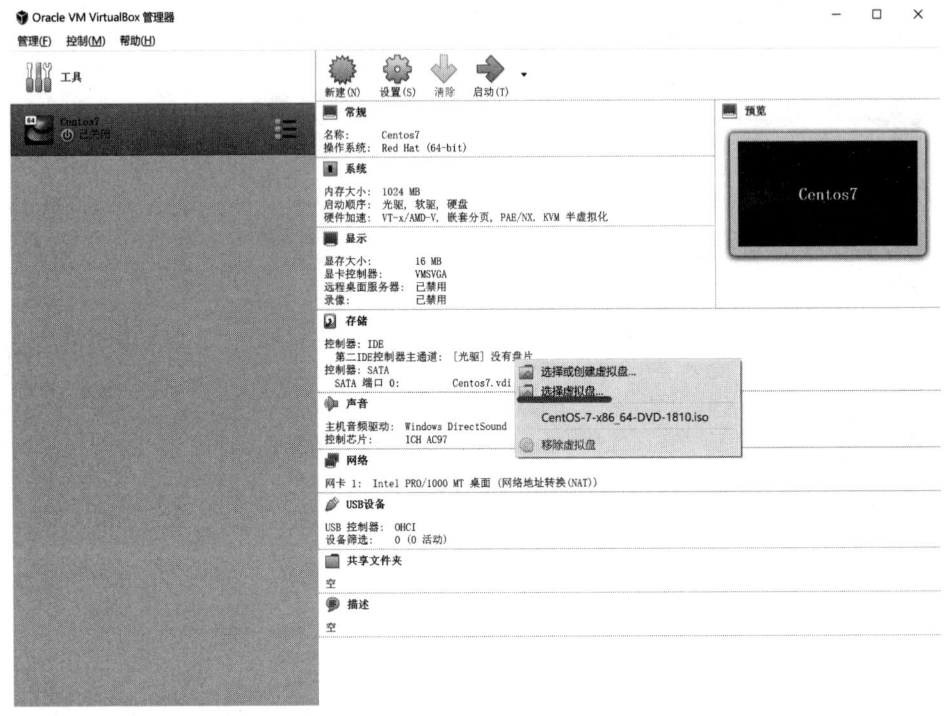

图 1-31　选择“选择虚拟盘”选项

（13）在打开的对话框中选择准备好的镜像文件，单击“打开”按钮，如图 1-32 所示。虚拟机配置完毕的页面如图 1-33 所示。

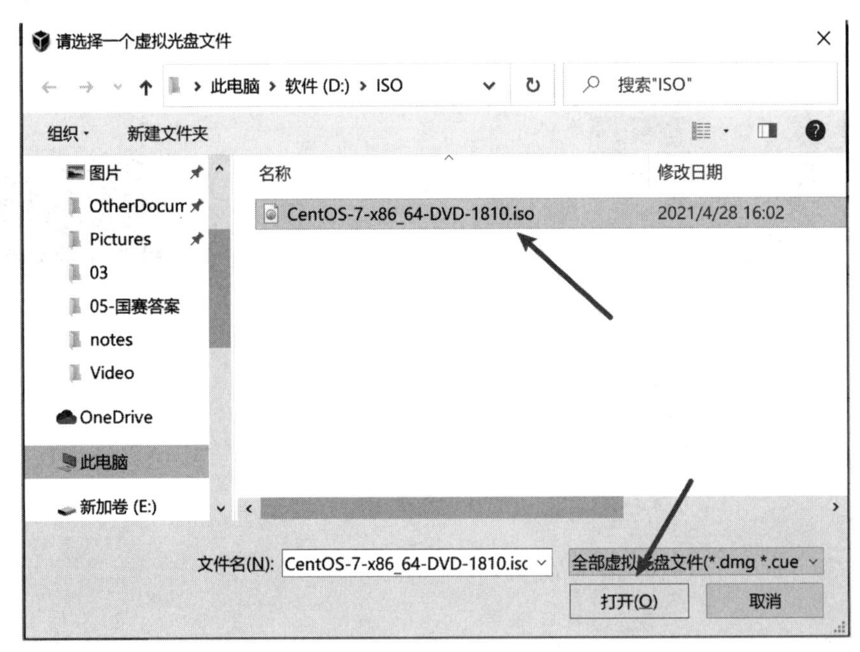

图 1-32　选择镜像

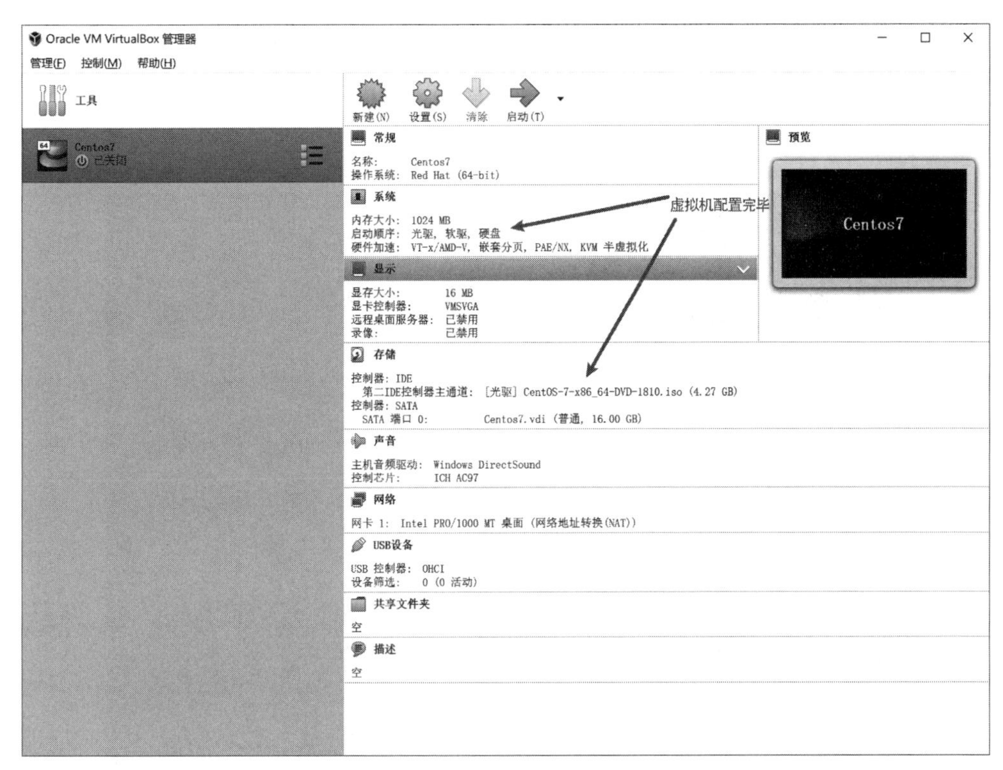

图 1-33　虚拟机配置完毕

（14）单击“启动”按钮以启动虚拟机，如图 1-34 所示。

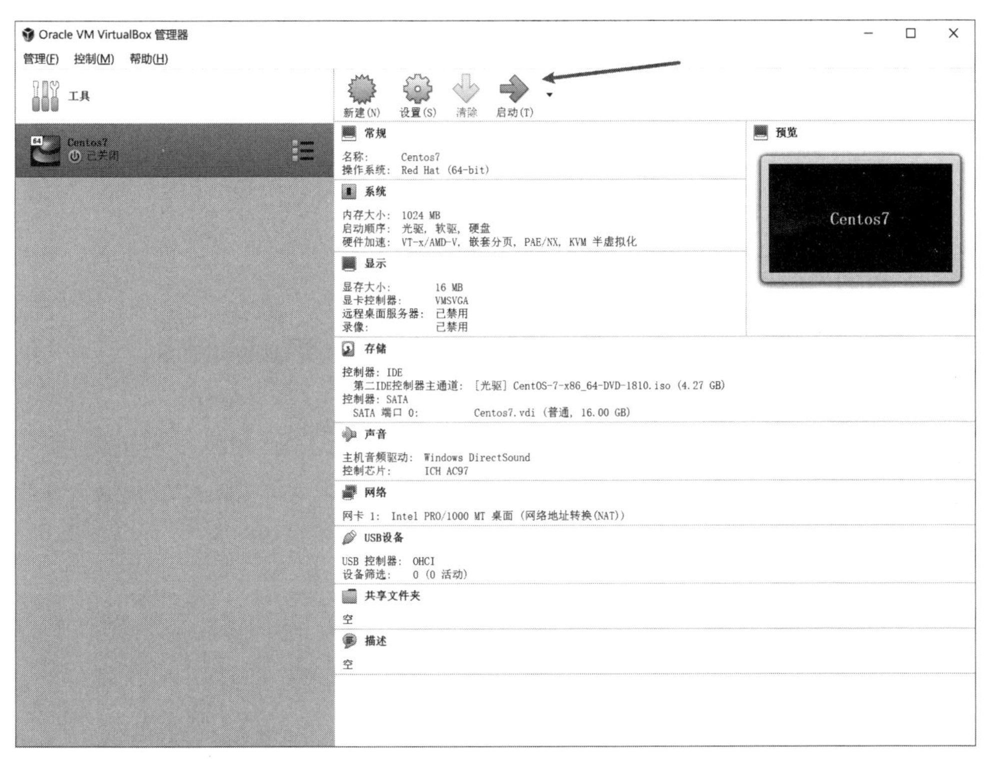

图 1-34　启动虚拟机

（15）用方向键选择第一个“Install CentOS 7”（按键盘右边的 Ctrl 键可以从虚拟机中释放光标到自己的电脑桌面）以安装 Centos 7，如图 1-35 所示。

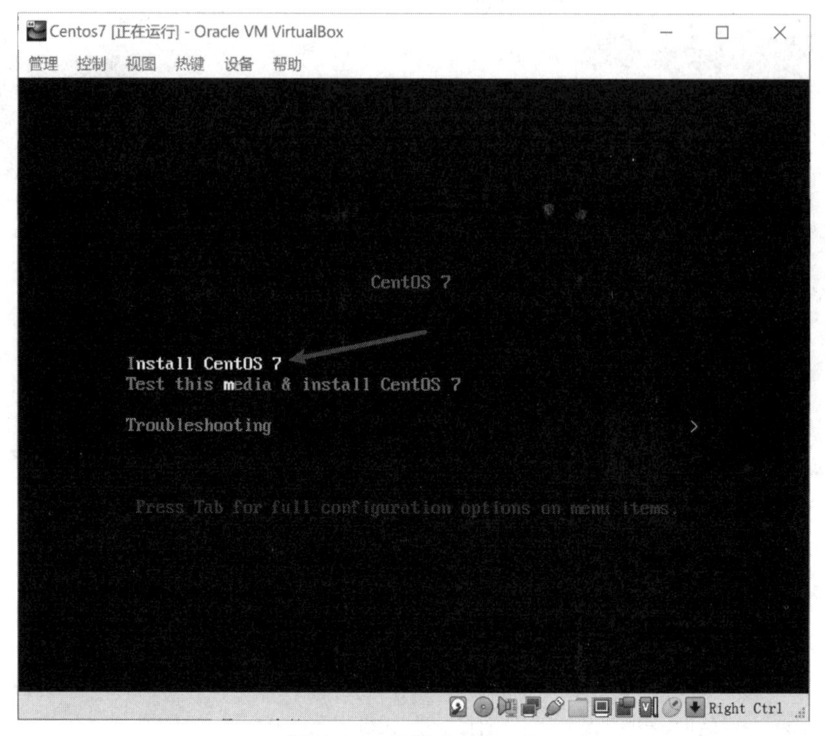

图 1-35 安装 Centos 7

（16）语言选择“简体中文（中国）”，单击“继续”按钮，如图 1-36 所示。

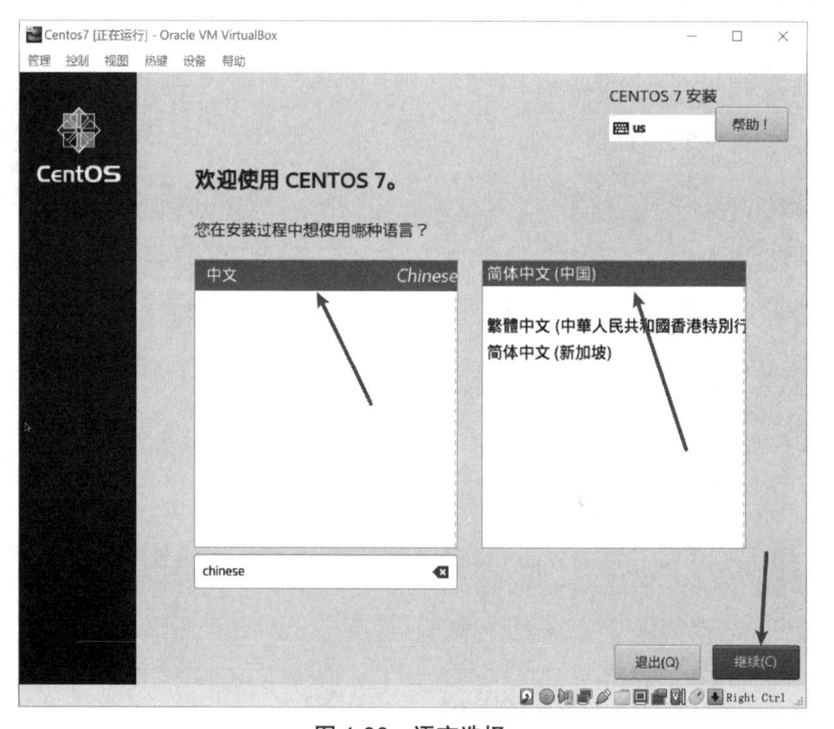

图 1-36 语言选择

（17）单击“安装位置”按钮，如图 1-37 所示。

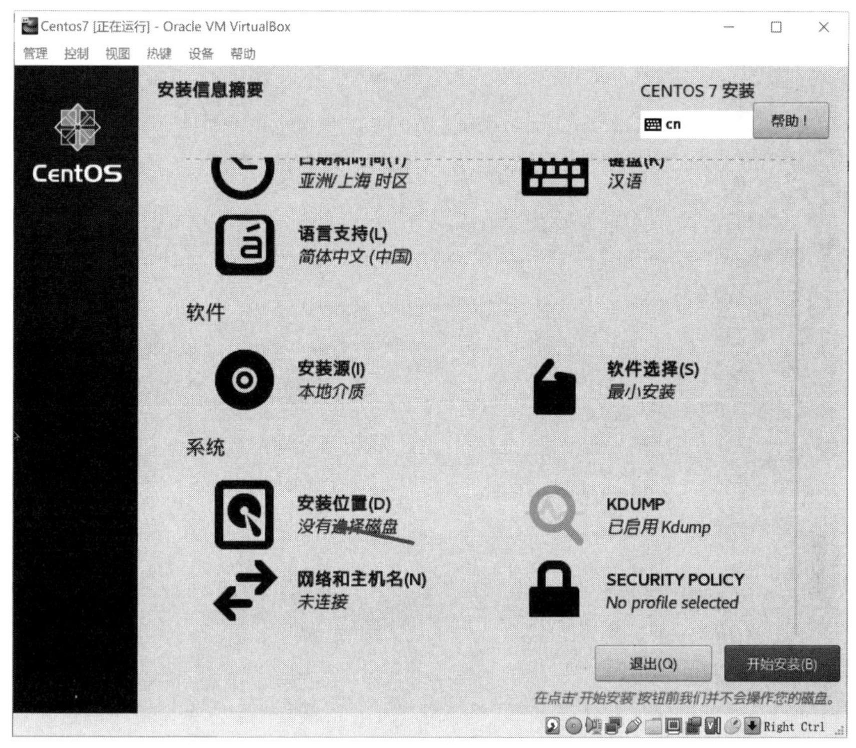

图 1-37　单击“安装位置”按钮

（18）勾选硬盘以选择安装目标位置，然后单击“完成”按钮，如图 1-38 所示。

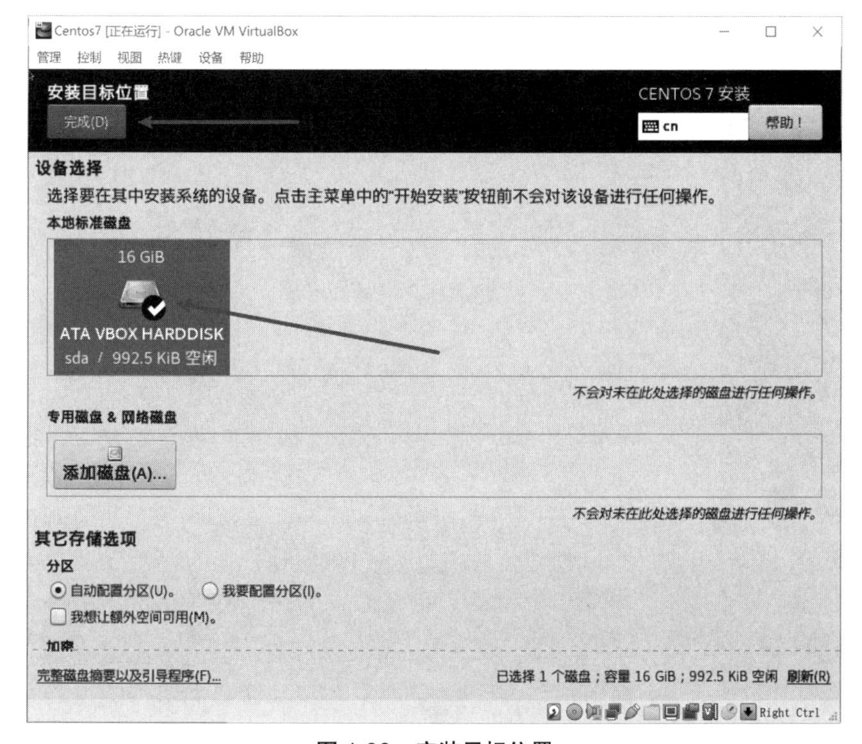

图 1-38　安装目标位置

（19）单击“开始安装”按钮，如图 1-39 所示。

图 1-39　开始安装

（20）单击“ROOT 密码”按钮，如图 1-40 所示。

图 1-40　设置 ROOT 密码

（21）设置完密码后单击“完成”按钮，如图 1-41 所示。

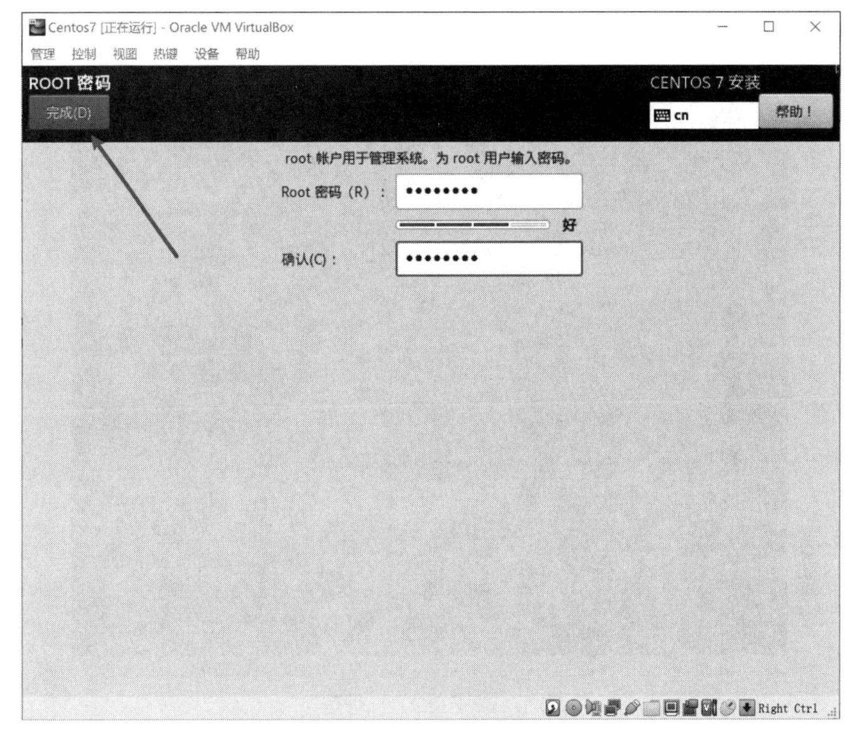

图 1-41　设置密码

（22）用户密码无须设置，等待安装完成，单击“重启”按钮完成安装，如图 1-42 所示。

图 1-42　重启

（23）输入 ROOT 账号、密码（账号：root；密码：cvit2021），然后输入 poweroff 命令关机，如图 1-43 所示。

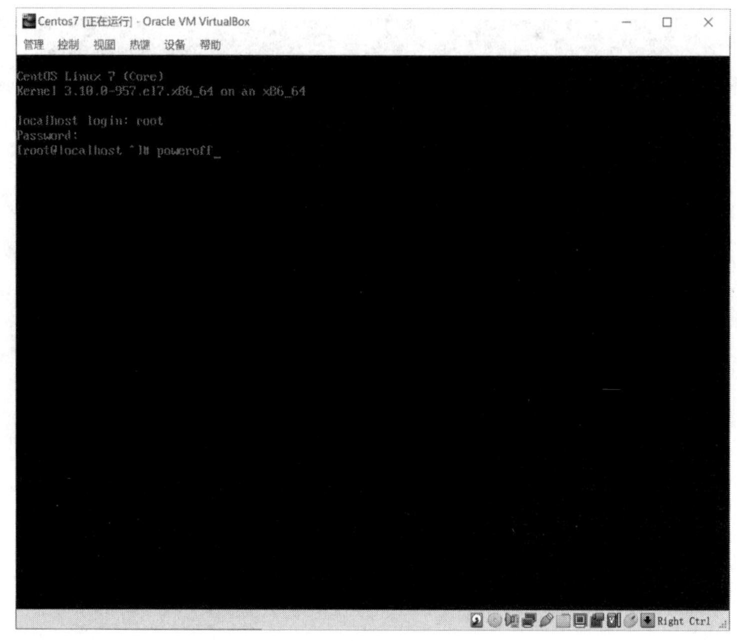

图 1-43　ROOT 账号登录

到目前为止 CentOS 7 安装完成。

4. 步骤四：环境搭建与部署

（1）虚拟机网络环境配置如图 1-44、图 1-45 所示。

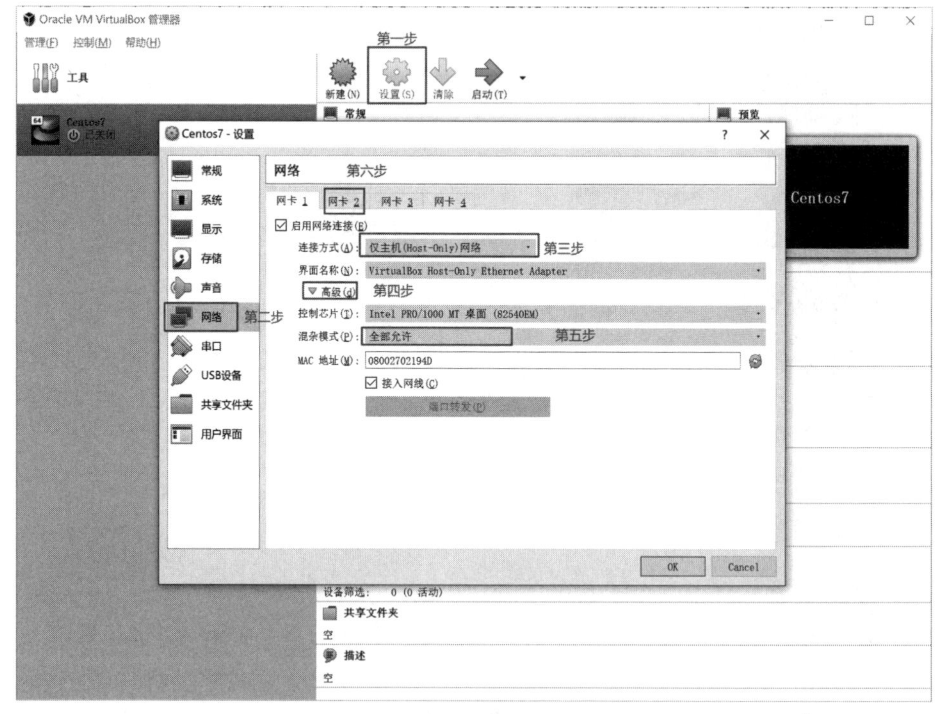

图 1-44　网卡 1 配置

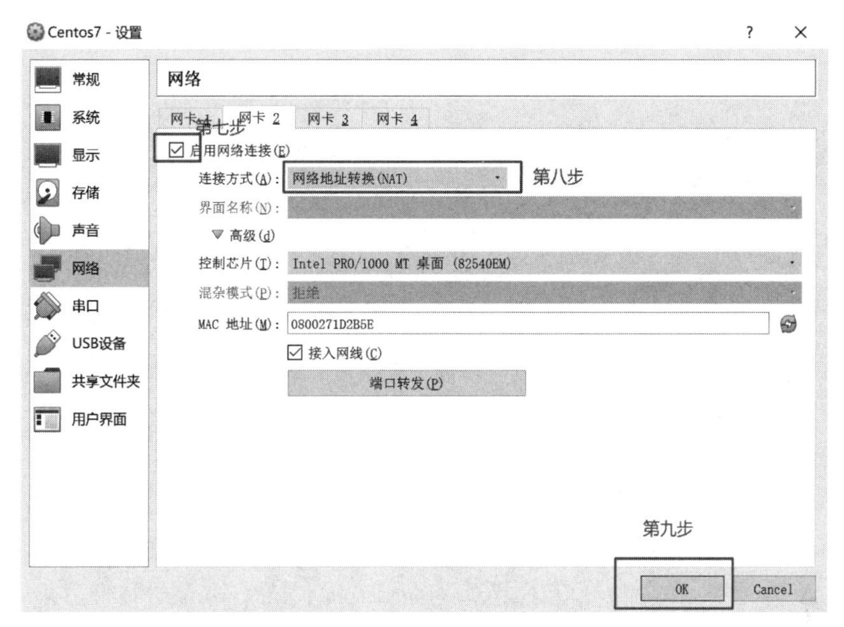

图 1-45　网卡 2 配置

（2）单击“启动”图标（见图 1-46），在打开的界面中，选择第一个选项，进入 CentOS 7 系统，如图 1-47 所示。

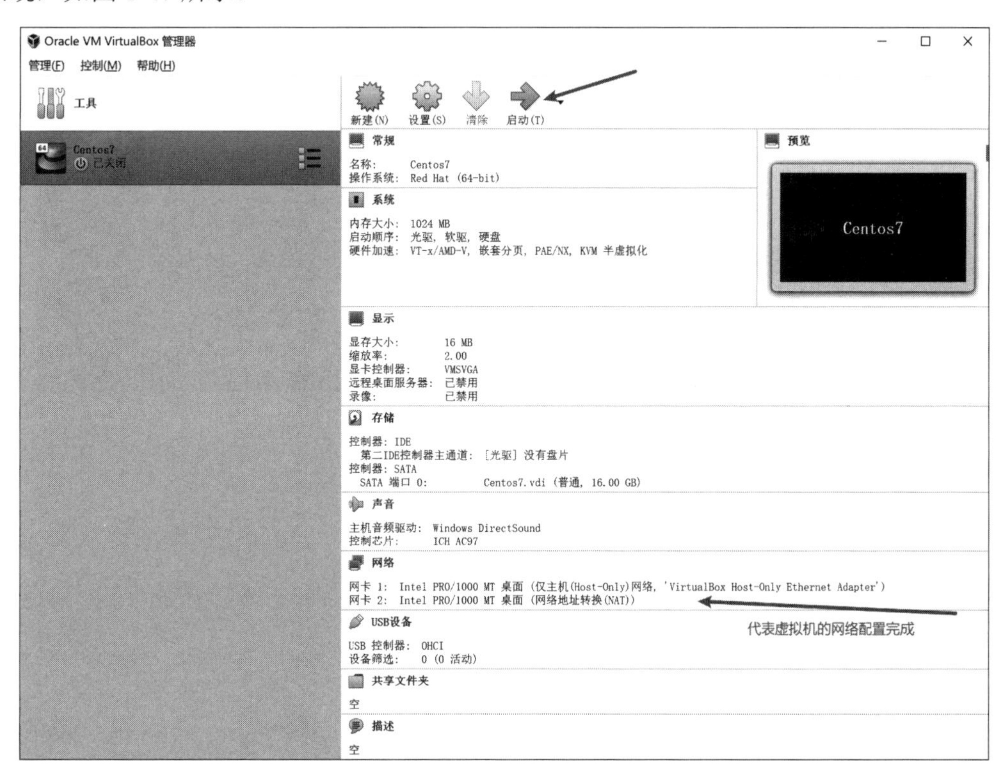

图 1-46　虚拟机配置信息

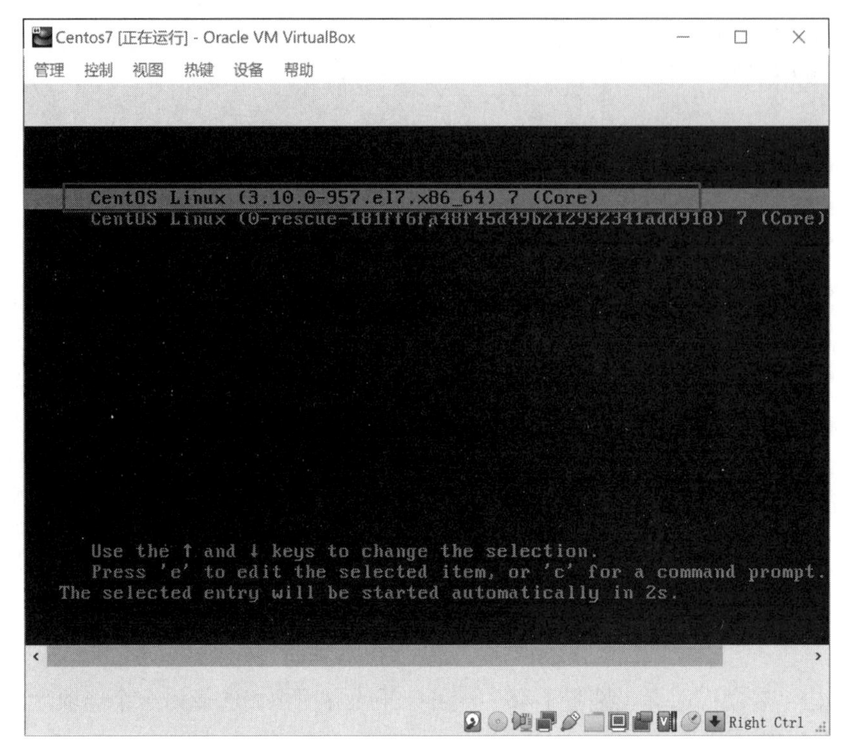

图 1-47 进入系统

（3）输入 ROOT 账号和密码，再输入命令并按回车键，编辑网络配置文件，如图 1-48 所示。

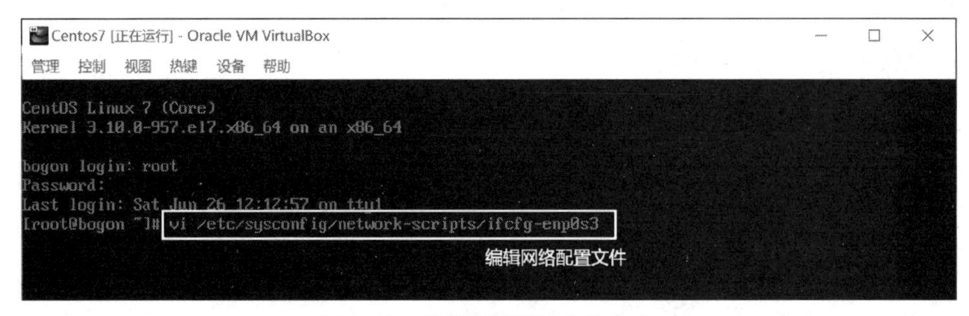

图 1-48　编辑网络配置文件命令

此时需要更改两个地方，并需要增加一条语句，如图 1-49 所示。

首先当进入该文件时，先按 i 键进入输入模式。

更改文件内容：

```
BOOTPROTO=static
ONBOOT=yes
```

再新加一条语句：

```
IPADDR=192.168.56.2
```

按下 Esc 键，退出输入模式，按下：（冒号）键进入命令模式，输入“wq”。最后退出并保存。

（4）输入命令“service network restart”重启网络，输入命令“ping www.baidu.com”验证是否已连接互联网，如图 1-50 所示。

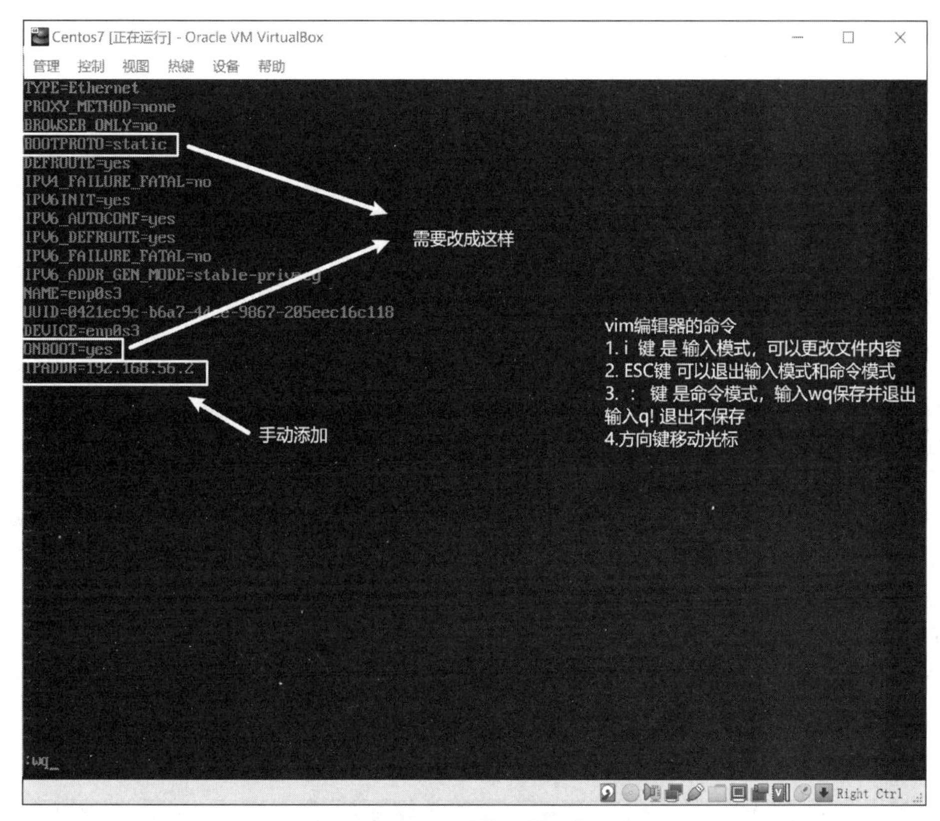

图 1-49　网络配置文件

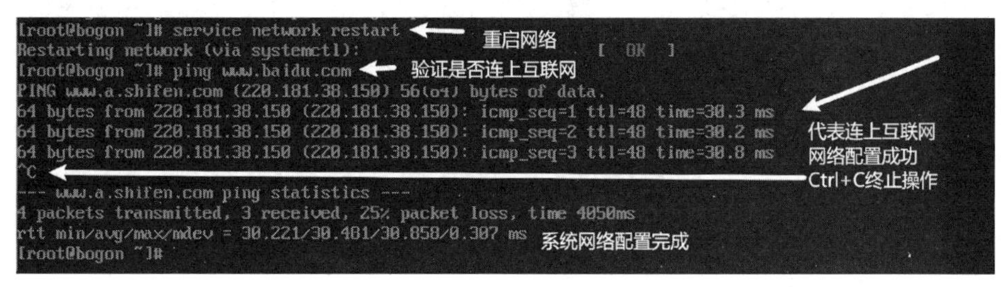

图 1-50　验证是否能上网

（5）安装 MySQL 支持包。

输入命令 yum install libaio，安装 libaio，如图 1-51 所示。

```
[root@bogon ~]# yum install libaio
Loaded plugins: fastestmirror
Determining fastest mirrors
 * base: mirrors.aliyun.com
 * extras: mirrors.aliyun.com
 * updates: mirrors.aliyun.com
base                                                  | 3.6 kB  00:00:00
extras                                                | 2.9 kB  00:00:00
updates                                               | 2.9 kB  00:00:00
(1/4): base/7/x86_64/group_gz                         | 153 kB  00:00:00
(2/4): extras/7/x86_64/primary_db                     | 242 kB  00:00:00
(3/4): base/7/x86_64/primary_db                       | 6.1 MB  00:00:00
(4/4): updates/7/x86_64/primary_db                    | 8.8 MB  00:00:18
Package libaio-0.3.109-13.el7.x86_64 already installed and latest version
Nothing to do
```

图 1-51　安装 libaio

输入命令 yum install deltarpm，遇到问“Is this ok”时，输入 y，并按回车键，如图 1-52～图 1-54 所示。

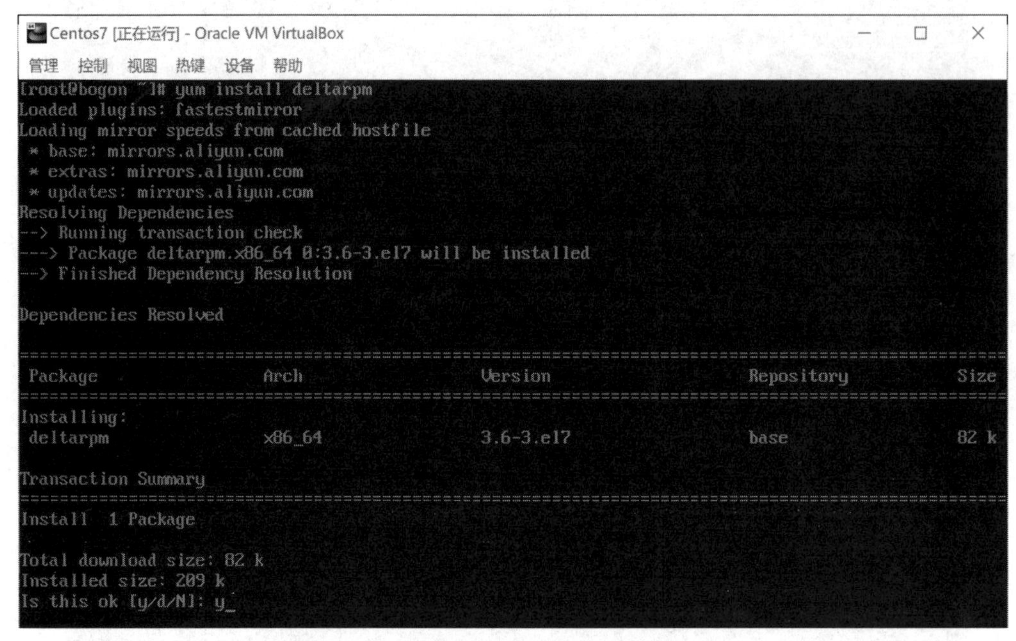

图 1-52　安装 deltarpm，第一次输入 y

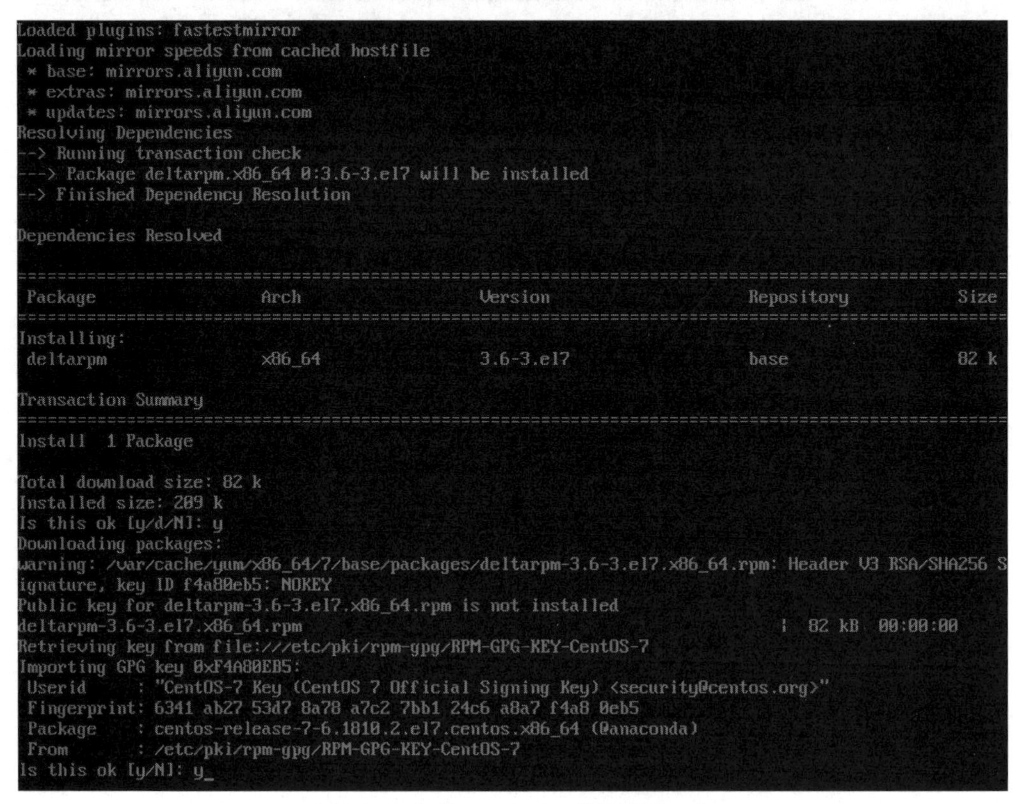

图 1-53　安装 deltarpm，第二次输入 y

```
Downloading packages:
warning: /var/cache/yum/x86_64/7/base/packages/deltarpm-3.6-3.el7.x86_64.rpm: Header V3 RSA/SHA256 S
ignature, key ID f4a80eb5: NOKEY
Public key for deltarpm-3.6-3.el7.x86_64.rpm is not installed
deltarpm-3.6-3.el7.x86_64.rpm                                                   |  82 kB  00:00:00
Retrieving key from file:///etc/pki/rpm-gpg/RPM-GPG-KEY-CentOS-7
Importing GPG key 0xF4A80EB5:
 Userid     : "CentOS-7 Key (CentOS 7 Official Signing Key) <security@centos.org>"
 Fingerprint: 6341 ab27 53d7 8a78 a7c2 7bb1 24c6 a8a7 f4a8 0eb5
 Package    : centos-release-7-6.1810.2.el7.centos.x86_64 (@anaconda)
 From       : /etc/pki/rpm-gpg/RPM-GPG-KEY-CentOS-7
Is this ok [y/N]: y
Running transaction check
Running transaction test
Transaction test succeeded
Running transaction
  Installing : deltarpm-3.6-3.el7.x86_64                                                        1/1
  Verifying  : deltarpm-3.6-3.el7.x86_64                                                        1/1

Installed:
  deltarpm.x86_64 0:3.6-3.el7

Complete!
[root@bogon ~]#
```

图 1-54　安装 deltarpm 完成

输入 yum install perl-Data-Dumper.x86_64 命令，遇到问“Is this ok”时，输入 y 并按回车键，如图 1-55、图 1-56 所示。

```
 perl-Data-Dumper           x86_64        2.145-3.el7                  base
Installing for dependencies:
 perl                       x86_64        4:5.16.3-299.el7_9           updates
 perl-Carp                  noarch        1.26-244.el7                 base
 perl-Encode                x86_64        2.51-7.el7                   base
 perl-Exporter              noarch        5.68-3.el7                   base
 perl-File-Path             noarch        2.09-2.el7                   base
 perl-File-Temp             noarch        0.23.01-3.el7                base
 perl-Filter                x86_64        1.49-3.el7                   base
 perl-Getopt-Long           noarch        2.40-3.el7                   base
 perl-HTTP-Tiny             noarch        0.033-3.el7                  base
 perl-PathTools             x86_64        3.40-5.el7                   base
 perl-Pod-Escapes           noarch        1:1.04-299.el7_9             updates
 perl-Pod-Perldoc           noarch        3.20-4.el7                   base
 perl-Pod-Simple            noarch        1:3.28-4.el7                 base
 perl-Pod-Usage             noarch        1.63-3.el7                   base
 perl-Scalar-List-Utils     x86_64        1.27-248.el7                 base
 perl-Socket                x86_64        2.010-5.el7                  base
 perl-Storable              x86_64        2.45-3.el7                   base
 perl-Text-ParseWords       noarch        3.29-4.el7                   base
 perl-Time-HiRes            x86_64        4:1.9725-3.el7               base
 perl-Time-Local            noarch        1.2300-2.el7                 base
 perl-constant              noarch        1.27-2.el7                   base
 perl-libs                  x86_64        4:5.16.3-299.el7_9           updates
 perl-macros                x86_64        4:5.16.3-299.el7_9           updates
 perl-parent                noarch        1:0.225-244.el7              base
 perl-podlators             noarch        2.5.1-3.el7                  base
 perl-threads               x86_64        1.87-4.el7                   base
 perl-threads-shared        x86_64        1.43-6.el7                   base

Transaction Summary
================================================================================================
Install  1 Package (+27 Dependent packages)

Total download size: 11 M
Installed size: 36 M
Is this ok [y/d/N]: y
```

图 1-55　安装 perl，输入 y

```
 Verifying  : perl-Carp-1.26-244.el7.noarch                              14/28
 Verifying  : perl-Data-Dumper-2.145-3.el7.x86_64                        15/28
 Verifying  : 4:perl-Time-HiRes-1.9725-3.el7.x86_64                      16/28
 Verifying  : perl-Scalar-List-Utils-1.27-248.el7.x86_64                 17/28
 Verifying  : perl-Pod-Usage-1.63-3.el7.noarch                           18/28
 Verifying  : perl-Encode-2.51-7.el7.x86_64                              19/28
 Verifying  : perl-Pod-Perldoc-3.20-4.el7.noarch                         20/28
 Verifying  : perl-podlators-2.5.1-3.el7.noarch                          21/28
 Verifying  : 4:perl-5.16.3-299.el7_9.x86_64                             22/28
 Verifying  : perl-File-Path-2.09-2.el7.noarch                           23/28
 Verifying  : perl-threads-1.87-4.el7.x86_64                             24/28
 Verifying  : perl-Filter-1.49-3.el7.x86_64                              25/28
 Verifying  : perl-Getopt-Long-2.40-3.el7.noarch                         26/28
 Verifying  : perl-Text-ParseWords-3.29-4.el7.noarch                     27/28
 Verifying  : 4:perl-libs-5.16.3-299.el7_9.x86_64                        28/28

Installed:
  perl-Data-Dumper.x86_64 0:2.145-3.el7

Dependency Installed:
  perl.x86_64 4:5.16.3-299.el7_9                  perl-Carp.noarch 0:1.26-244.el7
  perl-Encode.x86_64 0:2.51-7.el7                 perl-Exporter.noarch 0:5.68-3.el7
  perl-File-Path.noarch 0:2.09-2.el7              perl-File-Temp.noarch 0:0.23.01-3.el7
  perl-Filter.x86_64 0:1.49-3.el7                 perl-Getopt-Long.noarch 0:2.40-3.el7
  perl-HTTP-Tiny.noarch 0:0.033-3.el7             perl-PathTools.x86_64 0:3.40-5.el7
  perl-Pod-Escapes.noarch 1:1.04-299.el7_9        perl-Pod-Perldoc.noarch 0:3.20-4.el7
  perl-Pod-Simple.noarch 1:3.28-4.el7             perl-Pod-Usage.noarch 0:1.63-3.el7
  perl-Scalar-List-Utils.x86_64 0:1.27-248.el7    perl-Socket.x86_64 0:2.010-5.el7
  perl-Storable.x86_64 0:2.45-3.el7               perl-Text-ParseWords.noarch 0:3.29-4.el7
  perl-Time-HiRes.x86_64 4:1.9725-3.el7           perl-Time-Local.noarch 0:1.2300-2.el7
  perl-constant.noarch 0:1.27-2.el7               perl-libs.x86_64 4:5.16.3-299.el7_9
  perl-macros.x86_64 4:5.16.3-299.el7_9           perl-parent.noarch 1:0.225-244.el7
  perl-podlators.noarch 0:2.5.1-3.el7             perl-threads.x86_64 0:1.87-4.el7
  perl-threads-shared.x86_64 0:1.43-6.el7

Complete!
[root@bogon ~]#
```

图 1-56　安装 perl 完成

（6）查看是否有 mariadb-libs，如果有则将其删除，否则会和 MySQL 发生冲突，如图 1-57 所示。

```
[root@bogon ~]# rpm -qa | grep mariadb
mariadb-libs-5.5.60-1.el7_5.x86_64
[root@bogon ~]# rpm -e --nodeps mariadb-libs
[root@bogon ~]# rpm -qa | grep mariadb
[root@bogon ~]#
```


图 1-57　删除 mariadb-libs

（7）查看 IP，使用 winscp 连接 CentOS 7，如图 1-58、图 1-59 所示。

```
[root@bogon ~]# ip addr
1: lo: <LOOPBACK,UP,LOWER_UP> mtu 65536 qdisc noqueue state UNKNOWN group default qlen 1000
    link/loopback 00:00:00:00:00:00 brd 00:00:00:00:00:00
    inet 127.0.0.1/8 scope host lo
       valid_lft forever preferred_lft forever
    inet6 ::1/128 scope host
       valid_lft forever preferred_lft forever
2: enp0s3: <BROADCAST,MULTICAST,UP,LOWER_UP> mtu 1500 qdisc pfifo_fast state UP group default qlen 1
000
    link/ether 08:00:27:02:19:4d brd ff:ff:ff:ff:ff:ff
    inet 192.168.56.2/24 brd 192.168.56.255 scope global noprefixroute enp0s3
       valid_lft forever preferred_lft forever
    inet6 fe80::a403:34c1:141d:7718/64 scope link noprefixroute
       valid_lft forever preferred_lft forever
3: enp0s8: <BROADCAST,MULTICAST,UP,LOWER_UP> mtu 1500 qdisc pfifo_fast state UP group default qlen 1
000
    link/ether 08:00:27:1d:2b:5e brd ff:ff:ff:ff:ff:ff
    inet 10.0.3.15/24 brd 10.0.3.255 scope global noprefixroute dynamic enp0s8
       valid_lft 82816sec preferred_lft 82816sec
    inet6 fe80::aa7f:635a:40b0:b08b/64 scope link noprefixroute
       valid_lft forever preferred_lft forever
[root@bogon ~]# _
```


图 1-58　查看 IP 命令

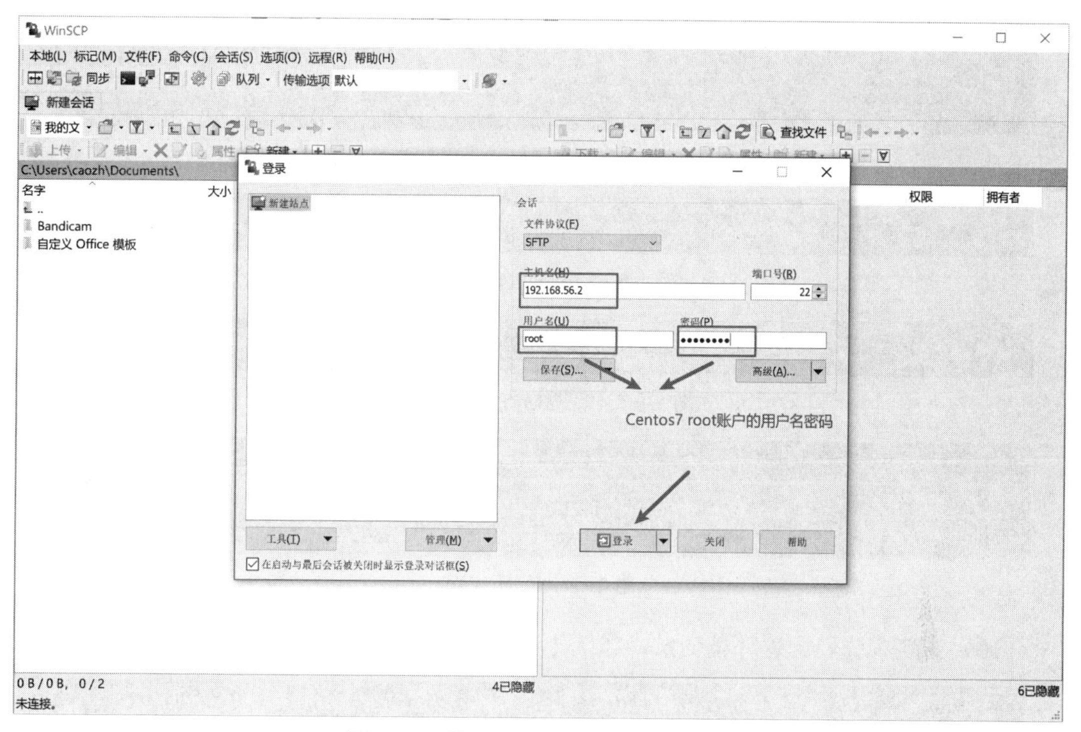

图 1-59　将 winscp 连接到 CentOS 7

（8）将安装包和项目文件拖曳到 CentOS 7 系统的 opt 文件夹下，如图 1-60 所示。

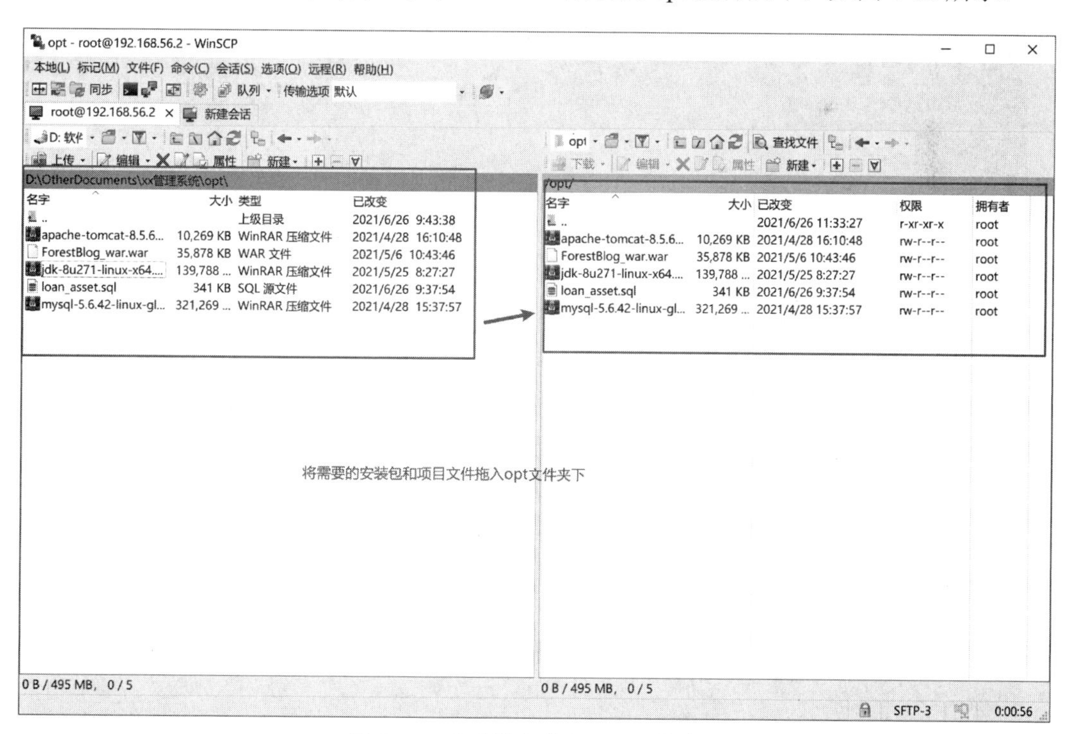

图 1-60　将安装包拖入 opt 文件夹下

（9）进入 CentOS 7 系统，进入 opt 文件夹下解压 Tomcat、JDK、MySQL 安装包。通过 ls 命令查看文件夹下的目录，如图 1-61～图 1-64 所示。

```
[root@bogon ~]# cd /opt  进入opt目录下
[root@bogon opt]# ls  显示文件夹下的文件
apache-tomcat-8.5.63.tar.gz   jdk-8u271-linux-x64.tar.gz   mysql-5.6.42-linux-glibc2.12-x86_64.tar.gz
forestBlog_war.war            loan_asset.sql
[root@bogon opt]# tar -zvxf apache-tomcat-8.5.63.tar.gz   解压tomcat安装包
```

图 1-61　解压 Tomcat 安装包

```
[root@bogon opt]# tar -zvxf jdk-8u271-linux-x64.tar.gz _
                          解压jdk安装包
```

图 1-62　解压 JDK 安装包

```
[root@bogon opt]# tar -zvxf mysql-5.6.42-linux-glibc2.12-x86_64.tar.gz
                                  解压MySQL安装包
```

图 1-63　解压 MySQL 安装包

```
[root@bogon opt]# ls
apache-tomcat-8.5.63          jdk1.8.0_271                 mysql-5.6.42-linux-glibc2.12-x86_64
apache-tomcat-8.5.63.tar.gz   jdk-8u271-linux-x64.tar.gz   mysql-5.6.42-linux-glibc2.12-x86_64.tar.gz
forestBlog_war.war            loan_asset.sql          解压成功
[root@bogon opt]# _
```

图 1-64　解压成功

（10）安装 Java、配置环境变量，如图 1-65、图 1-66 所示。

```
[root@bogon opt]# mkdir /usr/local/java  创建Java文件夹
[root@bogon opt]# mv jdk1.8.0_271/ /usr/local/java/   将jdk1.8.0_271 移动到java文件夹下
[root@bogon opt]# vi /etc/profile_  配置java环境变量
```

图 1-65　安装 Java

```
export PATH USER LOGNAME MAIL HOSTNAME HISTSIZE HISTCONTROL

# By default, we want umask to get set. This sets it for login shell
# Current threshold for system reserved uid/gids is 200
# You could check uidgid reservation validity in
# /usr/share/doc/setup-*/uidgid file
if [ $UID -gt 199 ] && [ "`/usr/bin/id -gn`" = "`/usr/bin/id -un`" ]; then
    umask 002
else
    umask 022
fi

for i in /etc/profile.d/*.sh /etc/profile.d/sh.local ; do
    if [ -r "$i" ]; then
        if [ "${-#*i}" != "$-" ]; then
            . "$i"
        else
            . "$i" >/dev/null
        fi
    fi
done

unset i
unset -f pathmunge
# JAVA_HOME
export JAVA_HOME=/usr/local/java/jdk1.8.0_271          java环境变量配置
export JRE_HOME=/usr/local/java/jdk1.8.0_271/jre
export CLASS_PATH=.:$JAVA_HOME/lib/tools.jar:$JAVA_HOME/lib/dt.jar:$JRE_HOME/lib
export PATH=$PATH:$JAVA_HOME/bin:$JRE_HOME/bin
"/etc/profile" 81L, 2054C written
[root@bogon opt]# source /etc/profile  执行配置文件
[root@bogon opt]# java -version  查看Jdk版本
java version "1.8.0_271"                                 到此Java安装和配置成功
Java(TM) SE Runtime Environment (build 1.8.0_271-b09)
Java HotSpot(TM) 64-Bit Server VM (build 25.271-b09, mixed mode)
[root@bogon opt]#
```

图 1-66　配置环境变量

（11）安装和配置 MySQL，进入 MySQL 客户端，执行 SQL 文件，如图 1-67～图 1-74 所示。

```
[root@bogon opt]# mv mysql-5.6.42-linux-glibc2.12-x86_64 /usr/local/mysql  将mysql移动到local文件下
[root@bogon opt]# cd /usr/local/mysql/  进入mysql文件目录
[root@bogon mysql]# ls
bin      data  include  man         README   share      support-files
COPYING  docs  lib      mysql-test  scripts  sql-bench
[root@bogon mysql]# cd support-files/  进入support-filess目录
[root@bogon support-files]# ls
binary-configure  magic  my-default.cnf  mysqld_multi.server  mysql-log-rotate  mysql.server
[root@bogon support-files]# cp my-default.cnf /etc/my.cnf  将my-default.cnf 复制到etc文件夹下并重命名为my.cnf
[root@bogon support-files]# cp mysql.server /etc/init.d/mysql  将mysql.server 移动到 /etc/init.d/文件夹下，重命名为mysql
[root@bogon support-files]# _
```

图 1-67　移动配置文件

```
[root@bogon support-files]# vi /etc/my.cnf_        编辑配置文件my.cnf
```

图 1-68　编辑 my.cnf

```
# http://dev.mysql.com/doc/refman/5.6/en/server-configuration-defaults.html
# *** DO NOT EDIT THIS FILE. It's a template which will be copied to the
# *** default location during install, and will be replaced if you
# *** upgrade to a newer version of MySQL.

[mysqld]

# Remove leading # and set to the amount of RAM for the most important data
# cache in MySQL. Start at 70% of total RAM for dedicated server, else 10%.
# innodb_buffer_pool_size = 128M

# Remove leading # to turn on a very important data integrity option: logging
# changes to the binary log between backups.
# log_bin

# These are commonly set, remove the # and set as required.
# basedir = .....
# datadir = .....
# port = .....
# server_id = .....
# socket = .....

# Remove leading # to set options mainly useful for reporting servers.
# The server defaults are faster for transactions and fast SELECTs.
# Adjust sizes as needed, experiment to find the optimal values.
# join_buffer_size = 128M
# sort_buffer_size = 2M
# read_rnd_buffer_size = 2M

sql_mode=NO_ENGINE_SUBSTITUTION,STRICT_TRANS_TABLES
default-storage-engine=INNODB
character-set-server=utf8

[mysql]
default-character-set=utf8
```

图 1-69　my.cnf 配置文件

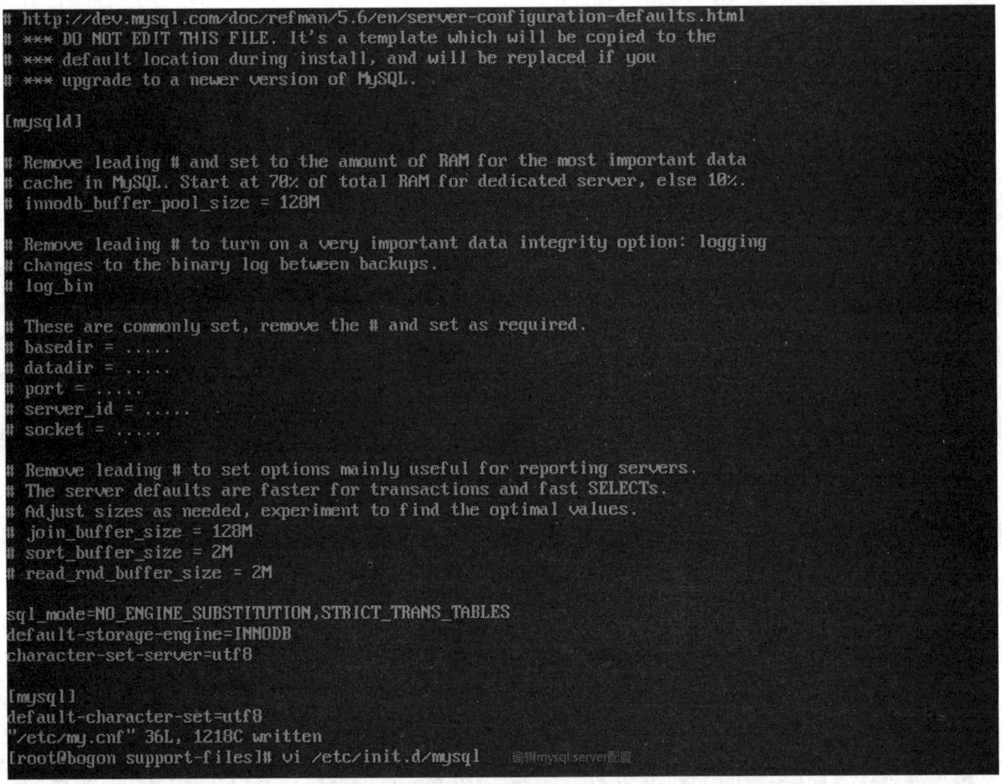

```
# http://dev.mysql.com/doc/refman/5.6/en/server-configuration-defaults.html
# *** DO NOT EDIT THIS FILE. It's a template which will be copied to the
# *** default location during install, and will be replaced if you
# *** upgrade to a newer version of MySQL.

[mysqld]

# Remove leading # and set to the amount of RAM for the most important data
# cache in MySQL. Start at 70% of total RAM for dedicated server, else 10%.
# innodb_buffer_pool_size = 128M

# Remove leading # to turn on a very important data integrity option: logging
# changes to the binary log between backups.
# log_bin

# These are commonly set, remove the # and set as required.
# basedir = .....
# datadir = .....
# port = .....
# server_id = .....
# socket = .....

# Remove leading # to set options mainly useful for reporting servers.
# The server defaults are faster for transactions and fast SELECTs.
# Adjust sizes as needed, experiment to find the optimal values.
# join_buffer_size = 128M
# sort_buffer_size = 2M
# read_rnd_buffer_size = 2M

sql_mode=NO_ENGINE_SUBSTITUTION,STRICT_TRANS_TABLES
default-storage-engine=INNODB
character-set-server=utf8

[mysql]
default-character-set=utf8
"/etc/my.cnf" 36L, 1218C written
[root@bogon support-files]# vi /etc/init.d/mysql
```

图 1-70　编辑 mysql.server

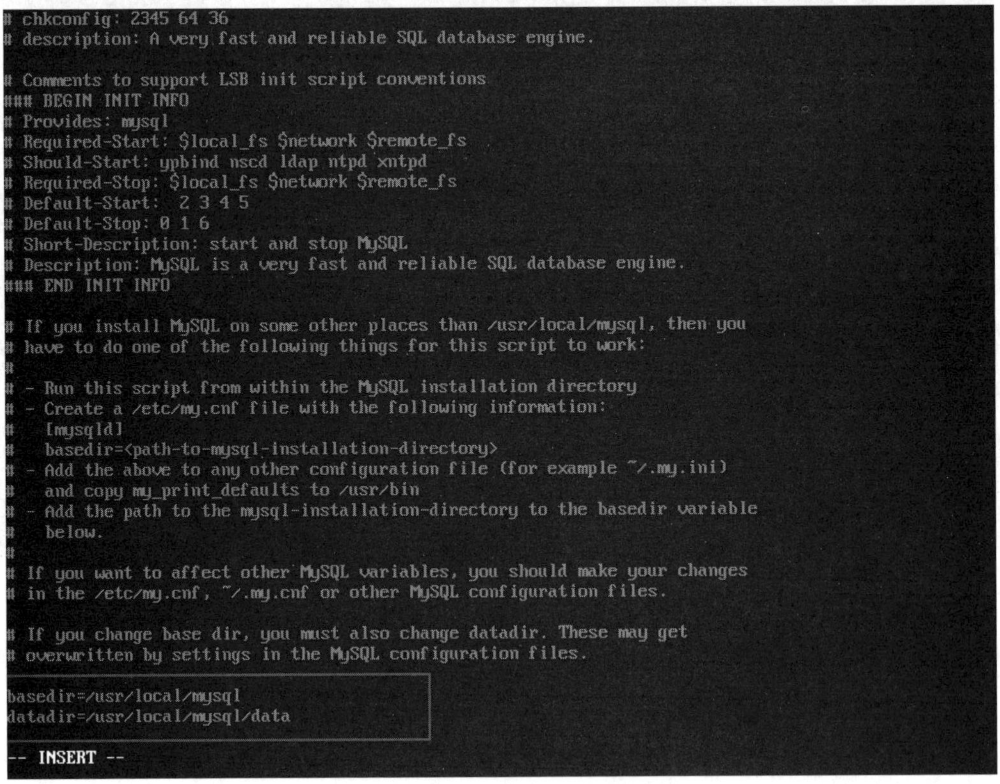

```
# chkconfig: 2345 64 36
# description: A very fast and reliable SQL database engine.

# Comments to support LSB init script conventions
### BEGIN INIT INFO
# Provides: mysql
# Required-Start: $local_fs $network $remote_fs
# Should-Start: ypbind nscd ldap ntpd xntpd
# Required-Stop: $local_fs $network $remote_fs
# Default-Start:  2 3 4 5
# Default-Stop: 0 1 6
# Short-Description: start and stop MySQL
# Description: MySQL is a very fast and reliable SQL database engine.
### END INIT INFO

# If you install MySQL on some other places than /usr/local/mysql, then you
# have to do one of the following things for this script to work:
#
# - Run this script from within the MySQL installation directory
# - Create a /etc/my.cnf file with the following information:
#   [mysqld]
#   basedir=<path-to-mysql-installation-directory>
# - Add the above to any other configuration file (for example ~/.my.ini)
#   and copy my_print_defaults to /usr/bin
# - Add the path to the mysql-installation-directory to the basedir variable
#   below.
#
# If you want to affect other MySQL variables, you should make your changes
# in the /etc/my.cnf, ~/.my.cnf or other MySQL configuration files.

# If you change base dir, you must also change datadir. These may get
# overwritten by settings in the MySQL configuration files.

basedir=/usr/local/mysql
datadir=/usr/local/mysql/data

-- INSERT --
```

图 1-71　mysql.server 配置文件

```
[root@bogon support-files]# groupadd mysql      添加组
[root@bogon support-files]# useradd -r -g mysql mysql     添加用户
[root@bogon support-files]# chown -R mysql:mysql /usr/local/mysql   授予MySQL权限
[root@bogon support-files]# cd ..   返回上级目录
[root@bogon mysql]# cd scripts/   进入scripts目录
[root@bogon scripts]# ls
mysql_install_db
[root@bogon scripts]# ./mysql_install_db --user=mysql --basedir=/usr/local/mysql --datadir=/usr/loca
l/mysql/data     初始化mysql
```

图 1-72　初始化 MySQL

```
 http://www.mysql.com

Support MySQL by buying support/licenses at http://shop.mysql.com

New default config file was created as /usr/local/mysql/my.cnf and
will be used by default by the server when you start it.
You may edit this file to change server settings

WARNING: Default config file /etc/my.cnf exists on the system
This file will be read by default by the MySQL server                初始化完成
If you do not want to use this, either remove it, or use the
--defaults-file argument to mysqld_safe when starting the server

[root@bogon scripts]# service mysql start    开启mysql服务
Starting MySQL.Logging to '/usr/local/mysql/data/bogon.err'.
 SUCCESS!
[root@bogon scripts]# cd bin
-bash: cd: bin: No such file or directory
[root@bogon scripts]# cd ..    返回上级目录
[root@bogon mysql]# cd bin     进入bin目录
[root@bogon bin]# ./mysqladmin password 'root'   将密码改为root
Warning: Using a password on the command line interface can be insecure.
[root@bogon bin]# ./mysql -uroot -p   登录mysql客户端
Enter password: root
Welcome to the MySQL monitor.  Commands end with ; or \g.
Your MySQL connection id is 2
Server version: 5.6.42 MySQL Community Server (GPL)

Copyright (c) 2000, 2018, Oracle and/or its affiliates. All rights reserved.

Oracle is a registered trademark of Oracle Corporation and/or its
affiliates. Other names may be trademarks of their respective
owners.

Type 'help;' or '\h' for help. Type '\c' to clear the current input statement.

mysql>
[root@bogon bin]# ./mysql -uroot -p
Enter password:
Welcome to the MySQL monitor.  Commands end with ; or \g.
Your MySQL connection id is 2
Server version: 5.6.42 MySQL Community Server (GPL)

Copyright (c) 2000, 2018, Oracle and/or its affiliates. All rights reserved.

Oracle is a registered trademark of Oracle Corporation and/or its
affiliates. Other names may be trademarks of their respective
owners.

Type 'help;' or '\h' for help. Type '\c' to clear the current input statement.

mysql> create database loan_asset;    创建数据库loan_asset
Query OK, 1 row affected (0.00 sec)

mysql> use loan_asset; 使用loan_asset数据库
Database changed
mysql> source /opt/loan_asset.sql;_   执行执行sql文件
```

图 1-73　登录 MySQL 客户端

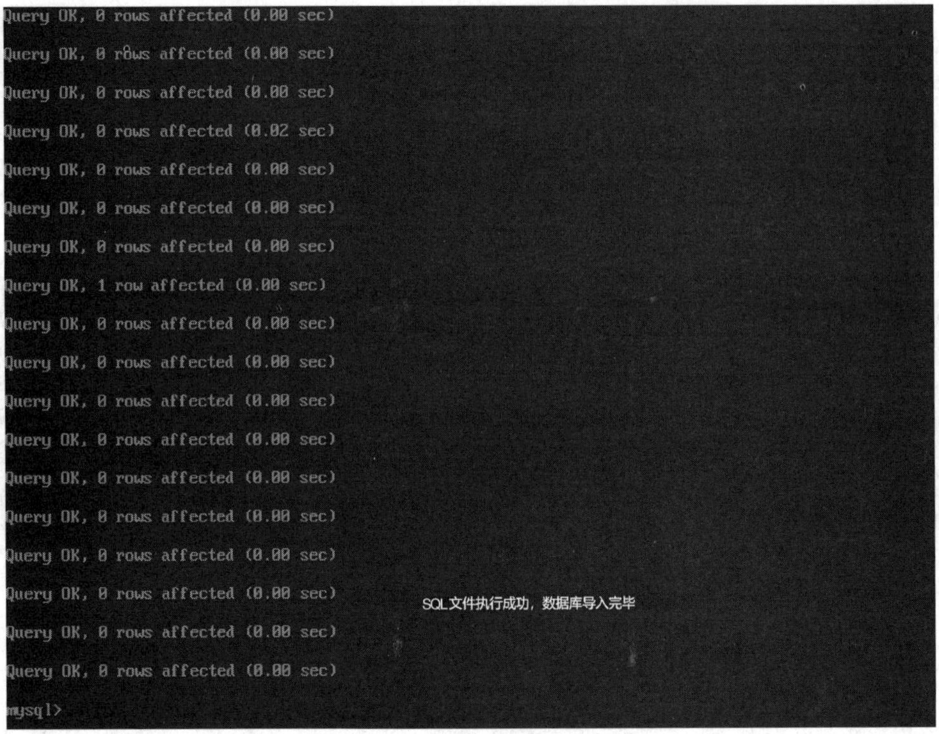

```
Query OK, 0 rows affected (0.00 sec)

Query OK, 0 rows affected (0.00 sec)

Query OK, 0 rows affected (0.00 sec)

Query OK, 0 rows affected (0.02 sec)

Query OK, 0 rows affected (0.00 sec)

Query OK, 0 rows affected (0.00 sec)

Query OK, 0 rows affected (0.00 sec)

Query OK, 1 row affected (0.00 sec)

Query OK, 0 rows affected (0.00 sec)

Query OK, 0 rows affected (0.00 sec)

Query OK, 0 rows affected (0.00 sec)

Query OK, 0 rows affected (0.00 sec)

Query OK, 0 rows affected (0.00 sec)

Query OK, 0 rows affected (0.00 sec)

Query OK, 0 rows affected (0.00 sec)

Query OK, 0 rows affected (0.00 sec)            SQL文件执行成功，数据库导入完毕

Query OK, 0 rows affected (0.00 sec)

Query OK, 0 rows affected (0.00 sec)

mysql>
```

图 1-74　数据库导入完毕

（12）安装并启动 Tomcat，部署项目，如图 1-75～图 1-78 所示。

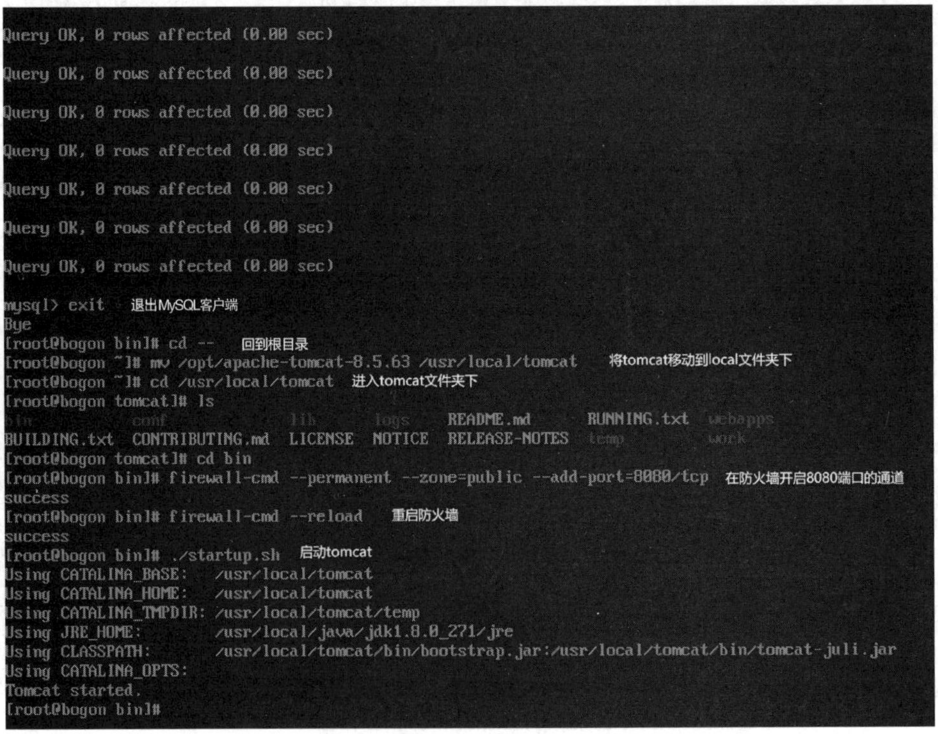

```
Query OK, 0 rows affected (0.00 sec)

Query OK, 0 rows affected (0.00 sec)

Query OK, 0 rows affected (0.00 sec)

Query OK, 0 rows affected (0.00 sec)

Query OK, 0 rows affected (0.00 sec)

Query OK, 0 rows affected (0.00 sec)

Query OK, 0 rows affected (0.00 sec)

mysql> exit    退出MySQL客户端
Bye
[root@bogon bin]# cd --    回到根目录
[root@bogon ~]# mv /opt/apache-tomcat-8.5.63 /usr/local/tomcat    将tomcat移动到local文件夹下
[root@bogon ~]# cd /usr/local/tomcat    进入tomcat文件夹下
[root@bogon tomcat]# ls
bin           conf              lib      logs    README.md      RUNNING.txt  webapps
BUILDING.txt  CONTRIBUTING.md   LICENSE  NOTICE  RELEASE-NOTES  temp         work
[root@bogon tomcat]# cd bin
[root@bogon bin]# firewall-cmd --permanent --zone=public --add-port=8080/tcp    在防火墙开启8080端口的通道
success
[root@bogon bin]# firewall-cmd --reload    重启防火墙
success
[root@bogon bin]# ./startup.sh    启动tomcat
Using CATALINA_BASE:   /usr/local/tomcat
Using CATALINA_HOME:   /usr/local/tomcat
Using CATALINA_TMPDIR: /usr/local/tomcat/temp
Using JRE_HOME:        /usr/local/java/jdk1.8.0_271/jre
Using CLASSPATH:       /usr/local/tomcat/bin/bootstrap.jar:/usr/local/tomcat/bin/tomcat-juli.jar
Using CATALINA_OPTS:
Tomcat started.
[root@bogon bin]#
```

图 1-75　启动 Tomcat

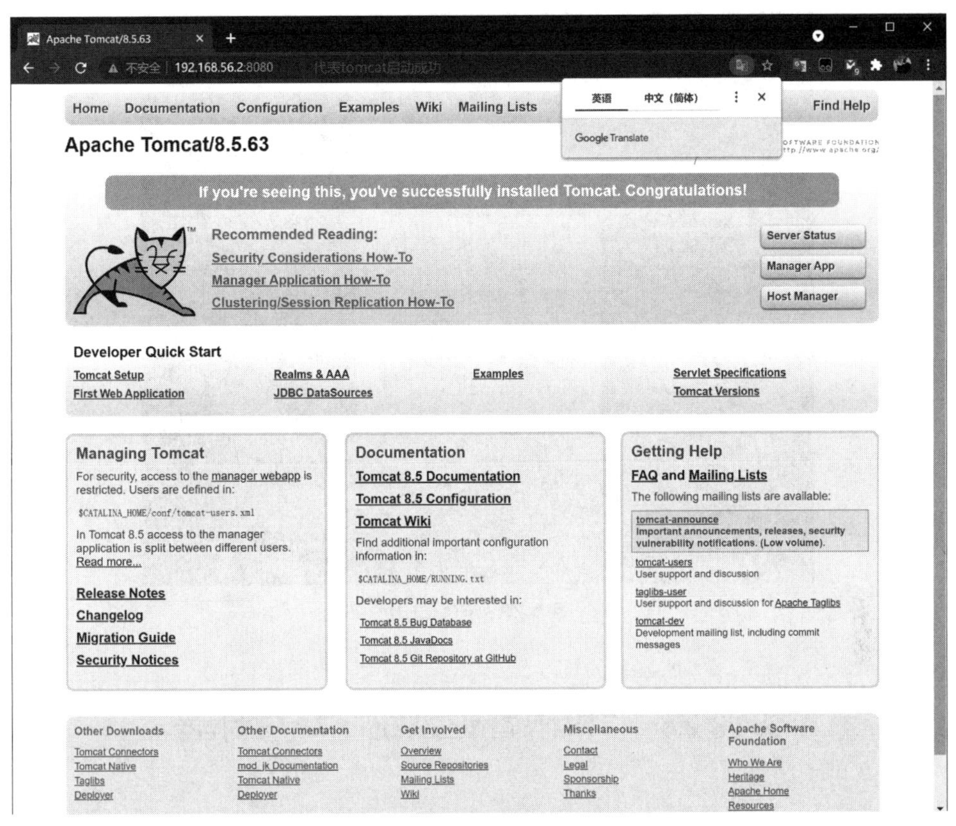

图 1-76　Tomcat 启动成功

```
[root@bogon bin]# ./shutdown.sh 关闭tomcat
Using CATALINA_BASE:   /usr/local/tomcat
Using CATALINA_HOME:   /usr/local/tomcat
Using CATALINA_TMPDIR: /usr/local/tomcat/temp
Using JRE_HOME:        /usr/local/java/jdk1.8.0_271/jre
Using CLASSPATH:       /usr/local/tomcat/bin/bootstrap.jar:/usr/local/tomcat/bin/tomcat-juli.jar
Using CATALINA_OPTS:
[root@bogon bin]# cp /opt/asset_war.war /usr/local/tomcat/webapps/  将项目war文件拷贝到 webapps目录下
[root@bogon bin]# ./startup.sh 启动tomcat 部署项目
Using CATALINA_BASE:   /usr/local/tomcat
Using CATALINA_HOME:   /usr/local/tomcat
Using CATALINA_TMPDIR: /usr/local/tomcat/temp
Using JRE_HOME:        /usr/local/java/jdk1.8.0_271/jre
Using CLASSPATH:       /usr/local/tomcat/bin/bootstrap.jar:/usr/local/tomcat/bin/tomcat-juli.jar
Using CATALINA_OPTS:
Tomcat started.
[root@bogon bin]# ./shutdown.sh 等几秒20秒钟再关闭tomcat
Using CATALINA_BASE:   /usr/local/tomcat
Using CATALINA_HOME:   /usr/local/tomcat
Using CATALINA_TMPDIR: /usr/local/tomcat/temp
Using JRE_HOME:        /usr/local/java/jdk1.8.0_271/jre
Using CLASSPATH:       /usr/local/tomcat/bin/bootstrap.jar:/usr/local/tomcat/bin/tomcat-juli.jar
Using CATALINA_OPTS:
[root@bogon bin]# ./startup.sh 启动tomcat
Using CATALINA_BASE:   /usr/local/tomcat
Using CATALINA_HOME:   /usr/local/tomcat
Using CATALINA_TMPDIR: /usr/local/tomcat/temp
Using JRE_HOME:        /usr/local/java/jdk1.8.0_271/jre
Using CLASSPATH:       /usr/local/tomcat/bin/bootstrap.jar:/usr/local/tomcat/bin/tomcat-juli.jar
Using CATALINA_OPTS:
Tomcat started.
[root@bogon bin]# cd ..
[root@bogon tomcat]# cd webapps/ webapps目录
[root@bogon webapps]# ls
asset_war  asset_war.war  docs  examples  host-manager  manager  ROOT
[root@bogon webapps]#
```

图 1-77　部署项目

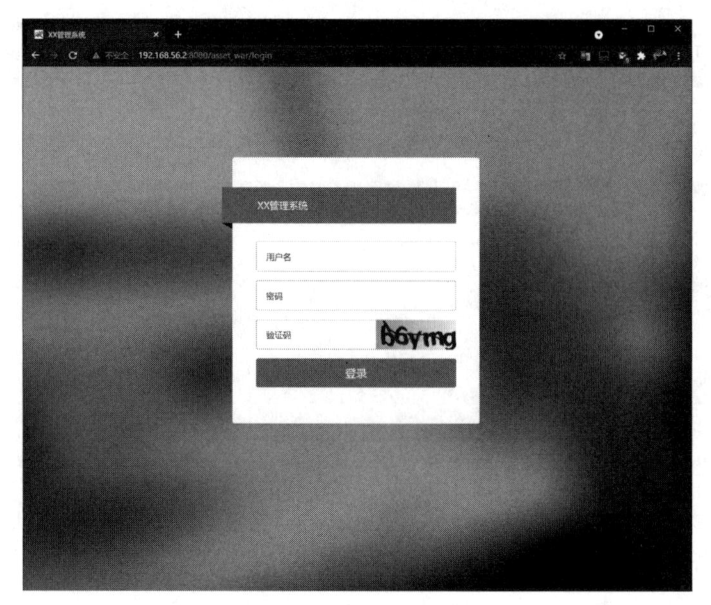

图 1-78　部署成功

实训 2：“权限管理系统”环境部署

（1）选择 VirtualBox-6.1.18-142142-Win.exe 安装包，如图 1-79 所示。

VirtualBox-6.1.18-142142-Win.exe	2021/5/25 8:34	应用程序	105,721 KB

图 1-79　选择安装包

（2）在打开的“安装向导”界面单击“下一步”按钮，如图 1-80 所示。

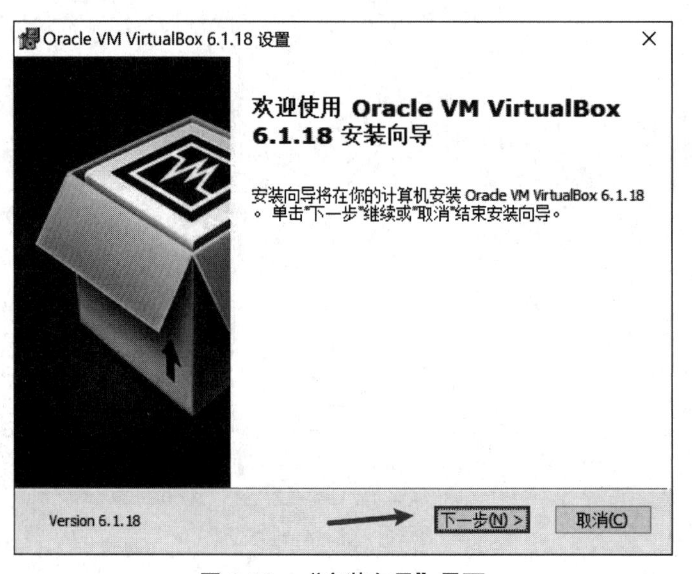

图 1-80　“安装向导”界面

（3）安装目录默认即可，也可根据自身情况选择，然后单击“下一步”按钮，如图 1-81 所示。

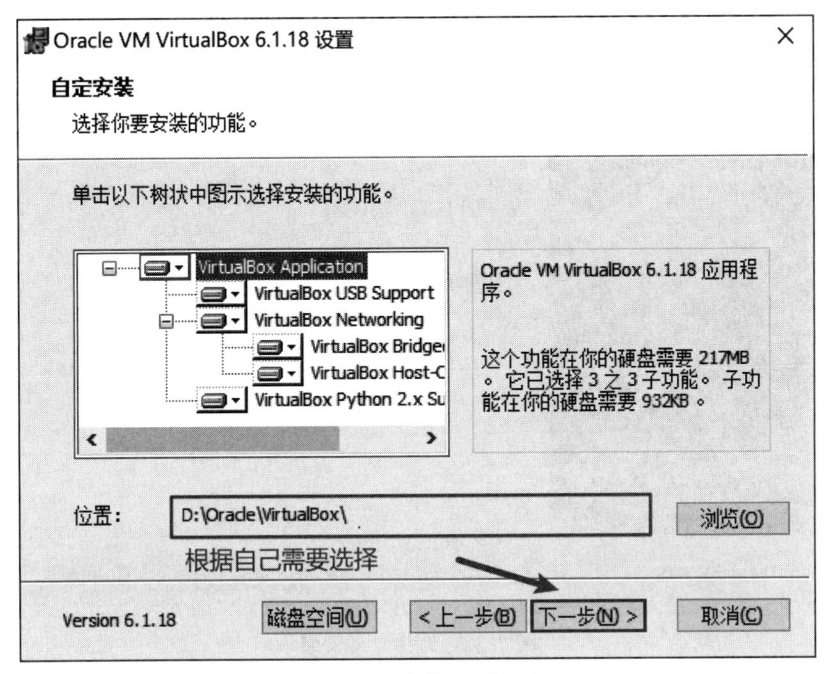

图 1-81　安装设置界面

（4）在打开的界面中选择要安装的功能，单击“下一步”按钮，如图 1-82 所示。

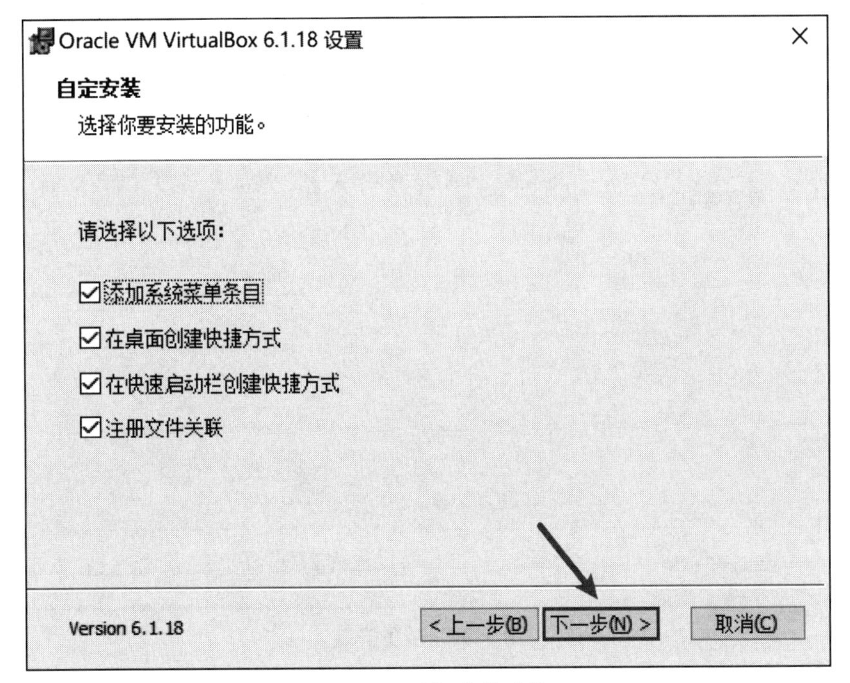

图 1-82　选择安装功能

（5）单击“是”按钮，如图 1-83 所示。

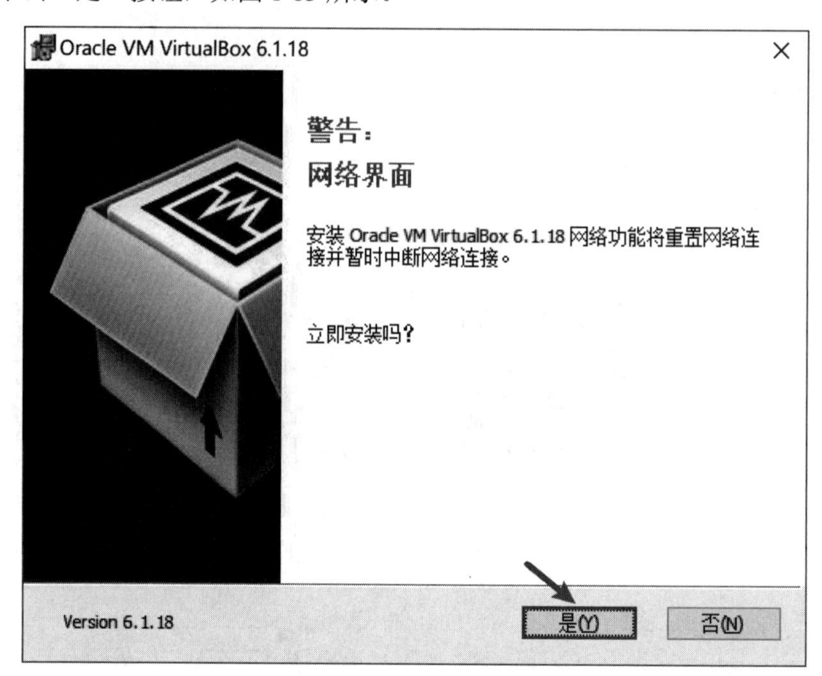

图 1-83　选择立即安装

（6）单击“安装”按钮，如图 1-84 所示。

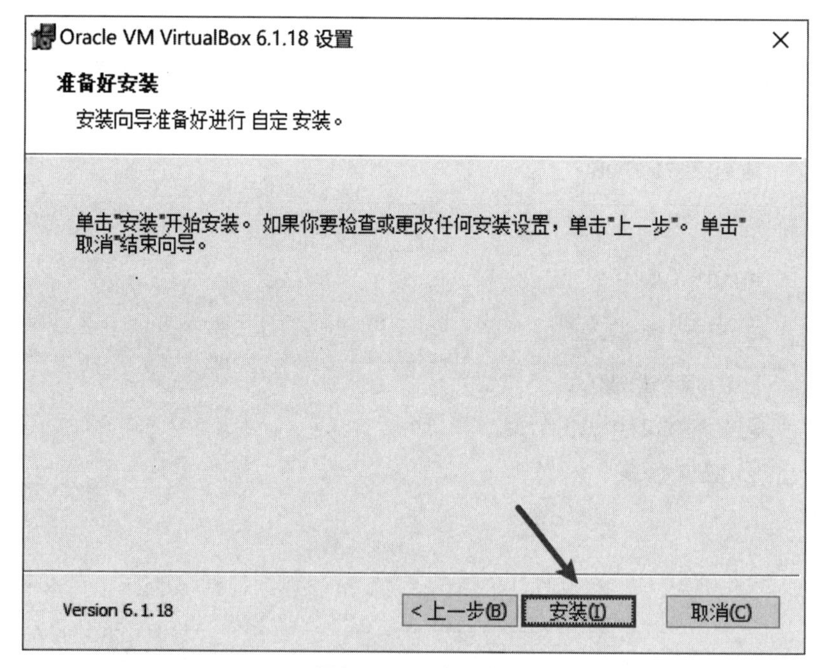

图 1-84　准备安装

（7）在打开的“用户账户控制”界面中单击“是”按钮，如图 1-85 所示。

图 1-85　用户账户控制

（8）单击“完成”按钮，如图 1-86 所示。

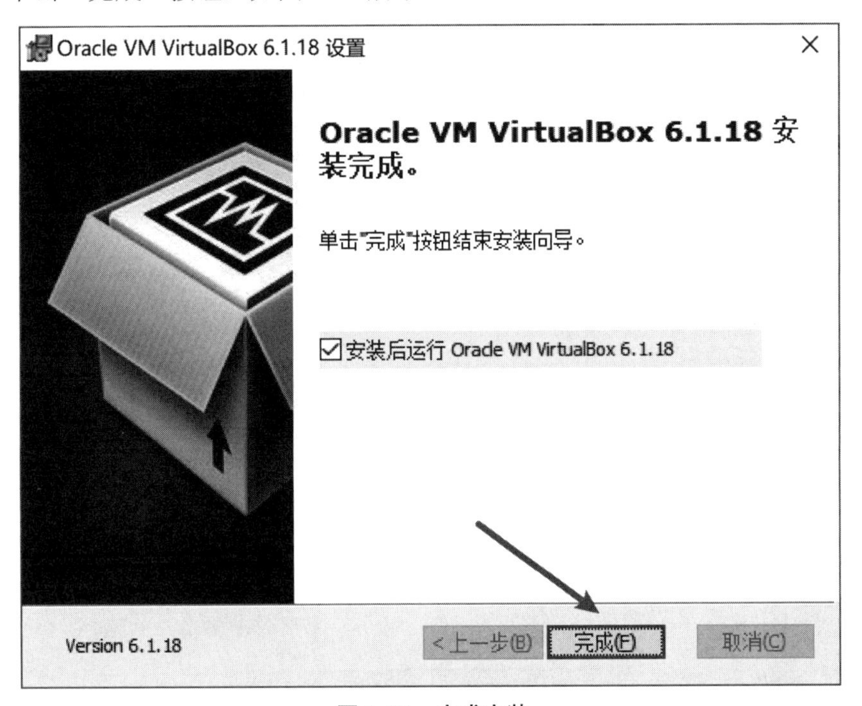

图 1-86　完成安装

（9）打开 VirtualBox，单击左上角的“管理”按钮，选择“导入虚拟电脑”选项并进行设置，如图 1-87～图 1-90 所示。

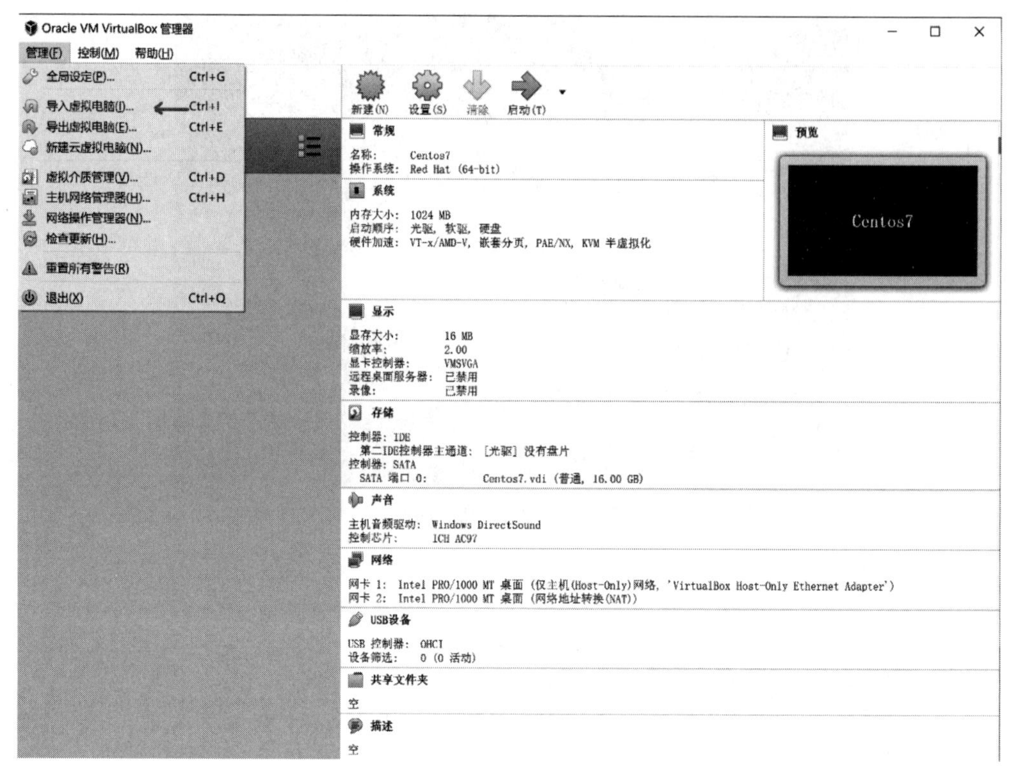

图 1-87　导入虚拟电脑

图 1-88　导入 Centos7.ova

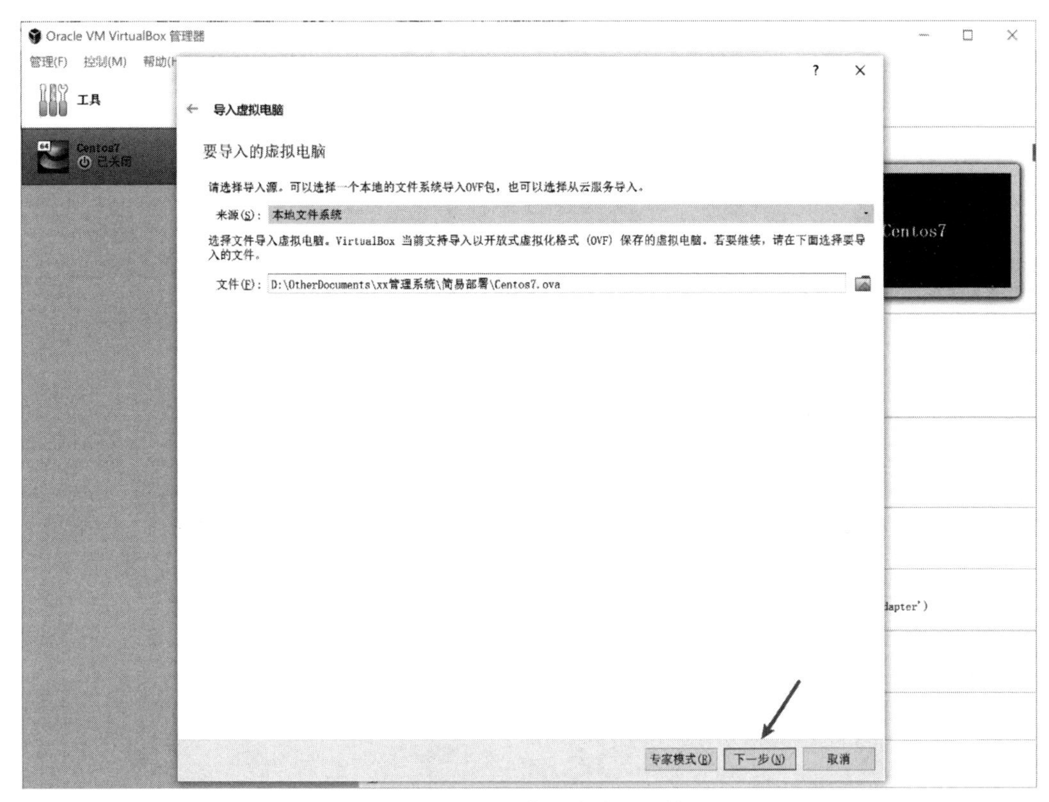

图 1-89　导入虚拟电脑—文件

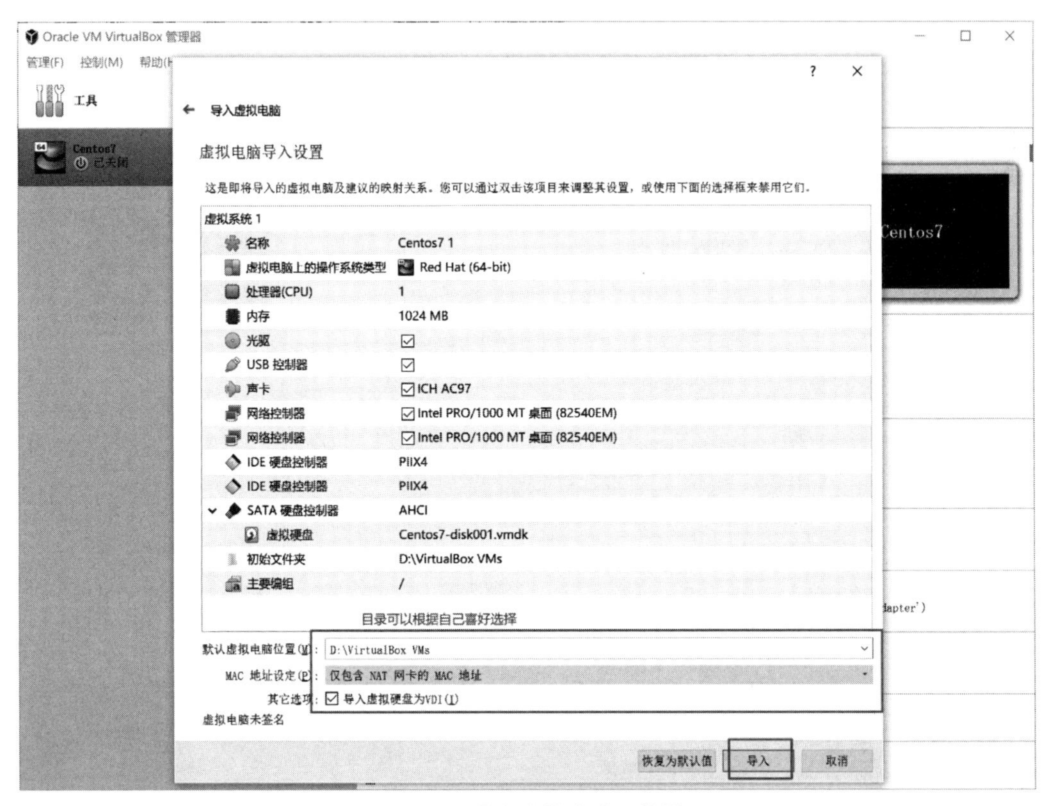

图 1-90　导入虚拟电脑—位置

（10）导入虚拟电脑过程界面如图 1-91 所示。

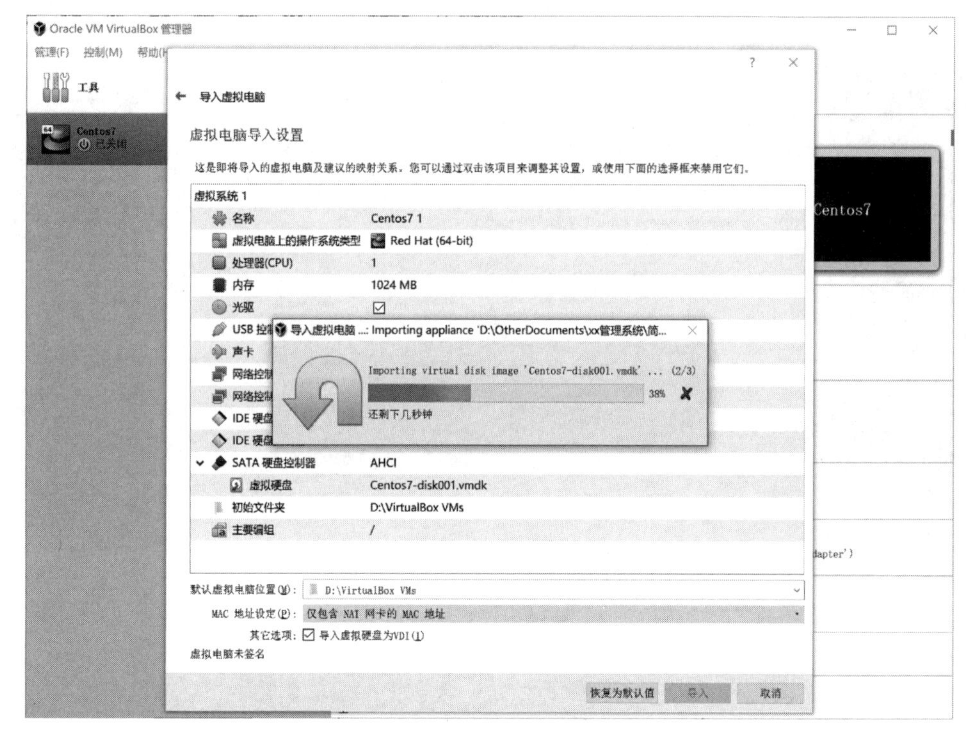

图 1-91　导入虚拟电脑过程界面

（11）导入成功后，单击“启动”按钮，进入 CentOS 7 系统，如图 1-92 所示。

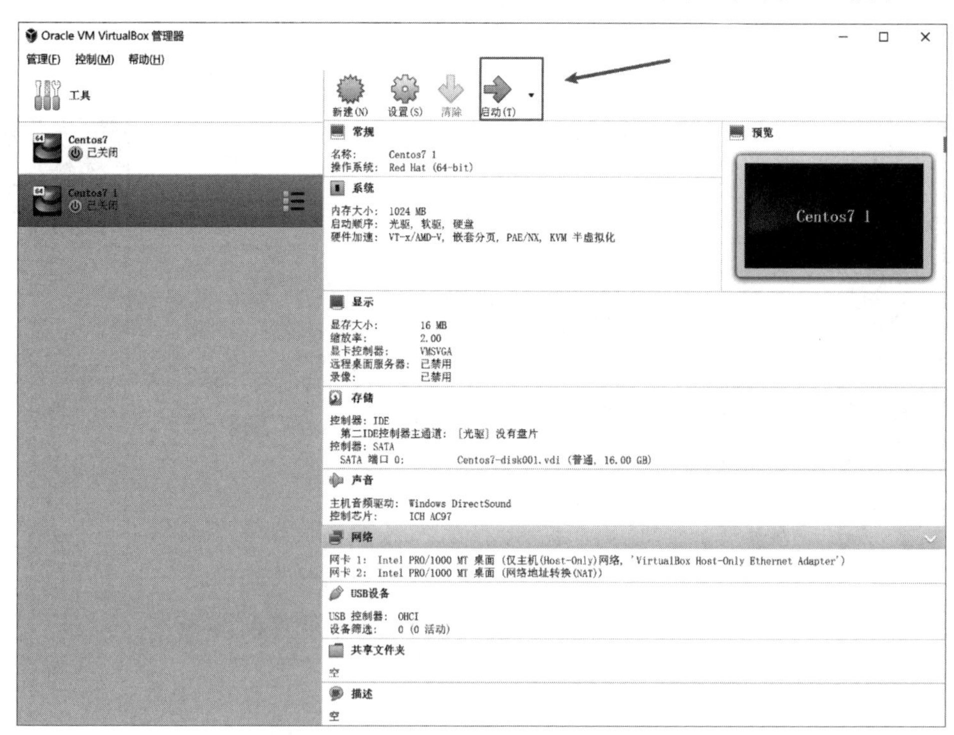

图 1-92　选择进入界面

（12）选择第一个选项进入 CentOS 7 系统，如图 1-93 所示（注意：当进入虚拟机时，鼠标指针会被锁定在虚拟机内，需要按下键盘右边的 Ctrl 键，才能释放鼠标指针到原桌面）。

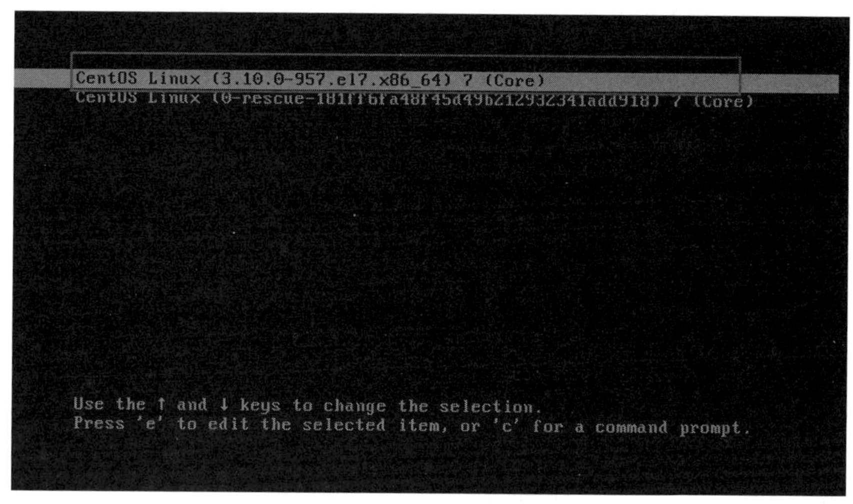

图 1-93　进入 CentOS 7 系统

先输入 ROOT 的用户名和密码（bogon login：root，Password：cvit2021）。

启动 MySQL 数据库服务：service mysql start。

启动 Tomcat 服务器: /usr/local/tomcat/bin/startup.sh。

其他命令有：

poweroff 关机

reboot 重启

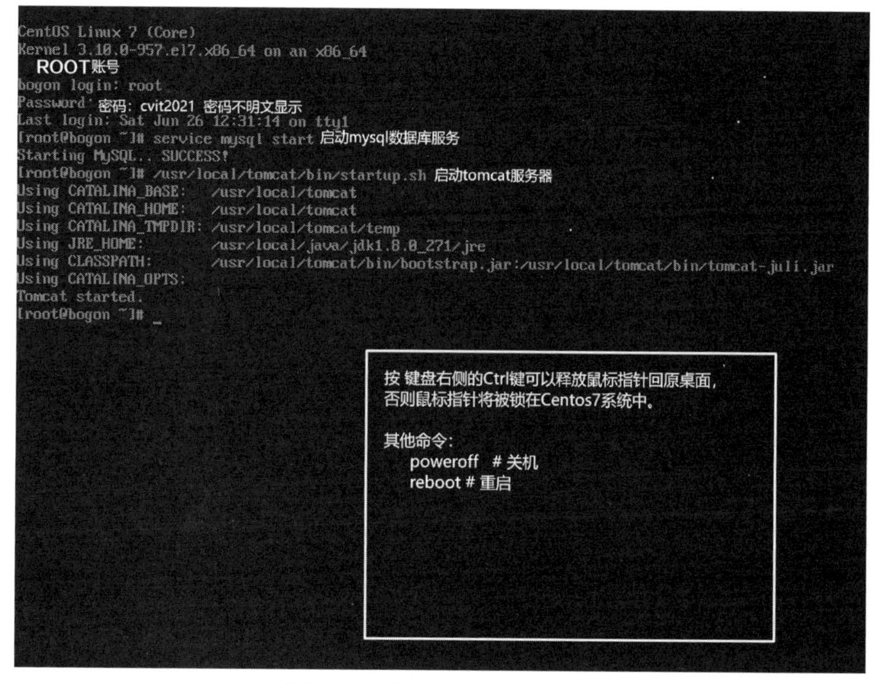

图 1-94　进入 CentOS 7 系统

第 2 章　测试用例项目实训

编写测试用例是因为测试用例是软件测试过程的核心，是测试执行环节的基本依据，是用来衡量一个项目测试质量的重要指标。测试用例的完整性、覆盖程度等，都对项目测试质量有影响。编写测试用例有以下几项重要性。

（1）编写测试用例时，我们要思考产品需求的各个方面，这有助于我们梳理需求，及时发现需求的不合理之处，从而使我们可以对需求提出更好的建议，并且这也会加深我们对需求的认识和印象。

（2）编写测试用例可以方便以后我们有步骤、有计划地进行测试，防止自己漏测。如果没有用例，我们在实际的测试过程中可能处于放任自流的状态，东测一点，西测一点，产品的质量难以得到保证。

（3）测试用例可以反映测试进度；按照测试用例的描述进行测试，每测完一个用例就标记完成，这样我们也能知道自己做过哪些测试，还有哪些测试没有完成，从而可以大致了解测试的进度。

（4）发现潜藏的缺陷，我们在执行用例的过程中可能会突然发现当初设计的用例中还可以做其他错误的操作，于是发现了 Bug。这说明了测试用例可以帮助拓展测试范围，扩大测试覆盖面，发现软件中潜藏的缺陷。

（5）编写好的测试用例可以方便我们在回归测试时，复查 Bug 是否还会出现。

（6）测试用例可以节省新人了解产品的时间。当项目上有新人来，且他们对产品基本不熟悉时，我们可以让新人首先按照测试用例进行测试，这有助于他们快速了解产品，从而提高新人的工作效率。

实训 1：权限管理系统管理员测试用例集

一、Test Suite 登录模块

（一）工作任务描述

用户管理是“权限管理系统”的基本模块，用户在浏览器的地址栏中输入 http://192.168.56.2:8080/asset_war 时，系统弹出如图 2-1 所示的登录页面。

系统管理员的账号为 sysadmin，密码为 sysadmin。角色管理员的账号为 jsadmin，密码为 jsadmin。用户输入账号和密码后，单击“登录”按钮登录。

图 2-1 登录页面

（二）业务规则

（1）在用户名、密码输入框中输入系统管理员账号、密码，单击“登录”按钮即可登录该系统；进入系统管理员首页，页面左侧显示该角色功能菜单项。

（2）未输入用户名，单击“登录”按钮后，系统提示“用户名不能为空”。

（3）未输入密码，单击“登录”按钮后，系统提示“密码不能为空”。

（4）输入无效用户名，单击“登录”按钮后，系统提示“用户名不存在”。

（5）输入无效密码，单击“登录”按钮后，系统提示“密码不正确”。

本实训就是对登录页面的功能进行测试，编写测试用例集。在此我们使用了场景法、边界值分析法、错误推测法等测试用例设计方法。

（三）工作过程

编写测试用例集，以下是登录页面的测试用例集。

用例编号：QXGL-ST-001-001	
功能点：登录功能测试	
用例描述：登录页面文字正确性验证	
前置条件：	输入：
登录页面正常显示	打开登录页面
执行步骤：	预期结果：
打开登录页面	页面文字显示和按钮文字显示正确
	实际结果：

用例编号：QXGL-ST-001-002	
功能点：登录功能测试	
用例描述：登录页面输入框显示是否符合要求	
前置条件：	输入：

续表

预制账号和密码（固定）： 系统管理员：sysadmin/sysadmin 角色管理员：jsadmin/jsadmin	1. 用户名：jsadmin 2. 密码：jsadmin
执行步骤：	预期结果：
输入以上数据	登录页面用户名输入框明文内容显示正确。密码输入框显示密文
	实际结果：

用例编号：QXGL-ST-001-003	
功能点：登录功能测试	
用例描述：正确登录	
前置条件：	输入：
预制账号和密码（固定）： 系统管理员：sysadmin/sysadmin	1. 用户名：sysadmin 2. 密码：sysadmin
执行步骤：	预期结果：
输入以上数据，单击“登录”按钮	登录后默认进入首页欢迎页，页面 title 显示“首页”，面包屑导航显示“首页”>“控制台”。 顶部导航栏显示：“欢迎 sysadmin”文字、“首页”按钮、“修改密码”按钮、“退出系统”按钮
	实际结果：

用例编号：QXGL-ST-001-004	
功能点：登录功能测试	
用例描述：正确登录	
前置条件：	输入：
预制账号和密码（固定）： 资产管理员：zcadmin/ZcAdmin456	1. 用户名：zcadmin 2. 密码：ZcAdmin457
执行步骤：	预期结果：
输入以上数据，单击“登录”按钮	登录后默认进入首页欢迎页，页面 title 显示“首页”，面包屑导航显示“首页”>“控制台”。 顶部导航栏显示：“欢迎 zcadmin”文字、“首页”按钮、“修改密码”按钮、“退出系统”按钮
	实际结果：

用例编号：QXGL-ST-001-005	
功能点：登录功能测试	
用例描述：用户名区分大小写	
前置条件：	输入：

续表

预制账号和密码（固定）： 系统管理员：sysadmin/sysadmin 角色管理员：jsadmin/jsadmin	1. 用户名：SYSADMIN 2. 密码：sysadmin
执行步骤：	预期结果：
输入以上数据，单击“登录”按钮	提示“用户名不存在”
	实际结果：

用例编号：QXGL-ST-001-006	
功能点：登录功能测试	
用例描述：用户名未输入，进行登录	
前置条件：	输入：
预制账号和密码（固定）： 系统管理员：sysadmin/sysadmin 角色管理员：jsadmin/jsadmin	1. 用户名：不输入 2. 密码：sysadmin
执行步骤：	预期结果：
输入以上数据，单击“登录”按钮	提示“用户名不能为空”
	实际结果：

用例编号：QXGL-ST-001-007	
功能点：登录功能测试	
用例描述：用户名错误（用户名不存在），进行登录	
前置条件：	输入：
预制账号和密码（固定）： 系统管理员：sysadmin/sysadmin 角色管理员：jsadmin/jsadmin	1. 用户名：sadmin 2. 密码：sysadmin
执行步骤：	预期结果：
输入以上数据，单击“登录”按钮	提示“用户名不存在”
	实际结果：

用例编号：QXGL-ST-001-008	
功能点：登录功能测试	
用例描述：密码未输入，进行登录	
前置条件：	输入：
预制账号和密码（固定）： 系统管理员：sysadmin/sysadmin 角色管理员：jsadmin/jsadmin	1. 用户名：jsadmin 2. 密码：不输入

续表

执行步骤：	预期结果：
输入以上数据，单击“登录”按钮	提示“密码不能为空”
	实际结果：

用例编号：QXGL-ST-001-009	
功能点：登录功能测试	
用例描述：用户名、密码不匹配，进行登录	
前置条件：	输入：
预制账号和密码（固定）： 系统管理员：sysadmin/sysadmin 角色管理员：jsadmin/jsadmin	1. 用户名：jsadmin 2. 密码：1234567
执行步骤：	预期结果：
输入以上数据，单击“登录”按钮	提示“密码不正确”
	实际结果：

二、Test Suite 系统管理员首页

（一）工作任务描述

用户输入账号和密码，单击“登录”按钮进行登录；系统管理员的账号为 sysadmin，密码为 sysadmin。这里登录系统管理员账号，登录进入系统管理员首页主界面，如图 2-2 所示。

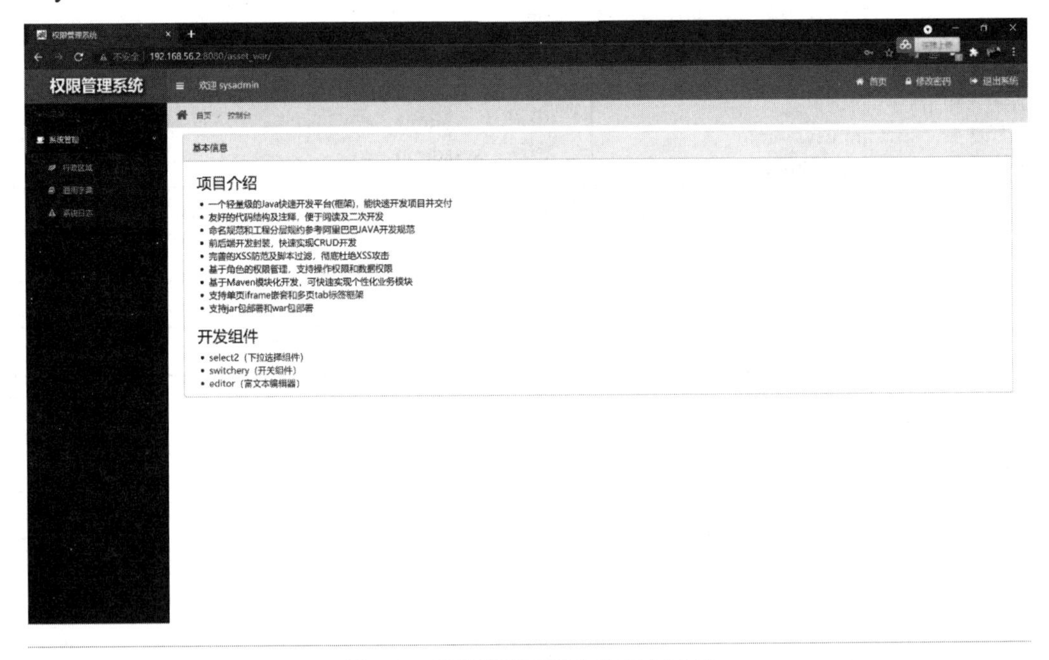

图 2-2　系统管理员账户首页主界面

（二）业务规则

（1）登录后默认进入首页欢迎页，页面 title 显示“首页”，面包屑导航显示“首页”>“控制台”。

（2）顶部导航栏显示：“欢迎 sysadmin”文字、“首页”按钮、“修改密码”按钮、“退出系统”按钮。

（3）单击“首页”按钮，可跳转到系统首页。

（4）单击“修改密码”按钮，弹出修改密码框，修改密码框内显示当前登录账号、原密码和新密码的输入框。新密码和原密码均是必填项，由红色*号标注。显示“确定”“取消”按钮，并且右上角有一个×图标。

（5）新密码为必填项，长度为 8 位，支持数字、字母、特殊符号，不支持汉字。

（6）未输入原密码，单击“保存”按钮后，系统提示“原密码为空！”。

（7）输入无效原密码，单击“保存”按钮后，系统提示“原密码错误”。

（8）未输入新密码，单击“保存”按钮后，系统提示“新密码为空！”。

（9）新密码输入长度和格式不符合规则，单击“保存”按钮后，系统提示“长度和格式不符合规则，请重新输入”。

（10）原密码和新密码输入正确，单击“保存”按钮，回到登录页面。

（11）单击右上角×图标或“取消”按钮，关闭当前窗口，回到首页。

（12）单击“退出系统”按钮，退出系统，回到登录页面。

本实训就是对系统管理员账户首页功能进行测试，编写测试用例集。在此我们使用了等价类划分法、场景法、错误推测法等测试用例设计方法。

（三）工作过程

编写测试用例集，以下是首页模块的测试用例集。

用例编号：QXGL-ST-002-001	
功能点：首页导航栏	
用例描述：显示正确性验证	
前置条件：	输入：
系统管理员登录成功	无
执行步骤：	预期结果：
无	登录后默认进入首页欢迎页，页面 title 显示“首页”，面包屑导航显示“首页”>“控制台”。 顶部导航栏显示：“欢迎 sysadmin”文字、“首页”按钮、“修改密码”按钮、“退出系统”按钮
	实际结果：

用例编号：QXGL-ST-002-002
功能点：首页导航栏
用例描述：显示正确性验证

续表

前置条件：	输入：
角色管理员登录成功	无
执行步骤：	预期结果：
无	登录后默认进入首页欢迎页，页面 title 显示“首页”，面包屑导航显示“首页”>“控制台”。 顶部导航栏显示：“欢迎 jsadmin”文字、“首页”按钮、“修改密码”按钮、“退出系统”按钮
	实际结果：

用例编号：QXGL-ST-002-003	
功能点：首页导航栏	
用例描述：“首页”按钮	
前置条件：	输入：
系统管理员登录成功	无
执行步骤：	预期结果：
单击“首页”按钮	跳转到系统首页
	实际结果：

用例编号：QXGL-ST-002-004	
功能点：首页导航栏	
用例描述：“首页”按钮	
前置条件：	输入：
角色管理员登录成功	无
执行步骤：	预期结果：
单击“首页”按钮	跳转到系统首页
	实际结果：

用例编号：QXGL-ST-002-005	
功能点：首页导航栏	
用例描述：“修改密码”按钮	
前置条件：	输入：
系统管理员登录成功	无
执行步骤：	预期结果：

续表

单击“修改密码”按钮	弹出修改密码框，修改密码框内显示当前登录账号、原密码和新密码的输入框。新密码和原密码均是必填项，由红色*号标注。显示“确定”“取消”按钮及右上角有一个×图标
	实际结果：

用例编号：QXGL-ST-002-006	
功能点：首页导航栏	
用例描述：“修改密码”按钮	
前置条件：	输入：
角色管理员登录成功	无
执行步骤：	预期结果：
单击“修改密码”按钮	弹出修改密码框，修改密码框内显示当前登录账号原密码和新密码的输入框。新密码和原密码均是必填项，由红色*号标注。显示“确定”“取消”按钮及右上角有一个×图标
	实际结果：

用例编号：QXGL-ST-002-007	
功能点：首页导航栏	
用例描述：修改密码	
前置条件：	输入：
系统管理员登录成功	原密码：sysadmin 新密码：sysadmi
执行步骤：	预期结果：
单击“保存”按钮	提示“长度和格式不符合规则，请重新输入”
	实际结果：

用例编号：QXGL-ST-002-008	
功能点：首页导航栏	
用例描述：修改密码	
前置条件：	输入：
系统管理员登录成功	原密码：sysadmin 新密码：sysadmi5
执行步骤：	预期结果：
单击“保存”按钮	提示修改成功，回到登录页面
	实际结果：

用例编号：QXGL-ST-002-009	
功能点：首页导航栏	
用例描述：修改密码	
前置条件：	输入：
系统管理员登录成功	原密码：sysadmin 新密码：sysadmi67
执行步骤：	预期结果：
单击“保存”按钮	提示“长度和格式不符合规则，请重新输入”
	实际结果：

用例编号：QXGL-ST-002-010	
功能点：首页导航栏	
用例描述：修改密码	
前置条件：	输入：
系统管理员登录成功	原密码：sysadmin 新密码：sysadmi 哈
执行步骤：	预期结果：
单击“保存”按钮	提示“长度和格式不符合规则，请重新输入”
	实际结果：

用例编号：QXGL-ST-002-011	
功能点：首页导航栏	
用例描述：修改密码	
前置条件：	输入：
系统管理员登录成功	原密码： 新密码：sysadmin
执行步骤：	预期结果：
单击“保存”按钮	提示“原密码为空！”
	实际结果：

用例编号：QXGL-ST-002-012	
功能点：首页导航栏	
用例描述：修改密码	
前置条件：	输入：
系统管理员登录成功	原密码：sysadmin 新密码：

续表

执行步骤：	预期结果：
单击“保存”按钮	提示“新密码为空！”
	实际结果：

用例编号：QXGL-ST-002-013	
功能点：首页导航栏	
用例描述：单击右上角×图标	
前置条件：	输入：
系统管理员登录成功	无
执行步骤：	预期结果：
单击右上角×图标	关闭当前窗口，回到首页
	实际结果：

用例编号：QXGL-ST-002-014	
功能点：首页导航栏	
用例描述：单击“取消”按钮	
前置条件：	输入：
系统管理员登录成功	无
执行步骤：	预期结果：
单击“取消”按钮	关闭当前窗口，回到首页
	实际结果：

用例编号：QXGL-ST-002-015	
功能点：首页导航栏	
用例描述：退出系统	
前置条件：	输入：
系统管理员登录成功	无
执行步骤：	预期结果：
单击“退出系统”按钮	退出系统，回到登录页面
	实际结果：

<table>
<tr><td colspan="2">用例编号：QXGL-ST-002-016</td></tr>
<tr><td colspan="2">功能点：首页导航栏</td></tr>
<tr><td colspan="2">用例描述：修改密码</td></tr>
<tr><td>前置条件：</td><td>输入：</td></tr>
<tr><td>角色管理员登录成功</td><td>原密码：jsadmin
新密码：jsadmi</td></tr>
<tr><td>执行步骤：</td><td>预期结果：</td></tr>
<tr><td rowspan="3">单击“保存”按钮</td><td>提示“长度和格式不符合规则，请重新输入”</td></tr>
<tr><td>实际结果：</td></tr>
<tr><td></td></tr>
</table>

<table>
<tr><td colspan="2">用例编号：QXGL-ST-002-017</td></tr>
<tr><td colspan="2">功能点：首页导航栏</td></tr>
<tr><td colspan="2">用例描述：修改密码</td></tr>
<tr><td>前置条件：</td><td>输入：</td></tr>
<tr><td>角色管理员登录成功</td><td>原密码：jsadmin
新密码：jsadmi5</td></tr>
<tr><td>执行步骤：</td><td>预期结果：</td></tr>
<tr><td rowspan="3">单击“保存”按钮</td><td>提示“修改成功”，回到登录页面</td></tr>
<tr><td>实际结果：</td></tr>
<tr><td></td></tr>
</table>

<table>
<tr><td colspan="2">用例编号：QXGL-ST-002-018</td></tr>
<tr><td colspan="2">功能点：首页导航栏</td></tr>
<tr><td colspan="2">用例描述：修改密码</td></tr>
<tr><td>前置条件：</td><td>输入：</td></tr>
<tr><td>角色管理员登录成功</td><td>原密码：jsadmin
新密码：jsadmi67</td></tr>
<tr><td>执行步骤：</td><td>预期结果：</td></tr>
<tr><td rowspan="3">单击“保存”按钮</td><td>提示“长度和格式不符合规则，请重新输入”</td></tr>
<tr><td>实际结果：</td></tr>
<tr><td></td></tr>
</table>

<table>
<tr><td colspan="2">用例编号：QXGL-ST-002-019</td></tr>
<tr><td colspan="2">功能点：首页导航栏</td></tr>
<tr><td colspan="2">用例描述：修改密码</td></tr>
<tr><td>前置条件：</td><td>输入：</td></tr>
</table>

续表

角色管理员登录成功	原密码：jsadmin 新密码：jsadmi 哈
执行步骤：	预期结果：
单击“保存”按钮	提示“长度和格式不符合规则，请重新输入”
	实际结果：

用例编号：QXGL-ST-002-020	
功能点：首页导航栏	
用例描述：修改密码	
前置条件：	输入：
角色管理员登录成功	原密码： 新密码：jsadmin
执行步骤：	预期结果：
单击“保存”按钮	提示“原密码为空！”
	实际结果：

用例编号：QXGL-ST-002-021	
功能点：首页导航栏	
用例描述：修改密码	
前置条件：	输入：
角色管理员登录成功	原密码：jsadmin 新密码：
执行步骤：	预期结果：
单击“保存”按钮	提示“新密码为空！”
	实际结果：

用例编号：QXGL-ST-002-022	
功能点：首页导航栏	
用例描述：单击右上角×图标	
前置条件：	输入：
角色管理员登录成功	无
执行步骤：	预期结果：
单击右上角×图标	关闭当前窗口，回到首页
	实际结果：

用例编号：QXGL-ST-002-023	
功能点：首页导航栏	
用例描述：单击“取消”按钮	
前置条件：	输入：
角色管理员登录成功	无
执行步骤：	预期结果：
单击“取消”按钮	关闭当前窗口，回到首页
	实际结果：

用例编号：QXGL-ST-002-024	
功能点：首页导航栏	
用例描述：退出系统	
前置条件：	输入：
角色管理员登录成功	无
执行步骤：	预期结果：
单击“退出系统”按钮	退出系统，回到登录页面
	实际结果：

三、Test Suite 行政区域模块

（一）工作任务描述

用户登录成功后，进入首页界面，选择“行政区域”选项进入行政区域模块，如图 2-3 所示。

图 2-3　行政区域主界面

该模块拥有新增、修改、删除、查询区域的功能。

以新增区域为例，本系统内已经内置了中国所有省级地区及大型的直辖市地区，因此无法直接新增省级区域，输入信息后单击“确定”按钮，如图 2-4 所示，如果直接单击右上角的“新增”按钮，上级区域将无法选择，这可以看作一个缺陷。

图 2-4　新增区域主界面

因此如果想要新增区域，则需要单击任意区域后的 ➕ 按钮，此时上级区域默认的就是按钮前的区域，如图 2-5、图 2-6 所示。

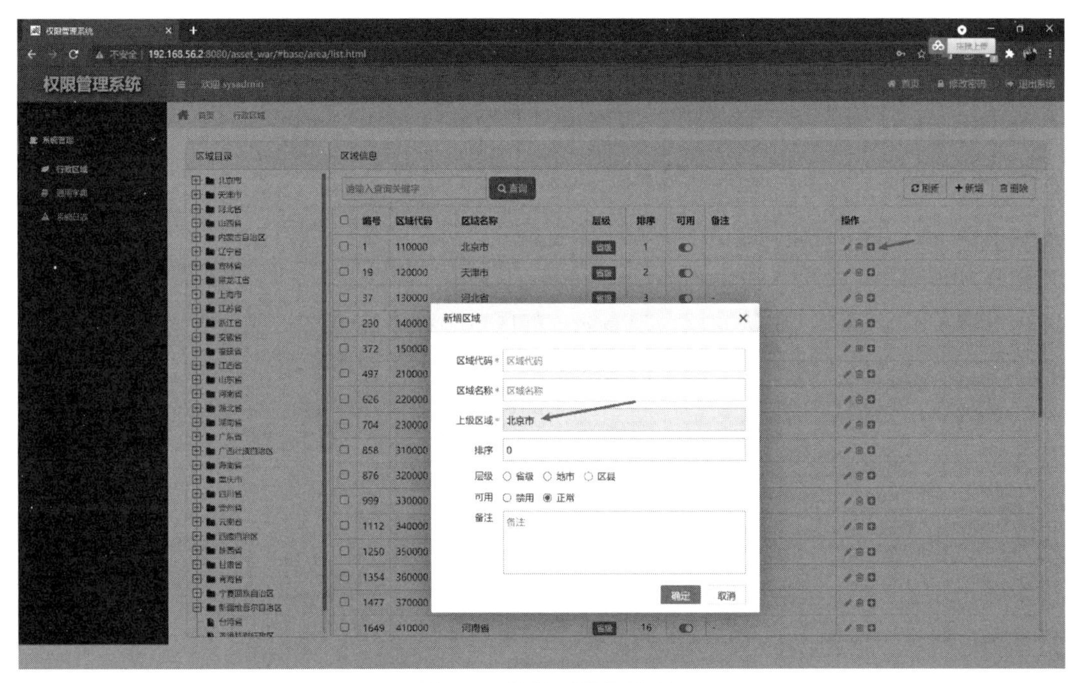

图 2-5　新增区域主界面

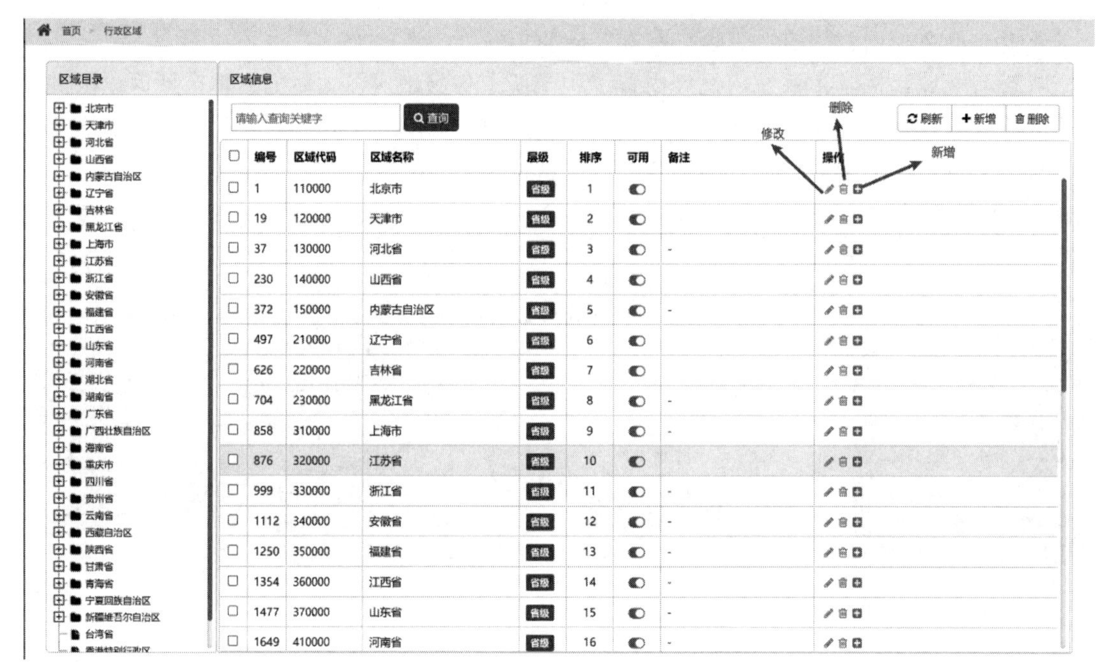

图 2-6　行政区域主界面

（二）业务规则

1. 行政区域列表页

单击左侧导航栏中的“行政区域”模块菜单，可进入行政区域页面，列表默认显示全部区域信息，左侧显示区域目录，页面 title 显示“行政区域”。

面包屑导航显示“首页”>“行政区域”。

列表字段显示：编号、区域代码、区域名称、层级、排序、可用（ ）、备注、操作（ ）。

列表按照区域编号升序排列。

列表无分页功能。

2. 新增区域（注意：必填项使用红色星号“*”标注）

在区域列表页，勾选要新增区域的区域名称，单击“新增”按钮，弹出“新增区域”窗口，弹框 title 显示“新增区域”。

区域名称：必填项，默认为空，与系统内的区域名称不能重复。字符格式及长度要求：允许汉字、英文字母、数字，可输入长度大于等于 3 个字小于等于 20 个字。

区域代码：必填项，默认为空，与系统内的区域编码不能重复。字符格式及长度要求：允许英文字母、数字，不能以 0 开头，长度必须为 6 个字。

上级区域：默认无法更改。

排序：非必填项，只允许填数字。

层级：非必填项，省级、地市、区县三选一。

可用：默认为正常；可选正常、禁用。

备注：非必填项，默认为空。字符格式及长度要求：长度最多输入 500 个字。

区域名称未填写，单击“保存”按钮时，提示“区域名称不能为空！”；区域名称重复，单击“保存”按钮时，提示“区域名称不唯一，请重新输入。”；区域名称输入格式或长度不正确，单击“保存”按钮时，提示“区域名称输入有误，请重新输入”。关闭错误提示信息，仍停留在当前窗口。

区域代码未填写，单击“保存”按钮时，提示“区域代码不能为空！”；区域代码重复，单击“保存”按钮时，提示“区域代码不唯一，请重新输入。”；区域代码输入格式或长度不正确，单击“保存”按钮时，提示“区域代码输入有误，请重新输入。”。关闭错误提示信息，仍停留在当前窗口。

备注输入长度不正确，单击“保存”按钮时，提示“备注输入有误，请重新输入。”。关闭错误提示信息，仍停留在当前窗口。

单击“保存”按钮，保存当前新增内容，关闭当前窗口，回到列表页，在列表页新增一条记录。

单击“取消”按钮或窗口右上角×图标，不保存当前新增内容，关闭当前窗口，回到列表页。

3. 修改区域（注意：必填项使用红色星号“*”标注）

在区域列表页，勾选要编辑区域的区域名称，单击“编辑”按钮，弹出“编辑区域”窗口，弹框 title 显示“编辑区域”。

区域名称：同新增区域。

区域代码：同新增区域。

上级区域：同新增区域。

排序：同新增区域。

层级：同新增区域。

可用：同新增区域。

备注：同新增区域。

区域名称未填写，其操作同新增区域。

区域代码未填写，其操作同新增区域。

备注输入长度不正确，其操作同新增区域。

单击“保存”按钮，其操作同新增区域。

单击“取消”按钮或窗口右上角×图标，其操作同新增区域。

4. 删除区域

在行政区域区域列表页，单击任意区域后的“删除”按钮或勾选要删除的目录或参数后单击“删除”按钮，系统弹框提示“注：您确定要删除吗？该操作将无法恢复”，“确定”按钮、“取消”按钮。

单击“确定”按钮，执行删除操作，回到列表页，列表页无该条记录。

单击“取消”按钮或右上角×图标，不执行删除操作，回到列表页，列表页该条记录存在。

5. 刷新

单击“刷新”按钮，刷新区域列表，显示所有行政区域。

6. 查询机构

查询输入框中默认显示“请输入查询关键字”，支持区域名称左右匹配模糊查询。

单击“查询”按钮，系统显示符合条件的区域信息，查询后保留查询条件。

本节任务就是编写行政区域模块的测试用例集。在此我们使用了场景法、错误推测法、边界值分析法等测试用例设计方法。

（三）工作过程

以下是行政区域模块的测试用例集。

<table>
<tr><td colspan="2">用例编号：QXGL-ST-003-001</td></tr>
<tr><td colspan="2">功能点：上方导航栏</td></tr>
<tr><td colspan="2">用例描述：显示正确性验证</td></tr>
<tr><td>前置条件：</td><td>输入：</td></tr>
<tr><td>系统管理员登录成功</td><td>无</td></tr>
<tr><td>执行步骤：</td><td>预期结果：</td></tr>
<tr><td rowspan="3">无</td><td>登录后默认进入首页欢迎页，页面 title 显示“首页”，面包屑导航显示“首页”>“控制台”。
顶部导航栏显示：“欢迎 sysadmin”文字、“首页”按钮、“修改密码”按钮、“退出系统”按钮</td></tr>
<tr><td>实际结果：</td></tr>
<tr><td></td></tr>
</table>

<table>
<tr><td colspan="2">用例编号：QXGL-ST-003-002</td></tr>
<tr><td colspan="2">功能点：上方导航栏</td></tr>
<tr><td colspan="2">用例描述：显示正确性验证</td></tr>
<tr><td>前置条件：</td><td>输入：</td></tr>
<tr><td>角色管理员登录成功</td><td>无</td></tr>
<tr><td>执行步骤：</td><td>预期结果：</td></tr>
<tr><td rowspan="3">无</td><td>登录后默认进入首页欢迎页，页面 title 显示“首页”，面包屑导航显示“首页”>“控制台”。
顶部导航栏显示：“欢迎 jsadmin”文字、“首页”按钮、“修改密码”按钮、“退出系统”按钮</td></tr>
<tr><td>实际结果：</td></tr>
<tr><td></td></tr>
</table>

<table>
<tr><td>用例编号：QXGL-ST-003-003</td></tr>
<tr><td>功能点：上方导航栏</td></tr>
<tr><td>用例描述：“首页”按钮</td></tr>
</table>

续表

前置条件：	输入：
系统管理员登录成功	无
执行步骤：	预期结果：
单击“首页”按钮	跳转到系统首页
	实际结果：

<table>
<tr><td colspan="2">用例编号：QXGL-ST-003-004</td></tr>
<tr><td colspan="2">功能点：上方导航栏</td></tr>
<tr><td colspan="2">用例描述：首页按钮</td></tr>
<tr><td>前置条件：</td><td>输入：</td></tr>
<tr><td>角色管理员登录成功</td><td>无</td></tr>
<tr><td>执行步骤：</td><td>预期结果：</td></tr>
<tr><td rowspan="3">单击“首页”按钮</td><td>跳转到系统首页</td></tr>
<tr><td>实际结果：</td></tr>
<tr><td></td></tr>
</table>

<table>
<tr><td colspan="2">用例编号：QXGL-ST-003-005</td></tr>
<tr><td colspan="2">功能点：上方导航栏</td></tr>
<tr><td colspan="2">用例描述：“修改密码”按钮</td></tr>
<tr><td>前置条件：</td><td>输入：</td></tr>
<tr><td>系统管理员登录成功</td><td>无</td></tr>
<tr><td>执行步骤：</td><td>预期结果：</td></tr>
<tr><td rowspan="3">单击“修改密码”按钮</td><td>弹出修改密码框，修改密码框内显示当前登录账号、原密码和新密码的输入框。新密码和原密码均是必填项，由红色*号标注。显示“确定”“取消”按钮及右上角有一个×图标</td></tr>
<tr><td>实际结果：</td></tr>
<tr><td></td></tr>
</table>

<table>
<tr><td colspan="2">用例编号：QXGL-ST-003-006</td></tr>
<tr><td colspan="2">功能点：上方导航栏</td></tr>
<tr><td colspan="2">用例描述：“修改密码”按钮</td></tr>
<tr><td>前置条件：</td><td>输入：</td></tr>
<tr><td>角色管理员登录成功</td><td>无</td></tr>
<tr><td>执行步骤：</td><td>预期结果：</td></tr>
</table>

续表

单击“修改密码”按钮	弹出修改密码框，修改密码框内显示当前登录账号、原密码和新密码的输入框。新密码和原密码均是必填项，由红色*号标注。显示“确定”“取消”按钮及右上角有一个×图标
	实际结果：

用例编号：QXGL-ST-003-007	
功能点：上方导航栏	
用例描述：修改密码	
前置条件：	输入：
系统管理员登录成功	原密码：sysadmin 新密码：sysadmi
执行步骤：	预期结果：
单击“保存”按钮	提示“长度和格式不符合规则，请重新输入”
	实际结果：

用例编号：QXGL-ST-003-008	
功能点：上方导航栏	
用例描述：修改密码	
前置条件：	输入：
系统管理员登录成功	原密码：sysadmin 新密码：sysadmi5
执行步骤：	预期结果：
单击“保存”按钮	提示修改成功，回到登录页面
	实际结果：

用例编号：QXGL-ST-003-009	
功能点：上方导航栏	
用例描述：修改密码	
前置条件：	输入：
系统管理员登录成功	原密码：sysadmin 新密码：sysadmi67
执行步骤：	预期结果：
单击“保存”按钮	提示“长度和格式不符合规则，请重新输入”
	实际结果：

用例编号：QXGL-ST-003-010	
功能点：上方导航栏	
用例描述：修改密码	
前置条件：	输入：
系统管理员登录成功	原密码：sysadmin 新密码：sysadmi 哈
执行步骤：	预期结果：
单击“保存”按钮	提示“长度和格式不符合规则，请重新输入”
	实际结果：

用例编号：QXGL-ST-003-011	
功能点：上方导航栏	
用例描述：修改密码	
前置条件：	输入：
系统管理员登录成功	原密码： 新密码：sysadmin
执行步骤：	预期结果：
单击“保存”按钮	提示“原密码为空！”
	实际结果：

用例编号：QXGL-ST-003-012	
功能点：上方导航栏	
用例描述：修改密码	
前置条件：	输入：
系统管理员登录成功	原密码：sysadmin 新密码：
执行步骤：	预期结果：
单击“保存”按钮	提示“新密码为空！”
	实际结果：

用例编号：QXGL-ST-003-013	
功能点：上方导航栏	
用例描述：单击右上角×图标	
前置条件：	输入：
系统管理员登录成功	无

续表

执行步骤：	预期结果：
单击右上角×图标	关闭当前窗口，回到首页
	实际结果：

用例编号：QXGL-ST-003-014	
功能点：上方导航栏	
用例描述：单击“取消”按钮	
前置条件：	输入：
系统管理员登录成功	无
执行步骤：	预期结果：
单击“取消”按钮	关闭当前窗口，回到首页
	实际结果：

用例编号：QXGL-ST-003-015	
功能点：上方导航栏	
用例描述：退出系统	
前置条件：	输入：
系统管理员登录成功	无
执行步骤：	预期结果：
单击“退出系统”按钮	退出系统回到登录页面
	实际结果：

用例编号：QXGL-ST-003-016	
功能点：上方导航栏	
用例描述：修改密码	
前置条件：	输入：
角色管理员登录成功	原密码：jsadmin 新密码：jsadmi
执行步骤：	预期结果：
单击“保存”按钮	提示“长度和格式不符合规则，请重新输入”
	实际结果：

<table>
<tr><td colspan="2">用例编号：QXGL-ST-003-017</td></tr>
<tr><td colspan="2">功能点：上方导航栏</td></tr>
<tr><td colspan="2">用例描述：修改密码</td></tr>
<tr><td>前置条件：</td><td>输入：</td></tr>
<tr><td>角色管理员登录成功</td><td>原密码：jsadmin
新密码：jsadmi5</td></tr>
<tr><td>执行步骤：</td><td>预期结果：</td></tr>
<tr><td rowspan="3">单击“保存”按钮</td><td>提示修改成功，回到登录页面</td></tr>
<tr><td>实际结果：</td></tr>
<tr><td></td></tr>
</table>

<table>
<tr><td colspan="2">用例编号：QXGL-ST-003-018</td></tr>
<tr><td colspan="2">功能点：上方导航栏</td></tr>
<tr><td colspan="2">用例描述：修改密码</td></tr>
<tr><td>前置条件：</td><td>输入：</td></tr>
<tr><td>角色管理员登录成功</td><td>原密码：jsadmin
新密码：jsadmi67</td></tr>
<tr><td>执行步骤：</td><td>预期结果：</td></tr>
<tr><td rowspan="3">单击“保存”按钮</td><td>提示“长度和格式不符合规则，请重新输入”</td></tr>
<tr><td>实际结果：</td></tr>
<tr><td></td></tr>
</table>

<table>
<tr><td colspan="2">用例编号：QXGL-ST-003-019</td></tr>
<tr><td colspan="2">功能点：上方导航栏</td></tr>
<tr><td colspan="2">用例描述：修改密码</td></tr>
<tr><td>前置条件：</td><td>输入：</td></tr>
<tr><td>角色管理员登录成功</td><td>原密码：jsadmin
新密码：jsadmi 哈</td></tr>
<tr><td>执行步骤：</td><td>预期结果：</td></tr>
<tr><td rowspan="3">单击“保存”按钮</td><td>提示“长度和格式不符合规则，请重新输入”</td></tr>
<tr><td>实际结果：</td></tr>
<tr><td></td></tr>
</table>

<table>
<tr><td colspan="2">用例编号：QXGL-ST-003-020</td></tr>
<tr><td colspan="2">功能点：上方导航栏</td></tr>
<tr><td colspan="2">用例描述：修改密码</td></tr>
<tr><td>前置条件：</td><td>输入：</td></tr>
<tr><td>角色管理员登录成功</td><td>原密码：
新密码：jsadmin</td></tr>
</table>

续表

执行步骤：	预期结果：
单击“保存”按钮	提示“原密码为空！”
	实际结果：

用例编号：QXGL-ST-003-021	
功能点：上方导航栏	
用例描述：修改密码	
前置条件：	输入：
角色管理员登录成功	原密码：jsadmin 新密码：
执行步骤：	预期结果：
单击“保存”按钮	提示“新密码为空！”
	实际结果：

用例编号：QXGL-ST-003-022	
功能点：上方导航栏	
用例描述：单击右上角×图标	
前置条件：	输入：
角色管理员登录成功	无
执行步骤：	预期结果：
单击右上角×图标	关闭当前窗口，回到首页
	实际结果：

用例编号：QXGL-ST-003-023	
功能点：上方导航栏	
用例描述：单击“取消”按钮	
前置条件：	输入：
角色管理员登录成功	无
执行步骤：	预期结果：
单击“取消”按钮	关闭当前窗口，回到首页
	实际结果：

<table>
<tr><td colspan="2">用例编号：QXGL-ST-003-024</td></tr>
<tr><td colspan="2">功能点：上方导航栏</td></tr>
<tr><td colspan="2">用例描述：退出系统</td></tr>
<tr><td>前置条件：</td><td>输入：</td></tr>
<tr><td>角色管理员登录成功</td><td>无</td></tr>
<tr><td>执行步骤：</td><td>预期结果：</td></tr>
<tr><td rowspan="3">单击“退出系统”按钮</td><td>退出系统回到登录页面</td></tr>
<tr><td>实际结果：</td></tr>
<tr><td></td></tr>
</table>

<table>
<tr><td colspan="2">用例编号：QXGL-ST-003-025</td></tr>
<tr><td colspan="2">功能点：行政区域列表页</td></tr>
<tr><td colspan="2">用例描述：显示内容正确性验证</td></tr>
<tr><td>前置条件：</td><td>输入：</td></tr>
<tr><td>系统管理员登录成功</td><td>无</td></tr>
<tr><td>执行步骤：</td><td>预期结果：</td></tr>
<tr><td rowspan="3">单击左侧导航栏中的“行政区域”模块菜单</td><td>进入行政区域页面，列表默认显示全部区域信息，左侧显示区域目录，页面 title 显示“行政区域”；面包屑导航显示“首页”>“行政区域”
列表字段显示：编号、区域代码、区域名称、层级、排序、可用、备注、操作
列表按照区域编号升序排列</td></tr>
<tr><td>实际结果：</td></tr>
<tr><td></td></tr>
</table>

<table>
<tr><td colspan="2">用例编号：QXGL-ST-003-026</td></tr>
<tr><td colspan="2">功能点：新增区域</td></tr>
<tr><td colspan="2">用例描述：“新增”按钮</td></tr>
<tr><td>前置条件：</td><td>输入：</td></tr>
<tr><td>系统管理员登录成功</td><td>无</td></tr>
<tr><td>执行步骤：</td><td>预期结果：</td></tr>
<tr><td rowspan="3">单击“新增”按钮</td><td>弹出“新增区域”窗口，弹框 title 显示“新增区域”
必填项使用红色星号“*”标注
区域名称：必填项，默认为空
区域代码：必填项，默认为空
上级区域：默认无法更改
排序：非必填项，默认为空
层级：非必填项，省级、地市、区县三选一
可用：默认为正常；可选正常、禁用
备注：非必填项，默认为空</td></tr>
<tr><td>实际结果：</td></tr>
<tr><td></td></tr>
</table>

用例编号：QXGL-ST-003-027	
功能点：新增区域	
用例描述：区域名称未填写	
前置条件：	输入：
系统管理员登录成功	区域名称未填写
执行步骤：	预期结果：
单击“保存”按钮	提示“区域名称不能为空！”
	实际结果：

用例编号：QXGL-ST-003-028	
功能点：新增区域	
用例描述：区域名称输入 2 个字	
前置条件：	输入：
系统管理员登录成功	区域名称输入 2 个字
执行步骤：	预期结果：
单击“保存”按钮	提示“区域名称输入有误，请重新输入。”
	实际结果：

用例编号：QXGL-ST-003-029	
功能点：新增区域	
用例描述：区域名称输入 3 个字	
前置条件：	输入：
系统管理员登录成功	区域名称输入 3 个字
执行步骤：	预期结果：
单击“保存”按钮	保存当前新增内容，关闭当前窗口，回到列表页，在列表页新增一条记录
	实际结果：

用例编号：QXGL-ST-003-030	
功能点：新增区域	
用例描述：区域名称输入 19 个字	
前置条件：	输入：
系统管理员登录成功	区域名称输入 19 个字
执行步骤：	预期结果：

续表

单击“保存”按钮	保存当前新增内容，关闭当前窗口，回到列表页，在列表页新增一条记录
	实际结果：

用例编号：QXGL-ST-003-031	
功能点：新增区域	
用例描述：区域名称输入 20 个字	
前置条件：	输入：
系统管理员登录成功	区域名称输入 20 个字
执行步骤：	预期结果：
单击“保存”按钮	保存当前新增内容，关闭当前窗口，回到列表页，在列表页新增一条记录
	实际结果：

用例编号：QXGL-ST-003-032	
功能点：新增区域	
用例描述：区域名称输入 21 个字	
前置条件：	输入：
系统管理员登录成功	区域名称输入 21 个字
执行步骤：	预期结果：
单击“保存”按钮	提示“区域名称输入有误，请重新输入。”
	实际结果：

用例编号：QXGL-ST-003-033	
功能点：新增区域	
用例描述：区域名称重复	
前置条件：	输入：
系统管理员登录成功	区域名称重复
执行步骤：	预期结果：
单击“保存”按钮	提示“区域名称不唯一，请重新输入。”
	实际结果：

用例编号：QXGL-ST-003-034	
功能点：新增区域	
用例描述：区域名称输入包含特殊符号	
前置条件：	输入：
系统管理员登录成功	区域名称输入包含特殊符号
执行步骤：	预期结果：
单击“保存”按钮	提示“区域名称输入有误，请重新输入。”
	实际结果：

用例编号：QXGL-ST-003-035	
功能点：新增区域	
用例描述：区域代码未填写	
前置条件：	输入：
系统管理员登录成功	区域代码未填写
执行步骤：	预期结果：
单击“保存”按钮	提示“区域代码不能为空！”
	实际结果：

用例编号：QXGL-ST-003-036	
功能点：新增区域	
用例描述：区域代码输入 5 个字	
前置条件：	输入：
系统管理员登录成功	区域代码输入 5 个字
执行步骤：	预期结果：
单击“保存”按钮	提示“区域代码输入有误，请重新输入。”
	实际结果：

用例编号：QXGL-ST-003-037	
功能点：新增区域	
用例描述：区域代码输入 6 个字	
前置条件：	输入：
系统管理员登录成功	区域代码输入 6 个字
执行步骤：	预期结果：

续表

单击“保存”按钮	保存当前新增内容，关闭当前窗口，回到列表页，在列表页新增一条记录
	实际结果：

用例编号：QXGL-ST-003-038	
功能点：新增区域	
用例描述：区域代码输入 7 个字	
前置条件：	输入：
系统管理员登录成功	区域代码输入 7 个字
执行步骤：	预期结果：
单击“保存”按钮	提示“区域代码输入有误，请重新输入。”
	实际结果：

用例编号：QXGL-ST-003-039	
功能点：新增区域	
用例描述：区域代码以 0 开头	
前置条件：	输入：
系统管理员登录成功	区域代码以 0 开头
执行步骤：	预期结果：
单击“保存”按钮	提示“区域代码输入有误，请重新输入。”
	实际结果：

用例编号：QXGL-ST-003-040	
功能点：新增区域	
用例描述：区域代码输入包含汉字	
前置条件：	输入：
系统管理员登录成功	区域代码输入包含汉字
执行步骤：	预期结果：
单击“保存”按钮	提示“区域代码输入有误，请重新输入。”
	实际结果：

用例编号：QXGL-ST-003-041
功能点：新增区域

续表

用例描述：区域代码输入包含符号	
前置条件：	输入：
系统管理员登录成功	区域代码输入包含符号
执行步骤：	预期结果：
单击“保存”按钮	提示“区域代码输入有误，请重新输入。”
	实际结果：

用例编号：QXGL-ST-003-042	
功能点：新增区域	
用例描述：区域代码输入包含特殊字符	
前置条件：	输入：
系统管理员登录成功	区域代码输入包含特殊字符
执行步骤：	预期结果：
单击“保存”按钮	提示“区域代码输入有误，请重新输入。”
	实际结果：

用例编号：QXGL-ST-003-043	
功能点：新增区域	
用例描述：上级区域是否可更改验证	
前置条件：	输入：
系统管理员登录成功	上级区域是否可更改验证
执行步骤：	预期结果：
单击“保存”按钮	保存当前新增内容，关闭当前窗口，回到列表页，在列表页新增一条记录
	实际结果：

用例编号：QXGL-ST-003-044	
功能点：新增区域	
用例描述：排序非必填项验证	
前置条件：	输入：
系统管理员登录成功	排序非必填项验证
执行步骤：	预期结果：

续表

<table>
<tr><td rowspan="3">单击“保存”按钮</td><td>保存当前新增内容，关闭当前窗口，回到列表页，在列表页新增一条记录</td></tr>
<tr><td>实际结果：</td></tr>
<tr><td></td></tr>
</table>

<table>
<tr><td colspan="2">用例编号：QXGL-ST-003-045</td></tr>
<tr><td colspan="2">功能点：新增区域</td></tr>
<tr><td colspan="2">用例描述：层级非必填项验证</td></tr>
<tr><td>前置条件：</td><td>输入：</td></tr>
<tr><td>系统管理员登录成功</td><td>层级非必填项验证</td></tr>
<tr><td>执行步骤：</td><td>预期结果：</td></tr>
<tr><td rowspan="3">单击“保存”按钮</td><td>保存当前新增内容，关闭当前窗口，回到列表页，在列表页新增一条记录</td></tr>
<tr><td>实际结果：</td></tr>
<tr><td></td></tr>
</table>

<table>
<tr><td colspan="2">用例编号：QXGL-ST-003-046</td></tr>
<tr><td colspan="2">功能点：新增区域</td></tr>
<tr><td colspan="2">用例描述：可用性选择正常</td></tr>
<tr><td>前置条件：</td><td>输入：</td></tr>
<tr><td>系统管理员登录成功</td><td>可用性选择正常</td></tr>
<tr><td>执行步骤：</td><td>预期结果：</td></tr>
<tr><td rowspan="3">单击“保存”按钮</td><td>保存当前新增内容，关闭当前窗口，回到列表页，在列表页新增一条记录</td></tr>
<tr><td>实际结果：</td></tr>
<tr><td></td></tr>
</table>

<table>
<tr><td colspan="2">用例编号：QXGL-ST-003-047</td></tr>
<tr><td colspan="2">功能点：新增区域</td></tr>
<tr><td colspan="2">用例描述：可用性选择禁用</td></tr>
<tr><td>前置条件：</td><td>输入：</td></tr>
<tr><td>系统管理员登录成功</td><td>可用性选择禁用</td></tr>
<tr><td>执行步骤：</td><td>预期结果：</td></tr>
<tr><td rowspan="3">单击“保存”按钮</td><td>保存当前新增内容，关闭当前窗口，回到列表页，在列表页新增一条记录</td></tr>
<tr><td>实际结果：</td></tr>
<tr><td></td></tr>
</table>

<table>
<tr><td colspan="2">用例编号：QXGL-ST-003-048</td></tr>
<tr><td colspan="2">功能点：新增区域</td></tr>
<tr><td colspan="2">用例描述：备注输入 499 个字</td></tr>
<tr><td>前置条件：</td><td>输入：</td></tr>
<tr><td>系统管理员登录成功</td><td>备注输入 499 个字</td></tr>
<tr><td>执行步骤：</td><td>预期结果：</td></tr>
<tr><td rowspan="3">单击“保存”按钮</td><td>提示“备注输入有误，请重新输入。”</td></tr>
<tr><td>实际结果：</td></tr>
<tr><td></td></tr>
</table>

<table>
<tr><td colspan="2">用例编号：QXGL-ST-003-049</td></tr>
<tr><td colspan="2">功能点：新增区域</td></tr>
<tr><td colspan="2">用例描述：备注输入 500 个字</td></tr>
<tr><td>前置条件：</td><td>输入：</td></tr>
<tr><td>系统管理员登录成功</td><td>备注输入 500 个字</td></tr>
<tr><td>执行步骤：</td><td>预期结果：</td></tr>
<tr><td rowspan="3">单击“保存”按钮</td><td>保存当前新增内容，关闭当前窗口，回到列表页，在列表页新增一条记录</td></tr>
<tr><td>实际结果：</td></tr>
<tr><td></td></tr>
</table>

<table>
<tr><td colspan="2">用例编号：QXGL-ST-003-050</td></tr>
<tr><td colspan="2">功能点：新增区域</td></tr>
<tr><td colspan="2">用例描述：备注输入 501 个字</td></tr>
<tr><td>前置条件：</td><td>输入：</td></tr>
<tr><td>系统管理员登录成功</td><td>备注输入 501 个字</td></tr>
<tr><td>执行步骤：</td><td>预期结果：</td></tr>
<tr><td rowspan="3">单击“保存”按钮</td><td>提示“备注输入有误，请重新输入。”</td></tr>
<tr><td>实际结果：</td></tr>
<tr><td></td></tr>
</table>

<table>
<tr><td colspan="2">用例编号：QXGL-ST-003-051</td></tr>
<tr><td colspan="2">功能点：新增区域</td></tr>
<tr><td colspan="2">用例描述：关闭错误提示信息</td></tr>
<tr><td>前置条件：</td><td>输入：</td></tr>
<tr><td>系统管理员登录成功</td><td>无</td></tr>
<tr><td>执行步骤：</td><td>预期结果：</td></tr>
</table>

续表

无	仍停留在当前窗口
	实际结果：

用例编号：QXGL-ST-003-052	
功能点：新增区域	
用例描述：取消新增	
前置条件：	输入：
系统管理员登录成功	无
执行步骤：	预期结果：
单击“取消”按钮	不保存当前新增内容，关闭当前窗口，回到列表页
	实际结果：

用例编号：QXGL-ST-003-053	
功能点：新增区域	
用例描述：关闭新增	
前置条件：	输入：
系统管理员登录成功	无
执行步骤：	预期结果：
单击右上角×	不保存当前新增内容，关闭当前窗口，回到列表页
	实际结果：

用例编号：QXGL-ST-003-054	
功能点：修改区域	
用例描述：“修改”按钮	
前置条件：	输入：
系统管理员登录成功	无
执行步骤：	预期结果：
单击“修改”按钮	弹出“修改区域”窗口，弹框 title 显示“修改区域” 必填项使用红色星号“*”标注 区域名称：必填项，默认为空 区域代码：必填项，默认为空 上级区域：默认无法更改 排序：非必填项，默认为空 层级：非必填项，省级、地市、区县三选一 可用：默认为正常；可选正常、禁用 备注：非必填项，默认为空
	实际结果：

用例编号：QXGL-ST-003-055	
功能点：修改区域	
用例描述：区域名称未填写	
前置条件：	输入：
系统管理员登录成功	区域名称未填写
执行步骤：	预期结果：
单击“保存”按钮	提示“区域名称不能为空！”
	实际结果：

用例编号：QXGL-ST-003-056	
功能点：修改区域	
用例描述：区域名称输入 2 个字	
前置条件：	输入：
系统管理员登录成功	区域名称输入 2 个字
执行步骤：	预期结果：
单击“保存”按钮	提示“区域名称输入有误，请重新输入。”
	实际结果：

用例编号：QXGL-ST-003-057	
功能点：修改区域	
用例描述：区域名称输入 3 个字	
前置条件：	输入：
系统管理员登录成功	区域名称输入 3 个字
执行步骤：	预期结果：
单击“保存”按钮	保存当前修改内容，关闭当前窗口，回到列表页，在列表页修改一条记录
	实际结果：

用例编号：QXGL-ST-003-058	
功能点：修改区域	
用例描述：区域名称输入 19 个字	
前置条件：	输入：
系统管理员登录成功	区域名称输入 19 个字
执行步骤：	预期结果：

续表

单击“保存”按钮	保存当前修改内容，关闭当前窗口，回到列表页，在列表页修改一条记录
	实际结果：

用例编号：QXGL-ST-003-059	
功能点：修改区域	
用例描述：区域名称输入 20 个字	
前置条件：	输入：
系统管理员登录成功	区域名称输入 20 个字
执行步骤：	预期结果：
单击“保存”按钮	保存当前修改内容，关闭当前窗口，回到列表页，在列表页修改一条记录
	实际结果：

用例编号：QXGL-ST-003-060	
功能点：修改区域	
用例描述：区域名称输入 21 个字	
前置条件：	输入：
系统管理员登录成功	区域名称输入 21 个字
执行步骤：	预期结果：
单击“保存”按钮	提示“区域名称输入有误，请重新输入。”
	实际结果：

用例编号：QXGL-ST-003-061	
功能点：修改区域	
用例描述：区域名称重复	
前置条件：	输入：
系统管理员登录成功	区域名称重复
执行步骤：	预期结果：
单击“保存”按钮	提示“区域名称不唯一，请重新输入。”
	实际结果：

用例编号：QXGL-ST-003-062	
功能点：修改区域	
用例描述：区域名称输入包含特殊符号	
前置条件：	输入：
系统管理员登录成功	区域名称输入包含特殊符号
执行步骤：	预期结果：
单击“保存”按钮	提示“区域名称输入有误，请重新输入。”
	实际结果：

用例编号：QXGL-ST-003-063	
功能点：修改区域	
用例描述：区域代码未填写	
前置条件：	输入：
系统管理员登录成功	区域代码未填写
执行步骤：	预期结果：
单击“保存”按钮	提示“区域代码不能为空！”
	实际结果：

用例编号：QXGL-ST-003-064	
功能点：修改区域	
用例描述：区域代码输入 5 个字	
前置条件：	输入：
系统管理员登录成功	区域代码输入 5 个字
执行步骤：	预期结果：
单击“保存”按钮	提示“区域代码输入有误，请重新输入。”
	实际结果：

用例编号：QXGL-ST-003-065	
功能点：修改区域	
用例描述：区域代码输入 6 个字	
前置条件：	输入：
系统管理员登录成功	区域代码输入 6 个字
执行步骤：	预期结果：

续表

单击“保存”按钮	保存当前修改内容，关闭当前窗口，回到列表页，在列表页修改一条记录
	实际结果：

用例编号：QXGL-ST-003-066	
功能点：修改区域	
用例描述：区域代码输入 7 个字	
前置条件：	输入：
系统管理员登录成功	区域代码输入 7 个字
执行步骤：	预期结果：
单击“保存”按钮	提示“区域代码输入有误，请重新输入。”
	实际结果：

用例编号：QXGL-ST-003-067	
功能点：修改区域	
用例描述：区域代码以 0 开头	
前置条件：	输入：
系统管理员登录成功	区域代码以 0 开头
执行步骤：	预期结果：
单击“保存”按钮	提示“区域代码输入有误，请重新输入。”
	实际结果：

用例编号：QXGL-ST-003-068	
功能点：修改区域	
用例描述：区域代码输入包含汉字	
前置条件：	输入：
系统管理员登录成功	区域代码输入包含汉字
执行步骤：	预期结果：
单击“保存”按钮	提示“区域代码输入有误，请重新输入。”
	实际结果：

用例编号：QXGL-ST-003-069
功能点：修改区域

续表

用例描述：区域代码输入包含符号	
前置条件：	输入：
系统管理员登录成功	区域代码输入包含符号
执行步骤：	预期结果：
单击“保存”按钮	提示“区域代码输入有误，请重新输入。”
	实际结果：

用例编号：QXGL-ST-003-070	
功能点：修改区域	
用例描述：区域代码输入包含特殊字符	
前置条件：	输入：
系统管理员登录成功	区域代码输入包含特殊字符
执行步骤：	预期结果：
单击“保存”按钮	提示“区域代码输入有误，请重新输入。”
	实际结果：

用例编号：QXGL-ST-003-071	
功能点：修改区域	
用例描述：上级区域是否可更改验证	
前置条件：	输入：
系统管理员登录成功	上级区域是否可更改验证
执行步骤：	预期结果：
单击“保存”按钮	保存当前修改内容，关闭当前窗口，回到列表页，在列表页修改一条记录
	实际结果：

用例编号：QXGL-ST-003-072	
功能点：修改区域	
用例描述：排序非必填项验证	
前置条件：	输入：
系统管理员登录成功	排序非必填项验证
执行步骤：	预期结果：
单击“保存”按钮	保存当前修改内容，关闭当前窗口，回到列表页，在列表页修改一条记录
	实际结果：

用例编号：QXGL-ST-003-073	
功能点：修改区域	
用例描述：层级非必填项验证	
前置条件：	输入：
系统管理员登录成功	层级非必填项验证
执行步骤：	预期结果：
单击“保存”按钮	保存当前修改内容，关闭当前窗口，回到列表页，在列表页修改一条记录
	实际结果：

用例编号：QXGL-ST-003-074	
功能点：修改区域	
用例描述：可用性选择正常	
前置条件：	输入：
系统管理员登录成功	可用性选择正常
执行步骤：	预期结果：
单击“保存”按钮	保存当前修改内容，关闭当前窗口，回到列表页，在列表页修改一条记录
	实际结果：

用例编号：QXGL-ST-003-075	
功能点：修改区域	
用例描述：可用性选择禁用	
前置条件：	输入：
系统管理员登录成功	可用性选择禁用
执行步骤：	预期结果：
单击“保存”按钮	保存当前修改内容，关闭当前窗口，回到列表页，在列表页修改一条记录
	实际结果：

用例编号：QXGL-ST-003-076	
功能点：修改区域	
用例描述：备注输入 499 个字	
前置条件：	输入：
系统管理员登录成功	备注输入 499 个字
执行步骤：	预期结果：

续表

单击“保存”按钮	提示“备注输入有误，请重新输入。”
	实际结果：

用例编号：QXGL-ST-003-077	
功能点：修改区域	
用例描述：备注输入 500 个字	
前置条件：	输入：
系统管理员登录成功	备注输入 500 个字
执行步骤：	预期结果：
单击“保存”按钮	保存当前修改内容，关闭当前窗口，回到列表页，在列表页修改一条记录
	实际结果：

用例编号：QXGL-ST-003-078	
功能点：修改区域	
用例描述：备注输入 501 个字	
前置条件：	输入：
系统管理员登录成功	备注输入 501 个字
执行步骤：	预期结果：
单击“保存”按钮	提示“备注输入有误，请重新输入。”
	实际结果：

用例编号：QXGL-ST-003-079	
功能点：修改区域	
用例描述：关闭错误提示信息	
前置条件：	输入：
系统管理员登录成功	无
执行步骤：	预期结果：
无	仍停留在当前窗口
	实际结果：

用例编号：QXGL-ST-003-080	
功能点：修改区域	
用例描述：取消修改	
前置条件：	输入：
系统管理员登录成功	无

续表

执行步骤：	预期结果：
单击“取消”按钮	不保存当前修改内容，关闭当前窗口，回到列表页
	实际结果：

用例编号：QXGL-ST-003-081	
功能点：修改区域	
用例描述：关闭修改	
前置条件：	输入：
系统管理员登录成功	无
执行步骤：	预期结果：
单击右上角×图标	不保存当前修改内容，关闭当前窗口，回到列表页
	实际结果：

用例编号：QXGL-ST-003-082	
功能点：删除区域	
用例描述：删除弹框显示	
前置条件：	输入：
系统管理员登录成功	无
执行步骤：	预期结果：
单击任意区域后的“删除”按钮	提示“注意:您确定要删除吗？该操作将无法恢复”“确定”按钮、“取消”按钮
	实际结果：

用例编号：QXGL-ST-003-083	
功能点：删除区域	
用例描述：确定删除验证	
前置条件：	输入：
系统管理员登录成功	无
执行步骤：	预期结果：
单击任意区域后的“删除”按钮	1. 删除成功 2. 回到列表页，列表页无该条记录
	实际结果：

用例编号：QXGL-ST-003-084
功能点：删除区域

续表

用例描述：取消删除	
前置条件：	输入：
系统管理员登录成功	无
执行步骤：	预期结果：
单击“取消”按钮	不执行删除操作，回到列表页，列表页该条记录存在
	实际结果：

用例编号：QXGL-ST-003-085	
功能点：删除区域	
用例描述：取消删除	
前置条件：	输入：
系统管理员登录成功	无
执行步骤：	预期结果：
单击右上角×图标	不执行删除操作，回到列表页，列表页该条记录存在
	实际结果：

用例编号：QXGL-ST-003-086	
功能点：删除区域	
用例描述：删除弹框显示	
前置条件：	输入：
系统管理员登录成功	无
执行步骤：	预期结果：
勾选要删除的目录或参数并单击“删除”按钮	提示“注意:您确定要删除吗？该操作将无法恢复”“确定”按钮、“取消”按钮
	实际结果：

用例编号：QXGL-ST-003-087	
功能点：删除区域	
用例描述：确定删除验证	
前置条件：	输入：
系统管理员登录成功	无
执行步骤：	预期结果：
勾选要删除的目录或参数并单击“删除”按钮	1. 删除成功 2. 回到列表页，列表页无该条记录
	实际结果：

用例编号：QXGL-ST-003-088	
功能点：刷新区域	
用例描述：单击“刷新”按钮	
前置条件：	输入：
系统管理员登录成功	无
执行步骤：	预期结果：
单击“刷新”按钮	刷新区域列表，显示所有行政区域
	实际结果：

用例编号：QXGL-ST-003-089	
功能点：查询区域	
用例描述：查询输入框中默认显示正确性验证	
前置条件：	输入：
系统管理员登录成功	无
执行步骤：	预期结果：
无	显示“请输入查询关键字”
	实际结果：

用例编号：QXGL-ST-003-090	
功能点：查询区域	
用例描述：查询输入框输入完整区域名称	
前置条件：	输入：
系统管理员登录成功	查询输入框输入完整区域名称
执行步骤：	预期结果：
单击“查询”按钮	系统显示符合条件的区域信息，查询后保留查询条件
	实际结果：

用例编号：QXGL-ST-003-091	
功能点：查询区域	
用例描述：模糊查询，部分区域名称	
前置条件：	输入：
系统管理员登录成功	模糊查询，部分区域名称
执行步骤：	预期结果：
单击“查询”按钮	系统显示符合条件的区域信息，查询后保留查询条件
	实际结果：

四、Test Suite 通用字典模块

（一）工作任务描述

单击“通用字典”按钮，进入“通用字典”模块，该模块实现系统管理员对系统字典的增删改操作。以新增为例，查看该模块的功能，单击“新增”按钮，新增字典区域，如图 2-7、图 2-8、图 2-9 所示。

图 2-7　通用列表页面

新增字典 ×

类型 ○ 目录 ◉ 参数

名称 * 目录名称或参数名称

英文代码 类别编码或参数值

参数类型 * 一级目录

排序 0

备注 备注

状态 ○ 隐藏 ◉ 显示

确定 取消

图 2-8　通用字典“新增字典”页面

图 2-9　通用字典“编辑字典”页面

（二）业务规则

1. 通用字典列表页

单击左侧导航栏中的“通用字典”模块菜单，可进入通用字典页面，列表默认显示全部字典信息，页面 title 显示“通用字典”。

面包屑导航显示“首页”>“通用字典”　。

列表字段显示：参数名、参数值、所属类别、类型、排序、可用 、备注、操作 。

列表按照字典序号升序排列。

列表无分页功能。

2. 新增字典（注意：必填项使用红色星号“*”标注）

在字典列表页，单击“新增字典”按钮，进入“新增字典”页面，页面 title 显示“新增字典”。

类型：默认为“参数”，可选参数、目录。

名称：必填项，默认为空。字符格式及长度要求：允许汉字、英文字母、数字，可输入长度大于等于 2 个字小于等于 10 个字。

英文代码：必填项，默认为空。字符格式及长度要求：允许英文字母、数字，可输入长度大于等于 2 个字小于等于 20 个字。

参数类型：必填项，默认“一级目录”，单击会显示所有已存在的目录。

排序：非必填项，只允许填数字。

备注：非必填项，默认为空，字符格式及长度要求：长度最多输入 500 个字。

状态：默认为显示；可选显示、隐藏。

名称未填写，单击“保存”按钮时，提示“目录名称或参数名称不能为空！”；名称输入格式或长度不正确，单击“保存”按钮时，提示“名称输入有误，请重新输入。”；关闭错误提示信息，仍停留在当前页面。

英文代码未填写，单击“保存”按钮时，提示“类别编码或参数值不能为空！”；工号输入格式或长度不正确，单击“保存”按钮时，提示“英文代码输入有误，请重新输入。”；关闭错误提示信息，仍停留在当前页面。

3. 修改字典（注意：必填项使用红色星号“*”标注）

在字典列表页，单击“修改”按钮，进入“编辑字典”页面，页面 title 显示“编辑字典”。

类型：同新增字典。

名称：同新增字典。

英文代码：同新增字典。

参数类型：同新增字典。

排序：同新增字典。

备注：同新增字典。

状态：同新增字典。

名称未填写，操作同新增字典。

英文代码未填写，操作同新增字典。

4. 删除字典

在通用字典列表页，单击任意字典后的“删除”按钮或勾选要删除的目录或参数后单击“删除”按钮，系统弹框提示“注：您确定要删除吗？该操作将无法恢复”。

单击“确定”按钮，执行删除操作，回到列表页，列表页无该条记录。

单击“取消”按钮或右上角×图标，不执行删除操作，回到列表页，列表页该条记录存在。

5. 刷新

单击“刷新”按钮，刷新字典列表，显示所有通用字典。

6. 显示

单击任意字典后的可用按钮：为显示，该条目录或参数为可用。

7. 隐藏

单击任意字典后的可用按钮：为隐藏，该条目录或参数为不可用。

本节任务就是编写通用字典模块功能的测试用例集。在此我们使用了场景法、错误推测法、边界值分析法等测试用例设计方法。

（三）工作过程

编写测试用例集，以下是通用字典模块的测试用例集。

<table>
<tr><td colspan="2">用例编号：QXGL-ST-004-001</td></tr>
<tr><td colspan="2">功能点：上方导航栏</td></tr>
<tr><td colspan="2">用例描述：显示正确性验证</td></tr>
<tr><td>前置条件：</td><td>输入：</td></tr>
<tr><td>系统管理员登录成功</td><td>无</td></tr>
<tr><td>执行步骤：</td><td>预期结果：</td></tr>
<tr><td rowspan="3">无</td><td>登录后默认进入首页欢迎页，页面 title 显示“首页”，面包屑导航显示“首页”>“控制台”。
顶部导航栏显示：“欢迎 sysadmin”文字、“首页”按钮、“修改密码”按钮、“退出系统”按钮</td></tr>
<tr><td>实际结果：</td></tr>
<tr><td></td></tr>
</table>

<table>
<tr><td colspan="2">用例编号：QXGL-ST-004-002</td></tr>
<tr><td colspan="2">功能点：上方导航栏</td></tr>
<tr><td colspan="2">用例描述：显示正确性验证</td></tr>
<tr><td>前置条件：</td><td>输入：</td></tr>
<tr><td>角色管理员登录成功</td><td>无</td></tr>
<tr><td>执行步骤：</td><td>预期结果：</td></tr>
<tr><td rowspan="3">无</td><td>登录后默认进入首页欢迎页，页面 title 显示“首页”，面包屑导航显示“首页”>“控制台”。
顶部导航栏显示：“欢迎 jsadmin”文字、“首页”按钮、“修改密码”按钮、“退出系统”按钮</td></tr>
<tr><td>实际结果：</td></tr>
<tr><td></td></tr>
</table>

<table>
<tr><td colspan="2">用例编号：QXGL-ST-004-003</td></tr>
<tr><td colspan="2">功能点：上方导航栏</td></tr>
<tr><td colspan="2">用例描述：首页按钮</td></tr>
<tr><td>前置条件：</td><td>输入：</td></tr>
<tr><td>系统管理员登录成功</td><td>无</td></tr>
<tr><td>执行步骤：</td><td>预期结果：</td></tr>
<tr><td rowspan="3">单击“首页”按钮</td><td>跳转到系统首页</td></tr>
<tr><td>实际结果：</td></tr>
<tr><td></td></tr>
</table>

<table>
<tr><td colspan="2">用例编号：QXGL-ST-004-004</td></tr>
<tr><td colspan="2">功能点：上方导航栏</td></tr>
<tr><td colspan="2">用例描述：首页按钮</td></tr>
<tr><td>前置条件：</td><td>输入：</td></tr>
<tr><td>角色管理员登录成功</td><td>无</td></tr>
<tr><td>执行步骤：</td><td>预期结果：</td></tr>
</table>

续表

单击“首页”按钮	跳转到系统首页
	实际结果：

用例编号：QXGL-ST-004-005	
功能点：上方导航栏	
用例描述：“修改密码”按钮	
前置条件：	输入：
系统管理员登录成功	无
执行步骤：	预期结果：
单击“修改密码”按钮	弹出修改密码框，修改密码框内显示当前登录账号、原密码和新密码的输入框。新密码和原密码均是必填项，由红色*号标注。显示“确定”“取消”按钮及右上角有一个×图标
	实际结果：

用例编号：QXGL-ST-004-006	
功能点：上方导航栏	
用例描述：“修改密码”按钮	
前置条件：	输入：
角色管理员登录成功	无
执行步骤：	预期结果：
单击“修改密码”按钮	弹出修改密码框，修改密码框内显示当前登录账号、原密码和新密码的输入框。新密码和原密码均是必填项，由红色*号标注。显示“确定”“取消”按钮及右上角有一个×图标
	实际结果：

用例编号：QXGL-ST-004-007	
功能点：上方导航栏	
用例描述：修改密码	
前置条件：	输入：
系统管理员登录成功	原密码：sysadmin 新密码：sysadmi
执行步骤：	预期结果：
单击“保存”按钮	提示“长度和格式不符合规则，请重新输入”
	实际结果：

<table>
<tr><td colspan="2">用例编号：QXGL-ST-004-008</td></tr>
<tr><td colspan="2">功能点：上方导航栏</td></tr>
<tr><td colspan="2">用例描述：修改密码</td></tr>
<tr><td>前置条件：</td><td>输入：</td></tr>
<tr><td>系统管理员登录成功</td><td>原密码：sysadmin
新密码：sysadmi5</td></tr>
<tr><td>执行步骤：</td><td>预期结果：</td></tr>
<tr><td rowspan="3">单击“保存”按钮</td><td>提示修改成功，回到登录页面</td></tr>
<tr><td>实际结果：</td></tr>
<tr><td></td></tr>
</table>

<table>
<tr><td colspan="2">用例编号：QXGL-ST-004-009</td></tr>
<tr><td colspan="2">功能点：上方导航栏</td></tr>
<tr><td colspan="2">用例描述：修改密码</td></tr>
<tr><td>前置条件：</td><td>输入：</td></tr>
<tr><td>系统管理员登录成功</td><td>原密码：sysadmin
新密码：sysadmi67</td></tr>
<tr><td>执行步骤：</td><td>预期结果：</td></tr>
<tr><td rowspan="3">单击“保存”按钮</td><td>提示“长度和格式不符合规则，请重新输入”</td></tr>
<tr><td>实际结果：</td></tr>
<tr><td></td></tr>
</table>

<table>
<tr><td colspan="2">用例编号：QXGL-ST-004-010</td></tr>
<tr><td colspan="2">功能点：上方导航栏</td></tr>
<tr><td colspan="2">用例描述：修改密码</td></tr>
<tr><td>前置条件：</td><td>输入：</td></tr>
<tr><td>系统管理员登录成功</td><td>原密码：sysadmin
新密码：sysadmi 哈</td></tr>
<tr><td>执行步骤：</td><td>预期结果：</td></tr>
<tr><td rowspan="3">单击“保存”按钮</td><td>提示“长度和格式不符合规则，请重新输入”</td></tr>
<tr><td>实际结果：</td></tr>
<tr><td></td></tr>
</table>

<table>
<tr><td colspan="2">用例编号：QXGL-ST-004-011</td></tr>
<tr><td colspan="2">功能点：上方导航栏</td></tr>
<tr><td colspan="2">用例描述：修改密码</td></tr>
<tr><td>前置条件：</td><td>输入：</td></tr>
<tr><td>系统管理员登录成功</td><td>原密码：
新密码：sysadmin</td></tr>
<tr><td>执行步骤：</td><td>预期结果：</td></tr>
</table>

续表

单击“保存”按钮	提示“原密码为空！”
	实际结果：

用例编号：QXGL-ST-004-012	
功能点：上方导航栏	
用例描述：修改密码	
前置条件：	输入：
系统管理员登录成功	原密码：sysadmin 新密码：
执行步骤：	预期结果：
单击“保存”按钮	提示“新密码为空！”
	实际结果：

用例编号：QXGL-ST-004-013	
功能点：上方导航栏	
用例描述：单击右上角×	
前置条件：	输入：
系统管理员登录成功	无
执行步骤：	预期结果：
单击右上角“×”	关闭当前窗口，回到首页
	实际结果：

用例编号：QXGL-ST-004-014	
功能点：上方导航栏	
用例描述：单击“取消”按钮	
前置条件：	输入：
系统管理员登录成功	无
执行步骤：	预期结果：
单击“取消”按钮	关闭当前窗口，回到首页
	实际结果：

用例编号：QXGL-ST-004-015	
功能点：上方导航栏	
用例描述：退出系统	
前置条件：	输入：
系统管理员登录成功	无

续表

执行步骤：	预期结果：
单击“退出系统”按钮	退出系统回到登录页面
	实际结果：

用例编号：QXGL-ST-004-016	
功能点：上方导航栏	
用例描述：修改密码	
前置条件：	输入：
角色管理员登录成功	原密码：jsadmin 新密码：jsadmi
执行步骤：	预期结果：
单击“保存”按钮	提示“长度和格式不符合规则，请重新输入”
	实际结果：

用例编号：QXGL-ST-004-017	
功能点：上方导航栏	
用例描述：修改密码	
前置条件：	输入：
角色管理员登录成功	原密码：jsadmin 新密码：jsadmi5
执行步骤：	预期结果：
单击“保存”按钮	提示修改成功，回到登录页面
	实际结果：

用例编号：QXGL-ST-004-018	
功能点：上方导航栏	
用例描述：修改密码	
前置条件：	输入：
角色管理员登录成功	原密码：jsadmin 新密码：jsadmi67
执行步骤：	预期结果：
单击“保存”按钮	提示“长度和格式不符合规则，请重新输入”
	实际结果：

用例编号：QXGL-ST-004-019
功能点：上方导航栏
用例描述：修改密码

续表

前置条件：	输入：
角色管理员登录成功	原密码：jsadmin 新密码：jsadmi 哈
执行步骤：	预期结果：
单击“保存”按钮	提示“长度和格式不符合规则，请重新输入”
	实际结果：

用例编号：QXGL-ST-004-020	
功能点：上方导航栏	
用例描述：修改密码	
前置条件：	输入：
角色管理员登录成功	原密码： 新密码：jsadmin
执行步骤：	预期结果：
单击“保存”按钮	提示“原密码为空！”
	实际结果：

用例编号：QXGL-ST-004-021	
功能点：上方导航栏	
用例描述：修改密码	
前置条件：	输入：
角色管理员登录成功	原密码：jsadmin 新密码：
执行步骤：	预期结果：
单击“保存”按钮	提示“新密码为空！”
	实际结果：

用例编号：QXGL-ST-004-022	
功能点：上方导航栏	
用例描述：单击右上角×	
前置条件：	输入：
角色管理员登录成功	无
执行步骤：	预期结果：
单击右上角×	关闭当前窗口，回到首页
	实际结果：

用例编号：QXGL-ST-004-023	
功能点：上方导航栏	
用例描述：单击“取消”按钮	
前置条件：	输入：
角色管理员登录成功	无
执行步骤：	预期结果：
单击“取消”按钮	关闭当前窗口，回到首页
	实际结果：

用例编号：QXGL-ST-004-024	
功能点：上方导航栏	
用例描述：退出系统	
前置条件：	输入：
角色管理员登录成功	无
执行步骤：	预期结果：
单击“退出系统”按钮	退出系统回到登录页面
	实际结果：

用例编号：QXGL-ST-004-025	
功能点：通用字典列表页	
用例描述：显示内容正确性验证	
前置条件：	输入：
系统管理员登录成功	无
执行步骤：	预期结果：
单击左侧导航栏中的“通用字典”模块菜单	进入通用字典页面，列表默认显示全部字典信息，左侧显示字典目录，页面 title 显示“通用字典”；面包屑导航显示“首页”>“通用字典” 列表字段显示：参数名、参数值、所属类别、类型、排序、可用、备注、操作 列表按照字典编号升序排列
	实际结果：

用例编号：QXGL-ST-004-026	
功能点：新增字典	
用例描述：新增按钮	
前置条件：	输入：
系统管理员登录成功	无
执行步骤：	预期结果：

续表

单击“新增”按钮	弹出“新增字典”窗口，弹框 title 显示“新增字典” 必填项使用红色星号“*”标注 类型：默认为“参数”，可选：参数、目录 名称：必填项，默认为空 英文代码：必填项，默认为空 参数类型：必填项，默认“一级目录”，单击会显示所有已存在的目录 排序：非必填项 备注：非必填项，默认为空 状态：默认为显示；可选显示、隐藏
	实际结果：

用例编号：QXGL-ST-004-027	
功能点：新增字典	
用例描述：名称未填写	
前置条件：	输入：
系统管理员登录成功	名称未填写
执行步骤：	预期结果：
单击“保存”按钮	提示：“名称不能为空！”
	实际结果：

用例编号：QXGL-ST-004-028	
功能点：新增字典	
用例描述：名称输入 2 个字	
前置条件：	输入：
系统管理员登录成功	名称输入 2 个字
执行步骤：	预期结果：
单击“保存”按钮	提示“名称输入有误，请重新输入。”
	实际结果：

用例编号：QXGL-ST-004-029	
功能点：新增字典	
用例描述：名称输入 3 个字	
前置条件：	输入：
系统管理员登录成功	名称输入 3 个字
执行步骤：	预期结果：
单击“保存”按钮	保存当前新增内容，关闭当前窗口，回到列表页，在列表页新增一条记录
	实际结果：

<table>
<tr><td colspan="2">用例编号：QXGL-ST-004-030</td></tr>
<tr><td colspan="2">功能点：新增字典</td></tr>
<tr><td colspan="2">用例描述：名称输入9个字</td></tr>
<tr><td>前置条件：</td><td>输入：</td></tr>
<tr><td>系统管理员登录成功</td><td>名称输入19个字</td></tr>
<tr><td>执行步骤：</td><td>预期结果：</td></tr>
<tr><td rowspan="3">单击“保存”按钮</td><td>保存当前新增内容，关闭当前窗口，回到列表页，在列表页新增一条记录</td></tr>
<tr><td>实际结果：</td></tr>
<tr><td></td></tr>
</table>

<table>
<tr><td colspan="2">用例编号：QXGL-ST-004-031</td></tr>
<tr><td colspan="2">功能点：新增字典</td></tr>
<tr><td colspan="2">用例描述：名称输入10个字</td></tr>
<tr><td>前置条件：</td><td>输入：</td></tr>
<tr><td>系统管理员登录成功</td><td>名称输入20个字</td></tr>
<tr><td>执行步骤：</td><td>预期结果：</td></tr>
<tr><td rowspan="3">单击“保存”按钮</td><td>保存当前新增内容，关闭当前窗口，回到列表页，在列表页新增一条记录</td></tr>
<tr><td>实际结果：</td></tr>
<tr><td></td></tr>
</table>

<table>
<tr><td colspan="2">用例编号：QXGL-ST-004-032</td></tr>
<tr><td colspan="2">功能点：新增字典</td></tr>
<tr><td colspan="2">用例描述：名称输入11个字</td></tr>
<tr><td>前置条件：</td><td>输入：</td></tr>
<tr><td>系统管理员登录成功</td><td>名称输入21个字</td></tr>
<tr><td>执行步骤：</td><td>预期结果：</td></tr>
<tr><td rowspan="3">单击“保存”按钮</td><td>提示“名称输入有误，请重新输入。”</td></tr>
<tr><td>实际结果：</td></tr>
<tr><td></td></tr>
</table>

<table>
<tr><td colspan="2">用例编号：QXGL-ST-004-033</td></tr>
<tr><td colspan="2">功能点：新增字典</td></tr>
<tr><td colspan="2">用例描述：名称重复</td></tr>
<tr><td>前置条件：</td><td>输入：</td></tr>
<tr><td>系统管理员登录成功</td><td>名称重复</td></tr>
<tr><td>执行步骤：</td><td>预期结果：</td></tr>
<tr><td rowspan="3">单击“保存”按钮</td><td>提示“名称不唯一，请重新输入。”</td></tr>
<tr><td>实际结果：</td></tr>
<tr><td></td></tr>
</table>

<table>
<tr><td colspan="2">用例编号：QXGL-ST-004-034</td></tr>
<tr><td colspan="2">功能点：新增字典</td></tr>
<tr><td colspan="2">用例描述：英文代码未填写</td></tr>
<tr><td>前置条件：</td><td>输入：</td></tr>
<tr><td>系统管理员登录成功</td><td>英文代码未填写</td></tr>
<tr><td>执行步骤：</td><td>预期结果：</td></tr>
<tr><td rowspan="3">单击“保存”按钮</td><td>提示“英文代码不能为空！”</td></tr>
<tr><td>实际结果：</td></tr>
<tr><td></td></tr>
</table>

<table>
<tr><td colspan="2">用例编号：QXGL-ST-004-035</td></tr>
<tr><td colspan="2">功能点：新增字典</td></tr>
<tr><td colspan="2">用例描述：英文代码输入 2 个字</td></tr>
<tr><td>前置条件：</td><td>输入：</td></tr>
<tr><td>系统管理员登录成功</td><td>英文代码输入 2 个字</td></tr>
<tr><td>执行步骤：</td><td>预期结果：</td></tr>
<tr><td rowspan="3">单击“保存”按钮</td><td>提示“英文代码输入有误，请重新输入。”</td></tr>
<tr><td>实际结果：</td></tr>
<tr><td></td></tr>
</table>

<table>
<tr><td colspan="2">用例编号：QXGL-ST-004-036</td></tr>
<tr><td colspan="2">功能点：新增字典</td></tr>
<tr><td colspan="2">用例描述：英文代码输入 3 个字</td></tr>
<tr><td>前置条件：</td><td>输入：</td></tr>
<tr><td>系统管理员登录成功</td><td>英文代码输入 3 个字</td></tr>
<tr><td>执行步骤：</td><td>预期结果：</td></tr>
<tr><td rowspan="3">单击“保存”按钮</td><td>保存当前修改内容，关闭当前窗口，回到列表页，在列表页修改一条记录</td></tr>
<tr><td>实际结果：</td></tr>
<tr><td></td></tr>
</table>

<table>
<tr><td colspan="2">用例编号：QXGL-ST-004-037</td></tr>
<tr><td colspan="2">功能点：新增字典</td></tr>
<tr><td colspan="2">用例描述：英文代码输入 19 个字</td></tr>
<tr><td>前置条件：</td><td>输入：</td></tr>
<tr><td>系统管理员登录成功</td><td>英文代码输入 19 个字</td></tr>
<tr><td>执行步骤：</td><td>预期结果：</td></tr>
<tr><td rowspan="3">单击“保存”按钮</td><td>保存当前修改内容，关闭当前窗口，回到列表页，在列表页修改一条记录</td></tr>
<tr><td>实际结果：</td></tr>
<tr><td></td></tr>
</table>

用例编号：QXGL-ST-004-038	
功能点：新增字典	
用例描述：英文代码输入 20 个字	
前置条件：	输入：
系统管理员登录成功	英文代码输入 20 个字
执行步骤：	预期结果：
单击“保存”按钮	保存当前修改内容，关闭当前窗口，回到列表页，在列表页修改一条记录
	实际结果：

用例编号：QXGL-ST-004-039	
功能点：新增字典	
用例描述：英文代码输入 21 个字	
前置条件：	输入：
系统管理员登录成功	英文代码输入 21 个字
执行步骤：	预期结果：
单击“保存”按钮	提示“英文代码输入有误，请重新输入。”
	实际结果：

用例编号：QXGL-ST-004-040	
功能点：新增字典	
用例描述：英文代码输入包含特殊符号	
前置条件：	输入：
系统管理员登录成功	英文代码输入包含特殊符号
执行步骤：	预期结果：
单击“保存”按钮	提示“英文代码输入有误，请重新输入。”
	实际结果：

用例编号：QXGL-ST-004-041	
功能点：新增字典	
用例描述：单击“参数类型”按钮	
前置条件：	输入：
系统管理员登录成功	无
执行步骤：	预期结果：
单击“参数类型”按钮	默认“一级目录”，单击会显示所有已存在的目录
	实际结果：

<table>
<tr><td colspan="2">用例编号：QXGL-ST-004-042</td></tr>
<tr><td colspan="2">功能点：新增字典</td></tr>
<tr><td colspan="2">用例描述：排序非必填项验证</td></tr>
<tr><td>前置条件：</td><td>输入：</td></tr>
<tr><td>系统管理员登录成功</td><td>排序非必填项验证</td></tr>
<tr><td>执行步骤：</td><td>预期结果：</td></tr>
<tr><td rowspan="3">单击“保存”按钮</td><td>保存当前新增内容，关闭当前窗口，回到列表页，在列表页新增一条记录</td></tr>
<tr><td>实际结果：</td></tr>
<tr><td></td></tr>
</table>

<table>
<tr><td colspan="2">用例编号：QXGL-ST-004-043</td></tr>
<tr><td colspan="2">功能点：新增字典</td></tr>
<tr><td colspan="2">用例描述：可用性选择显示</td></tr>
<tr><td>前置条件：</td><td>输入：</td></tr>
<tr><td>系统管理员登录成功</td><td>可用性选择显示</td></tr>
<tr><td>执行步骤：</td><td>预期结果：</td></tr>
<tr><td rowspan="3">单击“保存”按钮</td><td>保存当前新增内容，关闭当前窗口，回到列表页，在列表页新增一条记录，该记录显示</td></tr>
<tr><td>实际结果：</td></tr>
<tr><td></td></tr>
</table>

<table>
<tr><td colspan="2">用例编号：QXGL-ST-004-044</td></tr>
<tr><td colspan="2">功能点：新增字典</td></tr>
<tr><td colspan="2">用例描述：可用性选择隐藏</td></tr>
<tr><td>前置条件：</td><td>输入：</td></tr>
<tr><td>系统管理员登录成功</td><td>可用性选择隐藏</td></tr>
<tr><td>执行步骤：</td><td>预期结果：</td></tr>
<tr><td rowspan="3">单击“保存”按钮</td><td>保存当前新增内容，关闭当前窗口，回到列表页，在列表页新增一条记录，该记录隐藏</td></tr>
<tr><td>实际结果：</td></tr>
<tr><td></td></tr>
</table>

<table>
<tr><td colspan="2">用例编号：QXGL-ST-004-045</td></tr>
<tr><td colspan="2">功能点：新增字典</td></tr>
<tr><td colspan="2">用例描述：备注输入 499 个字</td></tr>
<tr><td>前置条件：</td><td>输入：</td></tr>
<tr><td>系统管理员登录成功</td><td>备注输入 499 个字</td></tr>
<tr><td>执行步骤：</td><td>预期结果：</td></tr>
<tr><td rowspan="3">单击“保存”按钮</td><td>提示“备注输入有误，请重新输入。”</td></tr>
<tr><td>实际结果：</td></tr>
<tr><td></td></tr>
</table>

用例编号：QXGL-ST-004-046	
功能点：新增字典	
用例描述：备注输入 500 个字	
前置条件：	输入：
系统管理员登录成功	备注输入 500 个字
执行步骤：	预期结果：
单击“保存”按钮	保存当前新增内容，关闭当前窗口，回到列表页，在列表页新增一条记录
	实际结果：

用例编号：QXGL-ST-004-047	
功能点：新增字典	
用例描述：备注输入 501 个字	
前置条件：	输入：
系统管理员登录成功	备注输入 501 个字
执行步骤：	预期结果：
单击“保存”按钮	提示“备注输入有误，请重新输入。”
	实际结果：

用例编号：QXGL-ST-004-048	
功能点：新增字典	
用例描述：关闭错误提示信息	
前置条件：	输入：
系统管理员登录成功	无
执行步骤：	预期结果：
无	仍停留在当前窗口
	实际结果：

用例编号：QXGL-ST-004-049	
功能点：新增字典	
用例描述：取消新增	
前置条件：	输入：
系统管理员登录成功	无
执行步骤：	预期结果：
单击“取消”按钮	不保存当前新增内容，关闭当前窗口，回到列表页
	实际结果：

<table>
<tr><td colspan="2">用例编号：QXGL-ST-004-050</td></tr>
<tr><td colspan="2">功能点：新增字典</td></tr>
<tr><td colspan="2">用例描述：关闭新增</td></tr>
<tr><td>前置条件：</td><td>输入：</td></tr>
<tr><td>系统管理员登录成功</td><td>无</td></tr>
<tr><td>执行步骤：</td><td>预期结果：</td></tr>
<tr><td rowspan="3">单击右上角×图标</td><td>不保存当前新增内容，关闭当前窗口，回到列表页</td></tr>
<tr><td>实际结果：</td></tr>
<tr><td></td></tr>
</table>

<table>
<tr><td colspan="2">用例编号：QXGL-ST-004-051</td></tr>
<tr><td colspan="2">功能点：修改字典</td></tr>
<tr><td colspan="2">用例描述：“新增”按钮</td></tr>
<tr><td>前置条件：</td><td>输入：</td></tr>
<tr><td>系统管理员登录成功</td><td>无</td></tr>
<tr><td>执行步骤：</td><td>预期结果：</td></tr>
<tr><td rowspan="3">单击“新增”按钮</td><td>弹出“修改字典”窗口，弹框 title 显示“修改字典”
必填项使用红色星号“*”标注
类型：默认为“参数”，可选参数、目录
名称：必填项，默认为空
英文代码：必填项，默认为空
参数类型：必填项，默认“一级目录”，单击会显示所有已存在的目录
排序：非必填项
备注：非必填项，默认为空
状态：默认为显示；可选显示、隐藏</td></tr>
<tr><td>实际结果：</td></tr>
<tr><td></td></tr>
</table>

<table>
<tr><td colspan="2">用例编号：QXGL-ST-004-052</td></tr>
<tr><td colspan="2">功能点：修改字典</td></tr>
<tr><td colspan="2">用例描述：名称未填写</td></tr>
<tr><td>前置条件：</td><td>输入：</td></tr>
<tr><td>系统管理员登录成功</td><td>名称未填写</td></tr>
<tr><td>执行步骤：</td><td>预期结果：</td></tr>
<tr><td rowspan="3">单击“保存”按钮</td><td>提示“名称不能为空！”</td></tr>
<tr><td>实际结果：</td></tr>
<tr><td></td></tr>
</table>

<table>
<tr><td>用例编号：QXGL-ST-004-053</td></tr>
<tr><td>功能点：修改字典</td></tr>
<tr><td>用例描述：名称输入 2 个字</td></tr>
</table>

续表

前置条件：	输入：
系统管理员登录成功	名称输入 2 个字
执行步骤：	预期结果：
单击“保存”按钮	提示“名称输入有误，请重新输入。”
	实际结果：

用例编号：QXGL-ST-004-054	
功能点：修改字典	
用例描述：名称输入 3 个字	
前置条件：	输入：
系统管理员登录成功	名称输入 3 个字
执行步骤：	预期结果：
单击“保存”按钮	保存当前新增内容，关闭当前窗口，回到列表页，在列表页新增一条记录
	实际结果：

用例编号：QXGL-ST-004-055	
功能点：修改字典	
用例描述：名称输入 9 个字	
前置条件：	输入：
系统管理员登录成功	名称输入 19 个字
执行步骤：	预期结果：
单击“保存”按钮	保存当前新增内容，关闭当前窗口，回到列表页，在列表页新增一条记录
	实际结果：

用例编号：QXGL-ST-004-056	
功能点：修改字典	
用例描述：名称输入 10 个字	
前置条件：	输入：
系统管理员登录成功	名称输入 20 个字
执行步骤：	预期结果：
单击“保存”按钮	保存当前新增内容，关闭当前窗口，回到列表页，在列表页新增一条记录
	实际结果：

用例编号：QXGL-ST-004-057	
功能点：修改字典	
用例描述：名称输入11个字	
前置条件：	输入：
系统管理员登录成功	名称输入21个字
执行步骤：	预期结果：
单击“保存”按钮	提示“名称输入有误，请重新输入。”
	实际结果：

用例编号：QXGL-ST-004-058	
功能点：修改字典	
用例描述：名称重复	
前置条件：	输入：
系统管理员登录成功	名称重复
执行步骤：	预期结果：
单击“保存”按钮	提示“名称不唯一，请重新输入。”
	实际结果：

用例编号：QXGL-ST-004-059	
功能点：修改字典	
用例描述：英文代码未填写	
前置条件：	输入：
系统管理员登录成功	英文代码未填写
执行步骤：	预期结果：
单击“保存”按钮	提示“英文代码不能为空！”
	实际结果：

用例编号：QXGL-ST-004-060	
功能点：修改字典	
用例描述：英文代码输入2个字	
前置条件：	输入：
系统管理员登录成功	英文代码输入2个字
执行步骤：	预期结果：
单击“保存”按钮	提示“英文代码输入有误，请重新输入。”
	实际结果：

<table>
<tr><td colspan="2">用例编号：QXGL-ST-004-061</td></tr>
<tr><td colspan="2">功能点：修改字典</td></tr>
<tr><td colspan="2">用例描述：英文代码输入 3 个字</td></tr>
<tr><td>前置条件：</td><td>输入：</td></tr>
<tr><td>系统管理员登录成功</td><td>英文代码输入 3 个字</td></tr>
<tr><td>执行步骤：</td><td>预期结果：</td></tr>
<tr><td rowspan="3">单击“保存”按钮</td><td>保存当前修改内容，关闭当前窗口，回到列表页，在列表页修改一条记录</td></tr>
<tr><td>实际结果：</td></tr>
<tr><td></td></tr>
</table>

<table>
<tr><td colspan="2">用例编号：QXGL-ST-004-062</td></tr>
<tr><td colspan="2">功能点：修改字典</td></tr>
<tr><td colspan="2">用例描述：英文代码输入 19 个字</td></tr>
<tr><td>前置条件：</td><td>输入：</td></tr>
<tr><td>系统管理员登录成功</td><td>英文代码输入 19 个字</td></tr>
<tr><td>执行步骤：</td><td>预期结果：</td></tr>
<tr><td rowspan="3">单击“保存”按钮</td><td>保存当前修改内容，关闭当前窗口，回到列表页，在列表页修改一条记录</td></tr>
<tr><td>实际结果：</td></tr>
<tr><td></td></tr>
</table>

<table>
<tr><td colspan="2">用例编号：QXGL-ST-004-063</td></tr>
<tr><td colspan="2">功能点：修改字典</td></tr>
<tr><td colspan="2">用例描述：英文代码输入 20 个字</td></tr>
<tr><td>前置条件：</td><td>输入：</td></tr>
<tr><td>系统管理员登录成功</td><td>英文代码输入 20 个字</td></tr>
<tr><td>执行步骤：</td><td>预期结果：</td></tr>
<tr><td rowspan="3">单击“保存”按钮</td><td>保存当前修改内容，关闭当前窗口，回到列表页，在列表页修改一条记录</td></tr>
<tr><td>实际结果：</td></tr>
<tr><td></td></tr>
</table>

<table>
<tr><td colspan="2">用例编号：QXGL-ST-004-064</td></tr>
<tr><td colspan="2">功能点：修改字典</td></tr>
<tr><td colspan="2">用例描述：英文代码输入 21 个字</td></tr>
<tr><td>前置条件：</td><td>输入：</td></tr>
<tr><td>系统管理员登录成功</td><td>英文代码输入 21 个字</td></tr>
<tr><td>执行步骤：</td><td>预期结果：</td></tr>
<tr><td rowspan="3">单击“保存”按钮</td><td>提示“英文代码输入有误，请重新输入。”</td></tr>
<tr><td>实际结果：</td></tr>
<tr><td></td></tr>
</table>

用例编号：QXGL-ST-004-065	
功能点：修改字典	
用例描述：英文代码输入包含特殊符号	
前置条件：	输入：
系统管理员登录成功	英文代码输入包含特殊符号
执行步骤：	预期结果：
单击“保存”按钮	提示“英文代码输入有误，请重新输入。”
	实际结果：

用例编号：QXGL-ST-004-066	
功能点：修改字典	
用例描述：单击“参数类型”按钮	
前置条件：	输入：
系统管理员登录成功	无
执行步骤：	预期结果：
单击“参数类型”按钮	默认“一级目录”，单击会显示所有已存在的目录
	实际结果：

用例编号：QXGL-ST-004-067	
功能点：修改字典	
用例描述：排序非必填项验证	
前置条件：	输入：
系统管理员登录成功	排序非必填项验证
执行步骤：	预期结果：
单击“保存”按钮	保存当前新增内容，关闭当前窗口，回到列表页，在列表页新增一条记录
	实际结果：

用例编号：QXGL-ST-004-068	
功能点：修改字典	
用例描述：可用性选择显示	
前置条件：	输入：
系统管理员登录成功	可用性选择显示
执行步骤：	预期结果：
单击“保存”按钮	保存当前新增内容，关闭当前窗口，回到列表页，在列表页新增一条记录，该记录显示
	实际结果：

用例编号：QXGL-ST-004-069	
功能点：修改字典	
用例描述：可用性选择隐藏	
前置条件：	输入：
系统管理员登录成功	可用性选择隐藏
执行步骤：	预期结果：
单击“保存”按钮	保存当前新增内容，关闭当前窗口，回到列表页，在列表页新增一条记录，该记录隐藏
	实际结果：

用例编号：QXGL-ST-004-070	
功能点：修改字典	
用例描述：备注输入 499 个字	
前置条件：	输入：
系统管理员登录成功	备注输入 499 个字
执行步骤：	预期结果：
单击“保存”按钮	提示“备注输入有误，请重新输入。”
	实际结果：

用例编号：QXGL-ST-004-071	
功能点：修改字典	
用例描述：备注输入 500 个字	
前置条件：	输入：
系统管理员登录成功	备注输入 500 个字
执行步骤：	预期结果：
单击“保存”按钮	保存当前新增内容，关闭当前窗口，回到列表页，在列表页新增一条记录
	实际结果：

用例编号：QXGL-ST-004-072	
功能点：修改字典	
用例描述：备注输入 501 个字	
前置条件：	输入：
系统管理员登录成功	备注输入 501 个字
执行步骤：	预期结果：
单击“保存”按钮	提示“备注输入有误，请重新输入。”
	实际结果：

用例编号：QXGL-ST-004-073	
功能点：修改字典	
用例描述：关闭错误提示信息	
前置条件：	输入：
系统管理员登录成功	无
执行步骤：	预期结果：
无	仍停留在当前窗口
	实际结果：

用例编号：QXGL-ST-004-074	
功能点：修改字典	
用例描述：取消新增	
前置条件：	输入：
系统管理员登录成功	无
执行步骤：	预期结果：
单击“取消”按钮	不保存当前新增内容，关闭当前窗口，回到列表页
	实际结果：

用例编号：QXGL-ST-004-075	
功能点：修改字典	
用例描述：关闭新增	
前置条件：	输入：
系统管理员登录成功	无
执行步骤：	预期结果：
单击右上角×图标	不保存当前新增内容，关闭当前窗口，回到列表页
	实际结果：

用例编号：QXGL-ST-004-076	
功能点：删除字典	
用例描述：删除弹框显示	
前置条件：	输入：
系统管理员登录成功	无
执行步骤：	预期结果：
单击任意字典后的“删除”按钮	提示“注:您确定要删除吗？该操作将无法恢复”，单击“确定”按钮、“取消”按钮
	实际结果：

<table>
<tr><td colspan="2">用例编号：QXGL-ST-004-077</td></tr>
<tr><td colspan="2">功能点：删除字典</td></tr>
<tr><td colspan="2">用例描述：确定删除验证</td></tr>
<tr><td>前置条件：</td><td>输入：</td></tr>
<tr><td>系统管理员登录成功</td><td>无</td></tr>
<tr><td>执行步骤：</td><td>预期结果：</td></tr>
<tr><td rowspan="3">单击任意字典后的“删除”按钮</td><td>1. 删除成功
2. 回到列表页，列表页无该条记录</td></tr>
<tr><td>实际结果：</td></tr>
<tr><td></td></tr>
</table>

<table>
<tr><td colspan="2">用例编号：QXGL-ST-004-078</td></tr>
<tr><td colspan="2">功能点：删除字典</td></tr>
<tr><td colspan="2">用例描述：取消删除</td></tr>
<tr><td>前置条件：</td><td>输入：</td></tr>
<tr><td>系统管理员登录成功</td><td>无</td></tr>
<tr><td>执行步骤：</td><td>预期结果：</td></tr>
<tr><td rowspan="3">单击“取消”按钮</td><td>不执行删除操作，回到列表页，列表页该条记录存在</td></tr>
<tr><td>实际结果：</td></tr>
<tr><td></td></tr>
</table>

<table>
<tr><td colspan="2">用例编号：QXGL-ST-004-079</td></tr>
<tr><td colspan="2">功能点：删除字典</td></tr>
<tr><td colspan="2">用例描述：取消删除</td></tr>
<tr><td>前置条件：</td><td>输入：</td></tr>
<tr><td>系统管理员登录成功</td><td>无</td></tr>
<tr><td>执行步骤：</td><td>预期结果：</td></tr>
<tr><td rowspan="3">单击右上角×图标</td><td>不执行删除操作，回到列表页，列表页该条记录存在</td></tr>
<tr><td>实际结果：</td></tr>
<tr><td></td></tr>
</table>

<table>
<tr><td colspan="2">用例编号：QXGL-ST-004-080</td></tr>
<tr><td colspan="2">功能点：删除字典</td></tr>
<tr><td colspan="2">用例描述：删除弹框显示</td></tr>
<tr><td>前置条件：</td><td>输入：</td></tr>
<tr><td>系统管理员登录成功</td><td>无</td></tr>
<tr><td>执行步骤：</td><td>预期结果：</td></tr>
<tr><td rowspan="3">勾选要删除的目录或参数后单击“删除”按钮</td><td>提示“注意：您确定要删除吗？该操作将无法恢复”，单击“确定”按钮、“取消”按钮</td></tr>
<tr><td>实际结果：</td></tr>
<tr><td></td></tr>
</table>

用例编号：QXGL-ST-004-081	
功能点：删除字典	
用例描述：确定删除验证	
前置条件：	输入：
系统管理员登录成功	无
执行步骤：	预期结果：
勾选要删除的目录或参数后单击“删除”按钮	1. 删除成功 2. 回到列表页，列表页无该条记录
	实际结果：

用例编号：QXGL-ST-004-082	
功能点：刷新字典	
用例描述：单击“刷新”按钮	
前置条件：	输入：
系统管理员登录成功	无
执行步骤：	预期结果：
单击“刷新”按钮	刷新字典列表，显示所有通用字典
	实际结果：

五、Test Suite 系统日志

（一）工作任务描述

单击“系统日志”按钮，进入“系统日志”模块，该模块主要实现对日志的查询、删除功能，如图 2-10 所示。

图 2-10　系统日志：列表页

（二）业务规则

1. 系统日志列表页

单击左侧导航栏中的“系统日志”模块菜单，可进入系统日志管理页面，列表默认显示系统日志信息，页面 title 显示“系统日志”。

面包屑导航显示“首页”>“系统日志”。

列表字段显示：编号、用户名、操作、响应时间（ms）、IP 地址、创建时间；创建时间格式：yyyy-MM-dd hh:mm:ss。

列表按照类别编号升序排序。

列表记录可设置为每页显示 10\20\30\40\50 条记录，以 10 条为例。

列表下方显示分页信息，每页显示 10 条系统日志信息。

列表下方分页信息显示总条数统计和分页操作区域，总条数统计显示第 1 条到第 N 条记录，总共 N 条数据，N 为总条数；分页操作显示上一页按钮、页码、下一页按钮；页码显示 7 页页码数字，当前页码为选中状态。

当前页为第一页时，上一页按钮不可单击；当前页为最后一页时，下一页按钮不可单击；

当前页不是第一页和最后一页时，单击上一页跳转到当前页面前一页；单击下一页跳转到当前页面后一页。

输入要跳转的页数，直接跳转到该页。

2. 删除区域

在系统日志列表页，单击日志后的“删除”按钮或勾选要删除的目录或参数并单击“删除”按钮，系统弹框提示“注：您确定要删除吗？该操作将无法恢复”，单击“确定”按钮、“取消”按钮。

单击“确定”按钮，执行删除操作，回到列表页，列表页无该条记录。

单击“取消”按钮或右上角×图标，不执行删除操作，回到列表页，列表页该条记录存在。

3. 刷新

单击“刷新”按钮，刷新日志列表，显示所有系统日志。

4. 清空

单击“清空”按钮，清空所有日志，列表中记录为 0。

5. 查询字典

查询输入框中默认显示“请输入查询关键字”，支持区域名称左右匹配模糊查询。

时间控件可设置，所设置的时间必须在时间范围内：最近一天、最近一周、最近一个月。

自定义时间范围，可以随意设置任何范围的时间，但不能超过当前时间。

系统支持单个条件查询及组合查询，在系统日志列表页，选择时间范围，输入关键字，单击“查询”按钮，系统显示符合条件的区域信息，查询后保留查询条件。

本节任务就是编写系统日志模块的测试用例集。在此我们使用了场景法、错误推测法、边界值分析法等测试用例设计方法。

（三）工作过程

编写测试用例集，以下是系统日志模块的测试用例集。

用例编号：QXGL-ST-005-001	
功能点：上方导航栏	
用例描述：显示正确性验证	
前置条件：	输入：
系统管理员登录成功	无
执行步骤：	预期结果：
无	登录后默认进入首页欢迎页，页面 title 显示“首页”，面包屑导航显示“首页”>“控制台” 顶部导航栏显示：“欢迎 sysadmin”文字、“首页”按钮、“修改密码”按钮、“退出系统”按钮
	实际结果：

用例编号：QXGL-ST-005-002	
功能点：上方导航栏	
用例描述：显示正确性验证	
前置条件：	输入：
角色管理员登录成功	无
执行步骤：	预期结果：
无	登录后默认进入首页欢迎页，页面 title 显示“首页”，面包屑导航显示“首页”>“控制台” 顶部导航栏显示：“欢迎 jsadmin”文字、“首页”按钮、“修改密码”按钮、“退出系统”按钮
	实际结果：

用例编号：QXGL-ST-005-003	
功能点：上方导航栏	
用例描述：“首页”按钮	
前置条件：	输入：
系统管理员登录成功	无
执行步骤：	预期结果：
单击“首页”按钮	跳转到系统首页
	实际结果：

用例编号：QXGL-ST-005-004	
功能点：上方导航栏	
用例描述：首页按钮	
前置条件：	输入：
角色管理员登录成功	无

续表

执行步骤：	预期结果：
单击“首页”按钮	跳转到系统首页
	实际结果：

用例编号：QXGL-ST-005-005	
功能点：上方导航栏	
用例描述：“修改密码”按钮	
前置条件：	输入：
系统管理员登录成功	无
执行步骤：	预期结果：
单击“修改密码”按钮	弹出修改密码框，修改密码框内显示当前登录账号、原密码和新密码的输入框。新密码和原密码均是必填项，由红色*号标注。显示“确定”“取消”按钮及右上角有一个×图标
	实际结果：

用例编号：QXGL-ST-005-006	
功能点：上方导航栏	
用例描述：“修改密码”按钮	
前置条件：	输入：
角色管理员登录成功	无
执行步骤：	预期结果：
单击“修改密码”按钮	弹出修改密码框，修改密码框内显示当前登录账号、原密码和新密码的输入框。新密码和原密码均是必填项，由红色*号标注。显示“确定”“取消”按钮及右上角有一个×图标
	实际结果：

用例编号：QXGL-ST-005-007	
功能点：上方导航栏	
用例描述：修改密码	
前置条件：	输入：
系统管理员登录成功	原密码：sysadmin 新密码：sysadmi
执行步骤：	预期结果：
单击“保存”按钮	提示“长度和格式不符合规则，请重新输入”
	实际结果：

用例编号：QXGL-ST-005-008	
功能点：上方导航栏	
用例描述：修改密码	
前置条件：	输入：
系统管理员登录成功	原密码：sysadmin 新密码：sysadmi5
执行步骤：	预期结果：
单击“保存”按钮	提示修改成功，回到登录页面
	实际结果：

用例编号：QXGL-ST-005-009	
功能点：上方导航栏	
用例描述：修改密码	
前置条件：	输入：
系统管理员登录成功	原密码：sysadmin 新密码：sysadmi67
执行步骤：	预期结果：
单击“保存”按钮	提示“长度和格式不符合规则，请重新输入”
	实际结果：

用例编号：QXGL-ST-005-010	
功能点：上方导航栏	
用例描述：修改密码	
前置条件：	输入：
系统管理员登录成功	原密码：sysadmin 新密码：sysadmi 哈
执行步骤：	预期结果：
单击“保存”按钮	提示“长度和格式不符合规则，请重新输入”
	实际结果：

用例编号：QXGL-ST-005-011	
功能点：上方导航栏	
用例描述：修改密码	
前置条件：	输入：
系统管理员登录成功	原密码： 新密码：sysadmin
执行步骤：	预期结果：
单击“保存”按钮	提示“原密码为空！”
	实际结果：

用例编号：QXGL-ST-005-012	
功能点：上方导航栏	
用例描述：修改密码	
前置条件：	输入：
系统管理员登录成功	原密码：sysadmin 新密码：
执行步骤：	预期结果：
单击“保存”按钮	提示“新密码为空！”
	实际结果：

用例编号：QXGL-ST-005-013	
功能点：上方导航栏	
用例描述：单击右上角×图标	
前置条件：	输入：
系统管理员登录成功	无
执行步骤：	预期结果：
单击右上角×图标	关闭当前窗口，回到首页
	实际结果：

用例编号：QXGL-ST-005-014	
功能点：上方导航栏	
用例描述：单击“取消”按钮	
前置条件：	输入：
系统管理员登录成功	无
执行步骤：	预期结果：
单击“取消”按钮	关闭当前窗口，回到首页
	实际结果：

用例编号：QXGL-ST-005-015	
功能点：上方导航栏	
用例描述：退出系统	
前置条件：	输入：
系统管理员登录成功	无
执行步骤：	预期结果：
单击“退出系统”按钮	退出系统回到登录页面
	实际结果：

用例编号：QXGL-ST-005-016	
功能点：上方导航栏	
用例描述：修改密码	
前置条件：	输入：
角色管理员登录成功	原密码：jsadmin 新密码：jsadmi
执行步骤：	预期结果：
单击“保存”按钮	提示“长度和格式不符合规则，请重新输入”
	实际结果：

用例编号：QXGL-ST-005-017	
功能点：上方导航栏	
用例描述：修改密码	
前置条件：	输入：
角色管理员登录成功	原密码：jsadmin 新密码：jsadmi5
执行步骤：	预期结果：
单击“保存”按钮	提示修改成功，回到登录页面
	实际结果：

用例编号：QXGL-ST-005-018	
功能点：上方导航栏	
用例描述：修改密码	
前置条件：	输入：
角色管理员登录成功	原密码：jsadmin 新密码：jsadmi67
执行步骤：	预期结果：
单击“保存”按钮	提示“长度和格式不符合规则，请重新输入”
	实际结果：

用例编号：QXGL-ST-005-019	
功能点：上方导航栏	
用例描述：修改密码	
前置条件：	输入：
角色管理员登录成功	原密码：jsadmin 新密码：jsadmi 哈
执行步骤：	预期结果：
单击“保存”按钮	提示“长度和格式不符合规则，请重新输入”
	实际结果：

用例编号：QXGL-ST-005-020	
功能点：上方导航栏	
用例描述：修改密码	
前置条件：	输入：
角色管理员登录成功	原密码： 新密码：jsadmin
执行步骤：	预期结果：
单击“保存”按钮	提示“原密码为空！”
	实际结果：

用例编号：QXGL-ST-005-021	
功能点：上方导航栏	
用例描述：修改密码	
前置条件：	输入：
角色管理员登录成功	原密码：jsadmin 新密码：
执行步骤：	预期结果：
单击“保存”按钮	提示“新密码为空！”
	实际结果：

用例编号：QXGL-ST-005-022	
功能点：上方导航栏	
用例描述：单击右上角×图标	
前置条件：	输入：
角色管理员登录成功	无
执行步骤：	预期结果：
单击右上角×图标	关闭当前窗口，回到首页
	实际结果：

用例编号：QXGL-ST-005-023	
功能点：上方导航栏	
用例描述：单击“取消”按钮	
前置条件：	输入：
角色管理员登录成功	无
执行步骤：	预期结果：
单击“取消”按钮	关闭当前窗口，回到首页
	实际结果：

用例编号：QXGL-ST-005-024	
功能点：上方导航栏	
用例描述：退出系统	
前置条件：	输入：
角色管理员登录成功	无
执行步骤：	预期结果：
单击“退出系统”按钮	退出系统回到登录页面
	实际结果：

用例编号：QXGL-ST-005-025	
功能点：删除日志	
用例描述：删除弹框显示	
前置条件：	输入：
系统管理员登录成功	无
执行步骤：	预期结果：
单击任意日志后的“删除”按钮	提示“注意：您确定要删除吗？该操作将无法恢复”，单击“确定”按钮、“取消”按钮
	实际结果：
用例编号：QXGL-ST-005-026	
功能点：删除日志	
用例描述：确定删除验证	
前置条件：	输入：
系统管理员登录成功	无
执行步骤：	预期结果：
单击任意日志后的“删除”按钮	1. 删除成功 2. 回到列表页，列表页无该条记录
	实际结果：

用例编号：QXGL-ST-005-027	
功能点：删除日志	
用例描述：取消删除	
前置条件：	输入：
系统管理员登录成功	无
执行步骤：	预期结果：
单击“取消”按钮	不执行删除操作，回到列表页，列表页该条记录存在
	实际结果：

<table>
<tr><td colspan="2">用例编号：QXGL-ST-005-028</td></tr>
<tr><td colspan="2">功能点：删除日志</td></tr>
<tr><td colspan="2">用例描述：取消删除</td></tr>
<tr><td>前置条件：</td><td>输入：</td></tr>
<tr><td>系统管理员登录成功</td><td>无</td></tr>
<tr><td>执行步骤：</td><td>预期结果：</td></tr>
<tr><td rowspan="3">单击右上角×图标</td><td>不执行删除操作，回到列表页，列表页该条记录存在</td></tr>
<tr><td>实际结果：</td></tr>
<tr><td></td></tr>
</table>

<table>
<tr><td colspan="2">用例编号：QXGL-ST-005-029</td></tr>
<tr><td colspan="2">功能点：删除日志</td></tr>
<tr><td colspan="2">用例描述：删除弹框显示</td></tr>
<tr><td>前置条件：</td><td>输入：</td></tr>
<tr><td>系统管理员登录成功</td><td>无</td></tr>
<tr><td>执行步骤：</td><td>预期结果：</td></tr>
<tr><td rowspan="3">勾选要删除的目录或参数并单击“删除”按钮</td><td>提示“注意：您确定要删除吗？该操作将无法恢复”，单击“确定”按钮、“取消”按钮</td></tr>
<tr><td>实际结果：</td></tr>
<tr><td></td></tr>
</table>

<table>
<tr><td colspan="2">用例编号：QXGL-ST-005-030</td></tr>
<tr><td colspan="2">功能点：删除日志</td></tr>
<tr><td colspan="2">用例描述：确定删除验证</td></tr>
<tr><td>前置条件：</td><td>输入：</td></tr>
<tr><td>系统管理员登录成功</td><td>无</td></tr>
<tr><td>执行步骤：</td><td>预期结果：</td></tr>
<tr><td rowspan="3">勾选要删除的目录或参数后单击“删除”按钮</td><td>1. 删除成功
2. 回到列表页，列表页无该条记录</td></tr>
<tr><td>实际结果：</td></tr>
<tr><td></td></tr>
</table>

<table>
<tr><td colspan="2">用例编号：QXGL-ST-005-031</td></tr>
<tr><td colspan="2">功能点：刷新日志</td></tr>
<tr><td colspan="2">用例描述：单击“刷新”按钮</td></tr>
<tr><td>前置条件：</td><td>输入：</td></tr>
<tr><td>系统管理员登录成功</td><td>无</td></tr>
<tr><td>执行步骤：</td><td>预期结果：</td></tr>
<tr><td rowspan="3">单击“刷新”按钮</td><td>刷新日志列表，显示所有系统日志</td></tr>
<tr><td>实际结果：</td></tr>
<tr><td></td></tr>
</table>

用例编号：QXGL-ST-005-032	
功能点：查询日志	
用例描述：查询输入框中默认显示正确性验证	
前置条件：	输入：
系统管理员登录成功	无
执行步骤：	预期结果：
无	显示“请输入查询关键字”
	实际结果：

用例编号：QXGL-ST-005-033	
功能点：查询日志	
用例描述：查询输入框输入完整日志名称	
前置条件：	输入：
系统管理员登录成功	查询输入框输入完整日志名称
执行步骤：	预期结果：
单击“查询”按钮	系统显示符合条件的日志信息，查询后保留查询条件
	实际结果：

用例编号：QXGL-ST-005-034	
功能点：查询日志	
用例描述：模糊查询，部分日志名称	
前置条件：	输入：
系统管理员登录成功	模糊查询，部分日志名称
执行步骤：	预期结果：
单击“查询”按钮	系统显示符合条件的日志信息，查询后保留查询条件
	实际结果：

用例编号：QXGL-ST-005-035	
功能点：查询日志	
用例描述：设置时间范围为“一天内”	
前置条件：	输入：
系统管理员登录成功	无
执行步骤：	预期结果：
设置时间范围为“一天内”，单击“查询”按钮	时间控件自动变为一天内 系统显示符合条件的日志信息，查询后保留查询条件
	实际结果：

<table>
<tr><td colspan="2">用例编号：QXGL-ST-005-036</td></tr>
<tr><td colspan="2">功能点：查询日志</td></tr>
<tr><td colspan="2">用例描述：设置时间范围为“一月内”</td></tr>
<tr><td>前置条件：</td><td>输入：</td></tr>
<tr><td>系统管理员登录成功</td><td>无</td></tr>
<tr><td>执行步骤：</td><td>预期结果：</td></tr>
<tr><td rowspan="3">设置时间范围为“一月内”，单击“查询”按钮</td><td>时间控件自动变为一月内
系统显示符合条件的日志信息，查询后保留查询条件</td></tr>
<tr><td>实际结果：</td></tr>
<tr><td></td></tr>
</table>

<table>
<tr><td colspan="2">用例编号：QXGL-ST-005-037</td></tr>
<tr><td colspan="2">功能点：查询日志</td></tr>
<tr><td colspan="2">用例描述：设置时间范围为“一周内”</td></tr>
<tr><td>前置条件：</td><td>输入：</td></tr>
<tr><td>系统管理员登录成功</td><td>无</td></tr>
<tr><td>执行步骤：</td><td>预期结果：</td></tr>
<tr><td rowspan="3">设置时间范围为“一周内”，单击“查询”按钮</td><td>时间控件自动变为一周内
系统显示符合条件的日志信息，查询后保留查询条件</td></tr>
<tr><td>实际结果：</td></tr>
<tr><td></td></tr>
</table>

<table>
<tr><td colspan="2">用例编号：QXGL-ST-005-038</td></tr>
<tr><td colspan="2">功能点：查询日志</td></tr>
<tr><td colspan="2">用例描述：设置时间范围为“自定义”，单击设置时间控件</td></tr>
<tr><td>前置条件：</td><td>输入：</td></tr>
<tr><td>系统管理员登录成功</td><td>无</td></tr>
<tr><td>执行步骤：</td><td>预期结果：</td></tr>
<tr><td rowspan="3">设置时间范围为“自定义”，单击设置时间控件，单击“查询”按钮</td><td>系统显示符合条件的日志信息，查询后保留查询条件</td></tr>
<tr><td>实际结果：</td></tr>
<tr><td></td></tr>
</table>

<table>
<tr><td colspan="2">用例编号：QXGL-ST-005-039</td></tr>
<tr><td colspan="2">功能点：查询日志</td></tr>
<tr><td colspan="2">用例描述：组合查询</td></tr>
<tr><td>前置条件：</td><td>输入：</td></tr>
<tr><td>系统管理员登录成功</td><td>无</td></tr>
<tr><td>执行步骤：</td><td>预期结果：</td></tr>
<tr><td rowspan="3">在系统日志列表页，选择时间范围，输入关键字，单击“查询”按钮</td><td>系统显示符合条件的日志信息，查询后保留查询条件</td></tr>
<tr><td>实际结果：</td></tr>
<tr><td></td></tr>
</table>

<table>
<tr><td colspan="2">用例编号：QXGL-ST-005-040</td></tr>
<tr><td colspan="2">功能点：系统日志列表页</td></tr>
<tr><td colspan="2">用例描述：显示内容正确性验证</td></tr>
<tr><td>前置条件：</td><td>输入：</td></tr>
<tr><td>系统管理员登录成功</td><td>无</td></tr>
<tr><td>执行步骤：</td><td>预期结果：</td></tr>
<tr><td rowspan="3">单击左侧导航栏中的“系统日志”模块菜单</td><td>进入“通用字典”页面，列表默认显示全部字典信息，左侧显示字典目录，页面 title 显示“通用字典”；
面包屑导航显示“首页”>“通用字典”；
列表字段显示：编号、用户名、操作、响应时间（ms）、IP 地址、创建时间；创建时间格式：yyyy-MM-dd hh:mm:ss；
列表按照字典编号升序排列</td></tr>
<tr><td>实际结果：</td></tr>
<tr><td></td></tr>
</table>

<table>
<tr><td colspan="2">用例编号：QXGL-ST-005-041</td></tr>
<tr><td colspan="2">功能点：分页</td></tr>
<tr><td colspan="2">用例描述：选择每页显示 10 条记录</td></tr>
<tr><td>前置条件：</td><td>输入：</td></tr>
<tr><td>列表中有记录，大于 10 条</td><td>无</td></tr>
<tr><td>执行步骤：</td><td>预期结果：</td></tr>
<tr><td rowspan="3">每页显示记录下拉框中选择“10 条”</td><td>每页显示 10 条记录</td></tr>
<tr><td>实际结果：</td></tr>
<tr><td></td></tr>
</table>

<table>
<tr><td colspan="2">用例编号：QXGL-ST-005-042</td></tr>
<tr><td colspan="2">功能点：分页</td></tr>
<tr><td colspan="2">用例描述：总条数统计显示</td></tr>
<tr><td>前置条件：</td><td>输入：</td></tr>
<tr><td>列表中有记录，大于 10 条</td><td>无</td></tr>
<tr><td>执行步骤：</td><td>预期结果：</td></tr>
<tr><td rowspan="3">无</td><td>显示第 1 条到第 N 条记录，总共 N 条数据，N 为总条数</td></tr>
<tr><td>实际结果：</td></tr>
<tr><td></td></tr>
</table>

<table>
<tr><td colspan="2">用例编号：QXGL-ST-005-043</td></tr>
<tr><td colspan="2">功能点：分页</td></tr>
<tr><td colspan="2">用例描述：分页操作显示</td></tr>
<tr><td>前置条件：</td><td>输入：</td></tr>
<tr><td>列表中有记录，大于 10 条</td><td>无</td></tr>
</table>

续表

执行步骤：	预期结果：
无	“上一页”按钮、页码、“下一页”按钮；页码显示 7 页页码数字，当前页码为选中状态
	实际结果：

用例编号：QXGL-ST-005-044	
功能点：分页	
用例描述：选择每页显示 10 条记录	
前置条件：	输入：
列表中有记录，小于 10 条	无
执行步骤：	预期结果：
无	分页功能正常
	实际结果：

用例编号：QXGL-ST-005-045	
功能点：分页	
用例描述：总条数统计显示	
前置条件：	输入：
列表中有记录，小于 10 条	无
执行步骤：	预期结果：
无	显示第 1 条到第 N 条记录，总共 N 条数据，N 为总条数
	实际结果：

用例编号：QXGL-ST-005-046	
功能点：分页	
用例描述：分页操作显示	
前置条件：	输入：
列表中有记录，小于 10 条	无
执行步骤：	预期结果：
无	“上一页”按钮、页码、“下一页”按钮；页码显示 1 页页码数字，当前页码为选中状态
	实际结果：

用例编号：QXGL-ST-005-047	
功能点：分页	
用例描述：当前页为第一页	
前置条件：	输入：
列表中有记录，大于 10 条	无
执行步骤：	预期结果：
单击第一页	“上一页”按钮不可单击
	实际结果：

用例编号：QXGL-ST-005-048	
功能点：分页	
用例描述：当前页为最后一页	
前置条件：	输入：
列表中有记录，大于 10 条	无
执行步骤：	预期结果：
单击最后一页	“下一页”按钮不可单击
	实际结果：

用例编号：QXGL-ST-005-049	
功能点：分页	
用例描述：当前页不是第一页	
前置条件：	输入：
列表中有记录，大于 10 条	无
执行步骤：	预期结果：
单击“上一页”按钮	跳转到当前页面前一页
	实际结果：

用例编号：QXGL-ST-005-050	
功能点：分页	
用例描述：当前页不是最后一页	
前置条件：	输入：
列表中有记录，大于 10 条	无
执行步骤：	预期结果：
单击“上一页”按钮	跳转到当前页面前一页
	实际结果：

<table>
<tr><td colspan="2">用例编号：QXGL-ST-005-051</td></tr>
<tr><td colspan="2">功能点：分页</td></tr>
<tr><td colspan="2">用例描述：当前页不是第一页</td></tr>
<tr><td>前置条件：</td><td>输入：</td></tr>
<tr><td>列表中有记录，大于 10 条</td><td>无</td></tr>
<tr><td>执行步骤：</td><td>预期结果：</td></tr>
<tr><td rowspan="3">单击“下一页”按钮</td><td>跳转到当前页面下一页</td></tr>
<tr><td>实际结果：</td></tr>
<tr><td></td></tr>
</table>

<table>
<tr><td colspan="2">用例编号：QXGL-ST-005-052</td></tr>
<tr><td colspan="2">功能点：分页</td></tr>
<tr><td colspan="2">用例描述：当前页不是最后一页</td></tr>
<tr><td>前置条件：</td><td>输入：</td></tr>
<tr><td>列表中有记录，大于 10 条</td><td>无</td></tr>
<tr><td>执行步骤：</td><td>预期结果：</td></tr>
<tr><td rowspan="3">单击“下一页”按钮</td><td>跳转到当前页面下一页</td></tr>
<tr><td>实际结果：</td></tr>
<tr><td></td></tr>
</table>

<table>
<tr><td colspan="2">用例编号：QXGL-ST-005-053</td></tr>
<tr><td colspan="2">功能点：分页</td></tr>
<tr><td colspan="2">用例描述：当前页为第一页</td></tr>
<tr><td>前置条件：</td><td>输入：</td></tr>
<tr><td>列表中有记录，大于 10 条</td><td>无</td></tr>
<tr><td>执行步骤：</td><td>预期结果：</td></tr>
<tr><td rowspan="3">输入要跳转的页数</td><td>直接跳转到该页</td></tr>
<tr><td>实际结果：</td></tr>
<tr><td></td></tr>
</table>

<table>
<tr><td colspan="2">用例编号：QXGL-ST-005-054</td></tr>
<tr><td colspan="2">功能点：分页</td></tr>
<tr><td colspan="2">用例描述：当前页为最后一页</td></tr>
<tr><td>前置条件：</td><td>输入：</td></tr>
<tr><td>列表中有记录，大于 10 条</td><td>无</td></tr>
<tr><td>执行步骤：</td><td>预期结果：</td></tr>
<tr><td rowspan="3">输入要跳转的页数</td><td>直接跳转到该页</td></tr>
<tr><td>实际结果：</td></tr>
<tr><td></td></tr>
</table>

用例编号：QXGL-ST-005-055	
功能点：分页	
用例描述：当前页不是第一页	
前置条件：	输入：
列表中有记录，大于 10 条	无
执行步骤：	预期结果：
输入要跳转的页数	直接跳转到该页
	实际结果：

用例编号：QXGL-ST-005-056	
功能点：分页	
用例描述：当前页不是最后一页	
前置条件：	输入：
列表中有记录，大于 10 条	无
执行步骤：	预期结果：
输入要跳转的页数	直接跳转到该页
	实际结果：

用例编号：QXGL-ST-005-057	
功能点：分页	
用例描述：当前页不是第一页	
前置条件：	输入：
列表中有记录，大于 10 条	无
执行步骤：	预期结果：
输入要跳转的页数	直接跳转到该页
	实际结果：

用例编号：QXGL-ST-005-058	
功能点：分页	
用例描述：当前页不是最后一页	
前置条件：	输入：
列表中有记录，大于 10 条	无
执行步骤：	预期结果：
输入要跳转的页数	直接跳转到该页
	实际结果：

实训 2：权限管理角色管理员测试用例集

一、Test Suite 角色管理员首页

（一）工作任务描述

登录角色管理员账号，登录页面如图 2-11 所示，登录成功进入首页欢迎页面，如图 2-12 所示。

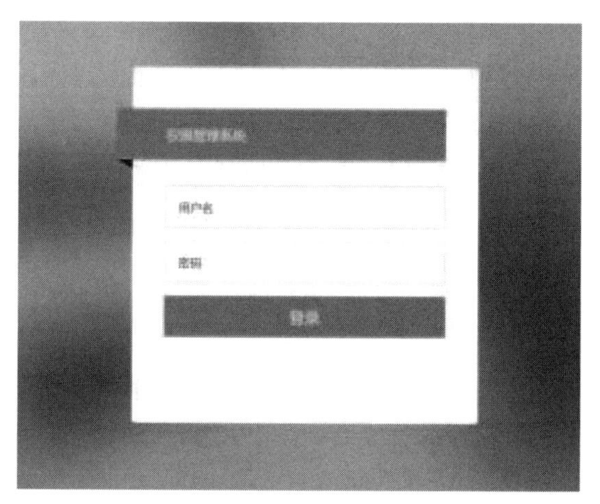

图 2-11　登录页面

图 2-12　首页

用户输入账号和密码，单击“登录”按钮进行登录。角色管理员账号为 jsadmin，密码为 jsadmin。

（二）业务规则

登录后默认进入首页，页面 title 显示“首页”，面包屑导航显示“首页”>“控制台”。

顶部导航栏显示：“欢迎 jsadmin”文字、“首页”按钮、“修改密码”按钮、“退出系统”按钮。

单击“首页”按钮，可跳转到系统首页。

单击“修改密码”按钮，弹出修改密码框，修改密码框内显示当前登录账号、原密码和新密码的输入框。新密码和原密码均是必填项，由红色*号标注。显示“确定”“取消”按钮及右上角有一个×图标

新密码为必填项，长度等于 8 位，支持数字、字母、特殊符号，不支持汉字。

未输入原密码，单击“保存”按钮时，系统提示“原密码为空！”。

原密码输入无效，单击“保存”按钮时，系统提示“原密码错误”。

未输入新密码，单击“保存”按钮时，系统提示“新密码为空！”。

新密码输入长度和格式不符合规则，单击“保存”按钮时，系统提示“长度和格式不符合规则，请重新输入”。

原名密码和新密码输入正确，单击“保存”按钮时，回到登录页面。

单击右上角×图标或“取消”按钮，关闭当前窗口，回到首页。

单击“退出系统”按钮，退出系统回到登录页面。

本节任务就是对首页页面功能进行测试，编写测试用例集。在此我们使用了场景法、边界值分析法、错误推测法等测试用例设计方法。

（三）工作过程

编写测试用例集，以下是首页页面的测试用例集。

<table>
<tr><td colspan="2">用例编号：QXGL-ST-002-001</td></tr>
<tr><td colspan="2">功能点：首页导航栏</td></tr>
<tr><td colspan="2">用例描述：显示正确性验证</td></tr>
<tr><td>前置条件：</td><td>输入：</td></tr>
<tr><td>系统管理员登录成功</td><td>无</td></tr>
<tr><td>执行步骤：</td><td>预期结果：</td></tr>
<tr><td rowspan="3">无</td><td>登录后默认进入首页欢迎页，页面 title 显示“首页”，面包屑导航显示“首页”>“控制台”
顶部导航栏显示：“欢迎 sysadmin”文字、“首页”按钮、“修改密码”按钮、“退出系统”按钮</td></tr>
<tr><td>实际结果：</td></tr>
<tr><td></td></tr>
</table>

<table>
<tr><td colspan="2">用例编号：QXGL-ST-002-002</td></tr>
<tr><td colspan="2">功能点：首页导航栏</td></tr>
<tr><td colspan="2">用例描述：显示正确性验证</td></tr>
<tr><td>前置条件：</td><td>输入：</td></tr>
<tr><td>角色管理员登录成功</td><td>无</td></tr>
</table>

续表

执行步骤：	预期结果：
无	登录后默认进入首页欢迎页，页面 title 显示“首页”，面包屑导航显示“首页”>“控制台” 顶部导航栏显示：“欢迎 jsadmin”文字、“首页”按钮、“修改密码”按钮、“退出系统”按钮
	实际结果：

用例编号：QXGL-ST-002-003	
功能点：首页导航栏	
用例描述：首页按钮	
前置条件：	输入：
系统管理员登录成功	无
执行步骤：	预期结果：
单击“首页”按钮	跳转到系统首页
	实际结果：

用例编号：QXGL-ST-002-004	
功能点：首页导航栏	
用例描述：“首页”按钮	
前置条件：	输入：
角色管理员登录成功	无
执行步骤：	预期结果：
单击“首页”按钮	跳转到系统首页
	实际结果：

用例编号：QXGL-ST-002-005	
功能点：首页导航栏	
用例描述：“修改密码”按钮	
前置条件：	输入：
系统管理员登录成功	无
执行步骤：	预期结果：
单击“修改密码”按钮	弹出修改密码框，修改密码框内显示当前登录账号、原密码和新密码的输入框。新密码和原密码均是必填项，由红色*号标注。显示“确定”“取消”按钮及右上角有一个×图标
	实际结果：

用例编号：QXGL-ST-002-006	
功能点：首页导航栏	
用例描述：“修改密码”按钮	
前置条件：	输入：
角色管理员登录成功	无
执行步骤：	预期结果：
单击“修改密码”按钮	弹出修改密码框，修改密码框内显示当前登录账号、原密码和新密码的输入框。新密码和原密码均是必填项，由红色*号标注。显示“确定”“取消”按钮及右上角有一个×图标
	实际结果：

用例编号：QXGL-ST-002-007	
功能点：首页导航栏	
用例描述：修改密码	
前置条件：	输入：
系统管理员登录成功	原密码：sysadmin 新密码：sysadmi
执行步骤：	预期结果：
单击“保存”按钮	提示“长度和格式不符合规则，请重新输入”
	实际结果：

用例编号：QXGL-ST-002-008	
功能点：首页导航栏	
用例描述：修改密码	
前置条件：	输入：
系统管理员登录成功	原密码：sysadmin 新密码：sysadmi5
执行步骤：	预期结果：
单击“保存”按钮	提示修改成功，回到登录页面
	实际结果：

用例编号：QXGL-ST-002-009	
功能点：首页导航栏	
用例描述：修改密码	
前置条件：	输入：
系统管理员登录成功	原密码：sysadmin 新密码：sysadmi67
执行步骤：	预期结果：
单击“保存”按钮	提示“长度和格式不符合规则，请重新输入”
	实际结果：

用例编号：QXGL-ST-002-010	
功能点：首页导航栏	
用例描述：修改密码	
前置条件：	输入：
系统管理员登录成功	原密码：sysadmin 新密码：sysadmi 哈
执行步骤：	预期结果：
单击“保存”按钮	提示“长度和格式不符合规则，请重新输入”
	实际结果：

用例编号：QXGL-ST-002-011	
功能点：首页导航栏	
用例描述：修改密码	
前置条件：	输入：
系统管理员登录成功	原密码： 新密码：sysadmin
执行步骤：	预期结果：
单击“保存”按钮	提示“原密码为空！”
	实际结果：

用例编号：QXGL-ST-002-012	
功能点：首页导航栏	
用例描述：修改密码	
前置条件：	输入：
系统管理员登录成功	原密码：sysadmin 新密码：
执行步骤：	预期结果：
单击“保存”按钮	提示“新密码为空！”
	实际结果：

用例编号：QXGL-ST-002-013	
功能点：首页导航栏	
用例描述：单击右上角×图标	
前置条件：	输入：
系统管理员登录成功	无
执行步骤：	预期结果：
单击右上角×图标	关闭当前窗口，回到首页
	实际结果：

<table>
<tr><td colspan="2">用例编号：QXGL-ST-002-014</td></tr>
<tr><td colspan="2">功能点：首页导航栏</td></tr>
<tr><td colspan="2">用例描述：单击“取消”按钮</td></tr>
<tr><td>前置条件：</td><td>输入：</td></tr>
<tr><td>系统管理员登录成功</td><td>无</td></tr>
<tr><td>执行步骤：</td><td>预期结果：</td></tr>
<tr><td rowspan="3">单击“取消”按钮</td><td>关闭当前窗口，回到首页</td></tr>
<tr><td>实际结果：</td></tr>
<tr><td></td></tr>
</table>

<table>
<tr><td colspan="2">用例编号：QXGL-ST-002-015</td></tr>
<tr><td colspan="2">功能点：首页导航栏</td></tr>
<tr><td colspan="2">用例描述：退出系统</td></tr>
<tr><td>前置条件：</td><td>输入：</td></tr>
<tr><td>系统管理员登录成功</td><td>无</td></tr>
<tr><td>执行步骤：</td><td>预期结果：</td></tr>
<tr><td rowspan="3">单击“退出系统”按钮</td><td>退出系统回到登录页面</td></tr>
<tr><td>实际结果：</td></tr>
<tr><td></td></tr>
</table>

<table>
<tr><td colspan="2">用例编号：QXGL-ST-002-016</td></tr>
<tr><td colspan="2">功能点：首页导航栏</td></tr>
<tr><td colspan="2">用例描述：修改密码</td></tr>
<tr><td>前置条件：</td><td>输入：</td></tr>
<tr><td>角色管理员登录成功</td><td>原密码：jsadmin
新密码：jsadmi</td></tr>
<tr><td>执行步骤：</td><td>预期结果：</td></tr>
<tr><td rowspan="3">单击“保存”按钮</td><td>提示“长度和格式不符合规则，请重新输入”</td></tr>
<tr><td>实际结果：</td></tr>
<tr><td></td></tr>
</table>

<table>
<tr><td colspan="2">用例编号：QXGL-ST-002-017</td></tr>
<tr><td colspan="2">功能点：首页导航栏</td></tr>
<tr><td colspan="2">用例描述：修改密码</td></tr>
<tr><td>前置条件：</td><td>输入：</td></tr>
<tr><td>角色管理员登录成功</td><td>原密码：jsadmin
新密码：jsadmi5</td></tr>
<tr><td>执行步骤：</td><td>预期结果：</td></tr>
<tr><td rowspan="3">单击“保存”按钮</td><td>提示修改成功，回到登录页面</td></tr>
<tr><td>实际结果：</td></tr>
<tr><td></td></tr>
</table>

用例编号：QXGL-ST-002-018	
功能点：首页导航栏	
用例描述：修改密码	
前置条件：	输入：
角色管理员登录成功	原密码：jsadmin 新密码：jsadmi67
执行步骤：	预期结果：
单击“保存”按钮	提示“长度和格式不符合规则，请重新输入”
	实际结果：

用例编号：QXGL-ST-002-019	
功能点：首页导航栏	
用例描述：修改密码	
前置条件：	输入：
角色管理员登录成功	原密码：jsadmin 新密码：jsadmi 哈
执行步骤：	预期结果：
单击“保存”按钮	提示“长度和格式不符合规则，请重新输入”
	实际结果：

用例编号：QXGL-ST-002-020	
功能点：首页导航栏	
用例描述：修改密码	
前置条件：	输入：
角色管理员登录成功	原密码： 新密码：jsadmin
执行步骤：	预期结果：
单击“保存”按钮	提示“原密码为空！”
	实际结果：

用例编号：QXGL-ST-002-021	
功能点：首页导航栏	
用例描述：修改密码	
前置条件：	输入：
角色管理员登录成功	原密码：jsadmin 新密码：
执行步骤：	预期结果：
单击“保存”按钮	提示“新密码为空！”
	实际结果：

<table>
<tr><td colspan="2">用例编号：QXGL-ST-002-022</td></tr>
<tr><td colspan="2">功能点：首页导航栏</td></tr>
<tr><td colspan="2">用例描述：单击右上角×图标</td></tr>
<tr><td>前置条件：</td><td>输入：</td></tr>
<tr><td>角色管理员登录成功</td><td>无</td></tr>
<tr><td>执行步骤：</td><td>预期结果：</td></tr>
<tr><td rowspan="3">单击右上角×图标</td><td>关闭当前窗口，回到首页</td></tr>
<tr><td>实际结果：</td></tr>
<tr><td></td></tr>
</table>

<table>
<tr><td colspan="2">用例编号：QXGL-ST-002-023</td></tr>
<tr><td colspan="2">功能点：首页导航栏</td></tr>
<tr><td colspan="2">用例描述：单击“取消”按钮</td></tr>
<tr><td>前置条件：</td><td>输入：</td></tr>
<tr><td>角色管理员登录成功</td><td>无</td></tr>
<tr><td>执行步骤：</td><td>预期结果：</td></tr>
<tr><td rowspan="3">单击“取消”按钮</td><td>关闭当前窗口，回到首页</td></tr>
<tr><td>实际结果：</td></tr>
<tr><td></td></tr>
</table>

<table>
<tr><td colspan="2">用例编号：QXGL-ST-002-024</td></tr>
<tr><td colspan="2">功能点：首页导航栏</td></tr>
<tr><td colspan="2">用例描述：退出系统</td></tr>
<tr><td>前置条件：</td><td>输入：</td></tr>
<tr><td>角色管理员登录成功</td><td>无</td></tr>
<tr><td>执行步骤：</td><td>预期结果：</td></tr>
<tr><td rowspan="3">单击“退出系统”按钮</td><td>退出系统回到登录页面</td></tr>
<tr><td>实际结果：</td></tr>
<tr><td></td></tr>
</table>

二、Test Suite 机构管理

（一）工作任务描述

该模块用于角色管理员对机构进行管理。登录系统后，角色管理员可以进行机构管理，如新增、修改、删除、刷新、禁用、启用，如图 2-13～图 2-15 所示。

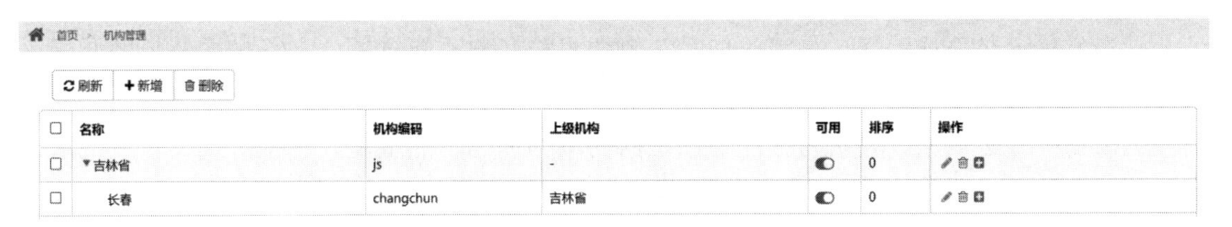

图 2-13　列表页

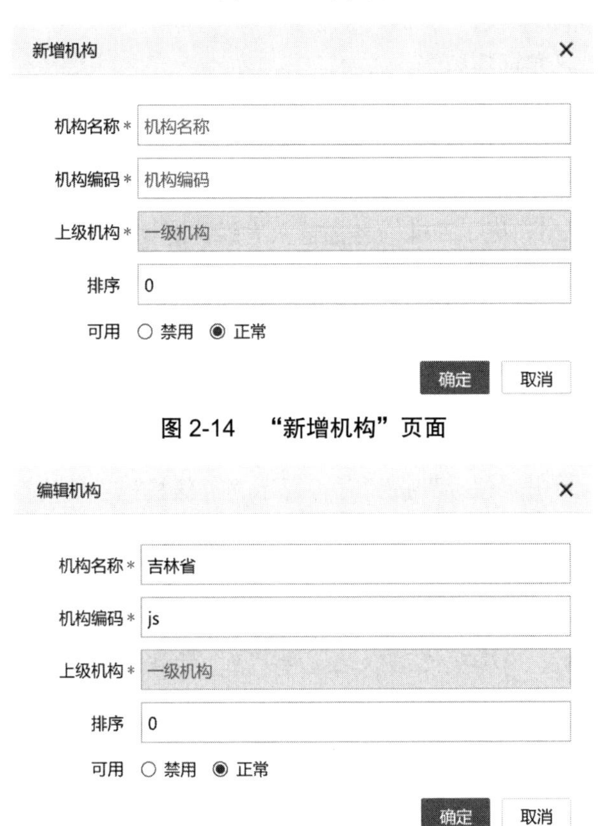

图 2-14　“新增机构”页面

图 2-15　“编辑机构”页面

（二）业务规则

1. 机构管理列表页

单击左侧导航栏中的“机构管理”模块菜单，可进入机构管理页面，列表默认显示全部机构信息，页面 title 显示“机构管理”。

面包屑导航显示“首页”>“机构管理”。

列表字段显示：名称、机构编码、上级机构、可用、排序、操作。

列表按照机构序号升序排列。

列表无分页功能。

2. 新增机构（注意：必填项使用红色星号“*”标注）

在机构列表页，勾选要新增机构的机构名称，单击“新增”按钮，弹出“新增机构”窗口，弹框 title 显示“新增机构”。

机构名称：必填项，默认为空，与系统内的机构名称不能重复。字符格式及长度要求：允许汉字、英文字母、数字，可输入长度大于等于 2 个字小于等于 20 个字。

机构编码：必填项，默认为空，与系统内的机构编码不能重复。字符格式及长度要求：允许英文字母、可输入长度大于等于 2 个字小于等于 20 个字。

上级机构：单击显示所有已存在的机构目录，可选择，单击“确定”按钮保存，单击“取消”按钮或×图标，回到新增机构页面，上级机构未选择。

排序：非必填项，只允许填数字。

可用：默认为正常；可选正常、禁用。

机构名称未填写，单击“保存”按钮时，提示“机构名称不能为空！”；机构名称重复，单击“保存”按钮时，提示“机构名称不唯一，请重新输入。”；机构名称输入格式或长度不正确，单击“保存”按钮时，提示“机构名称输入有误，请重新输入。”。关闭错误提示信息，仍停留在当前窗口。

机构编码未填写，单击“保存”按钮时，提示“机构编码不能为空！”；机构编码重复，单击“保存”按钮时，提示“机构编码不唯一，请重新输入。”；机构编码输入格式或长度不正确，单击“保存”按钮时，提示“机构编码输入有误，请重新输入。”。关闭错误提示信息，仍停留在当前窗口。

上级机构未选择，单击“保存”按钮时，提示“一级机构不能为空”。

单击“保存”按钮，保存当前新增内容，关闭当前窗口，回到列表页，在列表页新增一条记录，创建日期显示当前日期。

单击“取消”按钮或窗口右上角×图标，不保存当前新增内容，关闭当前窗口，回到列表页。

3. 修改机构（注意：必填项使用红色星号“*”标注）

在机构列表页，勾选要编辑机构的机构名称，单击“修改”按钮，弹出“编辑机构”窗口，弹框 title 显示“编辑机构”。

机构名称：同新增机构。

机构编码：同新增机构。

上级机构：同新增机构。

排序：同新增机构。

可用：同新增机构。

机构名称未填写，其操作同新增机构。

机构编码未填写，其操作同新增机构。

上级机构未选择，其操作同新增机构。

单击“保存”按钮，其操作同新增机构。

单击“取消”按钮或窗口右上角×图标，其操作同新增机构。

4. 删除机构

在机构管理列表页，单击任意机构后的“删除”按钮或勾选要删除的目录或参数后单击“删除”按钮，系统弹框提示“注：您确定要删除吗？该操作将无法恢复”。

单击“确定”按钮，执行删除操作，回到列表页，列表页无该条记录。

单击“取消”按钮或右上角×图标，不执行删除操作，回到列表页，列表页该条记录存在。

5. 刷新

单击“刷新”按钮，刷新机构列表，显示所有机构。

本节任务就是对机构管理页面功能进行测试，编写测试用例集。在此我们使用了场景法、边界值法分析、错误推测法等测试用例设计方法。

（三）工作过程

编写测试用例集，以下是机构管理页面的测试用例集。

<table>
<tr><td colspan="2">用例编号：QXGL-ST-006-001</td></tr>
<tr><td colspan="2">功能点：上方导航栏</td></tr>
<tr><td colspan="2">用例描述：显示正确性验证</td></tr>
<tr><td>前置条件：</td><td>输入：</td></tr>
<tr><td>系统管理员登录成功</td><td>无</td></tr>
<tr><td>执行步骤：</td><td>预期结果：</td></tr>
<tr><td rowspan="3">无</td><td>登录后默认进入首页欢迎页，页面 title 显示“首页”，面包屑导航显示“首页”>“控制台”。
顶部导航栏显示：“欢迎 sysadmin”文字、“首页”按钮、“修改密码”按钮、“退出系统”按钮</td></tr>
<tr><td>实际结果：</td></tr>
<tr><td></td></tr>
</table>

<table>
<tr><td colspan="2">用例编号：QXGL-ST-006-002</td></tr>
<tr><td colspan="2">功能点：上方导航栏</td></tr>
<tr><td colspan="2">用例描述：显示正确性验证</td></tr>
<tr><td>前置条件：</td><td>输入：</td></tr>
<tr><td>角色管理员登录成功</td><td>无</td></tr>
<tr><td>执行步骤：</td><td>预期结果：</td></tr>
<tr><td rowspan="3">无</td><td>登录后默认进入首页欢迎页，页面 title 显示“首页”，面包屑导航显示“首页”>“控制台”。
顶部导航栏显示：“欢迎 jsadmin”文字、“首页”按钮、“修改密码”按钮、“退出系统”按钮</td></tr>
<tr><td>实际结果：</td></tr>
<tr><td></td></tr>
</table>

<table>
<tr><td colspan="2">用例编号：QXGL-ST-006-003</td></tr>
<tr><td colspan="2">功能点：上方导航栏</td></tr>
<tr><td colspan="2">用例描述：首页按钮</td></tr>
<tr><td>前置条件：</td><td>输入：</td></tr>
<tr><td>系统管理员登录成功</td><td>无</td></tr>
<tr><td>执行步骤：</td><td>预期结果：</td></tr>
<tr><td rowspan="3">单击“首页”按钮</td><td>跳转到系统首页</td></tr>
<tr><td>实际结果：</td></tr>
<tr><td></td></tr>
</table>

<table>
<tr><td colspan="2">用例编号：QXGL-ST-006-004</td></tr>
<tr><td colspan="2">功能点：上方导航栏</td></tr>
<tr><td colspan="2">用例描述：首页按钮</td></tr>
<tr><td>前置条件：</td><td>输入：</td></tr>
<tr><td>角色管理员登录成功</td><td>无</td></tr>
<tr><td>执行步骤：</td><td>预期结果：</td></tr>
<tr><td rowspan="3">单击“首页”按钮</td><td>跳转到系统首页</td></tr>
<tr><td>实际结果：</td></tr>
<tr><td></td></tr>
</table>

<table>
<tr><td colspan="2">用例编号：QXGL-ST-006-005</td></tr>
<tr><td colspan="2">功能点：上方导航栏</td></tr>
<tr><td colspan="2">用例描述：“修改密码”按钮</td></tr>
<tr><td>前置条件：</td><td>输入：</td></tr>
<tr><td>系统管理员登录成功</td><td>无</td></tr>
<tr><td>执行步骤：</td><td>预期结果：</td></tr>
<tr><td rowspan="3">单击“修改密码”按钮</td><td>弹出修改密码框，修改密码框内显示当前登录账号、原密码和新密码的输入框。新密码和原密码均是必填项，由红色*号标注。显示“确定”“取消”按钮及右上角有一个×图标</td></tr>
<tr><td>实际结果：</td></tr>
<tr><td></td></tr>
</table>

<table>
<tr><td colspan="2">用例编号：QXGL-ST-006-006</td></tr>
<tr><td colspan="2">功能点：上方导航栏</td></tr>
<tr><td colspan="2">用例描述：“修改密码”按钮</td></tr>
<tr><td>前置条件：</td><td>输入：</td></tr>
<tr><td>角色管理员登录成功</td><td>无</td></tr>
<tr><td>执行步骤：</td><td>预期结果：</td></tr>
<tr><td rowspan="3">单击“修改密码”按钮</td><td>弹出修改密码框，修改密码框内显示当前登录账号、原密码和新密码的输入框。新密码和原密码均是必填项，由红色*号标注。显示“确定”“取消”按钮及右上角有一个×图标</td></tr>
<tr><td>实际结果：</td></tr>
<tr><td></td></tr>
</table>

<table>
<tr><td colspan="2">用例编号：QXGL-ST-006-007</td></tr>
<tr><td colspan="2">功能点：上方导航栏</td></tr>
<tr><td colspan="2">用例描述：修改密码</td></tr>
<tr><td>前置条件：</td><td>输入：</td></tr>
<tr><td>系统管理员登录成功</td><td>原密码：sysadmin
新密码：sysadmi</td></tr>
</table>

续表

执行步骤：	预期结果：
单击“保存”按钮	提示“长度和格式不符合规则，请重新输入”
	实际结果：

用例编号：QXGL-ST-006-008	
功能点：上方导航栏	
用例描述：修改密码	
前置条件：	输入：
系统管理员登录成功	原密码：sysadmin 新密码：sysadmi5
执行步骤：	预期结果：
单击“保存”按钮	提示修改成功，回到登录页面
	实际结果：

用例编号：QXGL-ST-006-009	
功能点：上方导航栏	
用例描述：修改密码	
前置条件：	输入：
系统管理员登录成功	原密码：sysadmin 新密码：sysadmi67
执行步骤：	预期结果：
单击“保存”按钮	提示“长度和格式不符合规则，请重新输入”
	实际结果：

用例编号：QXGL-ST-006-010	
功能点：上方导航栏	
用例描述：修改密码	
前置条件：	输入：
系统管理员登录成功	原密码：sysadmin 新密码：sysadmi 哈
执行步骤：	预期结果：
单击“保存”按钮	提示“长度和格式不符合规则，请重新输入”
	实际结果：

用例编号：QXGL-ST-006-011
功能点：上方导航栏
用例描述：修改密码

续表

前置条件：	输入：
系统管理员登录成功	原密码： 新密码：sysadmin
执行步骤：	预期结果：
单击“保存”按钮	提示“原密码为空！”
	实际结果：

用例编号：QXGL-ST-006-012	
功能点：上方导航栏	
用例描述：修改密码	
前置条件：	输入：
系统管理员登录成功	原密码：sysadmin 新密码：
执行步骤：	预期结果：
单击“保存”按钮	提示“新密码为空！”
	实际结果：

用例编号：QXGL-ST-006-013	
功能点：上方导航栏	
用例描述：单击右上角×图标	
前置条件：	输入：
系统管理员登录成功	无
执行步骤：	预期结果：
单击右上角×图标	关闭当前窗口，回到首页
	实际结果：

用例编号：QXGL-ST-006-014	
功能点：上方导航栏	
用例描述：单击“取消”按钮	
前置条件：	输入：
系统管理员登录成功	无
执行步骤：	预期结果：
单击“取消”按钮	关闭当前窗口，回到首页
	实际结果：

<table>
<tr><td colspan="2">用例编号：QXGL-ST-006-015</td></tr>
<tr><td colspan="2">功能点：上方导航栏</td></tr>
<tr><td colspan="2">用例描述：退出系统</td></tr>
<tr><td>前置条件：</td><td>输入：</td></tr>
<tr><td>系统管理员登录成功</td><td>无</td></tr>
<tr><td>执行步骤：</td><td>预期结果：</td></tr>
<tr><td rowspan="3">单击“退出系统”按钮</td><td>退出系统回到登录页面</td></tr>
<tr><td>实际结果：</td></tr>
<tr><td></td></tr>
</table>

<table>
<tr><td colspan="2">用例编号：QXGL-ST-006-016</td></tr>
<tr><td colspan="2">功能点：上方导航栏</td></tr>
<tr><td colspan="2">用例描述：修改密码</td></tr>
<tr><td>前置条件：</td><td>输入：</td></tr>
<tr><td>角色管理员登录成功</td><td>原密码：jsadmin
新密码：jsadmi</td></tr>
<tr><td>执行步骤：</td><td>预期结果：</td></tr>
<tr><td rowspan="3">单击“保存”按钮</td><td>提示“长度和格式不符合规则，请重新输入”</td></tr>
<tr><td>实际结果：</td></tr>
<tr><td></td></tr>
</table>

<table>
<tr><td colspan="2">用例编号：QXGL-ST-006-017</td></tr>
<tr><td colspan="2">功能点：上方导航栏</td></tr>
<tr><td colspan="2">用例描述：修改密码</td></tr>
<tr><td>前置条件：</td><td>输入：</td></tr>
<tr><td>角色管理员登录成功</td><td>原密码：jsadmin
新密码：jsadmi5</td></tr>
<tr><td>执行步骤：</td><td>预期结果：</td></tr>
<tr><td rowspan="3">单击“保存”按钮</td><td>提示修改成功，回到登录页面</td></tr>
<tr><td>实际结果：</td></tr>
<tr><td></td></tr>
</table>

<table>
<tr><td colspan="2">用例编号：QXGL-ST-006-018</td></tr>
<tr><td colspan="2">功能点：上方导航栏</td></tr>
<tr><td colspan="2">用例描述：修改密码</td></tr>
<tr><td>前置条件：</td><td>输入：</td></tr>
<tr><td>角色管理员登录成功</td><td>原密码：jsadmin
新密码：jsadmi67</td></tr>
<tr><td>执行步骤：</td><td>预期结果：</td></tr>
<tr><td rowspan="3">单击“保存”按钮</td><td>提示“长度和格式不符合规则，请重新输入”</td></tr>
<tr><td>实际结果：</td></tr>
<tr><td></td></tr>
</table>

用例编号：QXGL-ST-006-019	
功能点：上方导航栏	
用例描述：修改密码	
前置条件：	输入：
角色管理员登录成功	原密码：jsadmin 新密码：jsadmi 哈
执行步骤：	预期结果：
单击“保存”按钮	提示“长度和格式不符合规则，请重新输入”
	实际结果：

用例编号：QXGL-ST-006-020	
功能点：上方导航栏	
用例描述：修改密码	
前置条件：	输入：
角色管理员登录成功	原密码： 新密码：jsadmin
执行步骤：	预期结果：
单击“保存”按钮	提示“原密码为空！”
	实际结果：

用例编号：QXGL-ST-006-021	
功能点：上方导航栏	
用例描述：修改密码	
前置条件：	输入：
角色管理员登录成功	原密码：jsadmin 新密码：
执行步骤：	预期结果：
单击“保存”按钮	提示“新密码为空！”
	实际结果：

用例编号：QXGL-ST-006-022	
功能点：上方导航栏	
用例描述：单击右上角×图标	
前置条件：	输入：
角色管理员登录成功	无
执行步骤：	预期结果：
单击右上角×图标	关闭当前窗口，回到首页
	实际结果：

用例编号：QXGL-ST-006-023	
功能点：上方导航栏	
用例描述：单击“取消”按钮	
前置条件：	输入：
角色管理员登录成功	无
执行步骤：	预期结果：
单击“取消”按钮	关闭当前窗口，回到首页
	实际结果：

用例编号：QXGL-ST-006-024	
功能点：上方导航栏	
用例描述：退出系统	
前置条件：	输入：
角色管理员登录成功	无
执行步骤：	预期结果：
单击“退出系统”按钮	退出系统回到登录页面
	实际结果：

用例编号：QXGL-ST-006-025	
功能点：机构管理列表页	
用例描述：显示内容正确性验证	
前置条件：	输入：
角色管理员登录成功	无
执行步骤：	预期结果：
单击左侧导航栏中的“机构管理”模块菜单	进入机构管理页面，列表默认显示全部机构信息，左侧显示机构目录，页面 title 显示“机构管理”；面包屑导航显示“首页”>“机构管理” 列表字段显示：名称、机构编码、上级机构、可用、排序、操作 列表按照机构序号升序排列
	实际结果：

用例编号：QXGL-ST-006-026	
功能点：新增机构	
用例描述：“新增”按钮	
前置条件：	输入：
角色管理员登录成功	无
执行步骤：	预期结果：

续表

单击“新增”按钮	弹出“新增机构”窗口，弹框title显示“新增机构” 必填项使用红色星号“*”标注 机构名称：必填项，默认为空 机构编码：必填项，默认为空 上级机构： 排序：非必填项，只允许填数字 可用：默认为正常；可选正常、禁用
	实际结果：

用例编号：QXGL-ST-006-027	
功能点：新增机构	
用例描述：机构名称未填写	
前置条件：	输入：
角色管理员登录成功	机构名称未填写
执行步骤：	预期结果：
单击“保存”按钮	提示“机构名称不能为空！”
	实际结果：

用例编号：QXGL-ST-006-028	
功能点：新增机构	
用例描述：机构名称输入2个字	
前置条件：	输入：
角色管理员登录成功	机构名称输入2个字
执行步骤：	预期结果：
单击“保存”按钮	提示“机构名称输入有误，请重新输入。”
	实际结果：

用例编号：QXGL-ST-006-029	
功能点：新增机构	
用例描述：机构名称输入3个字	
前置条件：	输入：
角色管理员登录成功	机构名称输入3个字
执行步骤：	预期结果：
单击“保存”按钮	保存当前新增内容，关闭当前窗口，回到列表页，在列表页新增一条记录
	实际结果：

用例编号：QXGL-ST-006-030	
功能点：新增机构	
用例描述：机构名称输入 19 个字	
前置条件：	输入：
角色管理员登录成功	机构名称输入 19 个字
执行步骤：	预期结果：
单击“保存”按钮	保存当前新增内容，关闭当前窗口，回到列表页，在列表页新增一条记录
	实际结果：

用例编号：QXGL-ST-006-031	
功能点：新增机构	
用例描述：机构名称输入 20 个字	
前置条件：	输入：
角色管理员登录成功	机构名称输入 20 个字
执行步骤：	预期结果：
单击“保存”按钮	保存当前新增内容，关闭当前窗口，回到列表页，在列表页新增一条记录
	实际结果：

用例编号：QXGL-ST-006-032	
功能点：新增机构	
用例描述：机构名称输入 21 个字	
前置条件：	输入：
角色管理员登录成功	机构名称输入 21 个字
执行步骤：	预期结果：
单击“保存”按钮	提示“机构名称输入有误，请重新输入。”
	实际结果：

用例编号：QXGL-ST-006-033	
功能点：新增机构	
用例描述：机构名称重复	
前置条件：	输入：
角色管理员登录成功	机构名称重复
执行步骤：	预期结果：
单击“保存”按钮	提示“机构名称不唯一，请重新输入。”
	实际结果：

<table>
<tr><td colspan="2">用例编号：QXGL-ST-006-034</td></tr>
<tr><td colspan="2">功能点：新增机构</td></tr>
<tr><td colspan="2">用例描述：机构名称输入包含特殊符号</td></tr>
<tr><td>前置条件：</td><td>输入：</td></tr>
<tr><td>角色管理员登录成功</td><td>机构名称输入包含特殊符号</td></tr>
<tr><td>执行步骤：</td><td>预期结果：</td></tr>
<tr><td rowspan="3">单击“保存”按钮</td><td>提示“机构名称输入有误，请重新输入。”</td></tr>
<tr><td>实际结果：</td></tr>
<tr><td></td></tr>
</table>

<table>
<tr><td colspan="2">用例编号：QXGL-ST-006-035</td></tr>
<tr><td colspan="2">功能点：新增机构</td></tr>
<tr><td colspan="2">用例描述：机构编码输入 2 个字</td></tr>
<tr><td>前置条件：</td><td>输入：</td></tr>
<tr><td>角色管理员登录成功</td><td>机构编码输入 2 个字</td></tr>
<tr><td>执行步骤：</td><td>预期结果：</td></tr>
<tr><td rowspan="3">单击“保存”按钮</td><td>提示“机构编码输入有误，请重新输入。”</td></tr>
<tr><td>实际结果：</td></tr>
<tr><td></td></tr>
</table>

<table>
<tr><td colspan="2">用例编号：QXGL-ST-006-036</td></tr>
<tr><td colspan="2">功能点：新增机构</td></tr>
<tr><td colspan="2">用例描述：机构编码输入 3 个字</td></tr>
<tr><td>前置条件：</td><td>输入：</td></tr>
<tr><td>角色管理员登录成功</td><td>机构编码输入 3 个字</td></tr>
<tr><td>执行步骤：</td><td>预期结果：</td></tr>
<tr><td rowspan="3">单击“保存”按钮</td><td>保存当前修改内容，关闭当前窗口，回到列表页，在列表页修改一条记录</td></tr>
<tr><td>实际结果：</td></tr>
<tr><td></td></tr>
</table>

<table>
<tr><td colspan="2">用例编号：QXGL-ST-006-037</td></tr>
<tr><td colspan="2">功能点：新增机构</td></tr>
<tr><td colspan="2">用例描述：机构编码输入 19 个字</td></tr>
<tr><td>前置条件：</td><td>输入：</td></tr>
<tr><td>角色管理员登录成功</td><td>机构编码输入 19 个字</td></tr>
<tr><td>执行步骤：</td><td>预期结果：</td></tr>
<tr><td rowspan="3">单击“保存”按钮</td><td>保存当前修改内容，关闭当前窗口，回到列表页，在列表页修改一条记录</td></tr>
<tr><td>实际结果：</td></tr>
<tr><td></td></tr>
</table>

用例编号：QXGL-ST-006-038	
功能点：新增机构	
用例描述：机构编码输入 20 个字	
前置条件：	输入：
角色管理员登录成功	机构编码输入 20 个字
执行步骤：	预期结果：
单击“保存”按钮	保存当前修改内容，关闭当前窗口，回到列表页，在列表页修改一条记录
	实际结果：

用例编号：QXGL-ST-006-039	
功能点：新增机构	
用例描述：机构编码输入 21 个字	
前置条件：	输入：
角色管理员登录成功	机构编码输入 21 个字
执行步骤：	预期结果：
单击“保存”按钮	提示“机构编码输入有误，请重新输入。”

用例编号：QXGL-ST-006-040	
功能点：新增机构	
用例描述：机构编码输入包含特殊符号	
前置条件：	输入：
角色管理员登录成功	机构编码输入包含特殊符号
执行步骤：	预期结果：
单击“保存”按钮	提示“机构编码输入有误，请重新输入。”
	实际结果：

用例编号：QXGL-ST-006-041	
功能点：新增机构	
用例描述：机构编码重复	
前置条件：	输入：
角色管理员登录成功	机构编码重复
执行步骤：	预期结果：
单击“保存”按钮	提示“机构编码不唯一，请重新输入。”
	实际结果：

用例编号：QXGL-ST-006-042	
功能点：新增机构	
用例描述：上级机构	
前置条件：	输入：
角色管理员登录成功	单击上级机构
执行步骤：	预期结果：
单击“保存”按钮	显示所有已存在的机构目录，可选择，单击“确定”按钮保存，单击“取消”按钮或×图标，回到新增机构页面，上级机构未选择
	实际结果：

用例编号：QXGL-ST-006-043	
功能点：新增机构	
用例描述：上级机构未选择	
前置条件：	输入：
角色管理员登录成功	无
执行步骤：	预期结果：
单击“保存”按钮	提示“一级机构不能为空”
	实际结果：

用例编号：QXGL-ST-006-044	
功能点：新增机构	
用例描述：排序非必填项验证	
前置条件：	输入：
角色管理员登录成功	排序非必填项验证
执行步骤：	预期结果：
单击“保存”按钮	保存当前新增内容，关闭当前窗口，回到列表页，在列表页新增一条记录
	实际结果：

用例编号：QXGL-ST-006-045	
功能点：新增机构	
用例描述：可用性选择正常	
前置条件：	输入：
角色管理员登录成功	可用性选择正常
执行步骤：	预期结果：
单击“保存”按钮	保存当前新增内容，关闭当前窗口，回到列表页，在列表页新增一条记录
	实际结果：

用例编号：QXGL-ST-006-046	
功能点：新增机构	
用例描述：可用性选择禁用	
前置条件：	输入：
角色管理员登录成功	可用性选择禁用
执行步骤：	预期结果：
单击“保存”按钮	保存当前新增内容，关闭当前窗口，回到列表页，在列表页新增一条记录
	实际结果：

用例编号：QXGL-ST-006-047	
功能点：新增机构	
用例描述：取消新增	
前置条件：	输入：
角色管理员登录成功	无
执行步骤：	预期结果：
单击“取消”按钮	不保存当前新增内容，关闭当前窗口，回到列表页
	实际结果：

用例编号：QXGL-ST-006-048	
功能点：新增机构	
用例描述：关闭新增	
前置条件：	输入：
角色管理员登录成功	无
执行步骤：	预期结果：
单击右上角×图标	不保存当前新增内容，关闭当前窗口，回到列表页
	实际结果：

用例编号：QXGL-ST-006-049	
功能点：修改机构	
用例描述：“修改”按钮	
前置条件：	输入：
角色管理员登录成功	无
执行步骤：	预期结果：
单击“修改”按钮	弹出“修改机构”窗口，弹框 title 显示“修改机构” 必填项使用红色星号“*”标注 机构名称：必填项，默认为空 机构编码：必填项，默认为空

续表

<table>
<tr><td rowspan="3">单击“修改”按钮</td><td>上级机构：
排序：非必填项，只允许填数字
可用：默认为正常；可选正常、禁用</td></tr>
<tr><td>实际结果：</td></tr>
<tr><td></td></tr>
</table>

<table>
<tr><td colspan="2">用例编号：QXGL-ST-006-050</td></tr>
<tr><td colspan="2">功能点：修改机构</td></tr>
<tr><td colspan="2">用例描述：机构名称未填写</td></tr>
<tr><td>前置条件：</td><td>输入：</td></tr>
<tr><td>角色管理员登录成功</td><td>机构名称未填写</td></tr>
<tr><td>执行步骤：</td><td>预期结果：</td></tr>
<tr><td rowspan="3">单击“保存”按钮</td><td>提示“机构名称不能为空！”</td></tr>
<tr><td>实际结果：</td></tr>
<tr><td></td></tr>
</table>

<table>
<tr><td colspan="2">用例编号：QXGL-ST-006-051</td></tr>
<tr><td colspan="2">功能点：修改机构</td></tr>
<tr><td colspan="2">用例描述：机构名称输入 2 个字</td></tr>
<tr><td>前置条件：</td><td>输入：</td></tr>
<tr><td>角色管理员登录成功</td><td>机构名称输入 2 个字</td></tr>
<tr><td>执行步骤：</td><td>预期结果：</td></tr>
<tr><td rowspan="3">单击“保存”按钮</td><td>提示“机构名称输入有误，请重新输入。”</td></tr>
<tr><td>实际结果：</td></tr>
<tr><td></td></tr>
</table>

<table>
<tr><td colspan="2">用例编号：QXGL-ST-006-052</td></tr>
<tr><td colspan="2">功能点：修改机构</td></tr>
<tr><td colspan="2">用例描述：机构名称输入 3 个字</td></tr>
<tr><td>前置条件：</td><td>输入：</td></tr>
<tr><td>角色管理员登录成功</td><td>机构名称输入 3 个字</td></tr>
<tr><td>执行步骤：</td><td>预期结果：</td></tr>
<tr><td rowspan="3">单击“保存”按钮</td><td>保存当前修改内容，关闭当前窗口，回到列表页，在列表页修改一条记录</td></tr>
<tr><td>实际结果：</td></tr>
<tr><td></td></tr>
</table>

<table>
<tr><td colspan="2">用例编号：QXGL-ST-006-053</td></tr>
<tr><td colspan="2">功能点：修改机构</td></tr>
<tr><td colspan="2">用例描述：机构名称输入 19 个字</td></tr>
<tr><td>前置条件：</td><td>输入：</td></tr>
<tr><td>角色管理员登录成功</td><td>机构名称输入 19 个字</td></tr>
<tr><td>执行步骤：</td><td>预期结果：</td></tr>
<tr><td rowspan="3">单击“保存”按钮</td><td>保存当前修改内容，关闭当前窗口，回到列表页，在列表页修改一条记录</td></tr>
<tr><td>实际结果：</td></tr>
<tr><td></td></tr>
</table>

<table>
<tr><td colspan="2">用例编号：QXGL-ST-006-054</td></tr>
<tr><td colspan="2">功能点：修改机构</td></tr>
<tr><td colspan="2">用例描述：机构名称输入 20 个字</td></tr>
<tr><td>前置条件：</td><td>输入：</td></tr>
<tr><td>角色管理员登录成功</td><td>机构名称输入 20 个字</td></tr>
<tr><td>执行步骤：</td><td>预期结果：</td></tr>
<tr><td rowspan="3">单击“保存”按钮</td><td>保存当前修改内容，关闭当前窗口，回到列表页，在列表页修改一条记录</td></tr>
<tr><td>实际结果：</td></tr>
<tr><td></td></tr>
</table>

<table>
<tr><td colspan="2">用例编号：QXGL-ST-006-055</td></tr>
<tr><td colspan="2">功能点：修改机构</td></tr>
<tr><td colspan="2">用例描述：机构名称输入 21 个字</td></tr>
<tr><td>前置条件：</td><td>输入：</td></tr>
<tr><td>角色管理员登录成功</td><td>机构名称输入 21 个字</td></tr>
<tr><td>执行步骤：</td><td>预期结果：</td></tr>
<tr><td rowspan="3">单击“保存”按钮</td><td>提示“机构名称输入有误，请重新输入。”</td></tr>
<tr><td>实际结果：</td></tr>
<tr><td></td></tr>
</table>

<table>
<tr><td colspan="2">用例编号：QXGL-ST-006-056</td></tr>
<tr><td colspan="2">功能点：修改机构</td></tr>
<tr><td colspan="2">用例描述：机构名称重复</td></tr>
<tr><td>前置条件：</td><td>输入：</td></tr>
<tr><td>角色管理员登录成功</td><td>机构名称重复</td></tr>
<tr><td>执行步骤：</td><td>预期结果：</td></tr>
<tr><td rowspan="3">单击“保存”按钮</td><td>提示“机构名称不唯一，请重新输入。”</td></tr>
<tr><td>实际结果：</td></tr>
<tr><td></td></tr>
</table>

用例编号：QXGL-ST-006-057	
功能点：修改机构	
用例描述：机构名称输入包含特殊符号	
前置条件：	输入：
角色管理员登录成功	机构名称输入包含特殊符号
执行步骤：	预期结果：
单击“保存”按钮	提示“机构名称输入有误，请重新输入。”
	实际结果：

用例编号：QXGL-ST-006-058	
功能点：修改机构	
用例描述：机构编码输入 2 个字	
前置条件：	输入：
角色管理员登录成功	机构编码输入 2 个字
执行步骤：	预期结果：
单击“保存”按钮	提示“机构编码输入有误，请重新输入。”
	实际结果：

用例编号：QXGL-ST-006-059	
功能点：修改机构	
用例描述：机构编码输入 3 个字	
前置条件：	输入：
角色管理员登录成功	机构编码输入 3 个字
执行步骤：	预期结果：
单击“保存”按钮	保存当前修改内容，关闭当前窗口，回到列表页，在列表页修改一条记录
	实际结果：

用例编号：QXGL-ST-006-060	
功能点：修改机构	
用例描述：机构编码输入 19 个字	
前置条件：	输入：
角色管理员登录成功	机构编码输入 19 个字
执行步骤：	预期结果：
单击“保存”按钮	保存当前修改内容，关闭当前窗口，回到列表页，在列表页修改一条记录
	实际结果：

<table>
<tr><td colspan="2">用例编号：QXGL-ST-006-061</td></tr>
<tr><td colspan="2">功能点：修改机构</td></tr>
<tr><td colspan="2">用例描述：机构编码输入 20 个字</td></tr>
<tr><td>前置条件：</td><td>输入：</td></tr>
<tr><td>角色管理员登录成功</td><td>机构编码输入 20 个字</td></tr>
<tr><td>执行步骤：</td><td>预期结果：</td></tr>
<tr><td rowspan="3">单击“保存”按钮</td><td>保存当前修改内容，关闭当前窗口，回到列表页，在列表页修改一条记录</td></tr>
<tr><td>实际结果：</td></tr>
<tr><td></td></tr>
</table>

<table>
<tr><td colspan="2">用例编号：QXGL-ST-006-062</td></tr>
<tr><td colspan="2">功能点：修改机构</td></tr>
<tr><td colspan="2">用例描述：机构编码输入 21 个字</td></tr>
<tr><td>前置条件：</td><td>输入：</td></tr>
<tr><td>角色管理员登录成功</td><td>机构编码输入 21 个字</td></tr>
<tr><td>执行步骤：</td><td>预期结果：</td></tr>
<tr><td rowspan="3">单击“保存”按钮</td><td>提示“机构编码输入有误，请重新输入。”</td></tr>
<tr><td>实际结果：</td></tr>
<tr><td></td></tr>
</table>

<table>
<tr><td colspan="2">用例编号：QXGL-ST-006-063</td></tr>
<tr><td colspan="2">功能点：修改机构</td></tr>
<tr><td colspan="2">用例描述：机构编码输入包含特殊符号</td></tr>
<tr><td>前置条件：</td><td>输入：</td></tr>
<tr><td>角色管理员登录成功</td><td>机构编码输入包含特殊符号</td></tr>
<tr><td>执行步骤：</td><td>预期结果：</td></tr>
<tr><td rowspan="3">单击“保存”按钮</td><td>提示“机构编码输入有误，请重新输入。”</td></tr>
<tr><td>实际结果：</td></tr>
<tr><td></td></tr>
</table>

<table>
<tr><td colspan="2">用例编号：QXGL-ST-006-064</td></tr>
<tr><td colspan="2">功能点：修改机构</td></tr>
<tr><td colspan="2">用例描述：机构编码重复</td></tr>
<tr><td>前置条件：</td><td>输入：</td></tr>
<tr><td>角色管理员登录成功</td><td>机构编码重复</td></tr>
<tr><td>执行步骤：</td><td>预期结果：</td></tr>
<tr><td rowspan="3">单击“保存”按钮</td><td>提示“机构编码不唯一，请重新输入。”</td></tr>
<tr><td>实际结果：</td></tr>
<tr><td></td></tr>
</table>

用例编号：QXGL-ST-006-065	
功能点：修改机构	
用例描述：上级机构	
前置条件：	输入：
角色管理员登录成功	单击上级机构
执行步骤：	预期结果：
单击“保存”按钮	显示所有已存在的机构目录，可选择，单击“确定”按钮保存，单击“取消”按钮或×图标，回到修改机构页面，上级机构未选择
	实际结果：

用例编号：QXGL-ST-006-066	
功能点：修改机构	
用例描述：上级机构未选择	
前置条件：	输入：
角色管理员登录成功	无
执行步骤：	预期结果：
单击“保存”按钮	提示“一级机构不能为空”
	实际结果：

用例编号：QXGL-ST-006-067	
功能点：修改机构	
用例描述：排序非必填项验证	
前置条件：	输入：
角色管理员登录成功	排序非必填项验证
执行步骤：	预期结果：
单击“保存”按钮	保存当前修改内容，关闭当前窗口，回到列表页，在列表页修改一条记录
	实际结果：

用例编号：QXGL-ST-006-068	
功能点：修改机构	
用例描述：可用性选择正常	
前置条件：	输入：
角色管理员登录成功	可用性选择正常
执行步骤：	预期结果：
单击“保存”按钮	保存当前修改内容，关闭当前窗口，回到列表页，在列表页修改一条记录
	实际结果：

用例编号：QXGL-ST-006-069	
功能点：修改机构	
用例描述：可用性选择禁用	
前置条件：	输入：
角色管理员登录成功	可用性选择禁用
执行步骤：	预期结果：
单击“保存”按钮	保存当前修改内容，关闭当前窗口，回到列表页，在列表页修改一条记录
	实际结果：

用例编号：QXGL-ST-006-070	
功能点：修改机构	
用例描述：取消修改	
前置条件：	输入：
角色管理员登录成功	无
执行步骤：	预期结果：
单击“取消”按钮	不保存当前修改内容，关闭当前窗口，回到列表页
	实际结果：

用例编号：QXGL-ST-006-071	
功能点：修改机构	
用例描述：关闭修改	
前置条件：	输入：
角色管理员登录成功	无
执行步骤：	预期结果：
单击右上角×图标	不保存当前修改内容，关闭当前窗口，回到列表页
	实际结果：

用例编号：QXGL-ST-006-072	
功能点：删除机构	
用例描述：删除弹框显示	
前置条件：	输入：
角色管理员登录成功	无
执行步骤：	预期结果：
单击任意机构后的“删除”按钮	提示“注:您确定要删除吗？该操作将无法恢复”，单击“确定”按钮、“取消”按钮
	实际结果：

<table>
<tr><td colspan="2">用例编号：QXGL-ST-006-073</td></tr>
<tr><td colspan="2">功能点：删除机构</td></tr>
<tr><td colspan="2">用例描述：确定删除验证</td></tr>
<tr><td>前置条件：</td><td>输入：</td></tr>
<tr><td>角色管理员登录成功</td><td>无</td></tr>
<tr><td>执行步骤：</td><td>预期结果：</td></tr>
<tr><td rowspan="3">单击任意机构后的“删除”按钮</td><td>1. 删除成功
2. 回到列表页，列表页无该条记录</td></tr>
<tr><td>实际结果：</td></tr>
<tr><td></td></tr>
</table>

<table>
<tr><td colspan="2">用例编号：QXGL-ST-006-074</td></tr>
<tr><td colspan="2">功能点：删除机构</td></tr>
<tr><td colspan="2">用例描述：取消删除</td></tr>
<tr><td>前置条件：</td><td>输入：</td></tr>
<tr><td>角色管理员登录成功</td><td>无</td></tr>
<tr><td>执行步骤：</td><td>预期结果：</td></tr>
<tr><td rowspan="3">单击“取消”按钮</td><td>不执行删除操作，回到列表页，列表页该条记录存在</td></tr>
<tr><td>实际结果：</td></tr>
<tr><td></td></tr>
</table>

<table>
<tr><td colspan="2">用例编号：QXGL-ST-006-075</td></tr>
<tr><td colspan="2">功能点：删除机构</td></tr>
<tr><td colspan="2">用例描述：取消删除</td></tr>
<tr><td>前置条件：</td><td>输入：</td></tr>
<tr><td>角色管理员登录成功</td><td>无</td></tr>
<tr><td>执行步骤：</td><td>预期结果：</td></tr>
<tr><td rowspan="3">单击右上角×图标</td><td>不执行删除操作，回到列表页，列表页该条记录存在</td></tr>
<tr><td>实际结果：</td></tr>
<tr><td></td></tr>
</table>

<table>
<tr><td colspan="2">用例编号：QXGL-ST-006-076</td></tr>
<tr><td colspan="2">功能点：删除机构</td></tr>
<tr><td colspan="2">用例描述：删除弹框显示</td></tr>
<tr><td>前置条件：</td><td>输入：</td></tr>
<tr><td>角色管理员登录成功</td><td>无</td></tr>
<tr><td>执行步骤：</td><td>预期结果：</td></tr>
<tr><td rowspan="3">勾选要删除的目录或参数后单击“删除”按钮</td><td>提示“注意：您确定要删除吗？该操作将无法恢复”，单击“确定”按钮、“取消”按钮</td></tr>
<tr><td>实际结果：</td></tr>
<tr><td></td></tr>
</table>

用例编号：QXGL-ST-006-077	
功能点：删除机构	
用例描述：确定删除验证	
前置条件：	输入：
角色管理员登录成功	无
执行步骤：	预期结果：
勾选要删除的目录或参数后单击“删除”按钮	1. 删除成功 2. 回到列表页，列表页无该条记录
	实际结果：

用例编号：QXGL-ST-006-078	
功能点：刷新机构	
用例描述：单击“刷新”按钮	
前置条件：	输入：
角色管理员登录成功	无
执行步骤：	预期结果：
单击“刷新”按钮	刷新机构列表，显示所有机构管理
	实际结果：

三、Test Suite 角色管理

（一）工作任务描述

该模块用于角色管理员进行角色管理。登录系统后，角色管理员可以进行新增、修改、删除、查询、刷新、操作权限、数据权限管理，如图 2-16～图 2-18 所示。

图 2-16　角色管理—列表页

新增角色 ×

角色名称＊ 角色名称

角色标识＊ 多个用逗号分隔，如：admin,guest

所属机构＊ 所属机构

备注 备注

确定 取消

图 2-17　角色管理—“新增角色”页面

编辑角色 ×

角色名称＊ s

角色标识＊ s

所属机构＊ 吉林省

备注 备注

确定 取消

图 2-18　角色管理—“编辑角色”页面

（二）业务规则

1. 角色管理列表页

单击左侧导航栏中的“角色管理”模块菜单，可进入“角色管理”页面，列表默认显示全部角色信息，页面 title 显示“角色管理”。

面包屑导航显示“首页”>“角色管理”。

列表字段显示：编号、角色名称、角色标识、所属机构、备注、操作、创建时间，创建时间格式：yyyy-MM-dd hh:mm:ss。

列表按照角色编号升序排列。

列表记录可设置为每页显示 10\20\30\40\50 条记录，以 10 条为例。

列表下方显示分页信息，每页显示 10 条角色信息。

列表下方分页信息显示总条数统计和分页操作区域，总条数统计显示第 1 条到第 *N* 条记录，总共 *N* 条数据，*N* 为总条数；分页操作显示“上一页”按钮、页码、“下一页”按钮；页码显示 7 页页码数字，当前页码为选中状态。

当前页为第一页时，“上一页”按钮不可单击；当前页为最后一页时，“下一页”按钮不可单击；

当前页不是第一页和最后一页时，单击“上一页”按钮跳转到当前页面前一页；单击“下一页”按钮跳转到当前页面下一页。

输入页码可跳转到指定页面。

2. 新增角色（注意：必填项使用红色星号“*”标注）

在角色列表页，勾选要新增角色的角色名称，单击“新增”按钮，弹出“新增角色”窗口，弹框 title 显示“新增角色”。

角色名称：必填项，默认为空，与系统内的角色名称不能重复。字符格式及长度要求：允许汉字、英文字母、数字，可输入长度大于等于 2 个字小于等于 20 个字。

角色标识：必填项，默认为空，与系统内的角色标识不能重复。字符格式及长度要求：允许英文字母，可输入长度大于等于 2 个字小于等于 20 个字。

所属机构：单击显示所有已存在的机构目录，可选择，单击“确定”按钮保存，单击“取消”按钮或×图标，回到新增角色页面，所属机构未选择。

备注：非必填项，默认为空，字符格式及长度要求：长度最多输入 500 个字。

角色名称未填写，单击“保存”按钮时，提示“角色名称不能为空！”；角色名称重复，单击“保存”按钮时，提示“角色名称不唯一，请重新输入。”；角色名称输入格式或长度不正确，单击“保存”按钮时，提示“角色名称输入有误，请重新输入。”。关闭错误提示信息，仍停留在当前窗口。

角色标识未填写，单击“保存”按钮时，提示“角色标识不能为空！”；角色标识重复，单击“保存”按钮时，提示“角色标识不唯一，请重新输入。”；角色标识输入格式或长度不正确，单击“保存”按钮时，提示“角色标识输入有误，请重新输入。”。关闭错误提示信息，仍停留在当前窗口。

所属机构未选择，单击“保存”按钮时，提示“所属机构不能为空！”。

备注输入长度不正确，单击“保存”按钮时，提示“备注输入有误，请重新输入。”。关闭错误提示信息，仍停留在当前窗口。

单击“保存”按钮，保存当前新增内容，关闭当前窗口，回到列表页，在列表页新增一条记录，创建日期显示当前日期。

单击“取消”按钮或窗口右上角×图标，不保存当前新增内容，关闭当前窗口，回到列表页。

3. 修改角色（注意：必填项使用红色星号“*”标注）

在角色列表页，勾选要编辑角色的角色名称，单击“修改”按钮，弹出“编辑角色”窗口，弹框 title 显示“编辑角色”。

角色名称：同新增角色。

角色标识：同新增角色。

所属机构：同新增角色。

备注：同新增角色。

角色名称未填写，操作同新增角色。

角色标识未填写，操作同新增角色。

所属机构未选择，操作同新增角色。

备注输入长度不正确，操作同新增角色。

单击“保存”按钮，操作同新增角色。

单击“取消”按钮或窗口右上角×图标，操作同新增角色。

4. 刷新

单击“刷新”按钮，刷新角色列表，显示所有角色。

5. 删除角色

在角色管理列表页，单击任意角色后的“删除”按钮或勾选要删除的目录或参数后单击“删除”按钮，系统弹框提示“注：您确定要删除吗？该操作将无法恢复”。

单击“确定”按钮，执行删除操作，回到列表页，列表页无该条记录。

单击“取消”按钮或右上角×图标，不执行删除操作，回到列表页，列表页该条记录存在。

6. 查询角色

查询输入框中默认显示“请输入查询关键字”，支持角色名称左右匹配模糊查询。

单击“查询”按钮，系统显示符合条件的角色信息，查询后保留查询条件。

7. 操作权限

单击任意角色后的❯按钮，选择“操作权限”选项，显示所有菜单目录，勾选要分配给该角色的操作菜单，单击“确定”按钮，该角色拥有已勾选菜单的操作权限。

单击“取消”按钮或右上角×图标，回到角色管理列表页，该角色未获得任何权限。

8. 数据权限

单击任意角色后的❯按钮，选择“数据权限”选项，显示所有机构目录，勾选要分配给该角色的机构，单击“确定”按钮，该角色拥有已勾选机构的数据权限。

单击“取消”按钮或右上角×图标，回到角色管理列表页，该角色未获得任何权限。

本节任务就是对角色管理页面功能进行测试，编写测试用例集。在此我们使用了场景法、边界值法、错误推测法等测试用例设计方法。

（三）工作过程

编写测试用例集，以下是角色管理页面的测试用例集。

<table>
<tr><td colspan="2">用例编号：QXGL-ST-007-001</td></tr>
<tr><td colspan="2">功能点：上方导航栏</td></tr>
<tr><td colspan="2">用例描述：显示正确性验证</td></tr>
<tr><td>前置条件：</td><td>输入：</td></tr>
</table>

续表

系统管理员登录成功	无
执行步骤：	预期结果：
无	登录后默认进入首页欢迎页，页面 title 显示“首页”，面包屑导航显示“首页”>“控制台” 顶部导航栏显示：“欢迎 sysadmin”文字、“首页”按钮、“修改密码”按钮、“退出系统”按钮
	实际结果：

用例编号：QXGL-ST-007-002	
功能点：上方导航栏	
用例描述：显示正确性验证	
前置条件：	输入：
角色管理员登录成功	无
执行步骤：	预期结果：
无	登录后默认进入首页欢迎页，页面 title 显示“首页”，面包屑导航显示“首页”>“控制台” 顶部导航栏显示：“欢迎 jsadmin”文字、“首页”按钮、“修改密码”按钮、“退出系统”按钮
	实际结果：

用例编号：QXGL-ST-007-003	
功能点：上方导航栏	
用例描述：首页按钮	
前置条件：	输入：
系统管理员登录成功	无
执行步骤：	预期结果：
单击“首页”按钮	跳转到系统首页
	实际结果：

用例编号：QXGL-ST-007-004	
功能点：上方导航栏	
用例描述：首页按钮	
前置条件：	输入：
角色管理员登录成功	无
执行步骤：	预期结果：
单击“首页”按钮	跳转到系统首页
	实际结果：

用例编号：QXGL-ST-007-005	
功能点：上方导航栏	
用例描述：“修改密码”按钮	
前置条件：	输入：
系统管理员登录成功	无
执行步骤：	预期结果：
单击“修改密码”按钮	弹出修改密码框，修改密码框内显示当前登录账号、原密码和新密码的输入框。新密码和原密码均是必填项，由红色*号标注。显示“确定”“取消”按钮及右上角有一个×图标
	实际结果：

用例编号：QXGL-ST-007-006	
功能点：上方导航栏	
用例描述：“修改密码”按钮	
前置条件：	输入：
角色管理员登录成功	无
执行步骤：	预期结果：
单击“修改密码”按钮	弹出修改密码框，修改密码框内显示当前登录账号、原密码和新密码的输入框。新密码和原密码均是必填项，由红色*号标注。显示“确定”“取消”按钮及右上角有一个×图标
	实际结果：

用例编号：QXGL-ST-007-007	
功能点：上方导航栏	
用例描述：修改密码	
前置条件：	输入：
系统管理员登录成功	原密码：sysadmin 新密码：sysadmi
执行步骤：	预期结果：
单击“保存”按钮	提示“长度和格式不符合规则，请重新输入”
	实际结果：

用例编号：QXGL-ST-007-008	
功能点：上方导航栏	
用例描述：修改密码	
前置条件：	输入：
系统管理员登录成功	原密码：sysadmin 新密码：sysadmi5

续表

执行步骤：	预期结果：
单击“保存”按钮	提示修改成功，回到登录页面
	实际结果：

用例编号：QXGL-ST-007-009	
功能点：上方导航栏	
用例描述：修改密码	
前置条件：	输入：
系统管理员登录成功	原密码：sysadmin 新密码：sysadmi67
执行步骤：	预期结果：
单击“保存”按钮	提示“长度和格式不符合规则，请重新输入”
	实际结果：

用例编号：QXGL-ST-007-010	
功能点：上方导航栏	
用例描述：修改密码	
前置条件：	输入：
系统管理员登录成功	原密码：sysadmin 新密码：sysadmi 哈
执行步骤：	预期结果：
单击“保存”按钮	提示“长度和格式不符合规则，请重新输入”
	实际结果：

用例编号：QXGL-ST-007-011	
功能点：上方导航栏	
用例描述：修改密码	
前置条件：	输入：
系统管理员登录成功	原密码： 新密码：sysadmin
执行步骤：	预期结果：
单击“保存”按钮	提示“原密码为空！”
	实际结果：

用例编号：QXGL-ST-007-012
功能点：上方导航栏
用例描述：修改密码

续表

前置条件：	输入：
系统管理员登录成功	原密码：sysadmin 新密码：
执行步骤：	预期结果：
单击“保存”按钮	提示“新密码为空！”
	实际结果：

用例编号：QXGL-ST-007-013	
功能点：上方导航栏	
用例描述：单击右上角×图标	
前置条件：	输入：
系统管理员登录成功	无
执行步骤：	预期结果：
单击右上角×图标	关闭当前窗口，回到首页
	实际结果：

用例编号：QXGL-ST-007-014	
功能点：上方导航栏	
用例描述：单击“取消”按钮	
前置条件：	输入：
系统管理员登录成功	无
执行步骤：	预期结果：
单击“取消”按钮	关闭当前窗口，回到首页
	实际结果：

用例编号：QXGL-ST-007-015	
功能点：上方导航栏	
用例描述：退出系统	
前置条件：	输入：
系统管理员登录成功	无
执行步骤：	预期结果：
单击“退出系统”按钮	退出系统回到登录页面
	实际结果：

用例编号：QXGL-ST-007-016
功能点：上方导航栏

续表

用例描述：修改密码	
前置条件：	输入：
角色管理员登录成功	原密码：jsadmin 新密码：jsadmi
执行步骤：	预期结果：
单击“保存”按钮	提示“长度和格式不符合规则，请重新输入”
	实际结果：

用例编号：QXGL-ST-007-017	
功能点：上方导航栏	
用例描述：修改密码	
前置条件：	输入：
角色管理员登录成功	原密码：jsadmin 新密码：jsadmi5
执行步骤：	预期结果：
单击“保存”按钮	提示修改成功，回到登录页面
	实际结果：

用例编号：QXGL-ST-007-018	
功能点：上方导航栏	
用例描述：修改密码	
前置条件：	输入：
角色管理员登录成功	原密码：jsadmin 新密码：jsadmi67
执行步骤：	预期结果：
单击“保存”按钮	提示“长度和格式不符合规则，请重新输入”
	实际结果：

用例编号：QXGL-ST-007-019	
功能点：上方导航栏	
用例描述：修改密码	
前置条件：	输入：
角色管理员登录成功	原密码：jsadmin 新密码：jsadmi 哈
执行步骤：	预期结果：
单击“保存”按钮	提示“长度和格式不符合规则，请重新输入”
	实际结果：

<table>
<tr><td colspan="2">用例编号：QXGL-ST-007-020</td></tr>
<tr><td colspan="2">功能点：上方导航栏</td></tr>
<tr><td colspan="2">用例描述：修改密码</td></tr>
<tr><td>前置条件：</td><td>输入：</td></tr>
<tr><td>角色管理员登录成功</td><td>原密码：
新密码：jsadmin</td></tr>
<tr><td>执行步骤：</td><td>预期结果：</td></tr>
<tr><td rowspan="3">单击“保存”按钮</td><td>提示“原密码为空！”</td></tr>
<tr><td>实际结果：</td></tr>
<tr><td></td></tr>
</table>

<table>
<tr><td colspan="2">用例编号：QXGL-ST-007-021</td></tr>
<tr><td colspan="2">功能点：上方导航栏</td></tr>
<tr><td colspan="2">用例描述：修改密码</td></tr>
<tr><td>前置条件：</td><td>输入：</td></tr>
<tr><td>角色管理员登录成功</td><td>原密码：jsadmin
新密码：</td></tr>
<tr><td>执行步骤：</td><td>预期结果：</td></tr>
<tr><td rowspan="3">单击“保存”按钮</td><td>提示“新密码为空！”</td></tr>
<tr><td>实际结果：</td></tr>
<tr><td></td></tr>
</table>

<table>
<tr><td colspan="2">用例编号：QXGL-ST-007-022</td></tr>
<tr><td colspan="2">功能点：上方导航栏</td></tr>
<tr><td colspan="2">用例描述：单击右上角×图标</td></tr>
<tr><td>前置条件：</td><td>输入：</td></tr>
<tr><td>角色管理员登录成功</td><td>无</td></tr>
<tr><td>执行步骤：</td><td>预期结果：</td></tr>
<tr><td rowspan="3">单击右上角×图标</td><td>关闭当前窗口，回到首页</td></tr>
<tr><td>实际结果：</td></tr>
<tr><td></td></tr>
</table>

<table>
<tr><td colspan="2">用例编号：QXGL-ST-007-023</td></tr>
<tr><td colspan="2">功能点：上方导航栏</td></tr>
<tr><td colspan="2">用例描述：单击“取消”按钮</td></tr>
<tr><td>前置条件：</td><td>输入：</td></tr>
<tr><td>角色管理员登录成功</td><td>无</td></tr>
<tr><td>执行步骤：</td><td>预期结果：</td></tr>
<tr><td rowspan="3">单击“取消”按钮</td><td>关闭当前窗口，回到首页</td></tr>
<tr><td>实际结果：</td></tr>
<tr><td></td></tr>
</table>

<table>
<tr><td colspan="2">用例编号：QXGL-ST-007-024</td></tr>
<tr><td colspan="2">功能点：上方导航栏</td></tr>
<tr><td colspan="2">用例描述：退出系统</td></tr>
<tr><td>前置条件：</td><td>输入：</td></tr>
<tr><td>角色管理员登录成功</td><td>无</td></tr>
<tr><td>执行步骤：</td><td>预期结果：</td></tr>
<tr><td rowspan="3">单击“退出系统”按钮</td><td>退出系统回到登录页面</td></tr>
<tr><td>实际结果：</td></tr>
<tr><td></td></tr>
</table>

<table>
<tr><td colspan="2">用例编号：QXGL-ST-007-025</td></tr>
<tr><td colspan="2">功能点：角色管理列表页</td></tr>
<tr><td colspan="2">用例描述：显示内容正确性验证</td></tr>
<tr><td>前置条件：</td><td>输入：</td></tr>
<tr><td>角色管理员登录成功</td><td>无</td></tr>
<tr><td>执行步骤：</td><td>预期结果：</td></tr>
<tr><td rowspan="3">单击左侧导航栏中的“角色管理”模块菜单</td><td>进入角色管理页面，列表默认显示全部角色信息，左侧显示角色目录，页面 title 显示“角色管理”；面包屑导航显示“首页”>“角色管理”
列表字段显示：编号、角色名称、角色标识、所属机构、备注、操作、创建时间，创建时间格式：yyyy-MM-dd hh:mm:ss
列表按照角色序编号升序排列</td></tr>
<tr><td>实际结果：</td></tr>
<tr><td></td></tr>
</table>

<table>
<tr><td colspan="2">用例编号：QXGL-ST-007-026</td></tr>
<tr><td colspan="2">功能点：新增角色</td></tr>
<tr><td colspan="2">用例描述：新增按钮</td></tr>
<tr><td>前置条件：</td><td>输入：</td></tr>
<tr><td>角色管理员登录成功</td><td>无</td></tr>
<tr><td>执行步骤：</td><td>预期结果：</td></tr>
<tr><td rowspan="3">单击“新增”按钮</td><td>弹出“新增角色”窗口，弹框 title 显示“新增角色”
必填项使用红色星号“*”标注
角色名称：必填项，默认为空
角色标识：必填项，默认为空
所属机构：
备注：非必填项，默认为空</td></tr>
<tr><td>实际结果：</td></tr>
<tr><td></td></tr>
</table>

<table>
<tr><td>用例编号：QXGL-ST-007-027</td></tr>
<tr><td>功能点：新增角色</td></tr>
</table>

续表

用例描述：角色名称未填写	
前置条件：	输入：
角色管理员登录成功	角色名称未填写
执行步骤：	预期结果：
单击“保存”按钮	提示“角色名称不能为空！”
	实际结果：

用例编号：QXGL-ST-007-028	
功能点：新增角色	
用例描述：角色名称输入 2 个字	
前置条件：	输入：
角色管理员登录成功	角色名称输入 2 个字
执行步骤：	预期结果：
单击“保存”按钮	提示“角色名称输入有误，请重新输入。”
	实际结果：

用例编号：QXGL-ST-007-029	
功能点：新增角色	
用例描述：角色名称输入 3 个字	
前置条件：	输入：
角色管理员登录成功	角色名称输入 3 个字
执行步骤：	预期结果：
单击“保存”按钮	保存当前新增内容，关闭当前窗口，回到列表页，在列表页新增一条记录
	实际结果：

用例编号：QXGL-ST-007-030	
功能点：新增角色	
用例描述：角色名称输入 19 个字	
前置条件：	输入：
角色管理员登录成功	角色名称输入 19 个字
执行步骤：	预期结果：
单击“保存”按钮	保存当前新增内容，关闭当前窗口，回到列表页，在列表页新增一条记录
	实际结果：

<table>
<tr><td colspan="2">用例编号：QXGL-ST-007-031</td></tr>
<tr><td colspan="2">功能点：新增角色</td></tr>
<tr><td colspan="2">用例描述：角色名称输入 20 个字</td></tr>
<tr><td>前置条件：</td><td>输入：</td></tr>
<tr><td>角色管理员登录成功</td><td>角色名称输入 20 个字</td></tr>
<tr><td>执行步骤：</td><td>预期结果：</td></tr>
<tr><td rowspan="3">单击“保存”按钮</td><td>保存当前新增内容，关闭当前窗口，回到列表页，在列表页新增一条记录</td></tr>
<tr><td>实际结果：</td></tr>
<tr><td></td></tr>
</table>

<table>
<tr><td colspan="2">用例编号：QXGL-ST-007-032</td></tr>
<tr><td colspan="2">功能点：新增角色</td></tr>
<tr><td colspan="2">用例描述：角色名称输入 21 个字</td></tr>
<tr><td>前置条件：</td><td>输入：</td></tr>
<tr><td>角色管理员登录成功</td><td>角色名称输入 21 个字</td></tr>
<tr><td>执行步骤：</td><td>预期结果：</td></tr>
<tr><td rowspan="3">单击“保存”按钮</td><td>提示“角色名称输入有误，请重新输入。”</td></tr>
<tr><td>实际结果：</td></tr>
<tr><td></td></tr>
</table>

<table>
<tr><td colspan="2">用例编号：QXGL-ST-007-033</td></tr>
<tr><td colspan="2">功能点：新增角色</td></tr>
<tr><td colspan="2">用例描述：角色名称重复</td></tr>
<tr><td>前置条件：</td><td>输入：</td></tr>
<tr><td>角色管理员登录成功</td><td>角色名称重复</td></tr>
<tr><td>执行步骤：</td><td>预期结果：</td></tr>
<tr><td rowspan="3">单击“保存”按钮</td><td>提示“角色名称不唯一，请重新输入。”</td></tr>
<tr><td>实际结果：</td></tr>
<tr><td></td></tr>
</table>

<table>
<tr><td colspan="2">用例编号：QXGL-ST-007-034</td></tr>
<tr><td colspan="2">功能点：新增角色</td></tr>
<tr><td colspan="2">用例描述：角色名称输入包含特殊符号</td></tr>
<tr><td>前置条件：</td><td>输入：</td></tr>
<tr><td>角色管理员登录成功</td><td>角色名称输入包含特殊符号</td></tr>
<tr><td>执行步骤：</td><td>预期结果：</td></tr>
<tr><td rowspan="3">单击“保存”按钮</td><td>提示“角色名称输入有误，请重新输入。”</td></tr>
<tr><td>实际结果：</td></tr>
<tr><td></td></tr>
</table>

<table>
<tr><td colspan="2">用例编号：QXGL-ST-007-035</td></tr>
<tr><td colspan="2">功能点：新增角色</td></tr>
<tr><td colspan="2">用例描述：角色标识输入 2 个字</td></tr>
<tr><td>前置条件：</td><td>输入：</td></tr>
<tr><td>角色管理员登录成功</td><td>角色标识输入 2 个字</td></tr>
<tr><td>执行步骤：</td><td>预期结果：</td></tr>
<tr><td rowspan="3">单击“保存”按钮</td><td>提示“角色标识输入有误，请重新输入。”</td></tr>
<tr><td>实际结果：</td></tr>
<tr><td></td></tr>
</table>

<table>
<tr><td colspan="2">用例编号：QXGL-ST-007-036</td></tr>
<tr><td colspan="2">功能点：新增角色</td></tr>
<tr><td colspan="2">用例描述：角色标识输入 3 个字</td></tr>
<tr><td>前置条件：</td><td>输入：</td></tr>
<tr><td>角色管理员登录成功</td><td>角色标识输入 3 个字</td></tr>
<tr><td>执行步骤：</td><td>预期结果：</td></tr>
<tr><td rowspan="3">单击“保存”按钮</td><td>保存当前修改内容，关闭当前窗口，回到列表页，在列表页修改一条记录</td></tr>
<tr><td>实际结果：</td></tr>
<tr><td></td></tr>
</table>

<table>
<tr><td colspan="2">用例编号：QXGL-ST-007-037</td></tr>
<tr><td colspan="2">功能点：新增角色</td></tr>
<tr><td colspan="2">用例描述：角色标识输入 19 个字</td></tr>
<tr><td>前置条件：</td><td>输入：</td></tr>
<tr><td>角色管理员登录成功</td><td>角色标识输入 19 个字</td></tr>
<tr><td>执行步骤：</td><td>预期结果：</td></tr>
<tr><td rowspan="3">单击“保存”按钮</td><td>保存当前修改内容，关闭当前窗口，回到列表页，在列表页修改一条记录</td></tr>
<tr><td>实际结果：</td></tr>
<tr><td></td></tr>
</table>

<table>
<tr><td colspan="2">用例编号：QXGL-ST-007-038</td></tr>
<tr><td colspan="2">功能点：新增角色</td></tr>
<tr><td colspan="2">用例描述：角色标识输入 20 个字</td></tr>
<tr><td>前置条件：</td><td>输入：</td></tr>
<tr><td>角色管理员登录成功</td><td>角色标识输入 20 个字</td></tr>
<tr><td>执行步骤：</td><td>预期结果：</td></tr>
<tr><td rowspan="3">单击“保存”按钮</td><td>保存当前修改内容，关闭当前窗口，回到列表页，在列表页修改一条记录</td></tr>
<tr><td>实际结果：</td></tr>
<tr><td></td></tr>
</table>

<table>
<tr><td colspan="2">用例编号：QXGL-ST-007-039</td></tr>
<tr><td colspan="2">功能点：新增角色</td></tr>
<tr><td colspan="2">用例描述：角色标识输入 21 个字</td></tr>
<tr><td>前置条件：</td><td>输入：</td></tr>
<tr><td>角色管理员登录成功</td><td>角色标识输入 21 个字</td></tr>
<tr><td>执行步骤：</td><td>预期结果：</td></tr>
<tr><td rowspan="3">单击“保存”按钮</td><td>提示“角色标识输入有误，请重新输入。”</td></tr>
<tr><td>实际结果：</td></tr>
<tr><td></td></tr>
</table>

<table>
<tr><td colspan="2">用例编号：QXGL-ST-007-040</td></tr>
<tr><td colspan="2">功能点：新增角色</td></tr>
<tr><td colspan="2">用例描述：角色标识输入包含特殊符号</td></tr>
<tr><td>前置条件：</td><td>输入：</td></tr>
<tr><td>角色管理员登录成功</td><td>角色标识输入包含特殊符号</td></tr>
<tr><td>执行步骤：</td><td>预期结果：</td></tr>
<tr><td rowspan="3">单击“保存”按钮</td><td>提示“角色标识输入有误，请重新输入。”</td></tr>
<tr><td>实际结果：</td></tr>
<tr><td></td></tr>
</table>

<table>
<tr><td colspan="2">用例编号：QXGL-ST-007-041</td></tr>
<tr><td colspan="2">功能点：新增角色</td></tr>
<tr><td colspan="2">用例描述：角色标识重复</td></tr>
<tr><td>前置条件：</td><td>输入：</td></tr>
<tr><td>角色管理员登录成功</td><td>角色标识重复</td></tr>
<tr><td>执行步骤：</td><td>预期结果：</td></tr>
<tr><td rowspan="3">单击“保存”按钮</td><td>提示“角色标识不唯一，请重新输入。”</td></tr>
<tr><td>实际结果：</td></tr>
<tr><td></td></tr>
</table>

<table>
<tr><td colspan="2">用例编号：QXGL-ST-007-042</td></tr>
<tr><td colspan="2">功能点：新增角色</td></tr>
<tr><td colspan="2">用例描述：所属机构</td></tr>
<tr><td>前置条件：</td><td>输入：</td></tr>
<tr><td>角色管理员登录成功</td><td>单击所属机构</td></tr>
<tr><td>执行步骤：</td><td>预期结果：</td></tr>
<tr><td rowspan="3">单击“保存”按钮</td><td>显示所有已存在的角色目录，可选择，单击“确定”按钮保存，单击“取消”按钮或×图标，回到新增角色页面，所属机构未选择</td></tr>
<tr><td>实际结果：</td></tr>
<tr><td></td></tr>
</table>

<table>
<tr><td colspan="2">用例编号：QXGL-ST-007-043</td></tr>
<tr><td colspan="2">功能点：新增角色</td></tr>
<tr><td colspan="2">用例描述：所属机构未选择</td></tr>
<tr><td>前置条件：</td><td>输入：</td></tr>
<tr><td>角色管理员登录成功</td><td>无</td></tr>
<tr><td>执行步骤：</td><td>预期结果：</td></tr>
<tr><td rowspan="3">单击“保存”按钮</td><td>提示“所属机构不能为空”</td></tr>
<tr><td>实际结果：</td></tr>
<tr><td></td></tr>
</table>

<table>
<tr><td colspan="2">用例编号：QXGL-ST-007-044</td></tr>
<tr><td colspan="2">功能点：新增角色</td></tr>
<tr><td colspan="2">用例描述：备注输入 499 个字</td></tr>
<tr><td>前置条件：</td><td>输入：</td></tr>
<tr><td>角色管理员登录成功</td><td>备注输入 499 个字</td></tr>
<tr><td>执行步骤：</td><td>预期结果：</td></tr>
<tr><td rowspan="3">单击“保存”按钮</td><td>提示“备注输入有误，请重新输入。”</td></tr>
<tr><td>实际结果：</td></tr>
<tr><td></td></tr>
</table>

<table>
<tr><td colspan="2">用例编号：QXGL-ST-007-045</td></tr>
<tr><td colspan="2">功能点：新增角色</td></tr>
<tr><td colspan="2">用例描述：备注输入 500 个字</td></tr>
<tr><td>前置条件：</td><td>输入：</td></tr>
<tr><td>角色管理员登录成功</td><td>备注输入 500 个字</td></tr>
<tr><td>执行步骤：</td><td>预期结果：</td></tr>
<tr><td rowspan="3">单击“保存”按钮</td><td>保存当前新增内容，关闭当前窗口，回到列表页，在列表页新增一条记录</td></tr>
<tr><td>实际结果：</td></tr>
<tr><td></td></tr>
</table>

<table>
<tr><td colspan="2">用例编号：QXGL-ST-007-046</td></tr>
<tr><td colspan="2">功能点：新增角色</td></tr>
<tr><td colspan="2">用例描述：备注输入 501 个字</td></tr>
<tr><td>前置条件：</td><td>输入：</td></tr>
<tr><td>角色管理员登录成功</td><td>备注输入 501 个字</td></tr>
<tr><td>执行步骤：</td><td>预期结果：</td></tr>
<tr><td rowspan="3">单击“保存”按钮</td><td>提示“备注输入有误，请重新输入。”</td></tr>
<tr><td>实际结果：</td></tr>
<tr><td></td></tr>
</table>

用例编号：QXGL-ST-007-047	
功能点：新增角色	
用例描述：取消新增	
前置条件：	输入：
角色管理员登录成功	无
执行步骤：	预期结果：
单击“取消”按钮	不保存当前新增内容，关闭当前窗口，回到列表页
	实际结果：

用例编号：QXGL-ST-007-048	
功能点：新增角色	
用例描述：关闭新增	
前置条件：	输入：
角色管理员登录成功	无
执行步骤：	预期结果：
单击右上角×图标	不保存当前新增内容，关闭当前窗口，回到列表页
	实际结果：

用例编号：QXGL-ST-007-049	
功能点：修改角色	
用例描述：修改按钮	
前置条件：	输入：
角色管理员登录成功	无
执行步骤：	预期结果：
单击“修改”按钮	弹出“修改角色”窗口，弹框 title 显示“修改角色” 必填项使用红色星号“*”标注 角色名称：必填项，默认为空 角色标识：必填项，默认为空 所属机构： 备注：非必填项，默认为空
	实际结果：

用例编号：QXGL-ST-007-050	
功能点：修改角色	
用例描述：角色名称未填写	
前置条件：	输入：
角色管理员登录成功	角色名称未填写
执行步骤：	预期结果：

续表

单击“保存”按钮	提示：“角色名称不能为空！”
	实际结果：

用例编号：QXGL-ST-007-051	
功能点：修改角色	
用例描述：角色名称输入 2 个字	
前置条件：	输入：
角色管理员登录成功	角色名称输入 2 个字
执行步骤：	预期结果：
单击“保存”按钮	提示“角色名称输入有误，请重新输入。”
	实际结果：

用例编号：QXGL-ST-007-052	
功能点：修改角色	
用例描述：角色名称输入 3 个字	
前置条件：	输入：
角色管理员登录成功	角色名称输入 3 个字
执行步骤：	预期结果：
单击“保存”按钮	保存当前修改内容，关闭当前窗口，回到列表页，在列表页修改一条记录
	实际结果：

用例编号：QXGL-ST-007-053	
功能点：修改角色	
用例描述：角色名称输入 19 个字	
前置条件：	输入：
角色管理员登录成功	角色名称输入 19 个字
执行步骤：	预期结果：
单击“保存”按钮	保存当前修改内容，关闭当前窗口，回到列表页，在列表页修改一条记录
	实际结果：

用例编号：QXGL-ST-007-054
功能点：修改角色
用例描述：角色名称输入 20 个字

续表

前置条件：	输入：
角色管理员登录成功	角色名称输入 20 个字
执行步骤：	预期结果：
单击“保存”按钮	保存当前修改内容，关闭当前窗口，回到列表页，在列表页修改一条记录
	实际结果：

用例编号：QXGL-ST-007-055	
功能点：修改角色	
用例描述：角色名称输入 21 个字	
前置条件：	输入：
角色管理员登录成功	角色名称输入 21 个字
执行步骤：	预期结果：
单击“保存”按钮	提示“角色名称输入有误，请重新输入。”
	实际结果：

用例编号：QXGL-ST-007-056	
功能点：修改角色	
用例描述：角色名称重复	
前置条件：	输入：
角色管理员登录成功	角色名称重复
执行步骤：	预期结果：
单击“保存”按钮	提示“角色名称不唯一，请重新输入。”
	实际结果：

用例编号：QXGL-ST-007-057	
功能点：修改角色	
用例描述：角色名称输入包含特殊符号	
前置条件：	输入：
角色管理员登录成功	角色名称输入包含特殊符号
执行步骤：	预期结果：
单击“保存”按钮	提示“角色名称输入有误，请重新输入。”
	实际结果：

<table>
<tr><td colspan="2">用例编号：QXGL-ST-007-058</td></tr>
<tr><td colspan="2">功能点：修改角色</td></tr>
<tr><td colspan="2">用例描述：角色标识输入 2 个字</td></tr>
<tr><td>前置条件：</td><td>输入：</td></tr>
<tr><td>角色管理员登录成功</td><td>角色标识输入 2 个字</td></tr>
<tr><td>执行步骤：</td><td>预期结果：</td></tr>
<tr><td rowspan="3">单击“保存”按钮</td><td>提示“角色标识输入有误，请重新输入。”</td></tr>
<tr><td>实际结果：</td></tr>
<tr><td></td></tr>
</table>

<table>
<tr><td colspan="2">用例编号：QXGL-ST-007-059</td></tr>
<tr><td colspan="2">功能点：修改角色</td></tr>
<tr><td colspan="2">用例描述：角色标识输入 3 个字</td></tr>
<tr><td>前置条件：</td><td>输入：</td></tr>
<tr><td>角色管理员登录成功</td><td>角色标识输入 3 个字</td></tr>
<tr><td>执行步骤：</td><td>预期结果：</td></tr>
<tr><td rowspan="3">单击“保存”按钮</td><td>保存当前修改内容，关闭当前窗口，回到列表页，在列表页修改一条记录</td></tr>
<tr><td>实际结果：</td></tr>
<tr><td></td></tr>
</table>

<table>
<tr><td colspan="2">用例编号：QXGL-ST-007-060</td></tr>
<tr><td colspan="2">功能点：修改角色</td></tr>
<tr><td colspan="2">用例描述：角色标识输入 19 个字</td></tr>
<tr><td>前置条件：</td><td>输入：</td></tr>
<tr><td>角色管理员登录成功</td><td>角色标识输入 19 个字</td></tr>
<tr><td>执行步骤：</td><td>预期结果：</td></tr>
<tr><td rowspan="3">单击“保存”按钮</td><td>保存当前修改内容，关闭当前窗口，回到列表页，在列表页修改一条记录</td></tr>
<tr><td>实际结果：</td></tr>
<tr><td></td></tr>
</table>

<table>
<tr><td colspan="2">用例编号：QXGL-ST-007-061</td></tr>
<tr><td colspan="2">功能点：修改角色</td></tr>
<tr><td colspan="2">用例描述：角色标识输入 20 个字</td></tr>
<tr><td>前置条件：</td><td>输入：</td></tr>
<tr><td>角色管理员登录成功</td><td>角色标识输入 20 个字</td></tr>
<tr><td>执行步骤：</td><td>预期结果：</td></tr>
<tr><td rowspan="3">单击“保存”按钮</td><td>保存当前修改内容，关闭当前窗口，回到列表页，在列表页修改一条记录</td></tr>
<tr><td>实际结果：</td></tr>
<tr><td></td></tr>
</table>

<table>
<tr><td colspan="2">用例编号：QXGL-ST-007-062</td></tr>
<tr><td colspan="2">功能点：修改角色</td></tr>
<tr><td colspan="2">用例描述：角色标识输入 21 个字</td></tr>
<tr><td>前置条件：</td><td>输入：</td></tr>
<tr><td>角色管理员登录成功</td><td>角色标识输入 21 个字</td></tr>
<tr><td>执行步骤：</td><td>预期结果：</td></tr>
<tr><td rowspan="3">单击“保存”按钮</td><td>提示“角色标识输入有误，请重新输入。”</td></tr>
<tr><td>实际结果：</td></tr>
<tr><td></td></tr>
</table>

<table>
<tr><td colspan="2">用例编号：QXGL-ST-007-063</td></tr>
<tr><td colspan="2">功能点：修改角色</td></tr>
<tr><td colspan="2">用例描述：角色标识输入包含特殊符号</td></tr>
<tr><td>前置条件：</td><td>输入：</td></tr>
<tr><td>角色管理员登录成功</td><td>角色标识输入包含特殊符号</td></tr>
<tr><td>执行步骤：</td><td>预期结果：</td></tr>
<tr><td rowspan="3">单击“保存”按钮</td><td>提示“角色标识输入有误，请重新输入。”</td></tr>
<tr><td>实际结果：</td></tr>
<tr><td></td></tr>
</table>

<table>
<tr><td colspan="2">用例编号：QXGL-ST-007-064</td></tr>
<tr><td colspan="2">功能点：修改角色</td></tr>
<tr><td colspan="2">用例描述：角色标识重复</td></tr>
<tr><td>前置条件：</td><td>输入：</td></tr>
<tr><td>角色管理员登录成功</td><td>角色标识重复</td></tr>
<tr><td>执行步骤：</td><td>预期结果：</td></tr>
<tr><td rowspan="3">单击“保存”按钮</td><td>提示“角色标识不唯一，请重新输入。”</td></tr>
<tr><td>实际结果：</td></tr>
<tr><td></td></tr>
</table>

<table>
<tr><td colspan="2">用例编号：QXGL-ST-007-065</td></tr>
<tr><td colspan="2">功能点：修改角色</td></tr>
<tr><td colspan="2">用例描述：所属机构</td></tr>
<tr><td>前置条件：</td><td>输入：</td></tr>
<tr><td>角色管理员登录成功</td><td>单击所属机构</td></tr>
<tr><td>执行步骤：</td><td>预期结果：</td></tr>
<tr><td rowspan="3">单击“保存”按钮</td><td>显示所有已存在的角色目录，可选择，单击“确定”按钮保存，单击“取消”按钮或×图标，回到修改角色页面，所属机构未选择</td></tr>
<tr><td>实际结果：</td></tr>
<tr><td></td></tr>
</table>

用例编号：QXGL-ST-007-066	
功能点：修改角色	
用例描述：所属机构未选择	
前置条件：	输入：
角色管理员登录成功	无
执行步骤：	预期结果：
单击“保存”按钮	提示“所属机构不能为空”
	实际结果：

用例编号：QXGL-ST-007-067	
功能点：修改角色	
用例描述：备注输入 499 个字	
前置条件：	输入：
角色管理员登录成功	备注输入 499 个字
执行步骤：	预期结果：
单击“保存”按钮	提示“备注输入有误，请重新输入。”
	实际结果：

用例编号：QXGL-ST-007-068	
功能点：修改角色	
用例描述：备注输入 500 个字	
前置条件：	输入：
角色管理员登录成功	备注输入 500 个字
执行步骤：	预期结果：
单击“保存”按钮	保存当前修改内容，关闭当前窗口，回到列表页，在列表页修改一条记录
	实际结果：

用例编号：QXGL-ST-007-069	
功能点：修改角色	
用例描述：备注输入 501 个字	
前置条件：	输入：
角色管理员登录成功	备注输入 501 个字
执行步骤：	预期结果：
单击“保存”按钮	提示“备注输入有误，请重新输入。”
	实际结果：

用例编号：QXGL-ST-007-070	
功能点：修改角色	
用例描述：取消修改	
前置条件：	输入：
角色管理员登录成功	无
执行步骤：	预期结果：
单击“取消”按钮	不保存当前修改内容，关闭当前窗口，回到列表页
	实际结果：

用例编号：QXGL-ST-007-071	
功能点：修改角色	
用例描述：关闭修改	
前置条件：	输入：
角色管理员登录成功	无
执行步骤：	预期结果：
单击右上角×图标	不保存当前修改内容，关闭当前窗口，回到列表页
	实际结果：

用例编号：QXGL-ST-007-072	
功能点：修改角色	
用例描述：关闭修改	
前置条件：	输入：
角色管理员登录成功	无
执行步骤：	预期结果：
单击右上角×图标	不保存当前修改内容，关闭当前窗口，回到列表页
	实际结果：

用例编号：QXGL-ST-007-073	
功能点：删除角色	
用例描述：删除弹框显示	
前置条件：	输入：
角色管理员登录成功	无
执行步骤：	预期结果：
单击任意角色后的“删除”按钮	提示“注意：您确定要删除吗？该操作将无法恢复”，单击“确定”按钮、“取消”按钮
	实际结果：

用例编号：QXGL-ST-007-074	
功能点：删除角色	
用例描述：确定删除验证	
前置条件：	输入：
角色管理员登录成功	无
执行步骤：	预期结果：
单击任意角色后的“删除”按钮	1. 删除成功 2. 回到列表页，列表页无该条记录
	实际结果：

用例编号：QXGL-ST-007-075	
功能点：删除角色	
用例描述：取消删除	
前置条件：	输入：
角色管理员登录成功	无
执行步骤：	预期结果：
单击“取消”按钮	不执行删除操作，回到列表页，列表页该条记录存在
	实际结果：

用例编号：QXGL-ST-007-076	
功能点：删除角色	
用例描述：取消删除	
前置条件：	输入：
角色管理员登录成功	无
执行步骤：	预期结果：
单击右上角×图标	不执行删除操作，回到列表页，列表页该条记录存在
	实际结果：

用例编号：QXGL-ST-007-077	
功能点：删除角色	
用例描述：删除弹框显示	
前置条件：	输入：
角色管理员登录成功	无
执行步骤：	预期结果：
勾选要删除的目录或参数后单击“删除”按钮	提示“注意：您确定要删除吗？该操作将无法恢复”，单击“确定”按钮、“取消”按钮
	实际结果：

<table>
<tr><td colspan="2">用例编号：QXGL-ST-007-078</td></tr>
<tr><td colspan="2">功能点：删除角色</td></tr>
<tr><td colspan="2">用例描述：确定删除验证</td></tr>
<tr><td>前置条件：</td><td>输入：</td></tr>
<tr><td>角色管理员登录成功</td><td>无</td></tr>
<tr><td>执行步骤：</td><td>预期结果：</td></tr>
<tr><td rowspan="3">勾选要删除的目录或参数后单击“删除”按钮</td><td>1. 删除成功
2. 回到列表页，列表页无该条记录</td></tr>
<tr><td>实际结果：</td></tr>
<tr><td></td></tr>
</table>

<table>
<tr><td colspan="2">用例编号：QXGL-ST-007-079</td></tr>
<tr><td colspan="2">功能点：刷新角色</td></tr>
<tr><td colspan="2">用例描述：单击“刷新”按钮</td></tr>
<tr><td>前置条件：</td><td>输入：</td></tr>
<tr><td>角色管理员登录成功</td><td>无</td></tr>
<tr><td>执行步骤：</td><td>预期结果：</td></tr>
<tr><td rowspan="3">单击“刷新”按钮</td><td>刷新角色列表，显示所有角色管理</td></tr>
<tr><td>实际结果：</td></tr>
<tr><td></td></tr>
</table>

<table>
<tr><td colspan="2">用例编号：QXGL-ST-007-080</td></tr>
<tr><td colspan="2">功能点：查询角色</td></tr>
<tr><td colspan="2">用例描述：查询输入框中默认显示正确性验证</td></tr>
<tr><td>前置条件：</td><td>输入：</td></tr>
<tr><td>角色管理员登录成功</td><td>无</td></tr>
<tr><td>执行步骤：</td><td>预期结果：</td></tr>
<tr><td rowspan="3">无</td><td>显示“请输入查询关键字”</td></tr>
<tr><td>实际结果：</td></tr>
<tr><td></td></tr>
</table>

<table>
<tr><td colspan="2">用例编号：QXGL-ST-007-081</td></tr>
<tr><td colspan="2">功能点：查询角色</td></tr>
<tr><td colspan="2">用例描述：查询输入框输入完整角色名称</td></tr>
<tr><td>前置条件：</td><td>输入：</td></tr>
<tr><td>角色管理员登录成功</td><td>查询输入框输入完整角色名称</td></tr>
<tr><td>执行步骤：</td><td>预期结果：</td></tr>
<tr><td rowspan="3">单击“查询”按钮</td><td>系统显示符合条件的角色信息，查询后保留查询条件</td></tr>
<tr><td>实际结果：</td></tr>
<tr><td></td></tr>
</table>

<table>
<tr><td colspan="2">用例编号：QXGL-ST-007-082</td></tr>
<tr><td colspan="2">功能点：查询角色</td></tr>
<tr><td colspan="2">用例描述：模糊查询，部分角色名称</td></tr>
<tr><td>前置条件：</td><td>输入：</td></tr>
<tr><td>角色管理员登录成功</td><td>模糊查询，部分角色名称</td></tr>
<tr><td>执行步骤：</td><td>预期结果：</td></tr>
<tr><td rowspan="3">单击“查询”按钮</td><td>系统显示符合条件的角色信息，查询后保留查询条件</td></tr>
<tr><td>实际结果：</td></tr>
<tr><td></td></tr>
</table>

<table>
<tr><td colspan="2">用例编号：QXGL-ST-007-083</td></tr>
<tr><td colspan="2">功能点：分页</td></tr>
<tr><td colspan="2">用例描述：选择每页显示 10 条记录</td></tr>
<tr><td>前置条件：</td><td>输入：</td></tr>
<tr><td>列表中有记录，大于 10 条</td><td>无</td></tr>
<tr><td>执行步骤：</td><td>预期结果：</td></tr>
<tr><td rowspan="3">每页显示记录下拉框中选择 10 条</td><td>每页显示 10 条记录</td></tr>
<tr><td>实际结果：</td></tr>
<tr><td></td></tr>
</table>

<table>
<tr><td colspan="2">用例编号：QXGL-ST-007-084</td></tr>
<tr><td colspan="2">功能点：分页</td></tr>
<tr><td colspan="2">用例描述：总条数统计显示</td></tr>
<tr><td>前置条件：</td><td>输入：</td></tr>
<tr><td>列表中有记录，大于 10 条</td><td>无</td></tr>
<tr><td>执行步骤：</td><td>预期结果：</td></tr>
<tr><td rowspan="3">无</td><td>显示第 1 条到第 N 条记录，总共 N 条数据，N 为总条数</td></tr>
<tr><td>实际结果：</td></tr>
<tr><td></td></tr>
</table>

<table>
<tr><td colspan="2">用例编号：QXGL-ST-007-085</td></tr>
<tr><td colspan="2">功能点：分页</td></tr>
<tr><td colspan="2">用例描述：分页操作显示</td></tr>
<tr><td>前置条件：</td><td>输入：</td></tr>
<tr><td>列表中有记录，大于 10 条</td><td>无</td></tr>
<tr><td>执行步骤：</td><td>预期结果：</td></tr>
<tr><td rowspan="3">无</td><td>“上一页”按钮、页码、“下一页”按钮；页码显示 7 页页码数字，当前页码为选中状态</td></tr>
<tr><td>实际结果：</td></tr>
<tr><td></td></tr>
</table>

用例编号：QXGL-ST-007-086	
功能点：分页	
用例描述：选择每页显示 10 条记录	
前置条件：	输入：
列表中有记录，小于 10 条	无
执行步骤：	预期结果：
无	分页功能正常
	实际结果：

用例编号：QXGL-ST-007-087	
功能点：分页	
用例描述：总条数统计显示	
前置条件：	输入：
列表中有记录，小于 10 条	无
执行步骤：	预期结果：
无	显示第 1 条到第 N 条记录，总共 N 条数据，N 为总条数
	实际结果：

用例编号：QXGL-ST-007-088	
功能点：分页	
用例描述：分页操作显示	
前置条件：	输入：
列表中有记录，小于 10 条	无
执行步骤：	预期结果：
无	“上一页”按钮、页码、“下一页”按钮；页码显示 1 页页码数字，当前页码为选中状态
	实际结果：

用例编号：QXGL-ST-007-089	
功能点：分页	
用例描述：当前页为第一页	
前置条件：	输入：
列表中有记录，大于 10 条	无
执行步骤：	预期结果：
单击第一页	“上一页”按钮不可单击
	实际结果：

用例编号：QXGL-ST-007-090	
功能点：分页	
用例描述：当前页为最后一页	
前置条件：	输入：
列表中有记录，大于 10 条	无
执行步骤：	预期结果：
单击最后一页	“下一页”按钮不可单击
	实际结果：

用例编号：QXGL-ST-007-091	
功能点：分页	
用例描述：当前页不是第一页	
前置条件：	输入：
列表中有记录，大于 10 条	无
执行步骤：	预期结果：
单击“上一页”按钮	跳转到当前页面前一页
	实际结果：

用例编号：QXGL-ST-007-092	
功能点：分页	
用例描述：当前页不是最后一页	
前置条件：	输入：
列表中有记录，大于 10 条	无
执行步骤：	预期结果：
单击“上一页”按钮	跳转到当前页面前一页
	实际结果：

用例编号：QXGL-ST-007-093	
功能点：分页	
用例描述：当前页不是第一页	
前置条件：	输入：
列表中有记录，大于 10 条	无
执行步骤：	预期结果：
单击“下一页”按钮	跳转到当前页面下一页
	实际结果：

<table>
<tr><td colspan="2">用例编号：QXGL-ST-007-094</td></tr>
<tr><td colspan="2">功能点：分页</td></tr>
<tr><td colspan="2">用例描述：当前页不是最后一页</td></tr>
<tr><td>前置条件：</td><td>输入：</td></tr>
<tr><td>列表中有记录，大于 10 条</td><td>无</td></tr>
<tr><td>执行步骤：</td><td>预期结果：</td></tr>
<tr><td rowspan="3">单击“下一页”按钮</td><td>跳转到当前页面下一页</td></tr>
<tr><td>实际结果：</td></tr>
<tr><td></td></tr>
</table>

<table>
<tr><td colspan="2">用例编号：QXGL-ST-007-095</td></tr>
<tr><td colspan="2">功能点：分页</td></tr>
<tr><td colspan="2">用例描述：当前页为第一页</td></tr>
<tr><td>前置条件：</td><td>输入：</td></tr>
<tr><td>列表中有记录，大于 10 条</td><td>无</td></tr>
<tr><td>执行步骤：</td><td>预期结果：</td></tr>
<tr><td rowspan="3">输入要跳转的页数</td><td>直接跳转到该页</td></tr>
<tr><td>实际结果：</td></tr>
<tr><td></td></tr>
</table>

<table>
<tr><td colspan="2">用例编号：QXGL-ST-007-096</td></tr>
<tr><td colspan="2">功能点：分页</td></tr>
<tr><td colspan="2">用例描述：当前页为最后一页</td></tr>
<tr><td>前置条件：</td><td>输入：</td></tr>
<tr><td>列表中有记录，大于 10 条</td><td>无</td></tr>
<tr><td>执行步骤：</td><td>预期结果：</td></tr>
<tr><td rowspan="3">输入要跳转的页数</td><td>直接跳转到该页</td></tr>
<tr><td>实际结果：</td></tr>
<tr><td></td></tr>
</table>

<table>
<tr><td colspan="2">用例编号：QXGL-ST-007-097</td></tr>
<tr><td colspan="2">功能点：分页</td></tr>
<tr><td colspan="2">用例描述：当前页不是第一页</td></tr>
<tr><td>前置条件：</td><td>输入：</td></tr>
<tr><td>列表中有记录，大于 10 条</td><td>无</td></tr>
<tr><td>执行步骤：</td><td>预期结果：</td></tr>
<tr><td rowspan="3">输入要跳转的页数</td><td>直接跳转到该页</td></tr>
<tr><td>实际结果：</td></tr>
<tr><td></td></tr>
</table>

用例编号：QXGL-ST-007-098	
功能点：分页	
用例描述：当前页不是最后一页	
前置条件：	输入：
列表中有记录，大于 10 条	无
执行步骤：	预期结果：
输入要跳转的页数	直接跳转到该页
	实际结果：

用例编号：QXGL-ST-007-099	
功能点：分页	
用例描述：当前页不是第一页	
前置条件：	输入：
列表中有记录，大于 10 条	无
执行步骤：	预期结果：
输入要跳转的页数	直接跳转到该页
	实际结果：

用例编号：QXGL-ST-007-100	
功能点：分页	
用例描述：当前页不是最后一页	
前置条件：	输入：
列表中有记录，大于 10 条	无
执行步骤：	预期结果：
输入要跳转的页数	直接跳转到该页
	实际结果：

用例编号：QXGL-ST-007-101	
功能点：操作权限	
用例描述：操作权限显示	
前置条件：	输入：
角色管理员登录成功	无
执行步骤：	预期结果：
单击“操作权限”按钮	显示所有菜单目录
	实际结果：

用例编号：QXGL-ST-007-102	
功能点：操作权限	
用例描述：操作权限确定	
前置条件：	输入：
角色管理员登录成功	无
执行步骤：	预期结果：
勾选要分配给该角色的操作菜单，单击“确定”按钮	该角色拥有已勾选菜单的操作权限
	实际结果：

用例编号：QXGL-ST-007-103	
功能点：操作权限	
用例描述：操作权限取消	
前置条件：	输入：
角色管理员登录成功	无
执行步骤：	预期结果：
单击“取消”按钮	回到角色管理列表页，该角色未获得任何权限
	实际结果：

用例编号：QXGL-ST-007-104	
功能点：操作权限	
用例描述：操作权限取消	
前置条件：	输入：
角色管理员登录成功	无
执行步骤：	预期结果：
单击右上角“×”	回到角色管理列表页，该角色未获得任何权限
	实际结果：

用例编号：QXGL-ST-007-105	
功能点：操作权限	
用例描述：数据权限显示	
前置条件：	输入：
角色管理员登录成功	无
执行步骤：	预期结果：
单击“数据权限”按钮	显示所有机构目录
	实际结果：

用例编号：QXGL-ST-007-106	
功能点：操作权限	
用例描述：数据权限确定	
前置条件：	输入：
角色管理员登录成功	无
执行步骤：	预期结果：
勾选要分配给该角色的机构，单击“确定”按钮	该角色拥有已勾选机构的数据权限
	实际结果：

用例编号：QXGL-ST-007-107	
功能点：操作权限	
用例描述：数据权限取消	
前置条件：	输入：
角色管理员登录成功	无
执行步骤：	预期结果：
单击“取消”按钮	回到角色管理列表页，该角色未获得任何权限
	实际结果：

用例编号：QXGL-ST-007-108	
功能点：操作权限	
用例描述：数据权限取消	
前置条件：	输入：
角色管理员登录成功	无
执行步骤：	预期结果：
单击右上角“×”	回到角色管理列表页，该角色未获得任何权限
	实际结果：

四、Test Suite 用户管理

（一）工作任务描述

该模块用于角色管理员对用户进行管理。登录系统后，角色管理员可以进行新增、修改、删除、查询、刷新、禁用、启用、重置密码等操作，如图 2-19～图 2-21 所示。

图 2-19　用户管理——列表页

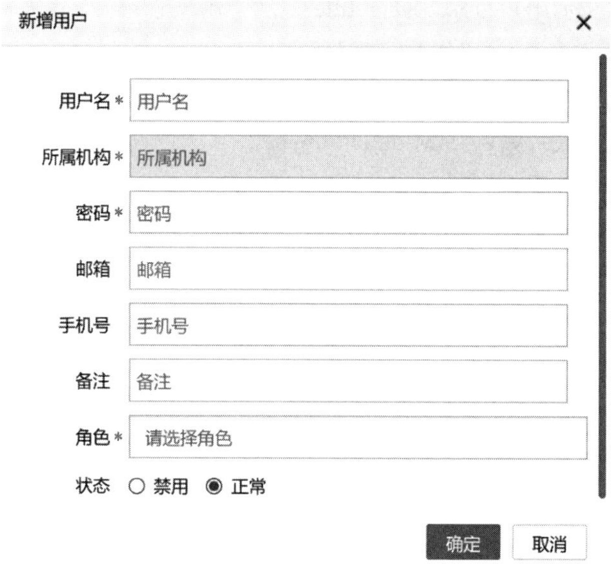

新增用户

用户名 * 用户名

所属机构 * 所属机构

密码 * 密码

邮箱 邮箱

手机号 手机号

备注 备注

角色 * 请选择角色

状态 ○ 禁用 ◉ 正常

确定 取消

图 2-20　用户管理——“新增用户”页面

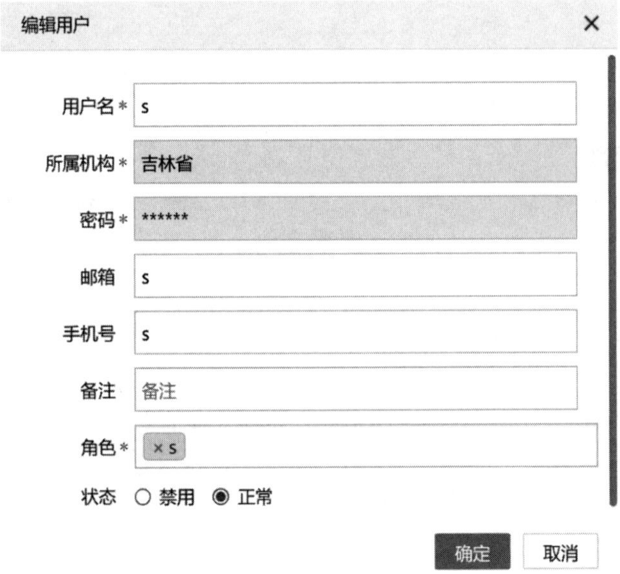

图 2-21　用户管理——“修改用户”页面

（二）业务规则

1. 用户管理列表页

单击左侧导航栏中的“用户管理”模块菜单，可进入“用户管理”页面，列表默认显示全部用户信息，左侧显示用户目录，页面 title 显示“用户管理”。

面包屑导航显示“首页”>“用户管理”　。

列表字段显示：编号、用户名、所属机构、邮箱、手机号、排序、状态、备注、操作、创建时间，创建时间格式：yyyy-MM-dd hh:mm:ss。

列表按照用户编号升序排列。

列表记录可设置为每页显示 10\20\30\40\50 条记录，以 10 条为例。

列表下方显示分页信息，每页显示 10 条用户信息。

列表下方分页信息显示总条数统计和分页操作区域，总条数统计显示第 1 条到第 N 条记录，总共 N 条数据，N 为总条数；分页操作显示“上一页”按钮，页码、“下一页”按钮；页码显示 7 页页码数字，当前页码为选中状态。

当前页为第一页时，“上一页”按钮不可单击；当前页为最后一页时，“下一页”按钮不可单击。

当前页不是第一页和最后一页时，单击“上一页”按钮跳转到当前页面前一页；单击“下一页”按钮跳转到当前页面下一页。

输入页面跳转到指定页面。

2. 新增用户（注意：必填项使用红色星号“*”标注）

在用户列表页，勾选要新增用户的用户名称，单击“新增”按钮，弹出“新增用户”窗口，弹框 title 显示“新增用户”。

用户名：必填项，默认为空，与系统内的用户名称不能重复。字符格式及长度要求：允许英文字母、数字，可输入长度大于等于 5 个字小于等于 20 个字。

所属机构：单击显示所有机构目录，可选择，单击“确定”按钮保存，单击“取消”按钮或“×”，回到新增角色页面，所属机构未选择。

密码：必填项，默认为空。字符格式及长度要求：长度等于 8 位，支持数字、字母、特殊符号，不支持汉字。

邮箱：非必填项。字符格式及长度要求：允许英文字母、数字、特殊符号，可输入长度大于等于 5 个字小于等于 20 个字。

手机号：非必填项。字符格式及长度要求：只允许由 1 开头的 11 个数字组成。

角色：必填项，单击下拉列表可选择所有已创建的角色。

状态：默认为正常；可选正常、禁用。

备注：非必填项，默认为空。字符格式及长度要求：长度最多输入 500 个字。

用户名称未填写，单击“保存”按钮时，提示“用户名称不能为空！”；用户名称重复，单击“保存”按钮时，提示“用户名称不唯一，请重新输入。”；用户名称输入格式或长度不正确，单击“保存”按钮时，提示“用户名称输入有误，请重新输入。”。关闭错误提示信息，仍停留在当前窗口。

密码未填写，单击“保存”按钮时，提示“密码不能为空！”；密码输入格式或长度不正确，单击“保存”按钮时，提示“密码输入有误，请重新输入。”。关闭错误提示信息，仍停留在当前窗口。

邮箱输入格式或长度不正确，单击“保存”按钮时，提示“邮箱输入有误，请重新输入。”。关闭错误提示信息，仍停留在当前窗口。

手机号输入格式或长度不正确，单击“保存”按钮时，提示“手机号输入有误，请重新输入。”。关闭错误提示信息，仍停留在当前窗口。

角色未选择，单击“保存”按钮时，提示“角色不能为空！”。

备注输入长度不正确，单击“保存”按钮时，提示“备注输入有误，请重新输入。”。关闭错误提示信息，仍停留在当前窗口。

单击“保存”按钮，保存当前新增内容，关闭当前窗口，回到列表页，在列表页新增一条记录，创建日期显示当前日期。

单击“取消”按钮或窗口右上角×图标，不保存当前新增内容，关闭当前窗口，回到列表页。

3. 修改用户（注：必填项使用红色星号“*”标注）

在用户列表页，勾选要编辑用户的用户名称，单击“修改”按钮，弹出“编辑用户”窗口，弹框 title 显示“编辑用户”。

用户名：同新增用户。

所属机构：同新增用户。

密码：同新增用户。

邮箱：同新增用户。

手机号：同新增用户。

角色：同新增用户。

状态：同新增用户。

备注：同新增用户。

用户名称未填写，操作同新增用户。

密码未填写，操作同新增用户。

邮箱输入格式或长度不正确，操作同新增用户。

手机号输入格式或长度不正确，操作同新增用户。

角色未选择，操作同新增用户。

备注输入长度不正确，操作同新增用户。

单击“保存”按钮，操作同新增用户。

单击“取消”按钮或窗口右上角×图标，操作同新增用户。

4. 删除用户

在用户管理用户列表页，单击任意用户后的“删除”按钮或勾选要删除的目录或参数后单击“删除”按钮，系统弹框提示“注：您确定要删除吗？该操作将无法恢复”。

单击“确定”按钮，执行删除操作，回到列表页，列表页无该条记录。

单击“取消”按钮或右上角×图标，不执行删除操作，回到列表页，列表页该条记录存在。

5. 刷新

单击“刷新”按钮，刷新用户列表，显示所有用户管理。

6. 查询用户

查询输入框中默认显示“请输入查询关键字”，支持用户名称左右匹配模糊查询。

单击“查询”按钮，系统显示符合条件的用户信息，查询后保留查询条件。

7. 启用

单击任意用户后的可用按钮：为正常，该用户为可用。

8. 禁用

单击任意用户后的可用按钮：为禁用，该用户为不可用。

9. 重置密码

单击按钮，弹出“重置密码”框。新密码为必填项，由红色*标注。显示“确定”“取消”按钮及右上角有一个×图标。

新密码为必填项，长度等于 8 位，支持数字、字母、特殊符号，不支持汉字。

新密码输入长度和格式不符合规则，单击“确定”按钮，系统提示“长度和格式不符合规则，请重新输入”。

单击右上角×图标或“取消”按钮，关闭当前窗口，回到用户管理列表页。

本任务就是对用户管理页面功能进行测试，编写测试用例集。在此我们使用了场景法、边界值分析法、错误推测法等测试用例设计方法。

（三）工作过程

编写测试用例集，以下是用户管理页面的测试用例集。

<table>
<tr><td colspan="2">用例编号：QXGL-ST-008-001</td></tr>
<tr><td colspan="2">功能点：上方导航栏</td></tr>
<tr><td colspan="2">用例描述：显示正确性验证</td></tr>
<tr><td>前置条件：</td><td>输入：</td></tr>
<tr><td>系统管理员登录成功</td><td>无</td></tr>
<tr><td>执行步骤：</td><td>预期结果：</td></tr>
<tr><td rowspan="3">无</td><td>登录后默认进入首页欢迎页，页面 title 显示“首页”，面包屑导航显示“首页”>“控制台”
顶部导航栏显示：“欢迎 sysadmin”文字、“首页”按钮、“修改密码”按钮、“退出系统”按钮</td></tr>
<tr><td>实际结果：</td></tr>
<tr><td></td></tr>
</table>

<table>
<tr><td colspan="2">用例编号：QXGL-ST-008-002</td></tr>
<tr><td colspan="2">功能点：上方导航栏</td></tr>
<tr><td colspan="2">用例描述：显示正确性验证</td></tr>
<tr><td>前置条件：</td><td>输入：</td></tr>
<tr><td>角色管理员登录成功</td><td>无</td></tr>
<tr><td>执行步骤：</td><td>预期结果：</td></tr>
<tr><td rowspan="3">无</td><td>登录后默认进入首页欢迎页，页面 title 显示“首页”，面包屑导航显示“首页”>“控制台”
顶部导航栏显示：“欢迎 jsadmin”文字、“首页”按钮、“修改密码”按钮、“退出系统”按钮</td></tr>
<tr><td>实际结果：</td></tr>
<tr><td></td></tr>
</table>

<table>
<tr><td colspan="2">用例编号：QXGL-ST-008-003</td></tr>
<tr><td colspan="2">功能点：上方导航栏</td></tr>
<tr><td colspan="2">用例描述：首页按钮</td></tr>
<tr><td>前置条件：</td><td>输入：</td></tr>
<tr><td>系统管理员登录成功</td><td>无</td></tr>
<tr><td>执行步骤：</td><td>预期结果：</td></tr>
<tr><td rowspan="3">单击“首页”按钮</td><td>跳转到系统首页</td></tr>
<tr><td>实际结果：</td></tr>
<tr><td></td></tr>
</table>

<table>
<tr><td colspan="2">用例编号：QXGL-ST-008-004</td></tr>
<tr><td colspan="2">功能点：上方导航栏</td></tr>
<tr><td colspan="2">用例描述：首页按钮</td></tr>
<tr><td>前置条件：</td><td>输入：</td></tr>
<tr><td>角色管理员登录成功</td><td>无</td></tr>
<tr><td>执行步骤：</td><td>预期结果：</td></tr>
<tr><td rowspan="3">单击“首页”按钮</td><td>跳转到系统首页</td></tr>
<tr><td>实际结果：</td></tr>
<tr><td></td></tr>
</table>

<table>
<tr><td colspan="2">用例编号：QXGL-ST-008-005</td></tr>
<tr><td colspan="2">功能点：上方导航栏</td></tr>
<tr><td colspan="2">用例描述：“修改密码”按钮</td></tr>
<tr><td>前置条件：</td><td>输入：</td></tr>
<tr><td>系统管理员登录成功</td><td>无</td></tr>
<tr><td>执行步骤：</td><td>预期结果：</td></tr>
<tr><td rowspan="3">单击“修改密码”按钮</td><td>弹出修改密码框，修改密码框内显示当前登录账号、原密码和新密码的输入框。新密码和原密码均是必填项，由红色*号标注。显示“确定”“取消”按钮及右上角有一个×图标</td></tr>
<tr><td>实际结果：</td></tr>
<tr><td></td></tr>
</table>

<table>
<tr><td colspan="2">用例编号：QXGL-ST-008-006</td></tr>
<tr><td colspan="2">功能点：上方导航栏</td></tr>
<tr><td colspan="2">用例描述：“修改密码”按钮</td></tr>
<tr><td>前置条件：</td><td>输入：</td></tr>
<tr><td>角色管理员登录成功</td><td>无</td></tr>
<tr><td>执行步骤：</td><td>预期结果：</td></tr>
<tr><td rowspan="3">单击“修改密码”按钮</td><td>弹出修改密码框，修改密码框内显示当前登录账号、原密码和新密码的输入框。新密码和原密码均是必填项，由红色*号标注。显示“确定”“取消”按钮及右上角有一个×图标</td></tr>
<tr><td>实际结果：</td></tr>
<tr><td></td></tr>
</table>

<table>
<tr><td colspan="2">用例编号：QXGL-ST-008-007</td></tr>
<tr><td colspan="2">功能点：上方导航栏</td></tr>
<tr><td colspan="2">用例描述：修改密码</td></tr>
<tr><td>前置条件：</td><td>输入：</td></tr>
<tr><td>系统管理员登录成功</td><td>原密码：sysadmin
新密码：sysadmi</td></tr>
</table>

续表

执行步骤：	预期结果：
单击“保存”按钮	提示“长度和格式不符合规则，请重新输入”
	实际结果：

用例编号：QXGL-ST-008-008	
功能点：上方导航栏	
用例描述：修改密码	
前置条件：	输入：
系统管理员登录成功	原密码：sysadmin 新密码：sysadmi5
执行步骤：	预期结果：
单击“保存”按钮	提示修改成功，回到登录页面
	实际结果：

用例编号：QXGL-ST-008-009	
功能点：上方导航栏	
用例描述：修改密码	
前置条件：	输入：
系统管理员登录成功	原密码：sysadmin 新密码：sysadmi67
执行步骤：	预期结果：
单击“保存”按钮	提示“长度和格式不符合规则，请重新输入”
	实际结果：

用例编号：QXGL-ST-008-010	
功能点：上方导航栏	
用例描述：修改密码	
前置条件：	输入：
系统管理员登录成功	原密码：sysadmin 新密码：sysadmi 哈
执行步骤：	预期结果：
单击“保存”按钮	提示“长度和格式不符合规则，请重新输入”
	实际结果：

<table>
<tr><td colspan="2">用例编号：QXGL-ST-008-011</td></tr>
<tr><td colspan="2">功能点：上方导航栏</td></tr>
<tr><td colspan="2">用例描述：修改密码</td></tr>
<tr><td>前置条件：</td><td>输入：</td></tr>
<tr><td>系统管理员登录成功</td><td>原密码：
新密码：sysadmin</td></tr>
<tr><td>执行步骤：</td><td>预期结果：</td></tr>
<tr><td rowspan="3">单击“保存”按钮</td><td>提示“原密码为空！”</td></tr>
<tr><td>实际结果：</td></tr>
<tr><td></td></tr>
</table>

<table>
<tr><td colspan="2">用例编号：QXGL-ST-008-012</td></tr>
<tr><td colspan="2">功能点：上方导航栏</td></tr>
<tr><td colspan="2">用例描述：修改密码</td></tr>
<tr><td>前置条件：</td><td>输入：</td></tr>
<tr><td>系统管理员登录成功</td><td>原密码：sysadmin
新密码：</td></tr>
<tr><td>执行步骤：</td><td>预期结果：</td></tr>
<tr><td rowspan="3">单击“保存”按钮</td><td>提示“新密码为空！”</td></tr>
<tr><td>实际结果：</td></tr>
<tr><td></td></tr>
</table>

<table>
<tr><td colspan="2">用例编号：QXGL-ST-008-013</td></tr>
<tr><td colspan="2">功能点：上方导航栏</td></tr>
<tr><td colspan="2">用例描述：单击右上角×图标</td></tr>
<tr><td>前置条件：</td><td>输入：</td></tr>
<tr><td>系统管理员登录成功</td><td>无</td></tr>
<tr><td>执行步骤：</td><td>预期结果：</td></tr>
<tr><td rowspan="3">单击右上角×图标</td><td>关闭当前窗口，回到首页</td></tr>
<tr><td>实际结果：</td></tr>
<tr><td></td></tr>
</table>

<table>
<tr><td colspan="2">用例编号：QXGL-ST-008-014</td></tr>
<tr><td colspan="2">功能点：上方导航栏</td></tr>
<tr><td colspan="2">用例描述：单击“取消”按钮</td></tr>
<tr><td>前置条件：</td><td>输入：</td></tr>
<tr><td>系统管理员登录成功</td><td>无</td></tr>
<tr><td>执行步骤：</td><td>预期结果：</td></tr>
<tr><td rowspan="3">单击“取消”按钮</td><td>关闭当前窗口，回到首页</td></tr>
<tr><td>实际结果：</td></tr>
<tr><td></td></tr>
</table>

<table>
<tr><td colspan="2">用例编号：QXGL-ST-008-015</td></tr>
<tr><td colspan="2">功能点：上方导航栏</td></tr>
<tr><td colspan="2">用例描述：退出系统</td></tr>
<tr><td>前置条件：</td><td>输入：</td></tr>
<tr><td>系统管理员登录成功</td><td>无</td></tr>
<tr><td>执行步骤：</td><td>预期结果：</td></tr>
<tr><td rowspan="3">单击“退出系统”按钮</td><td>退出系统回到登录页面</td></tr>
<tr><td>实际结果：</td></tr>
<tr><td></td></tr>
</table>

<table>
<tr><td colspan="2">用例编号：QXGL-ST-008-016</td></tr>
<tr><td colspan="2">功能点：上方导航栏</td></tr>
<tr><td colspan="2">用例描述：修改密码</td></tr>
<tr><td>前置条件：</td><td>输入：</td></tr>
<tr><td>角色管理员登录成功</td><td>原密码：jsadmin
新密码：jsadmi</td></tr>
<tr><td>执行步骤：</td><td>预期结果：</td></tr>
<tr><td rowspan="3">单击“保存”按钮</td><td>提示“长度和格式不符合规则，请重新输入”</td></tr>
<tr><td>实际结果：</td></tr>
<tr><td></td></tr>
</table>

<table>
<tr><td colspan="2">用例编号：QXGL-ST-008-017</td></tr>
<tr><td colspan="2">功能点：上方导航栏</td></tr>
<tr><td colspan="2">用例描述：修改密码</td></tr>
<tr><td>前置条件：</td><td>输入：</td></tr>
<tr><td>角色管理员登录成功</td><td>原密码：jsadmin
新密码：jsadmi5</td></tr>
<tr><td>执行步骤：</td><td>预期结果：</td></tr>
<tr><td rowspan="3">单击“保存”按钮</td><td>提示修改成功，回到登录页面</td></tr>
<tr><td>实际结果：</td></tr>
<tr><td></td></tr>
</table>

<table>
<tr><td colspan="2">用例编号：QXGL-ST-008-018</td></tr>
<tr><td colspan="2">功能点：上方导航栏</td></tr>
<tr><td colspan="2">用例描述：修改密码</td></tr>
<tr><td>前置条件：</td><td>输入：</td></tr>
<tr><td>角色管理员登录成功</td><td>原密码：jsadmin
新密码：jsadmi67</td></tr>
<tr><td>执行步骤：</td><td>预期结果：</td></tr>
<tr><td rowspan="3">单击“保存”按钮</td><td>提示“长度和格式不符合规则，请重新输入”</td></tr>
<tr><td>实际结果：</td></tr>
<tr><td></td></tr>
</table>

用例编号：QXGL-ST-008-019	
功能点：上方导航栏	
用例描述：修改密码	
前置条件：	输入：
角色管理员登录成功	原密码：jsadmin 新密码：jsadmi 哈
执行步骤：	预期结果：
单击“保存”按钮	提示“长度和格式不符合规则，请重新输入”
	实际结果：

用例编号：QXGL-ST-008-020	
功能点：上方导航栏	
用例描述：修改密码	
前置条件：	输入：
角色管理员登录成功	原密码： 新密码：jsadmin
执行步骤：	预期结果：
单击“保存”按钮	提示“原密码为空！”
	实际结果：

用例编号：QXGL-ST-008-021	
功能点：上方导航栏	
用例描述：修改密码	
前置条件：	输入：
角色管理员登录成功	原密码：jsadmin 新密码：
执行步骤：	预期结果：
单击“保存”按钮	提示“新密码为空！”
	实际结果：

用例编号：QXGL-ST-008-022	
功能点：上方导航栏	
用例描述：单击右上角×图标	
前置条件：	输入：
角色管理员登录成功	无
执行步骤：	预期结果：
单击右上角×图标	关闭当前窗口，回到首页
	实际结果：

<table>
<tr><td colspan="2">用例编号：QXGL-ST-008-023</td></tr>
<tr><td colspan="2">功能点：上方导航栏</td></tr>
<tr><td colspan="2">用例描述：单击“取消”按钮</td></tr>
<tr><td>前置条件：</td><td>输入：</td></tr>
<tr><td>角色管理员登录成功</td><td>无</td></tr>
<tr><td>执行步骤：</td><td>预期结果：</td></tr>
<tr><td rowspan="3">单击“取消”按钮</td><td>关闭当前窗口，回到首页</td></tr>
<tr><td>实际结果：</td></tr>
<tr><td></td></tr>
</table>

<table>
<tr><td colspan="2">用例编号：QXGL-ST-008-024</td></tr>
<tr><td colspan="2">功能点：上方导航栏</td></tr>
<tr><td colspan="2">用例描述：退出系统</td></tr>
<tr><td>前置条件：</td><td>输入：</td></tr>
<tr><td>角色管理员登录成功</td><td>无</td></tr>
<tr><td>执行步骤：</td><td>预期结果：</td></tr>
<tr><td rowspan="3">单击“退出系统”按钮</td><td>退出系统回到登录页面</td></tr>
<tr><td>实际结果：</td></tr>
<tr><td></td></tr>
</table>

<table>
<tr><td colspan="2">用例编号：QXGL-ST-008-025</td></tr>
<tr><td colspan="2">功能点：用户管理列表页</td></tr>
<tr><td colspan="2">用例描述：显示内容正确性验证</td></tr>
<tr><td>前置条件：</td><td>输入：</td></tr>
<tr><td>角色管理员登录成功</td><td>无</td></tr>
<tr><td>执行步骤：</td><td>预期结果：</td></tr>
<tr><td rowspan="3">单击左侧导航栏中的“用户管理”模块菜单</td><td>进入用户管理页面，列表默认显示全部用户信息，左侧显示用户目录，页面 title 显示“用户管理”；面包屑导航显示“首页”>“用户管理”
列表字段显示：编号、用户名、所属机构、邮箱、手机号、排序、状态、备注、操作、创建时间，创建时间格式：yyyy-MM-dd hh:mm:ss
列表按照用户编号升序排列</td></tr>
<tr><td>实际结果：</td></tr>
<tr><td></td></tr>
</table>

<table>
<tr><td colspan="2">用例编号：QXGL-ST-008-026</td></tr>
<tr><td colspan="2">功能点：新增用户</td></tr>
<tr><td colspan="2">用例描述：“新增”按钮</td></tr>
<tr><td>前置条件：</td><td>输入：</td></tr>
<tr><td>角色管理员登录成功</td><td>无</td></tr>
</table>

续表

<table>
<tr><td>执行步骤：</td><td>预期结果：</td></tr>
<tr><td rowspan="3">单击“新增”按钮</td><td>弹出“新增用户”窗口，弹框 title 显示“新增用户”
必填项使用红色星号“*”标注
用户名：必填项，默认为空
所属机构：单击显示所有机构目录，可选择，单击“确定”按钮保存，单击“取消”按钮或×图标，回到新增角色页面，所属机构未选择
密码：必填项，默认为空
邮箱：非必填项
手机号：非必填项
角色：必填项，单击下拉列表可选择所有已创建的角色
状态：默认为正常；可选正常、禁用
备注：非必填项，默认为空</td></tr>
<tr><td>实际结果：</td></tr>
<tr><td></td></tr>
</table>

<table>
<tr><td colspan="2">用例编号：QXGL-ST-008-027</td></tr>
<tr><td colspan="2">功能点：新增用户</td></tr>
<tr><td colspan="2">用例描述：用户名未填写</td></tr>
<tr><td>前置条件：</td><td>输入：</td></tr>
<tr><td>角色管理员登录成功</td><td>用户名未填写</td></tr>
<tr><td>执行步骤：</td><td>预期结果：</td></tr>
<tr><td rowspan="3">单击“保存”按钮</td><td>提示“用户名不能为空！”</td></tr>
<tr><td>实际结果：</td></tr>
<tr><td></td></tr>
</table>

<table>
<tr><td colspan="2">用例编号：QXGL-ST-008-028</td></tr>
<tr><td colspan="2">功能点：新增用户</td></tr>
<tr><td colspan="2">用例描述：用户名输入 4 个字</td></tr>
<tr><td>前置条件：</td><td>输入：</td></tr>
<tr><td>角色管理员登录成功</td><td>用户名输入 4 个字</td></tr>
<tr><td>执行步骤：</td><td>预期结果：</td></tr>
<tr><td rowspan="3">单击“保存”按钮</td><td>提示“用户名输入有误，请重新输入。”</td></tr>
<tr><td>实际结果：</td></tr>
<tr><td></td></tr>
</table>

<table>
<tr><td colspan="2">用例编号：QXGL-ST-008-029</td></tr>
<tr><td colspan="2">功能点：新增用户</td></tr>
<tr><td colspan="2">用例描述：用户名输入 5 个字</td></tr>
<tr><td>前置条件：</td><td>输入：</td></tr>
<tr><td>角色管理员登录成功</td><td>用户名输入 5 个字</td></tr>
<tr><td>执行步骤：</td><td>预期结果：</td></tr>
</table>

续表

单击“保存”按钮	保存当前新增内容，关闭当前窗口，回到列表页，在列表页新增一条记录
	实际结果：

用例编号：QXGL-ST-008-030	
功能点：新增用户	
用例描述：用户名输入 19 个字	
前置条件：	输入：
角色管理员登录成功	用户名输入 19 个字
执行步骤：	预期结果：
单击“保存”按钮	保存当前新增内容，关闭当前窗口，回到列表页，在列表页新增一条记录
	实际结果：

用例编号：QXGL-ST-008-031	
功能点：新增用户	
用例描述：用户名输入 20 个字	
前置条件：	输入：
角色管理员登录成功	用户名输入 20 个字
执行步骤：	预期结果：
单击“保存”按钮	保存当前新增内容，关闭当前窗口，回到列表页，在列表页新增一条记录
	实际结果：

用例编号：QXGL-ST-008-032	
功能点：新增用户	
用例描述：用户名输入 21 个字	
前置条件：	输入：
角色管理员登录成功	用户名输入 21 个字
执行步骤：	预期结果：
单击“保存”按钮	提示“用户名输入有误，请重新输入。”
	实际结果：

用例编号：QXGL-ST-008-033
功能点：新增用户
用例描述：用户名重复

续表

前置条件：	输入：
角色管理员登录成功	用户名重复
执行步骤：	预期结果：
单击“保存”按钮	提示“用户名不唯一，请重新输入。”
	实际结果：

用例编号：QXGL-ST-008-034	
功能点：新增用户	
用例描述：用户名输入包含特殊符号	
前置条件：	输入：
角色管理员登录成功	用户名输入包含特殊符号
执行步骤：	预期结果：
单击“保存”按钮	提示“用户名输入有误，请重新输入。”
	实际结果：

用例编号：QXGL-ST-008-035	
功能点：新增用户	
用例描述：所属机构	
前置条件：	输入：
角色管理员登录成功	单击所属机构
执行步骤：	预期结果：
单击“保存”按钮	显示所有已存在的用户目录，可选择，单击“确定”按钮保存，单击“取消”按钮或×图标，回到新增用户页面，所属机构未选择
	实际结果：

用例编号：QXGL-ST-008-036	
功能点：新增用户	
用例描述：所属机构未选择	
前置条件：	输入：
角色管理员登录成功	无
执行步骤：	预期结果：
单击“保存”按钮	提示“所属机构不能为空”
	实际结果：

用例编号：QXGL-ST-008-037	
功能点：新增用户	
用例描述：密码未填写	
前置条件：	输入：
角色管理员登录成功	密码未填写
执行步骤：	预期结果：
单击“保存”按钮	提示“密码不能为空！”
	实际结果：

用例编号：QXGL-ST-008-038	
功能点：新增用户	
用例描述：密码为 7 位	
前置条件：	输入：
角色管理员登录成功	密码为 7 位
执行步骤：	预期结果：
单击“保存”按钮	提示“密码输入有误，请重新输入。”
	实际结果：

用例编号：QXGL-ST-008-039	
功能点：新增用户	
用例描述：密码为 8 位	
前置条件：	输入：
角色管理员登录成功	密码为 8 位
执行步骤：	预期结果：
单击“保存”按钮	保存当前新增内容，关闭当前窗口，回到列表页，在列表页新增一条记录
	实际结果：

用例编号：QXGL-ST-008-040	
功能点：新增用户	
用例描述：密码为 9 位	
前置条件：	输入：
角色管理员登录成功	密码为 9 位
执行步骤：	预期结果：
单击“保存”按钮	提示“密码输入有误，请重新输入。”
	实际结果：

<table>
<tr><td colspan="2">用例编号：QXGL-ST-008-041</td></tr>
<tr><td colspan="2">功能点：新增用户</td></tr>
<tr><td colspan="2">用例描述：密码含汉字</td></tr>
<tr><td>前置条件：</td><td>输入：</td></tr>
<tr><td>角色管理员登录成功</td><td>密码含汉字</td></tr>
<tr><td>执行步骤：</td><td>预期结果：</td></tr>
<tr><td rowspan="3">单击“保存”按钮</td><td>提示“密码输入有误，请重新输入。”</td></tr>
<tr><td>实际结果：</td></tr>
<tr><td></td></tr>
</table>

<table>
<tr><td colspan="2">用例编号：QXGL-ST-008-042</td></tr>
<tr><td colspan="2">功能点：新增用户</td></tr>
<tr><td colspan="2">用例描述：邮箱输入 4 个字</td></tr>
<tr><td>前置条件：</td><td>输入：</td></tr>
<tr><td>角色管理员登录成功</td><td>邮箱输入 4 个字</td></tr>
<tr><td>执行步骤：</td><td>预期结果：</td></tr>
<tr><td rowspan="3">单击“保存”按钮</td><td>提示“邮箱输入有误，请重新输入。”</td></tr>
<tr><td>实际结果：</td></tr>
<tr><td></td></tr>
</table>

<table>
<tr><td colspan="2">用例编号：QXGL-ST-008-043</td></tr>
<tr><td colspan="2">功能点：新增用户</td></tr>
<tr><td colspan="2">用例描述：邮箱输入 5 个字</td></tr>
<tr><td>前置条件：</td><td>输入：</td></tr>
<tr><td>角色管理员登录成功</td><td>邮箱输入 5 个字</td></tr>
<tr><td>执行步骤：</td><td>预期结果：</td></tr>
<tr><td rowspan="3">单击“保存”按钮</td><td>保存当前新增内容，关闭当前窗口，回到列表页，在列表页新增一条记录</td></tr>
<tr><td>实际结果：</td></tr>
<tr><td></td></tr>
</table>

<table>
<tr><td colspan="2">用例编号：QXGL-ST-008-044</td></tr>
<tr><td colspan="2">功能点：新增用户</td></tr>
<tr><td colspan="2">用例描述：邮箱输入 19 个字</td></tr>
<tr><td>前置条件：</td><td>输入：</td></tr>
<tr><td>角色管理员登录成功</td><td>邮箱输入 19 个字</td></tr>
<tr><td>执行步骤：</td><td>预期结果：</td></tr>
<tr><td rowspan="3">单击“保存”按钮</td><td>保存当前新增内容，关闭当前窗口，回到列表页，在列表页新增一条记录</td></tr>
<tr><td>实际结果：</td></tr>
<tr><td></td></tr>
</table>

<table>
<tr><td colspan="2">用例编号：QXGL-ST-008-045</td></tr>
<tr><td colspan="2">功能点：新增用户</td></tr>
<tr><td colspan="2">用例描述：邮箱输入 20 个字</td></tr>
<tr><td>前置条件：</td><td>输入：</td></tr>
<tr><td>角色管理员登录成功</td><td>邮箱输入 20 个字</td></tr>
<tr><td>执行步骤：</td><td>预期结果：</td></tr>
<tr><td rowspan="3">单击“保存”按钮</td><td>保存当前新增内容，关闭当前窗口，回到列表页，在列表页新增一条记录</td></tr>
<tr><td>实际结果：</td></tr>
<tr><td></td></tr>
</table>

<table>
<tr><td colspan="2">用例编号：QXGL-ST-008-046</td></tr>
<tr><td colspan="2">功能点：新增用户</td></tr>
<tr><td colspan="2">用例描述：邮箱输入 21 个字</td></tr>
<tr><td>前置条件：</td><td>输入：</td></tr>
<tr><td>角色管理员登录成功</td><td>邮箱输入 21 个字</td></tr>
<tr><td>执行步骤：</td><td>预期结果：</td></tr>
<tr><td rowspan="3">单击“保存”按钮</td><td>提示“邮箱输入有误，请重新输入。”</td></tr>
<tr><td>实际结果：</td></tr>
<tr><td></td></tr>
</table>

<table>
<tr><td colspan="2">用例编号：QXGL-ST-008-047</td></tr>
<tr><td colspan="2">功能点：新增用户</td></tr>
<tr><td colspan="2">用例描述：邮箱输入包含汉字</td></tr>
<tr><td>前置条件：</td><td>输入：</td></tr>
<tr><td>角色管理员登录成功</td><td>邮箱输入包含汉字</td></tr>
<tr><td>执行步骤：</td><td>预期结果：</td></tr>
<tr><td rowspan="3">单击“保存”按钮</td><td>提示“邮箱输入有误，请重新输入。”</td></tr>
<tr><td>实际结果：</td></tr>
<tr><td></td></tr>
</table>

<table>
<tr><td colspan="2">用例编号：QXGL-ST-008-048</td></tr>
<tr><td colspan="2">功能点：新增用户</td></tr>
<tr><td colspan="2">用例描述：手机号为 10 位</td></tr>
<tr><td>前置条件：</td><td>输入：</td></tr>
<tr><td>角色管理员登录成功</td><td>手机号为 10 位</td></tr>
<tr><td>执行步骤：</td><td>预期结果：</td></tr>
<tr><td rowspan="3">单击“保存”按钮</td><td>提示“手机号输入有误，请重新输入。”</td></tr>
<tr><td>实际结果：</td></tr>
<tr><td></td></tr>
</table>

<table>
<tr><td colspan="2">用例编号：QXGL-ST-008-049</td></tr>
<tr><td colspan="2">功能点：新增用户</td></tr>
<tr><td colspan="2">用例描述：手机号为 11 位</td></tr>
<tr><td>前置条件：</td><td>输入：</td></tr>
<tr><td>角色管理员登录成功</td><td>手机号为 11 位</td></tr>
<tr><td>执行步骤：</td><td>预期结果：</td></tr>
<tr><td rowspan="3">单击“保存”按钮</td><td>保存当前新增内容，关闭当前窗口，回到列表页，在列表页新增一条记录</td></tr>
<tr><td>实际结果：</td></tr>
<tr><td></td></tr>
</table>

<table>
<tr><td colspan="2">用例编号：QXGL-ST-008-050</td></tr>
<tr><td colspan="2">功能点：新增用户</td></tr>
<tr><td colspan="2">用例描述：手机号为 12 位</td></tr>
<tr><td>前置条件：</td><td>输入：</td></tr>
<tr><td>角色管理员登录成功</td><td>手机号为 12 位</td></tr>
<tr><td>执行步骤：</td><td>预期结果：</td></tr>
<tr><td rowspan="3">单击“保存”按钮</td><td>提示“手机号输入有误，请重新输入。”</td></tr>
<tr><td>实际结果：</td></tr>
<tr><td></td></tr>
</table>

<table>
<tr><td colspan="2">用例编号：QXGL-ST-008-051</td></tr>
<tr><td colspan="2">功能点：</td></tr>
<tr><td colspan="2">用例描述：手机号不以 1 开头</td></tr>
<tr><td>前置条件：</td><td>输入：</td></tr>
<tr><td>角色管理员登录成功</td><td>手机号不以 1 开头</td></tr>
<tr><td>执行步骤：</td><td>预期结果：</td></tr>
<tr><td rowspan="3">单击“保存”按钮</td><td>提示“手机号输入有误，请重新输入。”</td></tr>
<tr><td>实际结果：</td></tr>
<tr><td></td></tr>
</table>

<table>
<tr><td colspan="2">用例编号：QXGL-ST-008-052</td></tr>
<tr><td colspan="2">功能点：新增用户</td></tr>
<tr><td colspan="2">用例描述：手机号含汉字</td></tr>
<tr><td>前置条件：</td><td>输入：</td></tr>
<tr><td>角色管理员登录成功</td><td>手机号含汉字</td></tr>
<tr><td>执行步骤：</td><td>预期结果：</td></tr>
<tr><td rowspan="3">单击“保存”按钮</td><td>提示“手机号输入有误，请重新输入。”</td></tr>
<tr><td>实际结果：</td></tr>
<tr><td></td></tr>
</table>

用例编号：QXGL-ST-008-053	
功能点：新增用户	
用例描述：手机号中含字母	
前置条件：	输入：
角色管理员登录成功	手机号含字母
执行步骤：	预期结果：
单击“保存”按钮	提示“手机号输入有误，请重新输入。”
	实际结果：

用例编号：QXGL-ST-008-054	
功能点：新增用户	
用例描述：手机号中含特殊字符	
前置条件：	输入：
角色管理员登录成功	手机号含特殊字符
执行步骤：	预期结果：
单击“保存”按钮	提示“手机号输入有误，请重新输入。”
	实际结果：

用例编号：QXGL-ST-008-055	
功能点：新增用户	
用例描述：手机号中含符号	
前置条件：	输入：
角色管理员登录成功	手机号含符号
执行步骤：	预期结果：
单击“保存”按钮	提示“手机号输入有误，请重新输入。”
	实际结果：

用例编号：QXGL-ST-008-056	
功能点：新增用户	
用例描述：角色	
前置条件：	输入：
角色管理员登录成功	无
执行步骤：	预期结果：
单击角色下拉框	可选择所有已创建的角色
	实际结果：

用例编号：QXGL-ST-008-057	
功能点：新增用户	
用例描述：状态选择正常	
前置条件：	输入：
角色管理员登录成功	状态选择正常
执行步骤：	预期结果：
单击“保存”按钮	保存当前新增内容，关闭当前窗口，回到列表页，在列表页新增一条记录
	实际结果：

用例编号：QXGL-ST-008-058	
功能点：新增用户	
用例描述：状态选择禁用	
前置条件：	输入：
角色管理员登录成功	状态选择禁用
执行步骤：	预期结果：
单击“保存”按钮	保存当前新增内容，关闭当前窗口，回到列表页，在列表页新增一条记录
	实际结果：

用例编号：QXGL-ST-008-059	
功能点：新增用户	
用例描述：备注输入 499 个字	
前置条件：	输入：
角色管理员登录成功	备注输入 499 个字
执行步骤：	预期结果：
单击“保存”按钮	提示“备注输入有误，请重新输入。”
	实际结果：

用例编号：QXGL-ST-008-060	
功能点：新增用户	
用例描述：备注输入 500 个字	
前置条件：	输入：
角色管理员登录成功	备注输入 500 个字
执行步骤：	预期结果：
单击“保存”按钮	保存当前新增内容，关闭当前窗口，回到列表页，在列表页新增一条记录
	实际结果：

用例编号：QXGL-ST-008-061	
功能点：新增用户	
用例描述：备注输入 501 个字	
前置条件：	输入：
角色管理员登录成功	备注输入 501 个字
执行步骤：	预期结果：
单击“保存”按钮	提示“备注输入有误，请重新输入。”
	实际结果：

用例编号：QXGL-ST-008-062	
功能点：新增用户	
用例描述：取消新增	
前置条件：	输入：
角色管理员登录成功	无
执行步骤：	预期结果：
单击“取消”按钮	不保存当前新增内容，关闭当前窗口，回到列表页
	实际结果：

用例编号：QXGL-ST-008-063	
功能点：新增用户	
用例描述：关闭新增	
前置条件：	输入：
角色管理员登录成功	无
执行步骤：	预期结果：
单击右上角×图标	不保存当前新增内容，关闭当前窗口，回到列表页
	实际结果：

用例编号：QXGL-ST-008-064	
功能点：修改用户	
用例描述：修改按钮	
前置条件：	输入：
角色管理员登录成功	无
执行步骤：	预期结果：
单击“修改”按钮	弹出“修改用户”窗口，弹框 title 显示“修改用户” 必填项使用红色星号“*”标注 用户名：必填项，默认为空 所属机构：单击显示，所有机构目录，可选择，单击“确定”按钮保存，单击“取消”按钮或×图标，回到修改角色页面，所属机构未选择

续表

单击“修改”按钮	密码：必填项，默认为空 邮箱：非必填项 手机号：非必填项 角色：必填项，单击下拉列表可选择所有已创建的角色 状态：默认为正常；可选正常、禁用 备注：非必填项，默认为空
	实际结果：

用例编号：QXGL-ST-008-065	
功能点：修改用户	
用例描述：用户名未填写	
前置条件：	输入：
角色管理员登录成功	用户名未填写
执行步骤：	预期结果：
单击“保存”按钮	提示“用户名不能为空！”
	实际结果：

用例编号：QXGL-ST-008-066	
功能点：修改用户	
用例描述：用户名输入 4 个字	
前置条件：	输入：
角色管理员登录成功	用户名输入 4 个字
执行步骤：	预期结果：
单击“保存”按钮	提示“用户名输入有误，请重新输入。”
	实际结果：

用例编号：QXGL-ST-008-067	
功能点：修改用户	
用例描述：用户名输入 5 个字	
前置条件：	输入：
角色管理员登录成功	用户名输入 5 个字
执行步骤：	预期结果：
单击“保存”按钮	保存当前修改内容，关闭当前窗口，回到列表页，在列表页修改一条记录
	实际结果：

<table>
<tr><td colspan="2">用例编号：QXGL-ST-008-068</td></tr>
<tr><td colspan="2">功能点：修改用户</td></tr>
<tr><td colspan="2">用例描述：用户名输入 19 个字</td></tr>
<tr><td>前置条件：</td><td>输入：</td></tr>
<tr><td>角色管理员登录成功</td><td>用户名输入 19 个字</td></tr>
<tr><td>执行步骤：</td><td>预期结果：</td></tr>
<tr><td rowspan="3">单击“保存”按钮</td><td>保存当前修改内容，关闭当前窗口，回到列表页，在列表页修改一条记录</td></tr>
<tr><td>实际结果：</td></tr>
<tr><td></td></tr>
</table>

<table>
<tr><td colspan="2">用例编号：QXGL-ST-008-069</td></tr>
<tr><td colspan="2">功能点：修改用户</td></tr>
<tr><td colspan="2">用例描述：用户名输入 20 个字</td></tr>
<tr><td>前置条件：</td><td>输入：</td></tr>
<tr><td>角色管理员登录成功</td><td>用户名输入 20 个字</td></tr>
<tr><td>执行步骤：</td><td>预期结果：</td></tr>
<tr><td rowspan="3">单击“保存”按钮</td><td>保存当前修改内容，关闭当前窗口，回到列表页，在列表页修改一条记录</td></tr>
<tr><td>实际结果：</td></tr>
<tr><td></td></tr>
</table>

<table>
<tr><td colspan="2">用例编号：QXGL-ST-008-070</td></tr>
<tr><td colspan="2">功能点：修改用户</td></tr>
<tr><td colspan="2">用例描述：用户名输入 21 个字</td></tr>
<tr><td>前置条件：</td><td>输入：</td></tr>
<tr><td>角色管理员登录成功</td><td>用户名输入 21 个字</td></tr>
<tr><td>执行步骤：</td><td>预期结果：</td></tr>
<tr><td rowspan="3">单击“保存”按钮</td><td>提示“用户名输入有误，请重新输入。”</td></tr>
<tr><td>实际结果：</td></tr>
<tr><td></td></tr>
</table>

<table>
<tr><td colspan="2">用例编号：QXGL-ST-008-071</td></tr>
<tr><td colspan="2">功能点：修改用户</td></tr>
<tr><td colspan="2">用例描述：用户名重复</td></tr>
<tr><td>前置条件：</td><td>输入：</td></tr>
<tr><td>角色管理员登录成功</td><td>用户名重复</td></tr>
<tr><td>执行步骤：</td><td>预期结果：</td></tr>
<tr><td rowspan="3">单击“保存”按钮</td><td>提示“用户名不唯一，请重新输入。”</td></tr>
<tr><td>实际结果：</td></tr>
<tr><td></td></tr>
</table>

<table>
<tr><td colspan="2">用例编号：QXGL-ST-008-072</td></tr>
<tr><td colspan="2">功能点：修改用户</td></tr>
<tr><td colspan="2">用例描述：用户名输入包含特殊符号</td></tr>
<tr><td>前置条件：</td><td>输入：</td></tr>
<tr><td>角色管理员登录成功</td><td>用户名输入包含特殊符号</td></tr>
<tr><td>执行步骤：</td><td>预期结果：</td></tr>
<tr><td rowspan="3">单击“保存”按钮</td><td>提示“用户名输入有误，请重新输入。”</td></tr>
<tr><td>实际结果：</td></tr>
<tr><td></td></tr>
</table>

<table>
<tr><td colspan="2">用例编号：QXGL-ST-008-073</td></tr>
<tr><td colspan="2">功能点：修改用户</td></tr>
<tr><td colspan="2">用例描述：所属机构</td></tr>
<tr><td>前置条件：</td><td>输入：</td></tr>
<tr><td>角色管理员登录成功</td><td>单击所属机构</td></tr>
<tr><td>执行步骤：</td><td>预期结果：</td></tr>
<tr><td rowspan="3">单击“保存”按钮</td><td>显示所有已存在的用户目录，可选择，单击“确定”按钮保存，单击“取消”按钮或×图标，回到修改用户页面，所属机构未选择</td></tr>
<tr><td>实际结果：</td></tr>
<tr><td></td></tr>
</table>

<table>
<tr><td colspan="2">用例编号：QXGL-ST-008-074</td></tr>
<tr><td colspan="2">功能点：修改用户</td></tr>
<tr><td colspan="2">用例描述：所属机构未选择</td></tr>
<tr><td>前置条件：</td><td>输入：</td></tr>
<tr><td>角色管理员登录成功</td><td>无</td></tr>
<tr><td>执行步骤：</td><td>预期结果：</td></tr>
<tr><td rowspan="3">单击“保存”按钮</td><td>提示“所属机构不能为空”</td></tr>
<tr><td>实际结果：</td></tr>
<tr><td></td></tr>
</table>

<table>
<tr><td colspan="2">用例编号：QXGL-ST-008-075</td></tr>
<tr><td colspan="2">功能点：修改用户</td></tr>
<tr><td colspan="2">用例描述：密码未填写</td></tr>
<tr><td>前置条件：</td><td>输入：</td></tr>
<tr><td>角色管理员登录成功</td><td>密码未填写</td></tr>
<tr><td>执行步骤：</td><td>预期结果：</td></tr>
<tr><td rowspan="3">单击“保存”按钮</td><td>提示“密码不能为空！”</td></tr>
<tr><td>实际结果：</td></tr>
<tr><td></td></tr>
</table>

用例编号：QXGL-ST-008-076	
功能点：修改用户	
用例描述：密码为 7 位	
前置条件：	输入：
角色管理员登录成功	密码为 7 位
执行步骤：	预期结果：
单击“保存”按钮	提示“密码输入有误，请重新输入。”
	实际结果：

用例编号：QXGL-ST-008-077	
功能点：修改用户	
用例描述：密码为 8 位	
前置条件：	输入：
角色管理员登录成功	密码为 8 位
执行步骤：	预期结果：
单击“保存”按钮	保存当前修改内容，关闭当前窗口，回到列表页，在列表页修改一条记录
	实际结果：

用例编号：QXGL-ST-008-078	
功能点：修改用户	
用例描述：密码为 9 位	
前置条件：	输入：
角色管理员登录成功	密码为 9 位
执行步骤：	预期结果：
单击“保存”按钮	提示“密码输入有误，请重新输入。”
	实际结果：

用例编号：QXGL-ST-008-079	
功能点：修改用户	
用例描述：密码含汉字	
前置条件：	输入：
角色管理员登录成功	密码含汉字
执行步骤：	预期结果：
单击“保存”按钮	提示“密码输入有误，请重新输入。”
	实际结果：

<table>
<tr><td colspan="2">用例编号：QXGL-ST-008-080</td></tr>
<tr><td colspan="2">功能点：修改用户</td></tr>
<tr><td colspan="2">用例描述：邮箱输入 4 个字</td></tr>
<tr><td>前置条件：</td><td>输入：</td></tr>
<tr><td>角色管理员登录成功</td><td>邮箱输入 4 个字</td></tr>
<tr><td>执行步骤：</td><td>预期结果：</td></tr>
<tr><td rowspan="3">单击“保存”按钮</td><td>提示“邮箱输入有误，请重新输入。”</td></tr>
<tr><td>实际结果：</td></tr>
<tr><td></td></tr>
</table>

<table>
<tr><td colspan="2">用例编号：QXGL-ST-008-081</td></tr>
<tr><td colspan="2">功能点：修改用户</td></tr>
<tr><td colspan="2">用例描述：邮箱输入 5 个字</td></tr>
<tr><td>前置条件：</td><td>输入：</td></tr>
<tr><td>角色管理员登录成功</td><td>邮箱输入 5 个字</td></tr>
<tr><td>执行步骤：</td><td>预期结果：</td></tr>
<tr><td rowspan="3">单击“保存”按钮</td><td>保存当前修改内容，关闭当前窗口，回到列表页，在列表页修改一条记录</td></tr>
<tr><td>实际结果：</td></tr>
<tr><td></td></tr>
</table>

<table>
<tr><td colspan="2">用例编号：QXGL-ST-008-082</td></tr>
<tr><td colspan="2">功能点：修改用户</td></tr>
<tr><td colspan="2">用例描述：邮箱输入 19 个字</td></tr>
<tr><td>前置条件：</td><td>输入：</td></tr>
<tr><td>角色管理员登录成功</td><td>邮箱输入 19 个字</td></tr>
<tr><td>执行步骤：</td><td>预期结果：</td></tr>
<tr><td rowspan="3">单击“保存”按钮</td><td>保存当前修改内容，关闭当前窗口，回到列表页，在列表页修改一条记录</td></tr>
<tr><td>实际结果：</td></tr>
<tr><td></td></tr>
</table>

<table>
<tr><td colspan="2">用例编号：QXGL-ST-008-083</td></tr>
<tr><td colspan="2">功能点：修改用户</td></tr>
<tr><td colspan="2">用例描述：邮箱输入 20 个字</td></tr>
<tr><td>前置条件：</td><td>输入：</td></tr>
<tr><td>角色管理员登录成功</td><td>邮箱输入 20 个字</td></tr>
<tr><td>执行步骤：</td><td>预期结果：</td></tr>
<tr><td rowspan="3">单击“保存”按钮</td><td>保存当前修改内容，关闭当前窗口，回到列表页，在列表页修改一条记录</td></tr>
<tr><td>实际结果：</td></tr>
<tr><td></td></tr>
</table>

用例编号：QXGL-ST-008-084	
功能点：修改用户	
用例描述：邮箱输入 21 个字	
前置条件：	输入：
角色管理员登录成功	邮箱输入 21 个字
执行步骤：	预期结果：
单击“保存”按钮	提示“邮箱输入有误，请重新输入。”
	实际结果：

用例编号：QXGL-ST-008-085	
功能点：修改用户	
用例描述：邮箱输入包含汉字	
前置条件：	输入：
角色管理员登录成功	邮箱输入包含汉字
执行步骤：	预期结果：
单击“保存”按钮	提示“邮箱输入有误，请重新输入。”
	实际结果：

用例编号：QXGL-ST-008-086	
功能点：修改用户	
用例描述：手机号为 10 位	
前置条件：	输入：
角色管理员登录成功	手机号为 10 位
执行步骤：	预期结果：
单击“保存”按钮	提示“手机号输入有误，请重新输入。”
	实际结果：

用例编号：QXGL-ST-008-087	
功能点：修改用户	
用例描述：手机号为 11 位	
前置条件：	输入：
角色管理员登录成功	手机号为 11 位
执行步骤：	预期结果：
单击“保存”按钮	保存当前修改内容，关闭当前窗口，回到列表页，在列表页修改一条记录
	实际结果：

用例编号：QXGL-ST-008-088	
功能点：修改用户	
用例描述：手机号为 12 位	
前置条件：	输入：
角色管理员登录成功	手机号为 12 位
执行步骤：	预期结果：
单击“保存”按钮	提示“手机号输入有误，请重新输入。”
	实际结果：

用例编号：QXGL-ST-008-089	
功能点：	
用例描述：手机号不以 1 开头	
前置条件：	输入：
角色管理员登录成功	手机号不以 1 开头
执行步骤：	预期结果：
单击“保存”按钮	提示“手机号输入有误，请重新输入。”
	实际结果：

用例编号：QXGL-ST-008-090	
功能点：修改用户	
用例描述：手机号中含汉字	
前置条件：	输入：
角色管理员登录成功	手机号含汉字
执行步骤：	预期结果：
单击“保存”按钮	提示“手机号输入有误，请重新输入。”
	实际结果：

用例编号：QXGL-ST-008-091	
功能点：修改用户	
用例描述：手机号中含字母	
前置条件：	输入：
角色管理员登录成功	手机号含字母
执行步骤：	预期结果：
单击“保存”按钮	提示“手机号输入有误，请重新输入。”
	实际结果：

<table>
<tr><td colspan="2">用例编号：QXGL-ST-008-092</td></tr>
<tr><td colspan="2">功能点：修改用户</td></tr>
<tr><td colspan="2">用例描述：手机号中含特殊字符</td></tr>
<tr><td>前置条件：</td><td>输入：</td></tr>
<tr><td>角色管理员登录成功</td><td>手机号含特殊字符</td></tr>
<tr><td>执行步骤：</td><td>预期结果：</td></tr>
<tr><td rowspan="3">单击“保存”按钮</td><td>提示“手机号输入有误，请重新输入。”</td></tr>
<tr><td>实际结果：</td></tr>
<tr><td></td></tr>
</table>

<table>
<tr><td colspan="2">用例编号：QXGL-ST-008-093</td></tr>
<tr><td colspan="2">功能点：修改用户</td></tr>
<tr><td colspan="2">用例描述：手机号中含符号</td></tr>
<tr><td>前置条件：</td><td>输入：</td></tr>
<tr><td>角色管理员登录成功</td><td>手机号含符号</td></tr>
<tr><td>执行步骤：</td><td>预期结果：</td></tr>
<tr><td rowspan="3">单击“保存”按钮</td><td>提示“手机号输入有误，请重新输入。”</td></tr>
<tr><td>实际结果：</td></tr>
<tr><td></td></tr>
</table>

<table>
<tr><td colspan="2">用例编号：QXGL-ST-008-094</td></tr>
<tr><td colspan="2">功能点：修改用户</td></tr>
<tr><td colspan="2">用例描述：角色</td></tr>
<tr><td>前置条件：</td><td>输入：</td></tr>
<tr><td>角色管理员登录成功</td><td>无</td></tr>
<tr><td>执行步骤：</td><td>预期结果：</td></tr>
<tr><td rowspan="3">单击角色下拉框</td><td>可选择所有已创建的角色</td></tr>
<tr><td>实际结果：</td></tr>
<tr><td></td></tr>
</table>

<table>
<tr><td colspan="2">用例编号：QXGL-ST-008-095</td></tr>
<tr><td colspan="2">功能点：修改用户</td></tr>
<tr><td colspan="2">用例描述：状态选择正常</td></tr>
<tr><td>前置条件：</td><td>输入：</td></tr>
<tr><td>角色管理员登录成功</td><td>状态选择正常</td></tr>
<tr><td>执行步骤：</td><td>预期结果：</td></tr>
<tr><td rowspan="3">单击“保存”按钮</td><td>保存当前修改内容，关闭当前窗口，回到列表页，在列表页修改一条记录</td></tr>
<tr><td>实际结果：</td></tr>
<tr><td></td></tr>
</table>

用例编号：QXGL-ST-008-096	
功能点：修改用户	
用例描述：状态选择禁用	
前置条件：	输入：
角色管理员登录成功	状态选择禁用
执行步骤：	预期结果：
单击“保存”按钮	保存当前修改内容，关闭当前窗口，回到列表页，在列表页修改一条记录
	实际结果：

用例编号：QXGL-ST-008-097	
功能点：修改用户	
用例描述：备注输入 499 个字	
前置条件：	输入：
角色管理员登录成功	备注输入 499 个字
执行步骤：	预期结果：
单击“保存”按钮	提示“备注输入有误，请重新输入。”
	实际结果：

用例编号：QXGL-ST-008-098	
功能点：修改用户	
用例描述：备注输入 500 个字	
前置条件：	输入：
角色管理员登录成功	备注输入 500 个字
执行步骤：	预期结果：
单击“保存”按钮	保存当前修改内容，关闭当前窗口，回到列表页，在列表页修改一条记录
	实际结果：

用例编号：QXGL-ST-008-099	
功能点：修改用户	
用例描述：备注输入 501 个字	
前置条件：	输入：
角色管理员登录成功	备注输入 501 个字
执行步骤：	预期结果：
单击“保存”按钮	提示“备注输入有误，请重新输入。”
	实际结果：

<table>
<tr><td colspan="2">用例编号：QXGL-ST-008-100</td></tr>
<tr><td colspan="2">功能点：修改用户</td></tr>
<tr><td colspan="2">用例描述：取消修改</td></tr>
<tr><td>前置条件：</td><td>输入：</td></tr>
<tr><td>角色管理员登录成功</td><td>无</td></tr>
<tr><td>执行步骤：</td><td>预期结果：</td></tr>
<tr><td rowspan="3">单击“取消”按钮</td><td>不保存当前修改内容，关闭当前窗口，回到列表页</td></tr>
<tr><td>实际结果：</td></tr>
<tr><td></td></tr>
</table>

<table>
<tr><td colspan="2">用例编号：QXGL-ST-008-101</td></tr>
<tr><td colspan="2">功能点：修改用户</td></tr>
<tr><td colspan="2">用例描述：关闭修改</td></tr>
<tr><td>前置条件：</td><td>输入：</td></tr>
<tr><td>角色管理员登录成功</td><td>无</td></tr>
<tr><td>执行步骤：</td><td>预期结果：</td></tr>
<tr><td rowspan="3">单击右上角×图标</td><td>不保存当前修改内容，关闭当前窗口，回到列表页</td></tr>
<tr><td>实际结果：</td></tr>
<tr><td></td></tr>
</table>

<table>
<tr><td colspan="2">用例编号：QXGL-ST-008-102</td></tr>
<tr><td colspan="2">功能点：删除用户</td></tr>
<tr><td colspan="2">用例描述：删除弹框显示</td></tr>
<tr><td>前置条件：</td><td>输入：</td></tr>
<tr><td>角色管理员登录成功</td><td>无</td></tr>
<tr><td>执行步骤：</td><td>预期结果：</td></tr>
<tr><td rowspan="3">单击任意用户后的“删除”按钮</td><td>提示“注意：您确定要删除吗？该操作将无法恢复”，单击“确定”按钮、“取消”按钮</td></tr>
<tr><td>实际结果：</td></tr>
<tr><td></td></tr>
</table>

<table>
<tr><td colspan="2">用例编号：QXGL-ST-008-103</td></tr>
<tr><td colspan="2">功能点：删除用户</td></tr>
<tr><td colspan="2">用例描述：确定删除验证</td></tr>
<tr><td>前置条件：</td><td>输入：</td></tr>
<tr><td>角色管理员登录成功</td><td>无</td></tr>
<tr><td>执行步骤：</td><td>预期结果：</td></tr>
<tr><td rowspan="3">单击任意用户后的“删除”按钮</td><td>1. 删除成功
2. 回到列表页，列表页无该条记录</td></tr>
<tr><td>实际结果：</td></tr>
<tr><td></td></tr>
</table>

用例编号：QXGL-ST-008-104	
功能点：删除用户	
用例描述：取消删除	
前置条件：	输入：
角色管理员登录成功	无
执行步骤：	预期结果：
单击“取消”按钮	不执行删除操作，回到列表页，列表页该条记录存在
	实际结果：

用例编号：QXGL-ST-008-105	
功能点：删除用户	
用例描述：取消删除	
前置条件：	输入：
角色管理员登录成功	无
执行步骤：	预期结果：
单击右上角×图标	不执行删除操作，回到列表页，列表页该条记录存在
	实际结果：

用例编号：QXGL-ST-008-106	
功能点：删除用户	
用例描述：删除弹框显示	
前置条件：	输入：
角色管理员登录成功	无
执行步骤：	预期结果：
勾选要删除的目录或参数后单击“删除”按钮	提示“注：您确定要删除吗？该操作将无法恢复”， 单击“确定”按钮、“取消”按钮
	实际结果：

用例编号：QXGL-ST-008-107	
功能点：删除用户	
用例描述：确定删除验证	
前置条件：	输入：
角色管理员登录成功	无
执行步骤：	预期结果：
勾选要删除的目录或参数后单击“删除”按钮	1. 删除成功 2. 回到列表页，列表页无该条记录
	实际结果：

用例编号：QXGL-ST-008-108	
功能点：刷新用户	
用例描述：单击“刷新”按钮	
前置条件：	输入：
角色管理员登录成功	无
执行步骤：	预期结果：
单击“刷新”按钮	刷新用户列表，显示所有用户管理
	实际结果：

用例编号：QXGL-ST-008-109	
功能点：查询用户	
用例描述：查询输入框中默认显示正确性验证	
前置条件：	输入：
角色管理员登录成功	无
执行步骤：	预期结果：
无	显示“请输入查询关键字”
	实际结果：

用例编号：QXGL-ST-008-110	
功能点：查询用户	
用例描述：查询输入框输入完整用户名	
前置条件：	输入：
角色管理员登录成功	查询输入框输入完整用户名
执行步骤：	预期结果：
单击“查询”按钮	系统显示符合条件的用户信息，查询后保留查询条件
	实际结果：

用例编号：QXGL-ST-008-111	
功能点：查询用户	
用例描述：模糊查询，部分用户名	
前置条件：	输入：
角色管理员登录成功	模糊查询，部分用户名
执行步骤：	预期结果：
单击“查询”按钮	系统显示符合条件的用户信息，查询后保留查询条件
	实际结果：

<table>
<tr><td colspan="2">用例编号：QXGL-ST-008-112</td></tr>
<tr><td colspan="2">功能点：分页</td></tr>
<tr><td colspan="2">用例描述：选择每页显示 10 条记录</td></tr>
<tr><td>前置条件：</td><td>输入：</td></tr>
<tr><td>列表中有记录，大于 10 条</td><td>无</td></tr>
<tr><td>执行步骤：</td><td>预期结果：</td></tr>
<tr><td rowspan="3">每页显示记录下拉框中选择 10 条</td><td>每页显示 10 条记录</td></tr>
<tr><td>实际结果：</td></tr>
<tr><td></td></tr>
</table>

<table>
<tr><td colspan="2">用例编号：QXGL-ST-008-113</td></tr>
<tr><td colspan="2">功能点：分页</td></tr>
<tr><td colspan="2">用例描述：总条数统计显示</td></tr>
<tr><td>前置条件：</td><td>输入：</td></tr>
<tr><td>列表中有记录，大于 10 条</td><td>无</td></tr>
<tr><td>执行步骤：</td><td>预期结果：</td></tr>
<tr><td rowspan="3">无</td><td>显示第 1 条到第 N 条记录，总共 N 条数据，N 为总条数</td></tr>
<tr><td>实际结果：</td></tr>
<tr><td></td></tr>
</table>

<table>
<tr><td colspan="2">用例编号：QXGL-ST-008-114</td></tr>
<tr><td colspan="2">功能点：分页</td></tr>
<tr><td colspan="2">用例描述：分页操作显示</td></tr>
<tr><td>前置条件：</td><td>输入：</td></tr>
<tr><td>列表中有记录，大于 10 条</td><td>无</td></tr>
<tr><td>执行步骤：</td><td>预期结果：</td></tr>
<tr><td rowspan="3">无</td><td>“上一页”按钮、页码、“下一页”按钮；页码显示 7 页页码数字，当前页码选中状态</td></tr>
<tr><td>实际结果：</td></tr>
<tr><td></td></tr>
</table>

<table>
<tr><td colspan="2">用例编号：QXGL-ST-008-115</td></tr>
<tr><td colspan="2">功能点：分页</td></tr>
<tr><td colspan="2">用例描述：选择每页显示 10 条记录</td></tr>
<tr><td>前置条件：</td><td>输入：</td></tr>
<tr><td>列表中有记录，小于 10 条</td><td>无</td></tr>
<tr><td>执行步骤：</td><td>预期结果：</td></tr>
<tr><td rowspan="3">无</td><td>分页功能正常</td></tr>
<tr><td>实际结果：</td></tr>
<tr><td></td></tr>
</table>

用例编号：QXGL-ST-008-116	
功能点：分页	
用例描述：总条数统计显示	
前置条件：	输入：
列表中有记录，小于 10 条	无
执行步骤：	预期结果：
无	显示第 1 条到第 N 条记录，总共 N 条数据，N 为总条数
	实际结果：

用例编号：QXGL-ST-008-117	
功能点：分页	
用例描述：分页操作显示	
前置条件：	输入：
列表中有记录，小于 10 条	无
执行步骤：	预期结果：
无	“上一页”按钮、页码、“下一页”按钮；页码显示 1 页页码数字，当前页码为选中状态
	实际结果：

用例编号：QXGL-ST-008-118	
功能点：分页	
用例描述：当前页为第一页	
前置条件：	输入：
列表中有记录，大于 10 条	无
执行步骤：	预期结果：
单击“第一页”按钮	“上一页”按钮不可单击
	实际结果：

用例编号：QXGL-ST-008-119	
功能点：分页	
用例描述：当前页为最后一页	
前置条件：	输入：
列表中有记录，大于 10 条	无
执行步骤：	预期结果：
单击“最后一页”按钮	“下一页”按钮不可单击
	实际结果：

<table>
<tr><td colspan="2">用例编号：QXGL-ST-008-120</td></tr>
<tr><td colspan="2">功能点：分页</td></tr>
<tr><td colspan="2">用例描述：当前页不是第一页</td></tr>
<tr><td>前置条件：</td><td>输入：</td></tr>
<tr><td>列表中有记录，大于 10 条</td><td>无</td></tr>
<tr><td>执行步骤：</td><td>预期结果：</td></tr>
<tr><td rowspan="3">单击“上一页”按钮</td><td>跳转到当前页面前一页</td></tr>
<tr><td>实际结果：</td></tr>
<tr><td></td></tr>
</table>

<table>
<tr><td colspan="2">用例编号：QXGL-ST-008-121</td></tr>
<tr><td colspan="2">功能点：分页</td></tr>
<tr><td colspan="2">用例描述：当前页不是最后一页</td></tr>
<tr><td>前置条件：</td><td>输入：</td></tr>
<tr><td>列表中有记录，大于 10 条</td><td>无</td></tr>
<tr><td>执行步骤：</td><td>预期结果：</td></tr>
<tr><td rowspan="3">单击“上一页”按钮</td><td>跳转到当前页面前一页</td></tr>
<tr><td>实际结果：</td></tr>
<tr><td></td></tr>
</table>

<table>
<tr><td colspan="2">用例编号：QXGL-ST-008-122</td></tr>
<tr><td colspan="2">功能点：分页</td></tr>
<tr><td colspan="2">用例描述：当前页不是第一页</td></tr>
<tr><td>前置条件：</td><td>输入：</td></tr>
<tr><td>列表中有记录，大于 10 条</td><td>无</td></tr>
<tr><td>执行步骤：</td><td>预期结果：</td></tr>
<tr><td rowspan="3">单击“下一页”按钮</td><td>跳转到当前页面下一页</td></tr>
<tr><td>实际结果：</td></tr>
<tr><td></td></tr>
</table>

<table>
<tr><td colspan="2">用例编号：QXGL-ST-008-123</td></tr>
<tr><td colspan="2">功能点：分页</td></tr>
<tr><td colspan="2">用例描述：当前页不是最后一页</td></tr>
<tr><td>前置条件：</td><td>输入：</td></tr>
<tr><td>列表中有记录，大于 10 条</td><td>无</td></tr>
<tr><td>执行步骤：</td><td>预期结果：</td></tr>
<tr><td rowspan="3">单击“下一页”按钮</td><td>跳转到当前页面下一页</td></tr>
<tr><td>实际结果：</td></tr>
<tr><td></td></tr>
</table>

用例编号：QXGL-ST-008-124	
功能点：分页	
用例描述：当前页为第一页	
前置条件：	输入：
列表中有记录，大于 10 条	无
执行步骤：	预期结果：
输入要跳转的页数	直接跳转到该页
	实际结果：

用例编号：QXGL-ST-008-125	
功能点：分页	
用例描述：当前页为最后一页	
前置条件：	输入：
列表中有记录，大于 10 条	无
执行步骤：	预期结果：
输入要跳转的页数	直接跳转到该页
	实际结果：

用例编号：QXGL-ST-008-126	
功能点：分页	
用例描述：当前页不是第一页	
前置条件：	输入：
列表中有记录，大于 10 条	无
执行步骤：	预期结果：
输入要跳转的页数	直接跳转到该页
	实际结果：

用例编号：QXGL-ST-008-127	
功能点：分页	
用例描述：当前页不是最后一页	
前置条件：	输入：
列表中有记录，大于 10 条	无
执行步骤：	预期结果：
输入要跳转的页数	直接跳转到该页
	实际结果：

用例编号：QXGL-ST-008-128	
功能点：分页	
用例描述：当前页不是第一页	
前置条件：	输入：
列表中有记录，大于 10 条	无
执行步骤：	预期结果：
输入要跳转的页数	直接跳转到该页
	实际结果：

用例编号：QXGL-ST-008-129	
功能点：分页	
用例描述：当前页不是最后一页	
前置条件：	输入：
列表中有记录，大于 10 条	无
执行步骤：	预期结果：
输入要跳转的页数	直接跳转到该页
	实际结果：

用例编号：QXGL-ST-008-130	
功能点：重置密码	
用例描述：单击“重置密码”按钮	
前置条件：	输入：
角色管理员登录成功	无
执行步骤：	预期结果：
单击“重置密码”按钮	弹出“重置密码”框。新密码为必填项，由红色*标注。显示“确定”“取消”按钮及右上角有一个×图标
	实际结果：

用例编号：QXGL-ST-008-131	
功能点：重置密码	
用例描述：新密码未填写	
前置条件：	输入：
角色管理员登录成功	新密码未填写
执行步骤：	预期结果：
单击“确定”按钮	提示“新密码不能为空！”
	实际结果：

用例编号：QXGL-ST-008-132	
功能点：重置密码	
用例描述：新密码为7位	
前置条件：	输入：
角色管理员登录成功	新密码为7位
执行步骤：	预期结果：
单击“确定”按钮	提示“新密码输入有误，请重新输入。”
	实际结果：

用例编号：QXGL-ST-008-133	
功能点：重置密码	
用例描述：新密码为8位	
前置条件：	输入：
角色管理员登录成功	新密码为8位
执行步骤：	预期结果：
单击“确定”按钮	保存当前修改内容，关闭当前窗口，回到列表页，在列表页修改一条记录
	实际结果：

用例编号：QXGL-ST-008-134	
功能点：重置密码	
用例描述：新密码为9位	
前置条件：	输入：
角色管理员登录成功	新密码为9位
执行步骤：	预期结果：
单击“确定”按钮	提示“新密码输入有误，请重新输入。”
	实际结果：

用例编号：QXGL-ST-008-135	
功能点：重置密码	
用例描述：新密码含汉字	
前置条件：	输入：
角色管理员登录成功	新密码含汉字
执行步骤：	预期结果：
单击“确定”按钮	提示“新密码输入有误，请重新输入。”
	实际结果：

<table>
<tr><td colspan="2">用例编号：QXGL-ST-008-136</td></tr>
<tr><td colspan="2">功能点：重置密码</td></tr>
<tr><td colspan="2">用例描述：取消重置密码</td></tr>
<tr><td>前置条件：</td><td>输入：</td></tr>
<tr><td>角色管理员登录成功</td><td>无</td></tr>
<tr><td>执行步骤：</td><td>预期结果：</td></tr>
<tr><td rowspan="3">单击“取消”按钮</td><td>关闭当前窗口，回到用户管理列表页</td></tr>
<tr><td>实际结果：</td></tr>
<tr><td></td></tr>
</table>

<table>
<tr><td colspan="2">用例编号：QXGL-ST-008-137</td></tr>
<tr><td colspan="2">功能点：重置密码</td></tr>
<tr><td colspan="2">用例描述：取消重置密码</td></tr>
<tr><td>前置条件：</td><td>输入：</td></tr>
<tr><td>角色管理员登录成功</td><td>无</td></tr>
<tr><td>执行步骤：</td><td>预期结果：</td></tr>
<tr><td rowspan="3">单击右上角×图标</td><td>关闭当前窗口，回到用户管理列表页</td></tr>
<tr><td>实际结果：</td></tr>
<tr><td></td></tr>
</table>

第 3 章　缺陷管理项目实训

软件缺陷（Defect），常常又被叫作 Bug。所谓软件缺陷，即为计算机软件或程序中存在的某种破坏正常运行能力的问题、错误，或者隐藏的功能缺陷。缺陷的存在会导致软件产品在某种程度上不能满足用户的需要。IEEE729—1983 对缺陷有一个标准的定义：从产品内部看，缺陷是软件产品开发或维护过程中存在的错误、毛病等各种问题；从产品外部看，缺陷是系统所需要实现的某种功能的失效或违背。

实训 1：权限管理系统——系统管理员用户缺陷集

Web 端分为系统管理员、权限管理员两个角色；系统管理员主要维护一些通用的字典，包括登录、首页、行政区域、通用字典、系统日志 5 个模块，通过本次缺陷查找，系统管理员用户共找到 86 个 Bug。

缺陷编号：QXGL-001	角色：系统管理员
模块名称：顶部菜单-修改密码	抓图说明：
摘要描述： 单击顶部菜单中的“修改密码”按钮，弹出“修改密码”弹窗，原密码为必填项，未用红色*号标注，新密码为必填项，由红色*标注	修改密码 账号 sysadmin 原密码 原密码 新密码 * 新密码 确定 取消
操作步骤： 1. 系统管理员登录，进入首页 2. 单击顶部菜单中的“修改密码”按钮	
预期结果： 新密码和原密码均是必填项，由红色*号标注	
实际结果： 原密码为必填项，未用红色*号标注	
缺陷严重程度： 高	

缺陷编号：QXGL-002	角色：系统管理员
模块名称：顶部菜单-修改密码	抓图说明：

续表

<table>
<tr><td>摘要描述：
单击顶部菜单中的“修改密码”，弹出“修改密码”窗口，原密码输入正确，新密码输入超过 8 位仍能修改成功</td><td>修改密码 ×
账号 sysadmin
原密码 ••••••••
新密码 * 123456789
确定 取消</td></tr>
<tr><td>操作步骤：
1. 系统管理员登录，进入首页
2. 单击顶部菜单中的“修改密码”按钮
3. 输入原密码：sysadmin
4. 输入新密码：123456789
5. 单击“确定”按钮</td><td rowspan="4"></td></tr>
<tr><td>预期结果：
系统提示“长度和格式不符合规则，请重新输入”</td></tr>
<tr><td>实际结果：
新密码长度和格式不符合规则，回到系统首页，仍能修改成功</td></tr>
<tr><td>缺陷严重程度：
高</td></tr>
</table>

<table>
<tr><td>缺陷编号：QXGL-003</td><td>角色：系统管理员</td></tr>
<tr><td>模块名称：顶部菜单-修改密码</td><td>抓图说明：</td></tr>
<tr><td>摘要描述：
单击顶部菜单中的“修改密码”，弹出“修改密码”弹窗，原密码和新密码输入正确，单击“确定”按钮，回到系统首页</td><td>修改密码 ×
账号 sysadmin
原密码 ••••••••
新密码 * 12345678
确定 取消</td></tr>
<tr><td>操作步骤：
1. 系统管理员登录，进入首页
2. 单击顶部菜单中的“修改密码”按钮
3. 输入原密码：sysadmin
4. 输入新密码：12345678
5. 单击“确定”按钮</td><td rowspan="4"></td></tr>
<tr><td>预期结果：
回到登录页面</td></tr>
<tr><td>实际结果：
回到系统首页</td></tr>
<tr><td>缺陷严重程度：
高</td></tr>
</table>

缺陷编号：QXGL-004	角色：系统管理员
模块名称：行政区域	抓图说明：

续表

摘要描述： 行政区域页面 title 显示“权限管理系统”	 权限管理系统
浏览器版本：93.0.4577.82 操作步骤： 1. 系统管理员登录，进入首页 2. 单击左侧导航栏中的“行政区域”模块菜单，进入行政区域页面	
预期结果： 页面 title 显示“行政区域”	
实际结果： 页面 title 显示“权限管理系统”	
缺陷严重程度： 中	

缺陷编号：QXGL-005	角色：系统管理员
模块名称：行政区域	抓图说明：
摘要描述： 新增区域，页面 title 显示“权限管理系统”	 权限管理系统
浏览器版本：93.0.4577.82 操作步骤： 1. 系统管理员登录，进入首页 2. 单击左侧导航栏中的“行政区域”模块菜单，进入行政区域页面 3. 在区域列表页，勾选要新增区域的区域名称，单击“新增”按钮，弹出“新增区域”窗口	
预期结果： 页面 title 显示“新增区域”	
实际结果： 页面 title 显示“权限管理系统”	
缺陷严重程度： 中	

缺陷编号：QXGL-006	角色：系统管理员
模块名称：行政区域	抓图说明：
摘要描述： 新增区域，区域代码重复，仍能新增成功	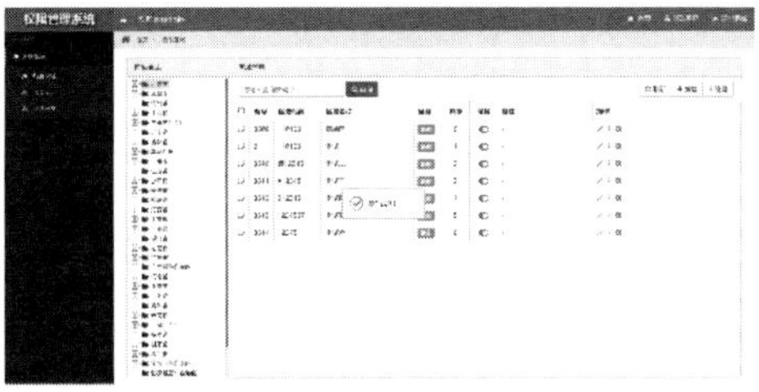 权限管理系统

续表

操作步骤： 1. 系统管理员登录，进入首页 2. 单击左侧导航栏中的“行政区域”模块菜单，进入行政区域页面 3. 在区域列表页，勾选要新增区域的区域名称，单击“新增”按钮，弹出“新增区域”窗口 4. 区域代码输入：110100 5. 区域名称输入：测试一 6. 排序输入：1 7. 层级选择：地级 8. 可用选择：正常 9. 单击“确定”按钮	
预期结果： 提示“区域代码输入有误，请重新输入。”	
实际结果： 提示“操作成功！”，列表中出现新增区域	
缺陷严重程度： 高	

缺陷编号：QXGL-007	角色：系统管理员
模块名称：行政区域	抓图说明：
摘要描述： 新增区域，区域代码包含汉字，仍能新增成功	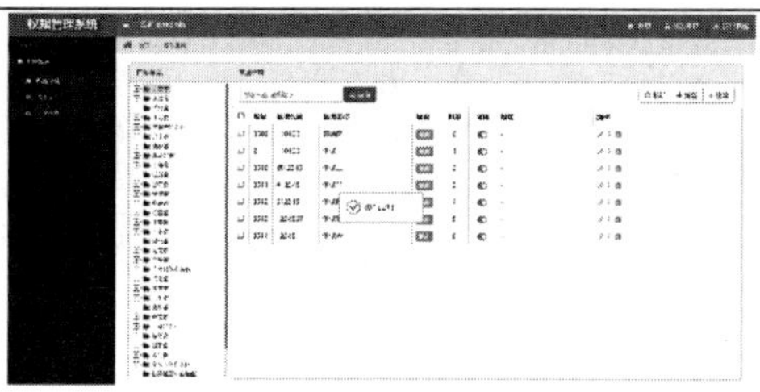
操作步骤： 1. 系统管理员登录，进入首页 2. 单击左侧导航栏中的“行政区域”模块菜单，进入行政区域页面 3. 在区域列表页，勾选要新增区域的区域名称，单击“新增”按钮，弹出“新增区域”窗口 4. 区域代码输入：啊 12345 5. 区域名称输入：测试二 6. 排序输入：2 7. 层级选择：地级 8. 可用选择：正常 9. 单击“确定”按钮	
预期结果： 提示“区域代码输入有误，请重新输入。”	
实际结果： 提示“操作成功！”，列表中出现新增区域	
缺陷严重程度： 高	

<table>
<tr><td>缺陷编号：QXGL-008</td><td>角色：系统管理员</td></tr>
<tr><td>模块名称：行政区域</td><td>抓图说明：</td></tr>
<tr><td>摘要描述：
新增区域，区域代码包含特殊字符，仍能新增成功</td><td rowspan="5"> 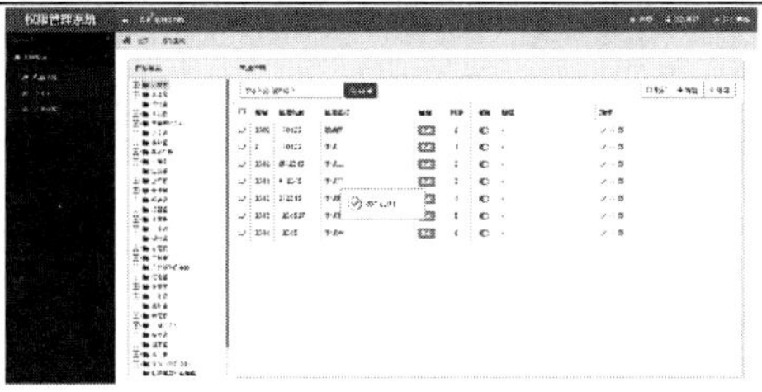</td></tr>
<tr><td>操作步骤：
1. 系统管理员登录，进入首页
2. 单击左侧导航栏中的“行政区域”模块菜单，进入行政区域页面
3. 在区域列表页，勾选要新增区域的区域名称，单击“新增”按钮，弹出“新增区域”窗口
4. 区域代码输入：#12345
5. 区域名称输入：测试三
6. 排序输入：3
7. 层级选择：地级
8. 可用选择：正常
9. 单击“确定”按钮</td></tr>
<tr><td>预期结果：
提示“区域代码输入有误，请重新输入。”</td></tr>
<tr><td>实际结果：
提示“操作成功！”，列表中出现新增区域</td></tr>
<tr><td>缺陷严重程度：
高</td></tr>
</table>

<table>
<tr><td>缺陷编号：QXGL-009</td><td>角色：系统管理员</td></tr>
<tr><td>模块名称：行政区域</td><td>抓图说明：</td></tr>
<tr><td>摘要描述：
新增区域，区域代码以 0 开头，仍能新增成功</td><td rowspan="2"> 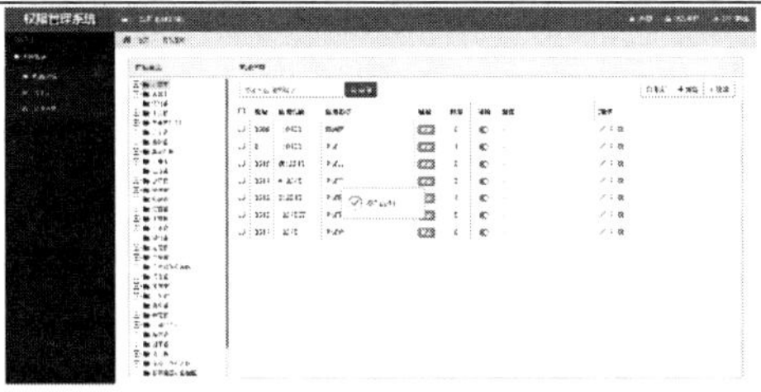</td></tr>
<tr><td>操作步骤：
1. 系统管理员登录，进入首页
2. 单击左侧导航栏中的“行政区域”模块菜单，进入行政区域页面
3. 在区域列表页，勾选要新增区域的区域名称，单击“新增”按钮，弹出“新增区域”窗口
4. 区域代码输入：012345
5. 区域名称输入：测试四
6. 排序输入：4
7. 层级选择：地级
8. 可用选择：正常
9. 单击“确定”按钮</td></tr>
</table>

续表

预期结果： 提示“区域代码输入有误，请重新输入。”	
实际结果： 提示“操作成功！”，列表中出现新增区域	
缺陷严重程度： 高	

缺陷编号：QXGL-010	角色：系统管理员
模块名称：行政区域	抓图说明：
摘要描述： 新增区域，区域代码长度大于 6 个字，仍能新增成功	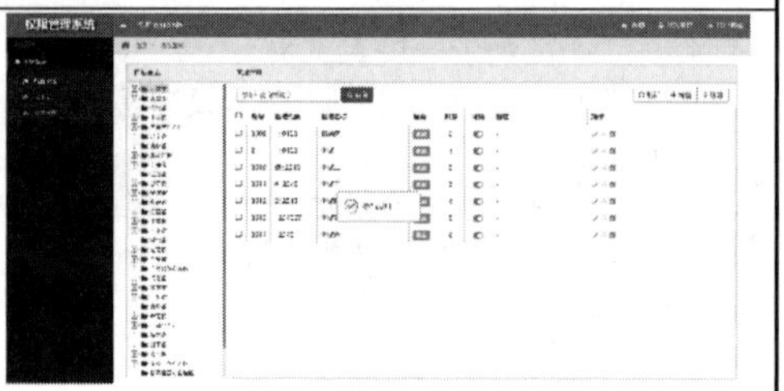
操作步骤： 1. 系统管理员登录，进入首页 2. 单击左侧导航栏中的“行政区域”模块菜单，进入行政区域页面 3. 在区域列表页，勾选要新增区域的区域名称，单击“新增”按钮，弹出“新增区域”窗口 4. 区域代码输入：1234567 5. 区域名称输入：测试五 6. 排序输入：5 7. 层级选择：地级 8. 可用选择：正常 9. 单击“确定”按钮	
预期结果： 提示“区域代码输入有误，请重新输入。”	
实际结果： 提示“操作成功！”，列表中出现新增区域	
缺陷严重程度： 高	

缺陷编号：QXGL-011	角色：系统管理员
模块名称：行政区域	抓图说明：
摘要描述： 新增区域，区域代码长度小于 6 个字，仍能新增成功	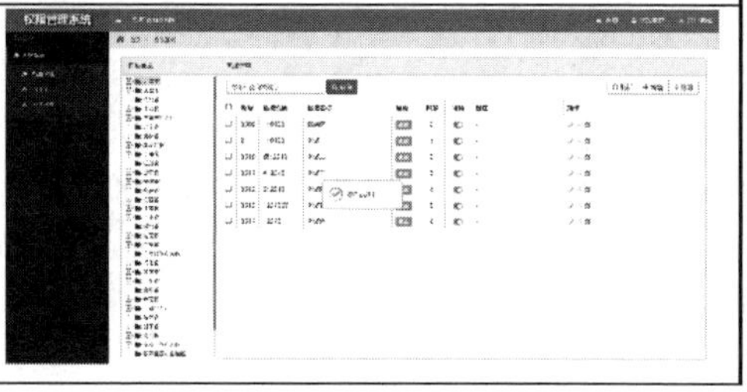

续表

操作步骤： 1. 系统管理员登录，进入首页 2. 单击左侧导航栏中的“行政区域”模块菜单，进入行政区域页面 3. 在区域列表页，勾选要新增区域的区域名称，单击“新增”按钮，弹出“新增区域”窗口 4. 区域代码输入：12345 5. 区域名称输入：测试六 6. 排序输入：6 7. 层级选择：地级 8. 可用选择：正常 9. 单击“确定”按钮	
预期结果： 提示“区域代码输入有误，请重新输入。”	
实际结果： 提示“操作成功！”，列表中出现新增区域	
缺陷严重程度： 高	

缺陷编号：QXGL-012	角色：系统管理员
模块名称：行政区域	抓图说明：
摘要描述： 新增区域，区域代码包含符号，仍能新增成功	
操作步骤： 1. 系统管理员登录，进入首页 2. 单击左侧导航栏中的“行政区域”模块菜单，进入行政区域页面 3. 在区域列表页，勾选要新增区域的区域名称，单击“新增”按钮，弹出“新增区域”窗口 4. 区域代码输入：.12345 5. 区域名称输入：测试七 6. 排序输入：7 7. 层级选择：地级 8. 可用选择：正常 9. 单击“确定”按钮	
预期结果： 提示“区域代码输入有误，请重新输入。”	
实际结果： 提示“操作成功！”，列表中出现新增区域	
缺陷严重程度： 高	

缺陷编号：QXGL-013	角色：系统管理员
模块名称：行政区域	抓图说明：
摘要描述： 新增区域，区域名称与系统内的区域名称重复，仍能新增成功	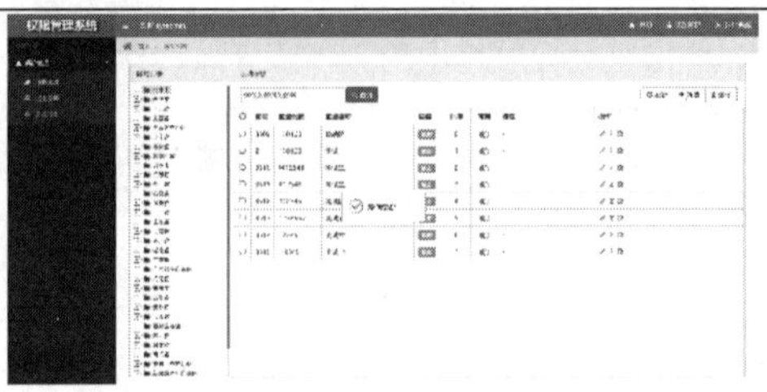
操作步骤： 1. 系统管理员登录，进入首页 2. 单击左侧导航栏中的“行政区域”模块菜单，进入行政区域页面 3. 在区域列表页，勾选要新增区域的区域名称，单击“新增”按钮，弹出“新增区域”窗口 4. 区域代码输入：100000 5. 区域名称输入：直辖区 6. 排序输入：0 7. 层级选择：地级 8. 可用选择：正常 9. 单击“确定”按钮	
预期结果： 提示：“区域名称不唯一，请重新输入。”	
实际结果： 提示“操作成功！”，列表中出现新增区域	
缺陷严重程度： 高	

缺陷编号：QXGL-014	角色：系统管理员
模块名称：行政区域	抓图说明：
摘要描述： 新增区域，区域名称包含符号，仍能新增成功	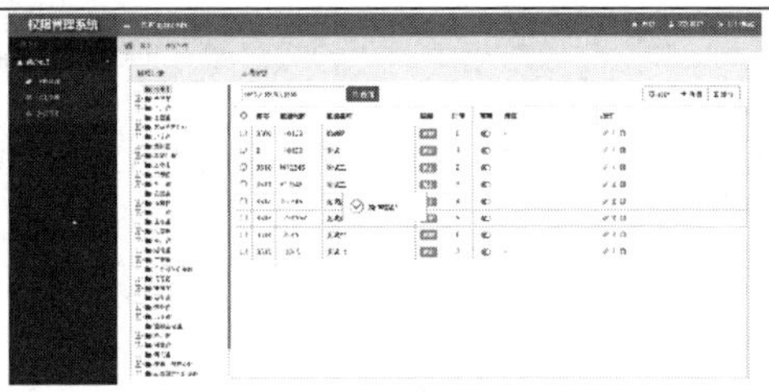
操作步骤： 1. 系统管理员登录，进入首页 2. 单击左侧导航栏中的“行政区域”模块菜单，进入行政区域页面 3. 在区域列表页，勾选要新增区域的区域名称，单击“新增”按钮，弹出“新增区域”窗口 4. 区域代码输入：200000 5. 区域名称输入：直辖区. 6. 排序输入：0 7. 层级选择：地级 8. 可用选择：正常 9. 单击“确定”按钮	

续表

预期结果： 提示“区域名称输入有误，请重新输入。”	
实际结果： 提示“操作成功！”，列表中出现新增区域	
缺陷严重程度： 高	

缺陷编号：QXGL-015	角色：系统管理员
模块名称：行政区域	抓图说明：
摘要描述： 新增区域，区域名称包含特殊字符，仍能新增成功	
操作步骤： 1. 系统管理员登录，进入首页 2. 单击左侧导航栏中的“行政区域”模块菜单，进入行政区域页面 3. 在区域列表页，勾选要新增区域的区域名称，单击“新增”按钮，弹出“新增区域”窗口 4. 区域代码输入：300000 5. 区域名称输入：直辖区# 6. 排序输入：0 7. 层级选择：地级 8. 可用选择：正常 9. 单击“确定”按钮	
预期结果： 提示“区域名称输入有误，请重新输入。”	
实际结果： 提示“操作成功！”，列表中出现新增区域	
缺陷严重程度： 高	

缺陷编号：QXGL-016	角色：系统管理员
模块名称：行政区域	抓图说明：
摘要描述： 新增区域，区域名称小于 3 个字，仍能新增成功	
操作步骤： 1. 系统管理员登录，进入首页 2. 单击左侧导航栏中的“行政区域”模块菜单，进入行政区域页面	

续表

3. 在区域列表页，勾选要新增区域的区域名称，单击“新增”按钮，弹出“新增区域”窗口 4. 区域代码输入：400000 5. 区域名称输入：直辖 6. 排序输入：0 7. 层级选择：地级 8. 可用选择：正常 9. 单击“确定”按钮	
预期结果： 提示“区域名称输入有误，请重新输入。”	
实际结果： 提示“操作成功！”，列表中出现新增区域	
缺陷严重程度： 高	

缺陷编号：QXGL-017	角色：系统管理员
模块名称：行政区域	抓图说明：
摘要描述： 新增区域，区域名称为22个字，出现未知异常	
操作步骤： 1. 系统管理员登录，进入首页 2. 单击左侧导航栏中的“行政区域”模块菜单，进入行政区域页面 3. 在区域列表页，勾选要新增区域的区域名称，单击“新增”按钮，弹出“新增区域”窗口 4. 区域代码输入：500000 5. 区域名称输入：直辖区直辖区直辖区直辖区直辖区直辖区直辖区 6. 排序输入：0 7. 层级选择：地级 8. 可用选择：正常 9. 单击“确定”按钮	
预期结果： 提示“区域名称输入有误，请重新输入。”	
实际结果： 弹出弹框显示“未知错误，请联系管理员”， 单击“确定”按钮回到新增区域界面，区域列表未新增区域	
缺陷严重程度： 严重	

缺陷编号：QXGL-018	角色：系统管理员
模块名称：行政区域	抓图说明：

续表

<table>
<tr><td>摘要描述：
新增区域，区域名称为 21 个字，仍能新增区域成功</td><td>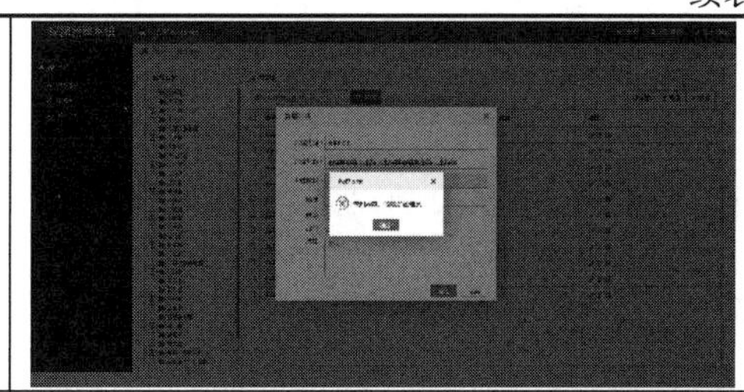</td></tr>
<tr><td>操作步骤：
1. 系统管理员登录，进入首页
2. 单击左侧导航栏中的“行政区域”模块菜单，进入行政区域页面
3. 在区域列表页，勾选要新增区域的区域名称，单击“新增”按钮，弹出“新增区域”窗口
4. 区域代码输入：600000
5. 区域名称输入：直辖区直辖区直辖区直辖区直辖区直辖区直辖
6. 排序输入：0
7. 层级选择：地级
8. 可用选择：正常
9. 单击“确定”按钮</td><td rowspan="4"></td></tr>
<tr><td>预期结果：
提示“区域名称输入有误，请重新输入。”</td></tr>
<tr><td>实际结果：
弹出弹框显示“未知错误，请联系管理员”，单击确认回到新增区域界面，区域列表中没有新增区域</td></tr>
<tr><td>缺陷严重程度：
高</td></tr>
</table>

<table>
<tr><td>缺陷编号：QXGL-019</td><td>角色：系统管理员</td></tr>
<tr><td>模块名称：行政区域</td><td>抓图说明：</td></tr>
<tr><td>摘要描述：
新增区域，排序输入英文字母，仍能新增区域成功</td><td></td></tr>
<tr><td>操作步骤：
1. 系统管理员登录，进入首页
2. 单击左侧导航栏中的“行政区域”模块菜单，进入行政区域页面
3. 在区域列表页，勾选要新增区域的区域名称，单击“新增”按钮，弹出“新增区域”窗口
4. 区域代码输入：700000
5. 区域名称输入：测试八
6. 排序输入：a
7. 层级选择：地级
8. 可用选择：正常
9. 单击“确定”按钮</td><td></td></tr>
</table>

续表

预期结果： 提示“区域名称输入有误，请重新输入。”	
实际结果： 弹出弹框显示“未知错误，请联系管理员”，单击“确定”回到新增区域界面，区域列表中没有新增区域	
缺陷严重程度： 严重	

缺陷编号：QXGL-020	角色：系统管理员
模块名称：行政区域	抓图说明：
摘要描述： 新增区域，排序输入汉字，仍能新增区域成功	
操作步骤： 1. 系统管理员登录，进入首页 2. 单击左侧导航栏中的“行政区域”模块菜单，进入行政区域页面 3. 在区域列表页，勾选要新增区域的区域名称，单击“新增”按钮，弹出“新增区域”窗口 4. 区域代码输入：700000 5. 区域名称输入：测试八 6. 排序输入：啊 7. 层级选择：地级 8. 可用选择：正常 9. 单击“确定”按钮	
预期结果： 提示“序号输入有误，请重新输入。”	
实际结果： 弹出弹框显示“未知错误，请联系管理员”，单击“确定”回到新增区域界面，区域列表中没有新增区域	
缺陷严重程度： 严重	

缺陷编号：QXGL-021	角色：系统管理员
模块名称：行政区域	抓图说明：
摘要描述： 新增区域，排序输入符号，仍能新增区域成功	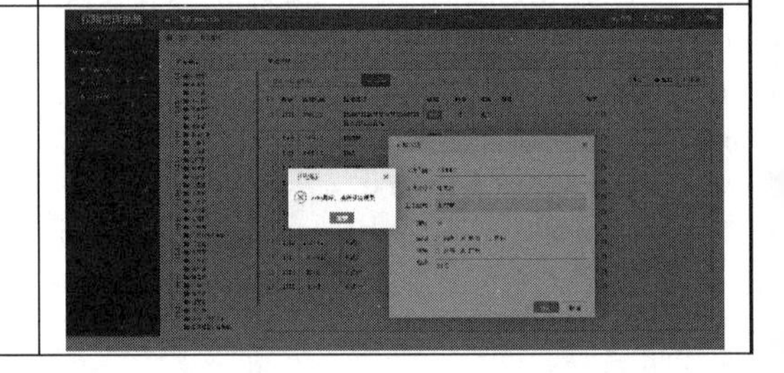

续表

操作步骤： 1. 系统管理员登录，进入首页 2. 单击左侧导航栏中的“行政区域”模块菜单，进入行政区域页面 3. 在区域列表页，勾选要新增区域的区域名称，单击“新增”按钮，弹出“新增区域”窗口 4. 区域代码输入：700000 5. 区域名称输入：测试八 6. 排序输入：. 7. 层级选择：地级 8. 可用选择：正常 9. 单击“确定”按钮	
预期结果： 提示“序号输入有误，请重新输入。”	
实际结果： 弹出弹框显示“未知错误，请联系管理员”， 单击“确定”回到新增区域界面，区域列表中没有新增区域	
缺陷严重程度： 严重	

缺陷编号：QXGL-022	角色：系统管理员
模块名称：行政区域	抓图说明：
摘要描述： 新增区域，排序输入特殊字符，仍能新增区域成功	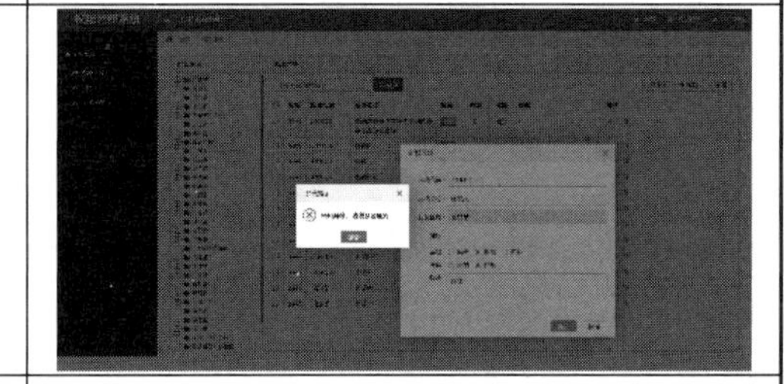
操作步骤： 1. 系统管理员登录，进入首页 2. 单击左侧导航栏中的“行政区域”模块菜单，进入行政区域页面 3. 在区域列表页，勾选要新增区域的区域名称，单击“新增”按钮，弹出“新增区域”窗口 4. 区域代码输入：700000 5. 区域名称输入：测试八 6. 排序输入：# 7. 层级选择：地级 8. 可用选择：正常 9. 单击“确定”按钮	
预期结果： 提示“序号输入有误，请重新输入。”	
实际结果： 弹出弹框显示“未知错误，请联系管理员”， 单击“确定”回到新增区域界面，区域列表中没有新增区域	
缺陷严重程度： 严重	

缺陷编号：QXGL-023	角色：系统管理员
模块名称：行政区域	抓图说明：
摘要描述： 新增区域，排序输入长度大于 10，出现未知错误	
操作步骤： 1. 系统管理员登录，进入首页 2. 单击左侧导航栏中的“行政区域”模块菜单，进入行政区域页面 3. 在区域列表页，勾选要新增区域的区域名称，单击“新增”按钮，弹出“新增区域”窗口 4. 区域代码输入：700000 5. 区域名称输入：测试八 6. 排序输入：12345123451 7. 层级选择：地级 8. 可用选择：正常 9. 单击“确定”按钮	
预期结果： 提示“序号输入有误，请重新输入。”	
实际结果： 弹出弹框显示“未知错误，请联系管理员”，单击“确定”按钮回到新增区域界面，区域列表中没有新增区域	
缺陷严重程度：严重	

缺陷编号：QXGL-024	角色：系统管理员
模块名称：行政区域	抓图说明：
摘要描述： 新增区域，备注输入长度大于 500，出现未知错误	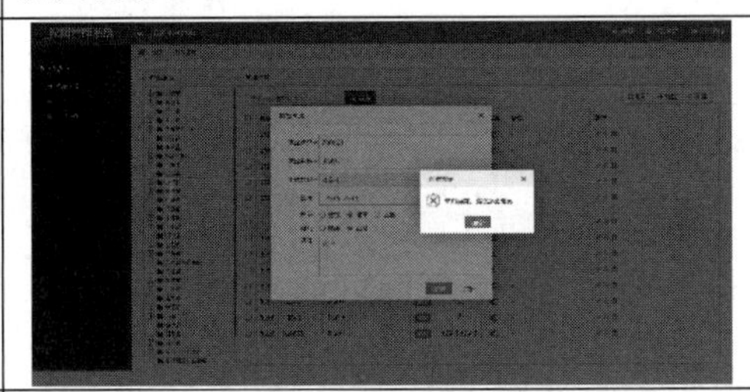
操作步骤： 1. 系统管理员登录，进入首页 2. 单击左侧导航栏中的“行政区域”模块菜单，进入行政区域页面 3. 在区域列表页，勾选要新增区域的区域名称，单击“新增”按钮，弹出“新增区域”窗口 4. 区域代码输入：700000 5. 区域名称输入：测试八 6. 排序输入：8 7. 层级选择：地级 8. 可用选择：正常	

续表

9. 备注：01234567890123456789012345678901234567890 1234567890 10. 单击“确定”按钮	
预期结果： 提示“备注输入有误，请重新输入。”	
实际结果： 弹出弹框显示“未知错误，请联系管理员”，单击“确定”按钮回到新增区域界面，区域列表中没有新增区域	
缺陷严重程度：严重	

缺陷编号：QXGL-025	角色：系统管理员
模块名称：行政区域	抓图说明：
摘要描述： 修改区域，页面 title 显示“权限管理系统”	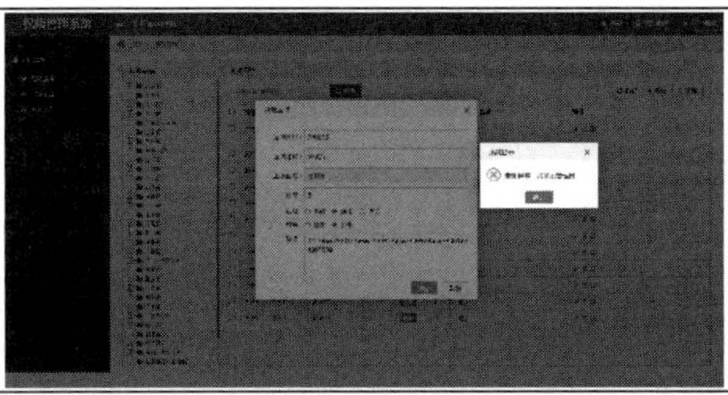
操作步骤： 1. 系统管理员登录，进入首页 2. 单击左侧导航栏中的“行政区域”模块菜单，进入行政区域页面 3. 在区域列表页，勾选要修改区域的区域名称，单击“修改”按钮，弹出“修改区域”窗口	
预期结果： 页面 title 显示“修改区域”	
实际结果： 页面 title 显示“权限管理系统”	
缺陷严重程度： 中	

缺陷编号：QXGL-026	角色：系统管理员
模块名称：行政区域	抓图说明：
摘要描述： 修改区域，区域代码重复，仍能修改成功	
操作步骤： 1. 系统管理员登录，进入首页 2. 单击左侧导航栏中的“行政区域”模块菜单，进入行政区域页面 3. 在区域列表页，勾选要修改区域的区域名称，单击“修改”按钮，弹出“修改区域”窗口 4. 区域代码输入：110100 5. 区域名称输入：测试一 6. 排序输入：1 7. 层级选择：地级 8. 可用选择：正常 9. 单击“确定”按钮	

续表

预期结果： 提示“区域代码输入有误，请重新输入。”	
实际结果： 提示“操作成功！”，列表中出现修改区域	
缺陷严重程度： 高	

缺陷编号：QXGL-027	角色：系统管理员
模块名称：行政区域	抓图说明：
摘要描述： 修改区域，区域代码包含汉字，仍能修改成功	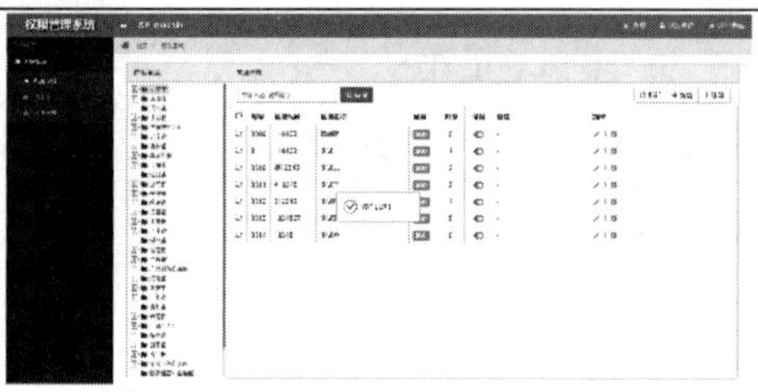
操作步骤： 1. 系统管理员登录，进入首页 2. 单击左侧导航栏中的“行政区域”模块菜单，进入行政区域页面 3. 在区域列表页，勾选要修改区域的区域名称，单击“修改”按钮，弹出“修改区域”窗口 4. 区域代码输入：啊 12345 5. 区域名称输入：测试二 6. 排序输入：2 7. 层级选择：地级 8. 可用选择：正常 9. 单击“确定”按钮	
预期结果： 提示“区域代码输入有误，请重新输入。”	
实际结果： 提示“操作成功！”，列表中出现修改区域	
缺陷严重程度： 高	

缺陷编号：QXGL-028	角色：系统管理员
模块名称：行政区域	抓图说明：
摘要描述： 修改区域，区域代码包含特殊字符，仍能修改成功	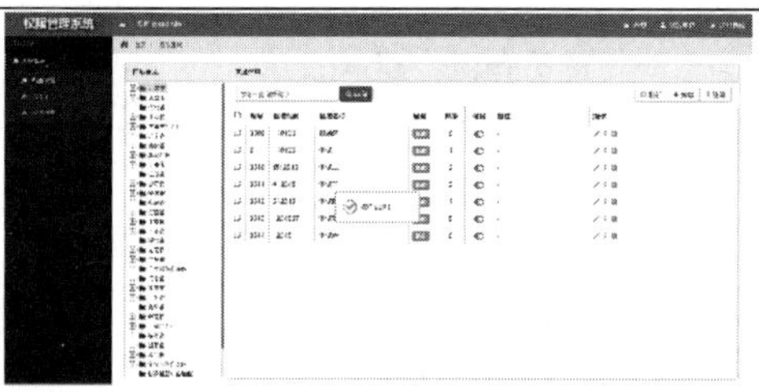

续表

操作步骤： 1. 系统管理员登录，进入首页 2. 单击左侧导航栏中的“行政区域”模块菜单，进入行政区域页面 3. 在区域列表页，勾选要修改区域的区域名称，单击“修改”按钮，弹出“修改区域”窗口 4. 区域代码输入：#12345 5. 区域名称输入：测试三 6. 排序输入：3 7. 层级选择：地级 8. 可用选择：正常 9. 单击“确定”按钮	
预期结果： 提示“区域代码输入有误，请重新输入。”	
实际结果： 提示“操作成功！”，列表中出现修改区域	
缺陷严重程度： 高	

缺陷编号：QXGL-029	角色：系统管理员
模块名称：行政区域	抓图说明：
摘要描述： 修改区域，区域代码以 0 开头，仍能修改成功	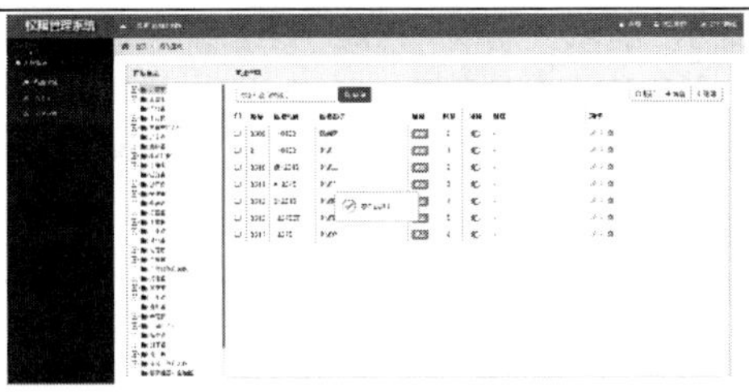
操作步骤： 1. 系统管理员登录，进入首页 2. 单击左侧导航栏中的“行政区域”模块菜单，进入行政区域页面 3. 在区域列表页，勾选要修改区域的区域名称，单击“修改”按钮，弹出“修改区域”窗口 4. 区域代码输入：012345 5. 区域名称输入：测试四 6. 排序输入：4 7. 层级选择：地级 8. 可用选择：正常 9. 单击“确定”按钮	
预期结果： 提示“区域代码输入有误，请重新输入。”	
实际结果： 提示“操作成功！”，列表中出现修改区域	
缺陷严重程度： 高	

缺陷编号：QXGL-030	角色：系统管理员
模块名称：行政区域	抓图说明：
摘要描述： 修改区域，区域代码长度大于 6 个字，仍能修改成功	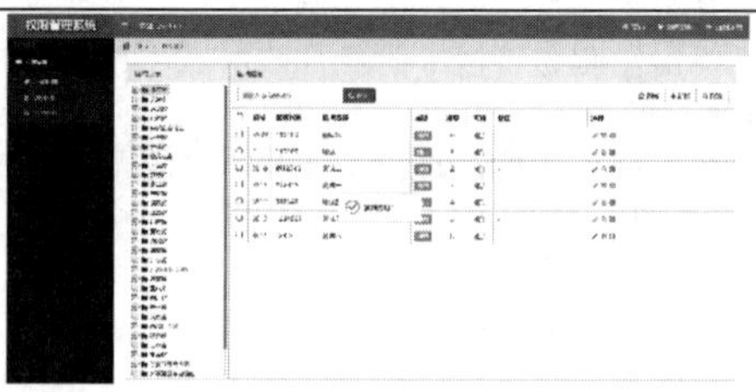
操作步骤： 1. 系统管理员登录，进入首页 2. 单击左侧导航栏中的“行政区域”模块菜单，进入行政区域页面 3. 在区域列表页，勾选要修改区域的区域名称，单击“修改”按钮，弹出“修改区域”窗口 4. 区域代码输入：1234567 5. 区域名称输入：测试五 6. 排序输入：5 7. 层级选择：地级 8. 可用选择：正常 9. 单击“确定”按钮	
预期结果： 提示“区域代码输入有误，请重新输入。”	
实际结果： 提示“操作成功！”，列表中出现修改区域	
缺陷严重程度： 高	

缺陷编号：QXGL-031	角色：系统管理员
模块名称：行政区域	抓图说明：
摘要描述： 修改区域，区域代码长度小于 6 个字，仍能修改成功	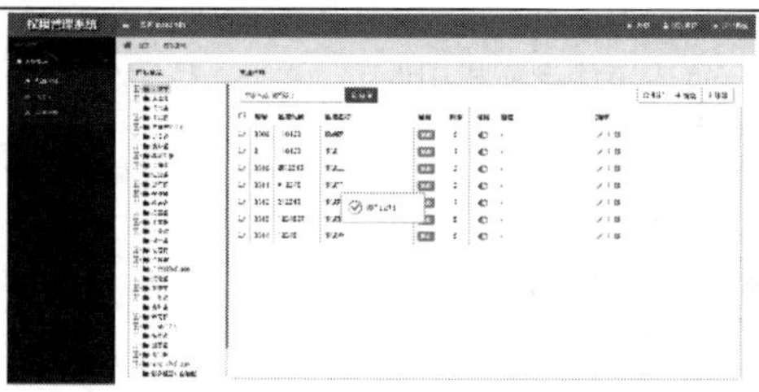
操作步骤： 1. 系统管理员登录，进入首页 2. 单击左侧导航栏中的“行政区域”模块菜单，进入行政区域页面 3. 在区域列表页，勾选要修改区域的区域名称，单击“修改”按钮，弹出“修改区域”窗口 4. 区域代码输入：12345 5. 区域名称输入：测试六 6. 排序输入：6 7. 层级选择：地级 8. 可用选择：正常 9. 单击“确定”按钮	

续表

预期结果： 提示“区域代码输入有误，请重新输入。”	
实际结果： 提示“操作成功！”，列表中出现修改区域	
缺陷严重程度： 高	

缺陷编号：QXGL-032	角色：系统管理员
模块名称：行政区域	抓图说明：
摘要描述： 修改区域，区域代码包含符号，仍能修改成功	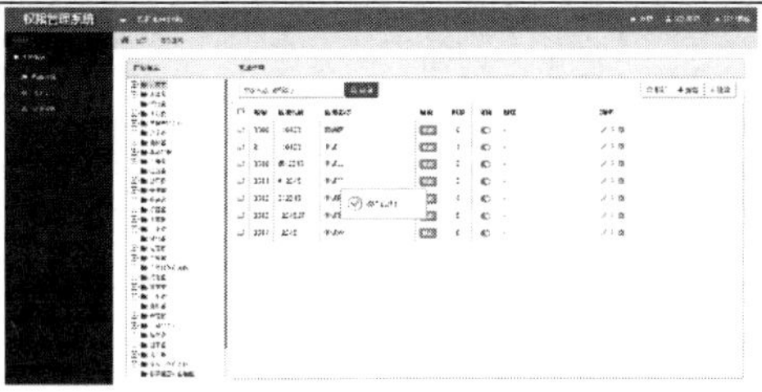
操作步骤： 1. 系统管理员登录，进入首页 2. 单击左侧导航栏中的“行政区域”模块菜单，进入行政区域页面 3. 在区域列表页，勾选要修改区域的区域名称，单击“修改”按钮，弹出“修改区域”窗口 4. 区域代码输入：.12345 5. 区域名称输入：测试七 6. 排序输入：7 7. 层级选择：地级 8. 可用选择：正常 9. 单击“确定”按钮	
预期结果： 提示“区域代码输入有误，请重新输入。”	
实际结果： 提示“操作成功！”，列表中出现修改区域	
缺陷严重程度： 高	

缺陷编号：QXGL-033	角色：系统管理员
模块名称：行政区域	抓图说明：
摘要描述： 修改区域，区域名称与系统内的区域名称重复，仍能修改成功	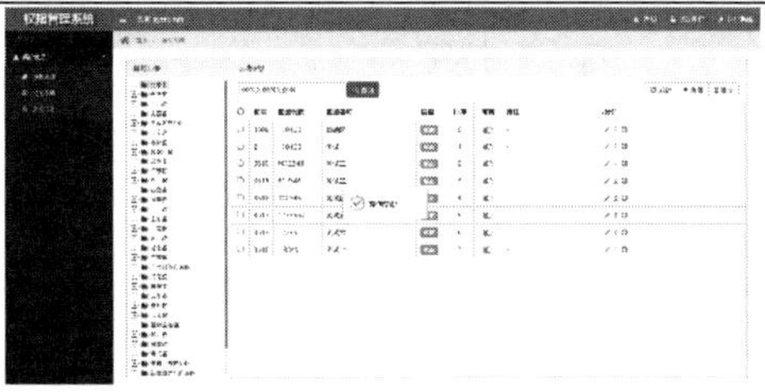

续表

操作步骤： 1. 系统管理员登录，进入首页 2. 单击左侧导航栏中的“行政区域”模块菜单，进入行政区域页面 3. 在区域列表页，勾选要修改区域的区域名称，单击“修改”按钮，弹出“修改区域”窗口 4. 区域代码输入：100000 5. 区域名称输入：直辖区 6. 排序输入：0 7. 层级选择：地级 8. 可用选择：正常 9. 单击“确定”按钮	
预期结果： 提示：“区域名称不唯一，请重新输入。”	
实际结果： 提示“操作成功！”，列表中出现修改区域	
缺陷严重程度： 高	

缺陷编号：QXGL-034	角色：系统管理员
模块名称：行政区域	抓图说明：
摘要描述： 修改区域，区域名称包含符号，仍能修改成功	
操作步骤： 1. 系统管理员登录，进入首页 2. 单击左侧导航栏中的“行政区域”模块菜单，进入行政区域页面 3. 在区域列表页，勾选要修改区域的区域名称，单击“修改”按钮，弹出“修改区域”窗口 4. 区域代码输入：200000 5. 区域名称输入：直辖区. 6. 排序输入：0 7. 层级选择：地级 8. 可用选择：正常 9. 单击“确定”按钮	
预期结果： 提示“区域名称输入有误，请重新输入。”	
实际结果： 提示“操作成功！”，列表中出现修改区域	
缺陷严重程度： 高	

缺陷编号：QXGL-035	角色：系统管理员
模块名称：行政区域	抓图说明：
摘要描述： 修改区域，区域名称包含特殊字符，仍能修改成功	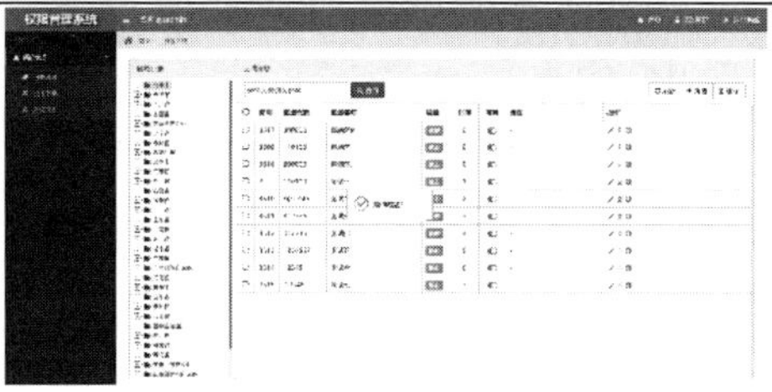
操作步骤： 1. 系统管理员登录，进入首页 2. 单击左侧导航栏中的“行政区域”模块菜单，进入行政区域页面 3. 在区域列表页，勾选要修改区域的区域名称，单击“修改”按钮，弹出“修改区域”窗口 4. 区域代码输入：300000 5. 区域名称输入：直辖区# 6. 排序输入：0 7. 层级选择：地级 8. 可用选择：正常 9. 单击“确定”按钮	
预期结果： 提示“区域名称输入有误，请重新输入。”	
实际结果： 提示“操作成功！”，列表中出现修改区域	
缺陷严重程度： 高	

缺陷编号：QXGL-036	角色：系统管理员
模块名称：行政区域	抓图说明：
摘要描述： 修改区域，区域名称小于 3 个字，仍能修改成功	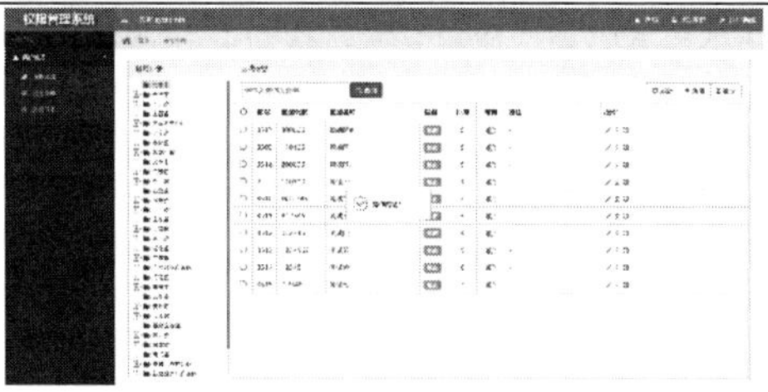
操作步骤： 1. 系统管理员登录，进入首页 2. 单击左侧导航栏中的“行政区域”模块菜单，进入行政区域页面 3. 在区域列表页，勾选要修改区域的区域名称，单击“修改”按钮，弹出“修改区域”窗口 4. 区域代码输入：400000 5. 区域名称输入：直辖 6. 排序输入：0 7. 层级选择：地级 8. 可用选择：正常 9. 单击“确定”按钮	

续表

预期结果： 提示“区域名称输入有误，请重新输入。”	
实际结果： 提示“操作成功！”，列表中出现修改区域	
缺陷严重程度： 高	

缺陷编号：QXGL-037	角色：系统管理员
模块名称：行政区域	抓图说明：
摘要描述： 修改区域，区域名称为 22 个字，出现未知异常	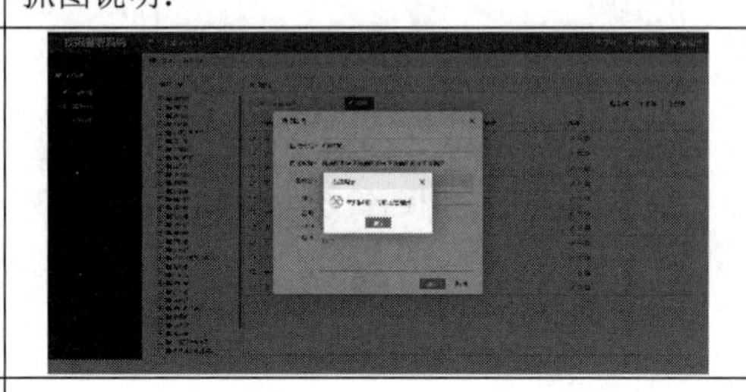
操作步骤： 1. 系统管理员登录，进入首页 2. 单击左侧导航栏中的“行政区域”模块菜单，进入行政区域页面 3. 在区域列表页，勾选要修改区域的区域名称，单击“修改”按钮，弹出“修改区域”窗口 4. 区域代码输入：500000 5. 区域名称输入：直辖区直辖区直辖区直辖区直辖区直辖区直辖区 6. 排序输入：0 7. 层级选择：地级 8. 可用选择：正常 9. 单击“确定”按钮	
预期结果： 提示“区域名称输入有误，请重新输入。”	
实际结果： 弹出弹框显示“未知错误，请联系管理员”，单击“确定”按钮回到修改区域界面，区域列表中没有修改区域	
缺陷严重程度： 严重	

缺陷编号：QXGL-038	角色：系统管理员
模块名称：行政区域	抓图说明：
摘要描述： 修改区域，区域名称为 21 个字，仍能修改区域成功	

续表

<table>
<tr><td>操作步骤：
1. 系统管理员登录，进入首页
2. 单击左侧导航栏中的“行政区域”模块菜单，进入行政区域页面
3. 在区域列表页，勾选要修改区域的区域名称，单击“修改”按钮，弹出“修改区域”窗口
4. 区域代码输入：600000
5. 区域名称输入：直辖区直辖区直辖区直辖区直辖区直辖区直辖
6. 排序输入：0
7. 层级选择：地级
8. 可用选择：正常
9. 单击“确定”按钮</td><td rowspan="4"></td></tr>
<tr><td>预期结果：
提示“区域名称输入有误，请重新输入。”</td></tr>
<tr><td>实际结果：
弹出弹框显示“未知错误，请联系管理员”，单击“确定”回到修改区域界面，区域列表中没有修改区域</td></tr>
<tr><td>缺陷严重程度：高</td></tr>
</table>

<table>
<tr><td>缺陷编号：QXGL-039</td><td>角色：系统管理员</td></tr>
<tr><td>模块名称：行政区域</td><td>抓图说明：</td></tr>
<tr><td>摘要描述：
修改区域，排序输入英文字母，出现未知错误</td><td>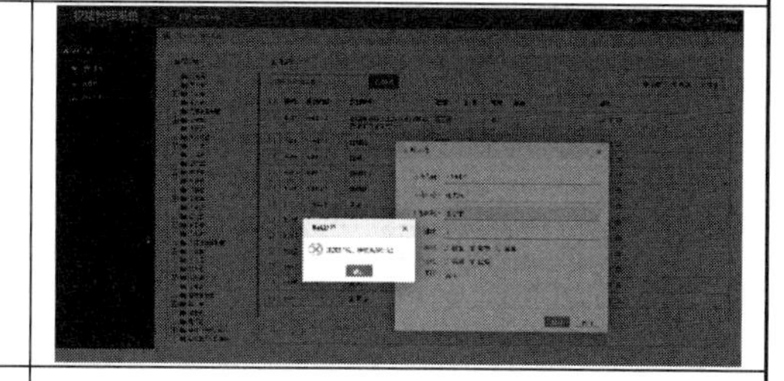</td></tr>
<tr><td>操作步骤：
1. 系统管理员登录，进入首页
2. 单击左侧导航栏中的“行政区域”模块菜单，进入行政区域页面
3. 在区域列表页，勾选要修改区域的区域名称，单击“修改”按钮，弹出“修改区域”窗口
4. 区域代码输入：700000
5. 区域名称输入：测试八
6. 排序输入：a
7. 层级选择：地级
8. 可用选择：正常
9. 单击“确定”按钮</td><td rowspan="4"></td></tr>
<tr><td>预期结果：
提示“区域名称输入有误，请重新输入。”</td></tr>
<tr><td>实际结果：
弹出弹框显示“未知错误，请联系管理员”，单击“确定”按钮回到修改区域界面，区域列表中没有修改区域</td></tr>
<tr><td>缺陷严重程度：
严重</td></tr>
</table>

缺陷编号：QXGL-040	角色：系统管理员
模块名称：行政区域	抓图说明：
摘要描述： 修改区域，排序输入汉字，出现未知错误	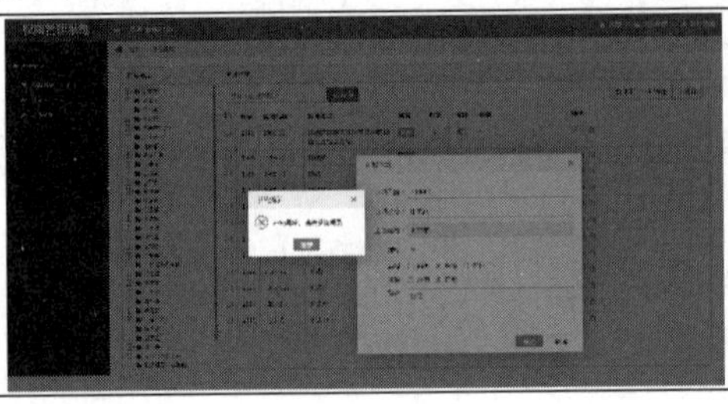
操作步骤： 1. 系统管理员登录，进入首页 2. 单击左侧导航栏中的“行政区域”模块菜单，进入行政区域页面 3. 在区域列表页，勾选要修改区域的区域名称，单击“修改”按钮，弹出“修改区域”窗口 4. 区域代码输入：700000 5. 区域名称输入：测试八 6. 排序输入：啊 7. 层级选择：地级 8. 可用选择：正常 9. 单击“确定”按钮	
预期结果： 提示“序号输入有误，请重新输入。”	
实际结果： 弹出弹框显示“未知错误，请联系管理员”，单击“确定”按钮回到修改区域界面，区域列表中没有修改区域	
缺陷严重程度：严重	

缺陷编号：QXGL-041	角色：系统管理员
模块名称：行政区域	抓图说明：
摘要描述： 修改区域，排序输入符号，出现未知错误	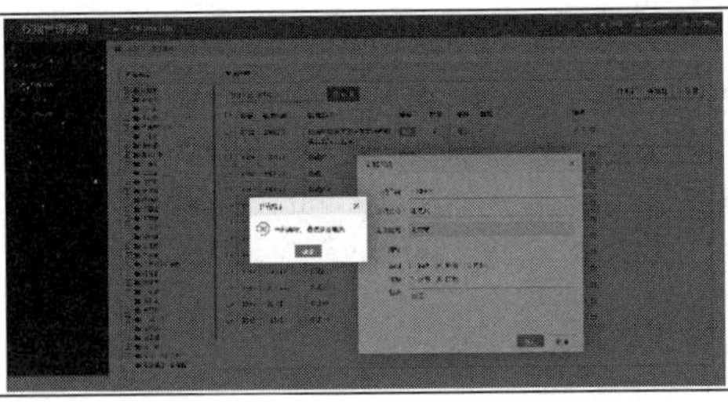
操作步骤： 1. 系统管理员登录，进入首页 2. 单击左侧导航栏中的“行政区域”模块菜单，进入行政区域页面 3. 在区域列表页，勾选要修改区域的区域名称，单击“修改”按钮，弹出“修改区域”窗口 4. 区域代码输入：700000 5. 区域名称输入：测试八 6. 排序输入：. 7. 层级选择：地级 8. 可用选择：正常 9. 单击“确定”按钮	

续表

<table>
<tr><td>预期结果：
提示“序号输入有误，请重新输入。”</td><td rowspan="3"></td></tr>
<tr><td>实际结果：
弹出弹框显示“未知错误，请联系管理员”，单击“确定”按钮回到修改区域界面，区域列表中没有修改区域</td></tr>
<tr><td>缺陷严重程度：
严重</td></tr>
</table>

<table>
<tr><td>缺陷编号：QXGL-042</td><td>角色：系统管理员</td></tr>
<tr><td>模块名称：行政区域</td><td>抓图说明：</td></tr>
<tr><td>摘要描述：
修改区域，排序输入特殊字符，出现未知错误</td><td>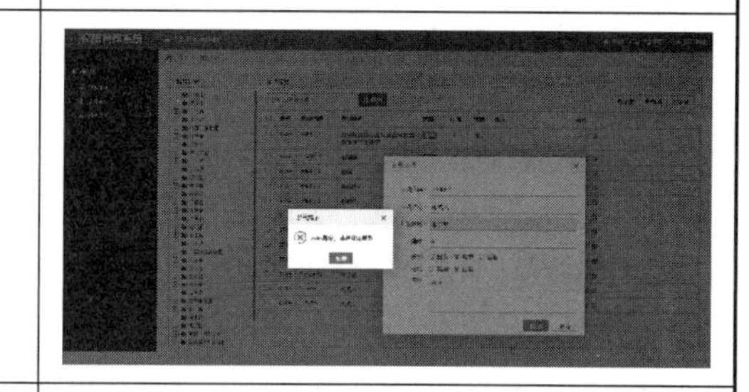</td></tr>
<tr><td>操作步骤：
1. 系统管理员登录，进入首页
2. 单击左侧导航栏中的“行政区域”模块菜单，进入行政区域页面
3. 在区域列表页，勾选要修改区域的区域名称，单击“修改”按钮，弹出“修改区域”窗口
4. 区域代码输入：700000
5. 区域名称输入：测试八
6. 排序输入：#
7. 层级选择：地级
8. 可用选择：正常
9. 单击“确定”按钮</td><td rowspan="4"></td></tr>
<tr><td>预期结果：
提示“序号输入有误，请重新输入。”</td></tr>
<tr><td>实际结果：
弹出弹框显示“未知错误，请联系管理员”，单击“确定”按钮回到修改区域界面，区域列表中没有修改区域</td></tr>
<tr><td>缺陷严重程度：严重</td></tr>
</table>

<table>
<tr><td>缺陷编号：QXGL-043</td><td>角色：系统管理员</td></tr>
<tr><td>模块名称：行政区域</td><td>抓图说明：</td></tr>
<tr><td>摘要描述：
修改区域，排序输入长度大于 10，出现未知错误</td><td>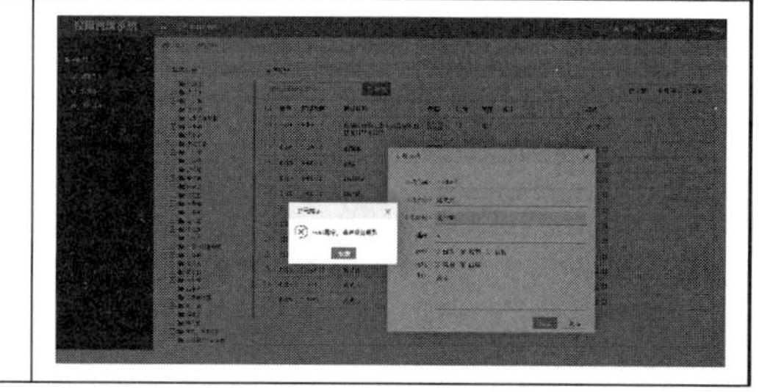</td></tr>
</table>

续表

操作步骤： 1. 系统管理员登录，进入首页 2. 单击左侧导航栏中的“行政区域”模块菜单，进入行政区域页面 3. 在区域列表页，勾选要修改区域的区域名称，单击“修改”按钮，弹出“修改区域”窗口 4. 区域代码输入：700000 5. 区域名称输入：测试八 6. 排序输入：12345123451 7. 层级选择：地级 8. 可用选择：正常 9. 单击“确定”按钮	
预期结果： 提示“序号输入有误，请重新输入。”	
实际结果： 弹出弹框显示“未知错误，请联系管理员”，单击“确定”按钮回到修改区域界面，区域列表中没有修改区域	
缺陷严重程度：严重	

缺陷编号：QXGL-044	角色：系统管理员
模块名称：行政区域	抓图说明：
摘要描述： 修改区域，备注输入长度大于 500，出现未知错误	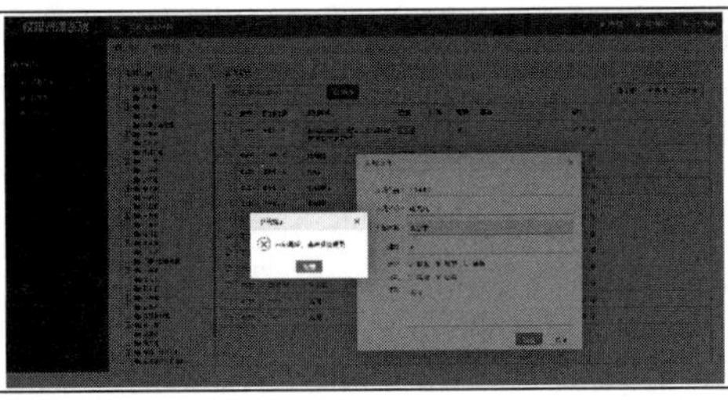
操作步骤： 1. 系统管理员登录，进入首页 2. 单击左侧导航栏中的“行政区域”模块菜单，进入行政区域页面 3. 在区域列表页，勾选要修改区域的区域名称，单击“修改”按钮，弹出“修改区域”窗口 4. 区域代码输入：700000 5. 区域名称输入：测试八 6. 排序输入：8 7. 层级选择：地级 8. 可用选择：正常 9. 备注：01234567890123456789012345678901234567890 1234567890 10. 单击“确定”按钮	
预期结果： 提示“备注输入有误，请重新输入。”	
实际结果： 弹出弹框显示“未知错误，请联系管理员”，单击“确定”按钮回到修改区域界面，区域列表中没有修改区域	
缺陷严重程度：严重	

缺陷编号：QXGL-045	角色：系统管理员
模块名称：区域管理	抓图说明：
摘要描述： 删除的区域，当前区域的编号也被删除	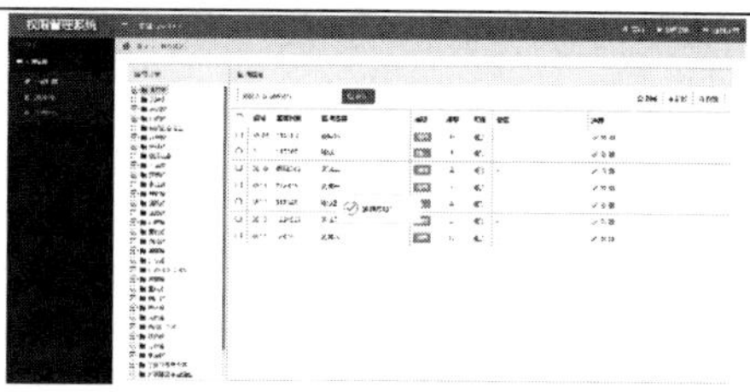
操作步骤： 1. 系统管理员登录，进入首页 2. 单击左侧导航栏中的“区域管理”模块菜单，进入区域管理页面 3. 区域列表页已有 10 条记录，编号为 1～10 4. 将 10 条记录全部删除 5. 新增区域成功	
预期结果： 新增区域的编号从 1 开始	
实际结果： 新增区域的编号从 11 开始	
缺陷严重程度： 高	

缺陷编号：QXGL-046	角色：系统管理员
模块名称：通用字典	抓图说明：
摘要描述： 通用字典页面 title 显示“权限管理系统”	
操作步骤： 1. 系统管理员登录，进入首页 2. 单击左侧导航栏中的“通用字典”模块菜单，进入通用字典页面	
预期结果： 页面 title 显示“通用字典”	
实际结果： 页面 title 显示“权限管理系统”	
缺陷严重程度： 中	

缺陷编号：QXGL-047	角色：系统管理员
模块名称：通用字典	抓图说明：
摘要描述： 新增字典，页面 title 显示“权限管理系统”	
操作步骤： 1. 系统管理员登录，进入首页 2. 单击左侧导航栏中的“通用字典”模块菜单，进入通用字典页面 3. 在字典列表页，勾选要新增字典的字典名称，单击“新增”按钮，弹出“新增字典”窗口	

续表

预期结果： 页面 title 显示“新增字典”	
实际结果： 页面 title 显示“权限管理系统”	
缺陷严重程度： 中	

缺陷编号：QXGL-048	角色：系统管理员
模块名称：通用字典	抓图说明：
摘要描述： 新增字典，字典名称小于 2 个字，仍能新增成功	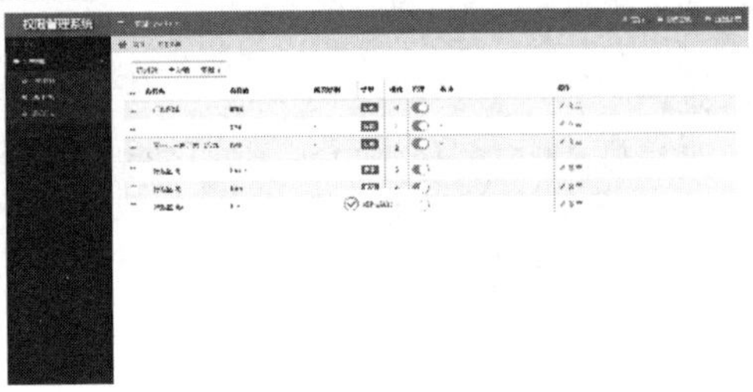
操作步骤： 1. 系统管理员登录，进入首页 2. 单击左侧导航栏中的“通用字典”模块菜单，进入通用字典页面 3. 在字典列表页，单击“新增”按钮，弹出“新增字典”窗口 4. 类型：目录 5. 名称：一 6. 英文代码：one 7. 参数类型：一级目录 8. 排序：1 9. 单击“确定”按钮	
预期结果： 提示“字典名称输入有误，请重新输入。”	
实际结果： 提示“操作成功！”，列表中出现新增字典	
缺陷严重程度： 高	

缺陷编号：QXGL-049	角色：系统管理员
模块名称：通用字典	抓图说明：
摘要描述： 新增字典，字典名称大于 10 个字，仍能新增成功	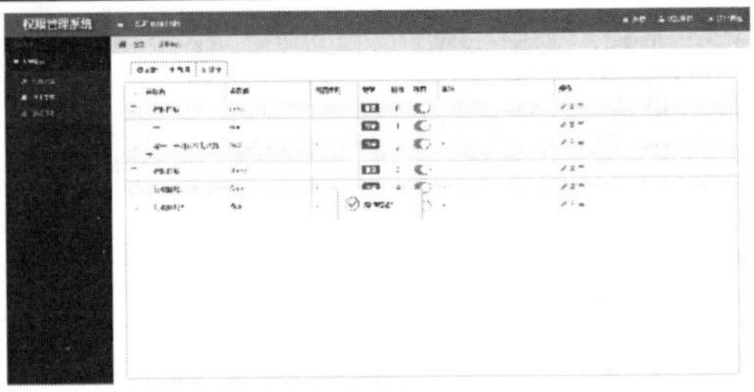

续表

操作步骤： 1. 系统管理员登录，进入首页 2. 单击左侧导航栏中的“通用字典”模块菜单，进入通用字典页面 3. 在字典列表页，单击“新增”按钮，弹出“新增字典”窗口 4. 类型：目录 5. 名称：零一二三四五六七八九十 6. 英文代码：two 7. 参数类型：一级目录 8. 排序：2 9. 单击确定按钮	
预期结果： 提示“字典名称输入有误，请重新输入。”	
实际结果： 提示“操作成功！”，列表中出现新增字典	
缺陷严重程度： 高	

缺陷编号：QXGL-050	角色：系统管理员
模块名称：通用字典	抓图说明：
摘要描述： 新增字典，字典名称与系统内的字典名称重复，仍能新增成功	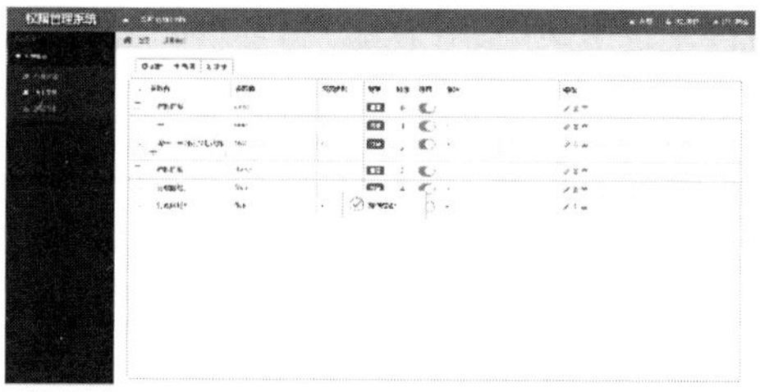
操作步骤： 1. 系统管理员登录，进入首页 2. 单击左侧导航栏中的“通用字典”模块菜单，进入通用字典页面 3. 在字典列表页，单击“新增”按钮，弹出“新增字典”窗口 4. 类型：目录 5. 名称：行政区域 6. 英文代码：three 7. 参数类型：一级目录 8. 排序：3 9. 单击“确定”按钮	
预期结果： 提示：“字典名称不唯一，请重新输入。”	
实际结果： 提示“操作成功！”，列表中出现新增字典	
缺陷严重程度： 高	

<table>
<tr><td>缺陷编号：QXGL-051</td><td>角色：系统管理员</td></tr>
<tr><td>模块名称：通用字典</td><td>抓图说明：</td></tr>
<tr><td>摘要描述：
新增字典，字典名称包含符号，仍能新增成功</td><td rowspan="5"> 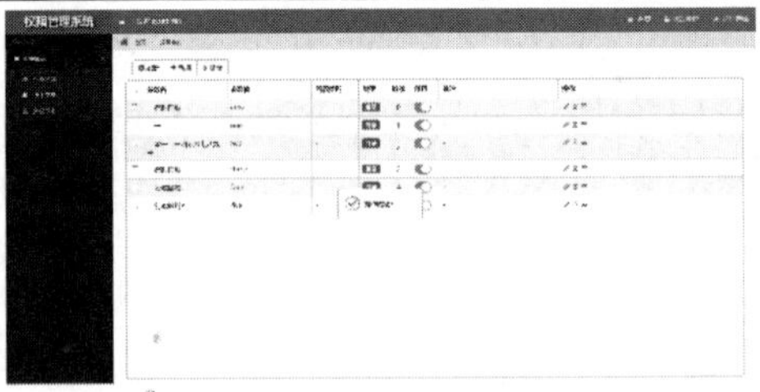</td></tr>
<tr><td>操作步骤：
1. 系统管理员登录，进入首页
2. 单击左侧导航栏中的“通用字典”模块菜单，进入通用字典页面
3. 在字典列表页，单击“新增”按钮，弹出“新增字典”窗口
4. 类型：目录
5. 名称：行政区域,
6. 英文代码：four
7. 参数类型：一级目录
8. 排序：4
9. 单击“确定”按钮</td></tr>
<tr><td>预期结果：
提示“字典名称输入有误，请重新输入。”</td></tr>
<tr><td>实际结果：
提示“操作成功！”，列表中出现新增字典</td></tr>
<tr><td>缺陷严重程度：
高</td></tr>
</table>

<table>
<tr><td>缺陷编号：QXGL-052</td><td>角色：系统管理员</td></tr>
<tr><td>模块名称：通用字典</td><td>抓图说明：</td></tr>
<tr><td>摘要描述：
新增字典，字典名称包含特殊字符，仍能新增成功</td><td rowspan="2"> 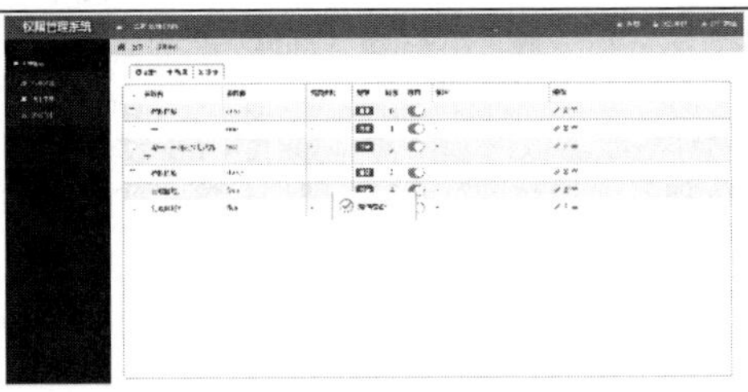</td></tr>
<tr><td>操作步骤：
1. 系统管理员登录，进入首页
2. 单击左侧导航栏中的“通用字典”模块菜单，进入通用字典页面
3. 在字典列表页，单击“新增”按钮，弹出“新增字典”窗口
4. 类型：目录
5. 名称：行政区域#
6. 英文代码：five
7. 参数类型：一级目录
8. 排序：5
9. 单击“确定”按钮</td></tr>
</table>

续表

预期结果： 提示“字典名称输入有误，请重新输入。”	
实际结果： 提示“操作成功！”，列表中出现新增字典	
缺陷严重程度： 高	

缺陷编号：QXGL-053	角色：系统管理员
模块名称：通用字典	抓图说明：
摘要描述： 新增字典，字典名称大于 50 个字，系统出现未知错误	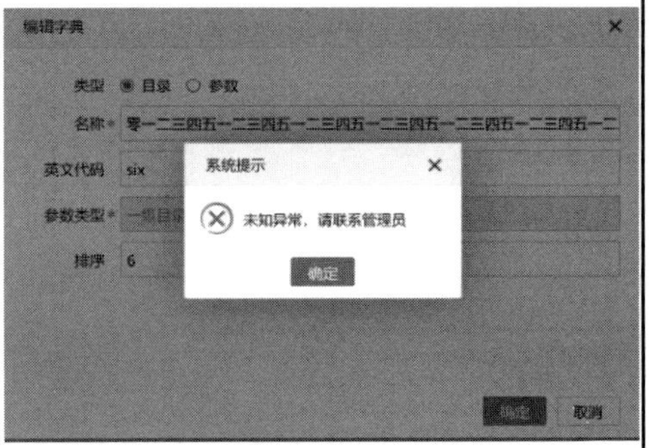
操作步骤： 1. 系统管理员登录，进入首页 2. 单击左侧导航栏中的“通用字典”模块菜单，进入通用字典页面 3. 在字典列表页，单击“新增”按钮，弹出“新增字典”窗口 4. 类型：目录 5. 名称：零一二三四五一二三四五一二三四五一二三四五一二三四五一二三四五一二三四五一二三四五一二三四五一二三四五 6. 英文代码：six 7. 参数类型：一级目录 8. 排序：6 9. 单击“确定”按钮	
预期结果： 提示“字典名称输入有误，请重新输入。”	
实际结果： 弹出弹框显示“未知错误，请联系管理员”，单击“确定”按钮回到新增字典界面，通用字典中没有新增字典	
缺陷严重程度： 严重	

缺陷编号：QXGL-054	角色：系统管理员
模块名称：通用字典	抓图说明：

续表

摘要描述： 新增字典，英文代码小于 2 个字，仍能新增成功	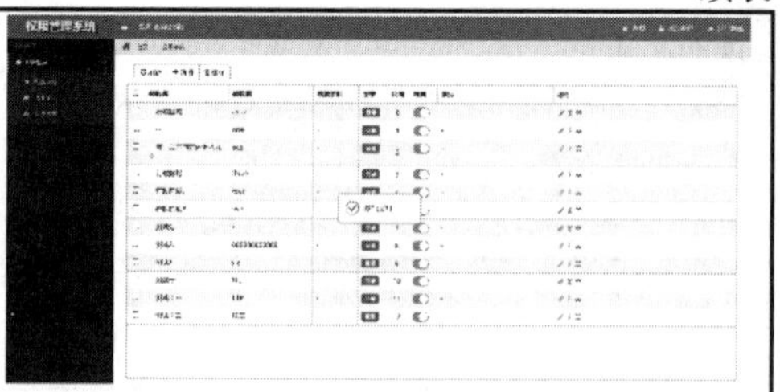
操作步骤： 1. 系统管理员登录，进入首页 2. 单击左侧导航栏中的“通用字典”模块菜单，进入通用字典页面 3. 在字典列表页，单击“新增”按钮，弹出“新增字典”窗口 4. 类型：目录 5. 名称：测试七 6. 英文代码：7 7. 参数类型：一级目录 8. 排序：7 9. 单击“确定”按钮	
预期结果： 提示“英文代码输入有误，请重新输入。”	
实际结果： 提示“操作成功！”，列表中出现新增字典	
缺陷严重程度： 高	

缺陷编号：QXGL-055	角色：系统管理员
模块名称：通用字典	抓图说明：
摘要描述： 新增字典，英文代码大于 10 个字，仍能新增成功	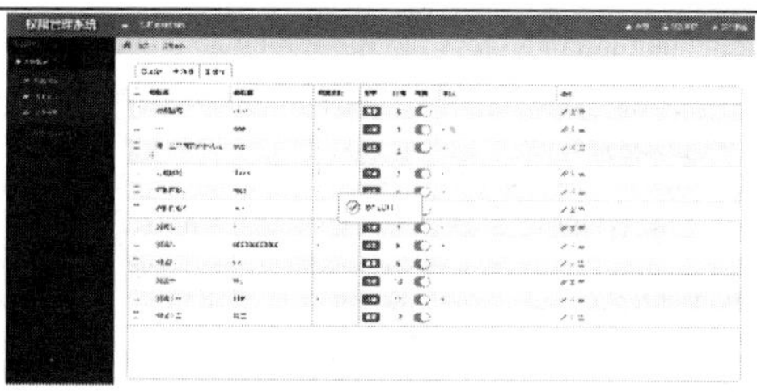
操作步骤： 1. 系统管理员登录，进入首页 2. 单击左侧导航栏中的“通用字典”模块菜单，进入通用字典页面 3. 在字典列表页，单击“新增”按钮，弹出“新增字典”窗口 4. 类型：目录 5. 名称：测试八 6. 英文代码：888888888888 7. 参数类型：一级目录 8. 排序：8 9. 单击“确定”按钮	

续表

预期结果： 提示“英文代码输入有误，请重新输入。”	
实际结果： 提示“操作成功！”，列表中出现新增字典	
缺陷严重程度： 高	

缺陷编号：QXGL-056	角色：系统管理员
模块名称：通用字典	抓图说明：
摘要描述： 新增字典，英文代码与系统内的英文代码重复，仍能新增成功	
操作步骤： 浏览器版本：93.0.4577.82 操作步骤： 1. 系统管理员登录，进入首页 2. 单击左侧导航栏中的“通用字典”模块菜单，进入通用字典页面 3. 在字典列表页，单击“新增”按钮，弹出“新增字典”窗口 4. 类型：目录 5. 名称：测试九 6. 英文代码：six 7. 参数类型：一级目录 8. 排序：9 9. 单击“确定”按钮	
预期结果： 提示“英文代码输入有误，请重新输入。”	
实际结果： 提示“操作成功！”，列表中出现新增字典	
缺陷严重程度： 高	

缺陷编号：QXGL-057	角色：系统管理员
模块名称：通用字典	抓图说明：
摘要描述： 新增字典，英文代码包含符号，仍能新增成功	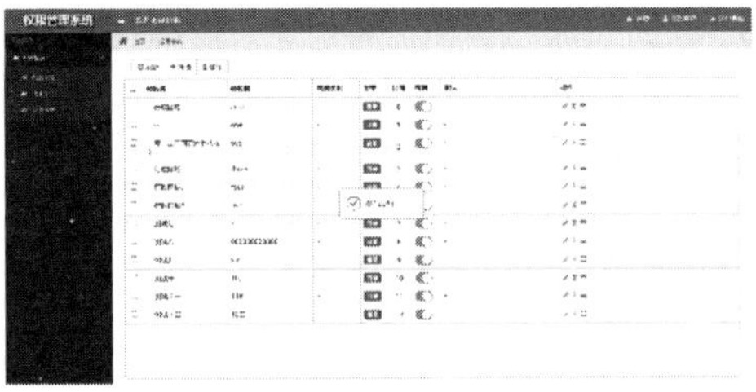

续表

操作步骤： 1. 系统管理员登录，进入首页 2. 单击左侧导航栏中的“通用字典”模块菜单，进入通用字典页面 3. 在字典列表页，单击“新增”按钮，弹出“新增字典”窗口 4. 类型：目录 5. 名称：测试十 6. 英文代码：10， 7. 参数类型：一级目录 8. 排序：10 9. 单击“确定”按钮	
预期结果： 提示“英文代码输入有误，请重新输入。”	
实际结果： 提示“操作成功！”，列表中出现新增字典	
缺陷严重程度： 高	

缺陷编号：QXGL-058	角色：系统管理员
模块名称：通用字典	抓图说明：
摘要描述： 新增字典，英文代码包含特殊字符，仍能新增成功	
操作步骤： 1. 系统管理员登录，进入首页 2. 单击左侧导航栏中的“通用字典”模块菜单，进入通用字典页面 3. 在字典列表页，单击“新增”按钮，弹出“新增字典”窗口 4. 类型：目录 5. 名称：测试十一 6. 英文代码：11# 7. 参数类型：一级目录 8. 排序：10 9. 单击“确定”按钮	
预期结果： 提示“英文代码输入有误，请重新输入。”	
实际结果： 提示“操作成功！”，列表中出现新增字典	
缺陷严重程度： 高	

<table>
<tr><td>缺陷编号：QXGL-059</td><td>角色：系统管理员</td></tr>
<tr><td>模块名称：通用字典</td><td>抓图说明：</td></tr>
<tr><td>摘要描述：
新增字典，英文代码包含汉字，仍能新增成功</td><td> 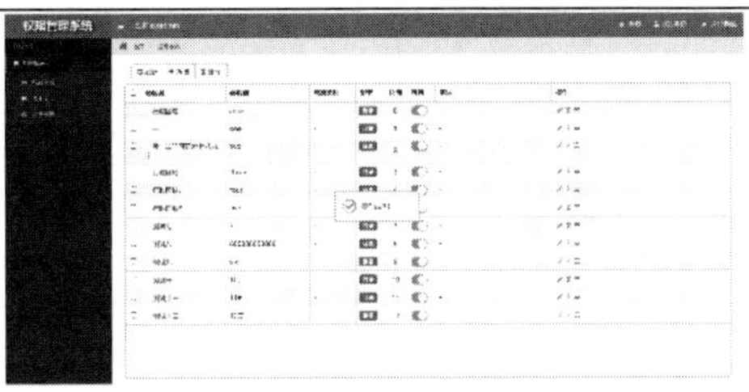</td></tr>
<tr><td>操作步骤：
1. 系统管理员登录，进入首页
2. 单击左侧导航栏中的“通用字典”模块菜单，进入通用字典页面
3. 在字典列表页，单击“新增”按钮，弹出“新增字典”窗口
4. 类型：目录
5. 名称：测试十二
6. 英文代码：12 二
7. 参数类型：一级目录
8. 排序：12
9. 单击“确定”按钮</td><td rowspan="4"></td></tr>
<tr><td>预期结果：
提示“英文代码输入有误，请重新输入。”</td></tr>
<tr><td>实际结果：
提示“操作成功！”，列表中出现新增字典</td></tr>
<tr><td>缺陷严重程度：
高</td></tr>
</table>

<table>
<tr><td>缺陷编号：QXGL-060</td><td>角色：系统管理员</td></tr>
<tr><td>模块名称：通用字典</td><td>抓图说明：</td></tr>
<tr><td>摘要描述：
新增字典，排序输入英文字母，出现未知错误</td><td> 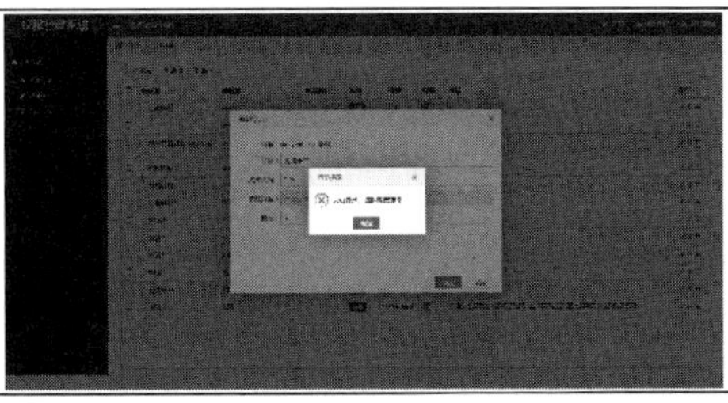</td></tr>
<tr><td>操作步骤：
1. 系统管理员登录，进入首页
2. 单击左侧导航栏中的“通用字典”模块菜单，进入通用字典页面
3. 在字典列表页，单击“新增”按钮，弹出“新增字典”窗口
4. 类型：目录
5. 名称：测试十二
6. 英文代码：123
7. 参数类型：一级目录
8. 排序：a
9. 单击“确定”按钮</td><td></td></tr>
</table>

续表

预期结果： 提示“序号输入有误，请重新输入。”	
实际结果： 弹出弹框显示“未知错误，请联系管理员”，单击“确定”按钮回到新增字典界面，区域列表中没有新增字典	
缺陷严重程度： 严重	

缺陷编号：QXGL-061	角色：系统管理员
模块名称：通用字典	抓图说明：
摘要描述： 新增字典，排序输入汉字，出现未知错误	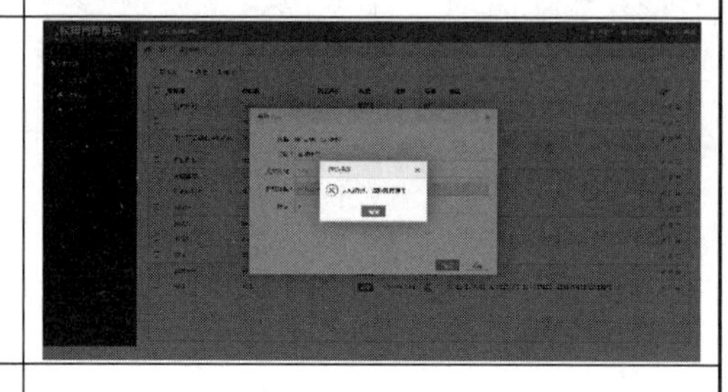
操作步骤： 1. 系统管理员登录，进入首页 2. 单击左侧导航栏中的“通用字典”模块菜单，进入通用字典页面 3. 在字典列表页，单击“新增”按钮，弹出“新增字典”窗口 4. 类型：目录 5. 名称：测试十二 6. 英文代码：123 7. 参数类型：一级目录 8. 排序：十二 9. 单击“确定”按钮	
预期结果： 提示“序号输入有误，请重新输入。”	
实际结果： 弹出弹框显示“未知错误，请联系管理员”，单击“确定”按钮回到新增字典界面，区域列表中没有新增字典	
缺陷严重程度： 严重	

缺陷编号：QXGL-062	角色：系统管理员
模块名称：通用字典	抓图说明：
摘要描述： 新增字典，排序输入符号，出现未知错误	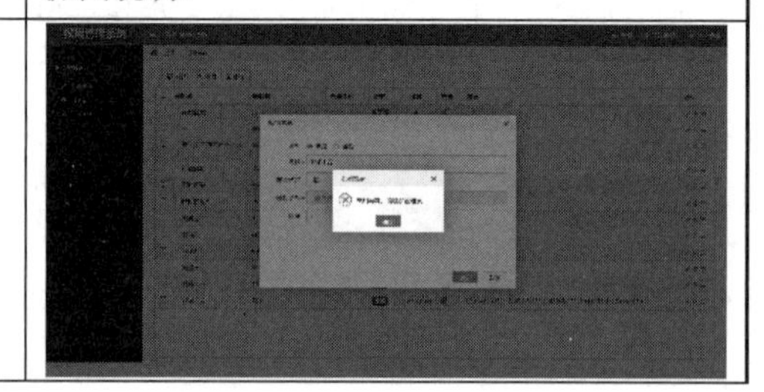

续表

操作步骤： 1. 系统管理员登录，进入首页 2. 单击左侧导航栏中的“通用字典”模块菜单，进入通用字典页面 3. 在字典列表页，单击“新增”按钮，弹出“新增字典”窗口 4. 类型：目录 5. 名称：测试十二 6. 英文代码：123 7. 参数类型：一级目录 8. 排序：， 9. 单击“确定”按钮	
预期结果： 提示“序号输入有误，请重新输入。”	
实际结果： 弹出弹框显示“未知错误，请联系管理员”，单击“确定”按钮回到新增字典界面，区域列表中没有新增字典	
缺陷严重程度： 严重	

缺陷编号：QXGL-063	角色：系统管理员
模块名称：通用字典	抓图说明：
摘要描述： 新增字典，排序输入特殊字符，出现未知错误	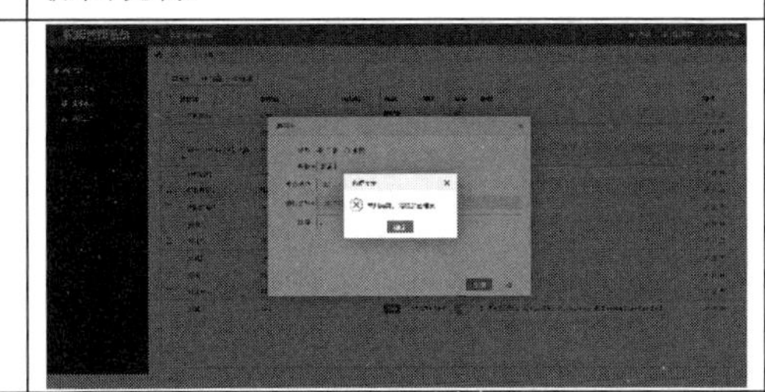
操作步骤： 1. 系统管理员登录，进入首页 2. 单击左侧导航栏中的“通用字典”模块菜单，进入通用字典页面 3. 在字典列表页，单击“新增”按钮，弹出“新增字典”窗口 4. 类型：目录 5. 名称：测试十二 6. 英文代码：123 7. 参数类型：一级目录 8. 排序：# 9. 单击“确定”按钮	
预期结果： 提示“序号输入有误，请重新输入。”	
实际结果： 弹出弹框显示“未知错误，请联系管理员”，单击“确定”按钮回到新增字典界面，区域列表中没有新增字典	
缺陷严重程度： 严重	

缺陷编号：QXGL-064	角色：系统管理员
模块名称：通用字典	抓图说明：
摘要描述： 新增字典，排序输入长度大于 10，出现未知错误	
操作步骤： 1. 系统管理员登录，进入首页 2. 单击左侧导航栏中的“通用字典”模块菜单，进入通用字典页面 3. 在字典列表页，单击“新增”按钮，弹出“新增字典”窗口 4. 类型：目录 5. 名称：测试十二 6. 英文代码：123 7. 参数类型：一级目录 8. 排序：12345678901 9. 单击“确定”按钮	
预期结果： 提示“序号输入有误，请重新输入。”	
实际结果： 弹出弹框显示“未知错误，请联系管理员”，单击“确定”按钮回到新增字典界面，区域列表中没有新增字典	
缺陷严重程度： 严重	

缺陷编号：QXGL-065	角色：系统管理员
模块名称：通用字典	抓图说明：
摘要描述： 新增字典，备注输入长度大于 500，出现未知错误	
操作步骤： 1. 系统管理员登录，进入首页 2. 单击左侧导航栏中的“通用字典”模块菜单，进入通用字典页面 3. 在字典列表页，单击“新增”按钮，弹出“新增字典”窗口 4. 类型：参数 5. 名称：测试十二 6. 英文代码：123 7. 参数类型：一级目录 8. 排序：12	

续表

9. 备注：01234567890123456789012345678901234567890 1234567890 10. 状态：显示	
预期结果： 提示“备注输入有误，请重新输入。”	
实际结果： 弹出弹框显示“未知错误，请联系管理员”，单击“确定”按钮回到新增字典界面，区域列表中没有新增字典	
缺陷严重程度： 严重	

缺陷编号：QXGL-066	角色：系统管理员
模块名称：通用字典	抓图说明：
摘要描述： 修改字典，页面 title 显示“权限管理系统”	
操作步骤： 1. 系统管理员登录，进入首页 2. 单击左侧导航栏中的“通用字典”模块菜单，进入通用字典页面 3. 在字典列表页，勾选要修改的字典名称，单击“修改”按钮，弹出“修改字典”窗口	
预期结果： 页面 title 显示“修改字典”	
实际结果： 页面 title 显示“权限管理系统”	
缺陷严重程度： 中	

缺陷编号：QXGL-067	角色：系统管理员
模块名称：通用字典	抓图说明：
摘要描述： 修改字典，字典名称小于 2 个字，仍能修改成功	
操作步骤： 1. 系统管理员登录，进入首页 2. 单击左侧导航栏中的“通用字典”模块菜单，进入通用字典页面 3. 在字典列表页，单击“修改”按钮，弹出“修改字典”窗口 4. 类型：目录 5. 名称：一 6. 英文代码：one 7. 参数类型：一级目录 8. 排序：1 9. 单击“确定”按钮	

续表

预期结果： 提示“字典名称输入有误，请重新输入。”	
实际结果： 提示“操作成功！”，列表中出现修改字典	
缺陷严重程度： 高	

缺陷编号：QXGL-068	角色：系统管理员
模块名称：通用字典	抓图说明：
摘要描述： 修改字典，字典名称大于 10 个字，仍能修改成功	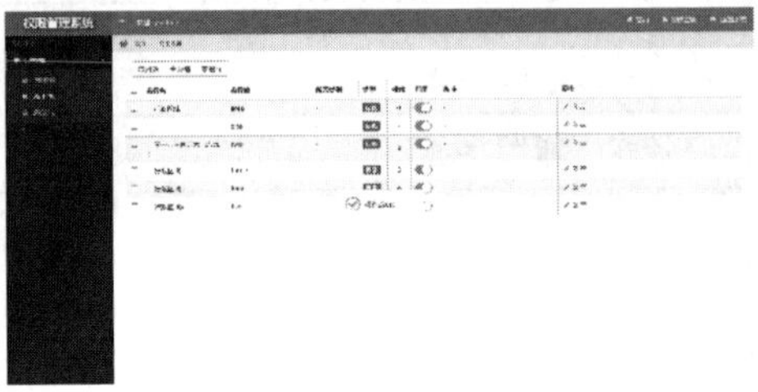
操作步骤： 1. 系统管理员登录，进入首页 2. 单击左侧导航栏中的“通用字典”模块菜单，进入通用字典页面 3. 在字典列表页，单击“修改”按钮，弹出“修改字典”窗口 4. 类型：目录 5. 名称：零一二三四五六七八九十 6. 英文代码：two 7. 参数类型：一级目录 8. 排序：2 9. 单击“确定”按钮	
预期结果： 提示“字典名称输入有误，请重新输入。”	
实际结果： 提示“操作成功！”，列表中出现修改字典	
缺陷严重程度： 高	

缺陷编号：QXGL-069	角色：系统管理员
模块名称：通用字典	抓图说明：
摘要描述： 修改字典，字典名称与系统内的字典名称重复，仍能修改成功	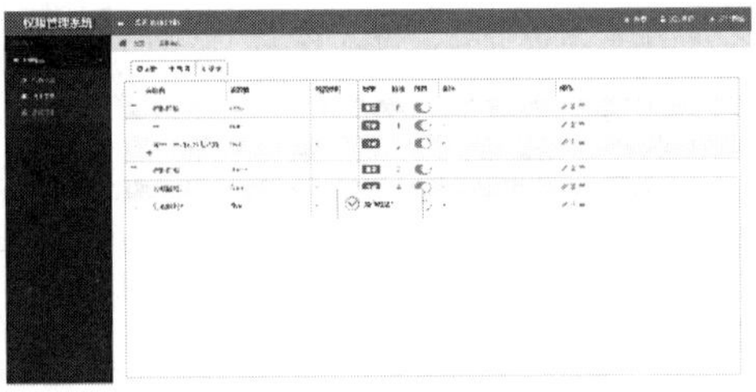

续表

操作步骤： 1. 系统管理员登录，进入首页 2. 单击左侧导航栏中的“通用字典”模块菜单，进入通用字典页面 3. 在字典列表页，单击“修改”按钮，弹出“修改字典”窗口 4. 类型：目录 5. 名称：行政区域 6. 英文代码：three 7. 参数类型：一级目录 8. 排序：3 9. 单击“确定”按钮	
预期结果： 提示：“字典名称不唯一，请重新输入。”	
实际结果： 提示“操作成功！”，列表中出现修改字典	
缺陷严重程度： 高	

缺陷编号：QXGL-070	角色：系统管理员
模块名称：通用字典	抓图说明：
摘要描述： 修改字典，字典名称包含符号，仍能修改成功	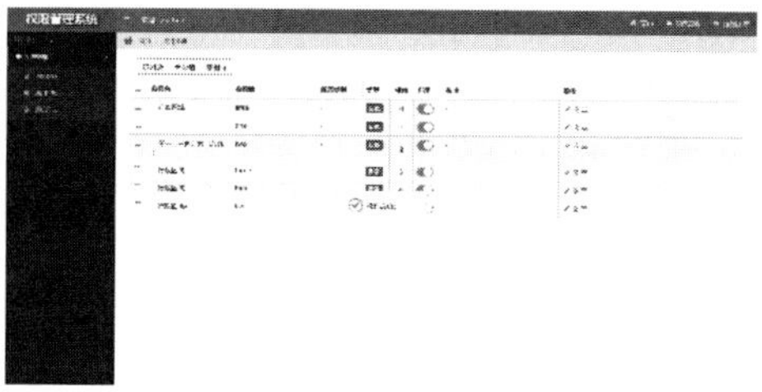
操作步骤： 1. 系统管理员登录，进入首页 2. 单击左侧导航栏中的“通用字典”模块菜单，进入通用字典页面 3. 在字典列表页，单击“修改”按钮，弹出“修改字典”窗口 4. 类型：目录 5. 名称：行政区域, 6. 英文代码：four 7. 参数类型：一级目录 8. 排序：4 9. 单击“确定”按钮	
预期结果： 提示“字典名称输入有误，请重新输入。”	
实际结果： 提示“操作成功！”，列表中出现修改字典	
缺陷严重程度： 高	

缺陷编号：QXGL-071	角色：系统管理员
模块名称：通用字典	抓图说明：
摘要描述： 修改字典，字典名称包含特殊字符，仍能修改成功	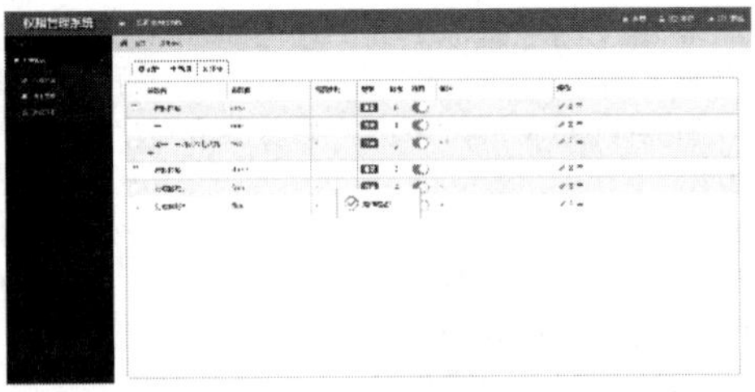
操作步骤： 1. 系统管理员登录，进入首页 2. 单击左侧导航栏中的“通用字典”模块菜单，进入通用字典页面 3. 在字典列表页，单击“修改”按钮，弹出“修改字典”窗口 4. 类型：目录 5. 名称：行政区域# 6. 英文代码：five 7. 参数类型：一级目录 8. 排序：5 9. 单击“确定”按钮	
预期结果： 提示“字典名称输入有误，请重新输入。”	
实际结果： 提示“操作成功！”，列表中出现修改字典	
缺陷严重程度： 高	

缺陷编号：QXGL-072	角色：系统管理员
模块名称：通用字典	抓图说明：
摘要描述： 修改字典，字典名称大于 50 个字，系统出现未知错误	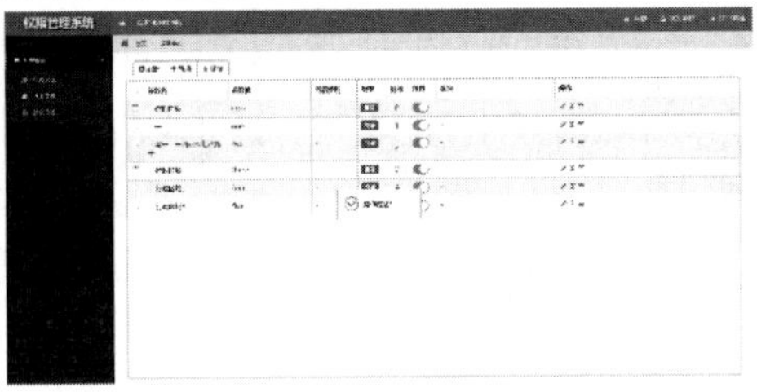
操作步骤： 1. 系统管理员登录，进入首页 2. 单击左侧导航栏中的“通用字典”模块菜单，进入通用字典页面 3. 在字典列表页，单击“修改”按钮，弹出“修改字典”窗口 4. 类型：目录 5. 名称：零一二三四五一二三四五一二三四五一二三四五一二三四五一二三四五一二三四五一二三四五一二三四五一二三四五 6. 英文代码：six	

续表

7. 参数类型：一级目录 8. 排序：6 9. 单击“确定”按钮	
预期结果： 提示“字典名称输入有误，请重新输入。”	
实际结果： 弹出弹框显示“未知错误，请联系管理员”，单击“确定”按钮回到修改字典界面，通用字典中没有修改字典	
缺陷严重程度： 严重	

缺陷编号：QXGL-073	角色：系统管理员
模块名称：通用字典	抓图说明：
摘要描述： 修改字典，英文代码小于 2 个字，仍能修改成功	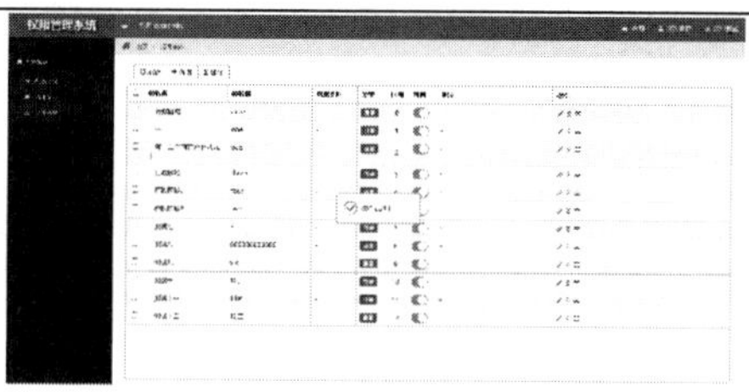
操作步骤： 1. 系统管理员登录，进入首页 2. 单击左侧导航栏中的“通用字典”模块菜单，进入通用字典页面 3. 在字典列表页，单击“修改”按钮，弹出“修改字典”窗口 4. 类型：目录 5. 名称：测试七 6. 英文代码：7 7. 参数类型：一级目录 8. 排序：7 9. 单击“确定”按钮	
预期结果： 提示“英文代码输入有误，请重新输入。”	
实际结果： 提示“操作成功！”，列表中出现修改字典	
缺陷严重程度： 高	

缺陷编号：QXGL-074	角色：系统管理员
模块名称：通用字典	抓图说明：
摘要描述： 修改字典，英文代码大于 10 个字，仍能修改成功	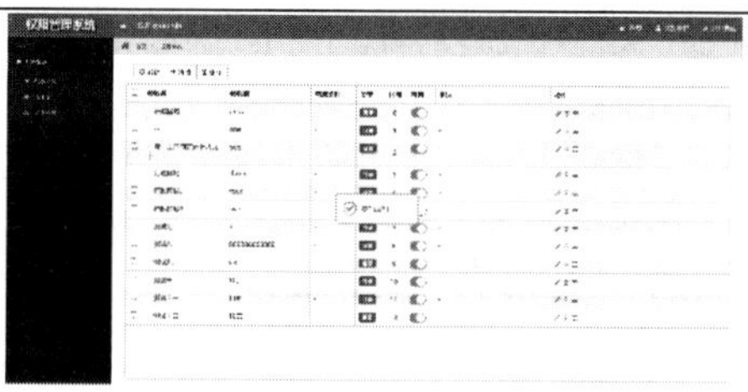

续表

操作步骤： 1. 系统管理员登录，进入首页 2. 单击左侧导航栏中的“通用字典”模块菜单，进入通用字典页面 3. 在字典列表页，单击“修改”按钮，弹出“修改字典”窗口 4. 类型：目录 5. 名称：测试八 6. 英文代码：888888888888 7. 参数类型：一级目录 8. 排序：8 9. 单击“确定”按钮	
预期结果： 提示“英文代码输入有误，请重新输入。”	
实际结果： 提示“操作成功！”，列表中出现修改字典	
缺陷严重程度： 高	

缺陷编号：QXGL-075	角色：系统管理员
模块名称：通用字典	抓图说明：
摘要描述： 修改字典，英文代码与系统内的英文代码重复，仍能修改成功	
操作步骤： 1. 系统管理员登录，进入首页 2. 单击左侧导航栏中的“通用字典”模块菜单，进入通用字典页面 3. 在字典列表页，单击“修改”按钮，弹出“修改字典”窗口 4. 类型：目录 5. 名称：测试九 6. 英文代码：six 7. 参数类型：一级目录 8. 排序：9 9. 单击“确定”按钮	
预期结果： 提示“英文代码输入有误，请重新输入。”	
实际结果： 提示“操作成功！”，列表中出现修改字典	
缺陷严重程度： 高	

<table>
<tr><td>缺陷编号：QXGL-076</td><td>角色：系统管理员</td></tr>
<tr><td>模块名称：通用字典</td><td>抓图说明：</td></tr>
<tr><td>摘要描述：
修改字典，英文代码包含符号，仍能修改成功</td><td rowspan="5"> 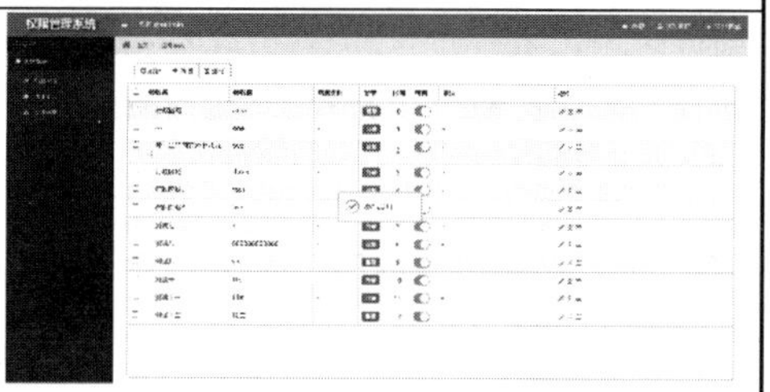</td></tr>
<tr><td>操作步骤：
1. 系统管理员登录，进入首页
2. 单击左侧导航栏中的“通用字典”模块菜单，进入通用字典页面
3. 在字典列表页，单击“修改”按钮，弹出“修改字典”窗口
4. 类型：目录
5. 名称：测试十
6. 英文代码：10，
7. 参数类型：一级目录
8. 排序：10
9. 单击“确定”按钮</td></tr>
<tr><td>预期结果：
提示“英文代码输入有误，请重新输入。”</td></tr>
<tr><td>实际结果：
提示“操作成功！”，列表中出现修改字典</td></tr>
<tr><td>缺陷严重程度：
高</td></tr>
</table>

<table>
<tr><td>缺陷编号：QXGL-077</td><td>角色：系统管理员</td></tr>
<tr><td>模块名称：通用字典</td><td>抓图说明：</td></tr>
<tr><td>摘要描述：
修改字典，英文代码包含特殊字符，仍能修改成功</td><td rowspan="2"> 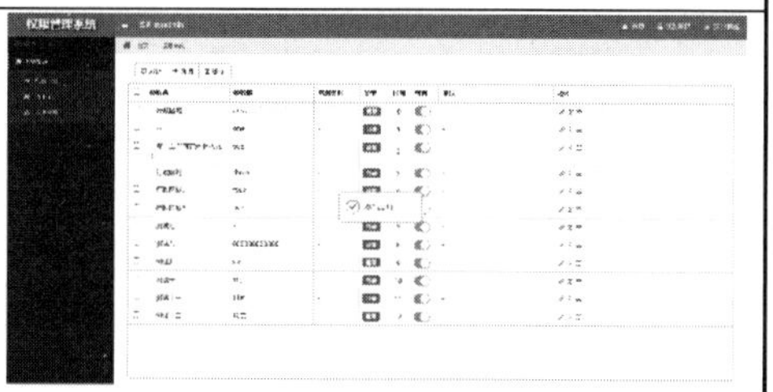</td></tr>
<tr><td>操作步骤：
1. 系统管理员登录，进入首页
2. 单击左侧导航栏中的“通用字典”模块菜单，进入通用字典页面
3. 在字典列表页，单击“修改”按钮，弹出“修改字典”窗口
4. 类型：目录
5. 名称：测试十一
6. 英文代码：11#
7. 参数类型：一级目录
8. 排序：10
9. 单击“确定”按钮</td></tr>
</table>

续表

预期结果： 提示“英文代码输入有误，请重新输入。”	
实际结果： 提示“操作成功！”，列表中出现修改字典	
缺陷严重程度： 高	

缺陷编号：QXGL-078	角色：系统管理员
模块名称：通用字典	抓图说明：
摘要描述： 修改字典，英文代码包含汉字，仍能修改成功	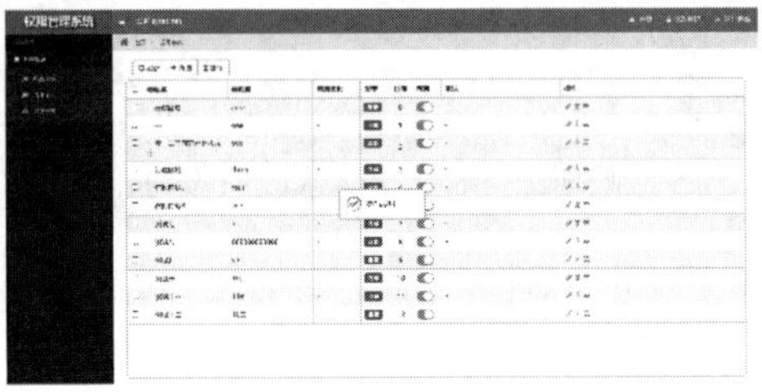
操作步骤： 1. 系统管理员登录，进入首页 2. 单击左侧导航栏中的“通用字典”模块菜单，进入通用字典页面 3. 在字典列表页，单击“修改”按钮，弹出“修改字典”窗口 4. 类型：目录 5. 名称：测试十二 6. 英文代码：12 二 7. 参数类型：一级目录 8. 排序：12 9. 单击“确定”按钮	
预期结果： 提示“英文代码输入有误，请重新输入。”	
实际结果： 提示“操作成功！”，列表中出现修改字典	
缺陷严重程度： 高	

缺陷编号：QXGL-079	角色：系统管理员
模块名称：通用字典	抓图说明：
摘要描述： 修改字典，排序输入英文字母，出现未知错误	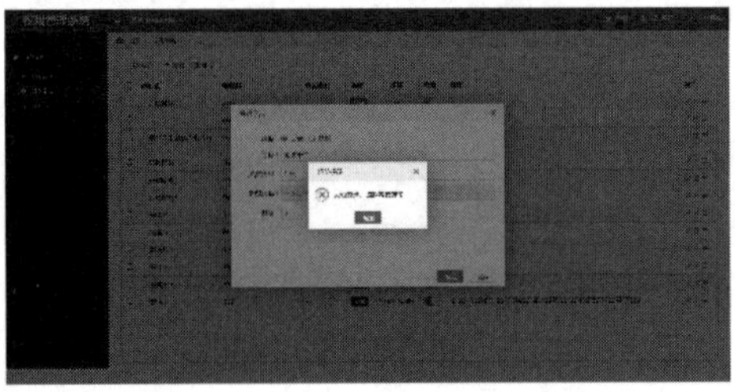

续表

操作步骤： 1. 系统管理员登录，进入首页 2. 单击左侧导航栏中的“通用字典”模块菜单，进入通用字典页面 3. 在字典列表页，单击“修改”按钮，弹出“修改字典”窗口 4. 类型：目录 5. 名称：测试十二 6. 英文代码：123 7. 参数类型：一级目录 8. 排序：a 9. 单击“确定”按钮	
预期结果： 提示“序号输入有误，请重新输入。”	
实际结果： 弹出弹框显示“未知错误，请联系管理员”，单击“确定”按钮回到修改字典界面，区域列表中没有修改字典	
缺陷严重程度： 严重	

缺陷编号：QXGL-080	角色：系统管理员
模块名称：通用字典	抓图说明：
摘要描述： 修改字典，排序输入汉字，出现未知错误	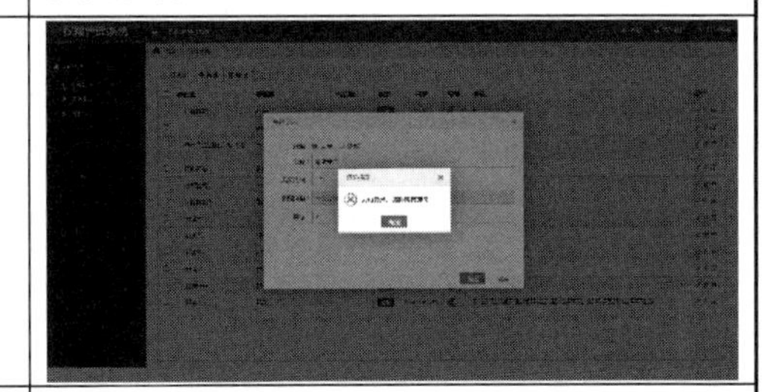
操作步骤： 1. 系统管理员登录，进入首页 2. 单击左侧导航栏中的“通用字典”模块菜单，进入通用字典页面 3. 在字典列表页，单击“修改”按钮，弹出“修改字典”窗口 4. 类型：目录 5. 名称：测试十二 6. 英文代码：123 7. 参数类型：一级目录 8. 排序：十二 9. 单击“确定”按钮	
预期结果： 提示“序号输入有误，请重新输入。”	
实际结果： 弹出弹框显示“未知错误，请联系管理员”，单击“确定”按钮回到修改字典界面，区域列表中没有修改字典	
缺陷严重程度： 严重	

缺陷编号：QXGL-081	角色：系统管理员
模块名称：通用字典	抓图说明：
摘要描述： 修改字典，排序输入符号，出现未知错误	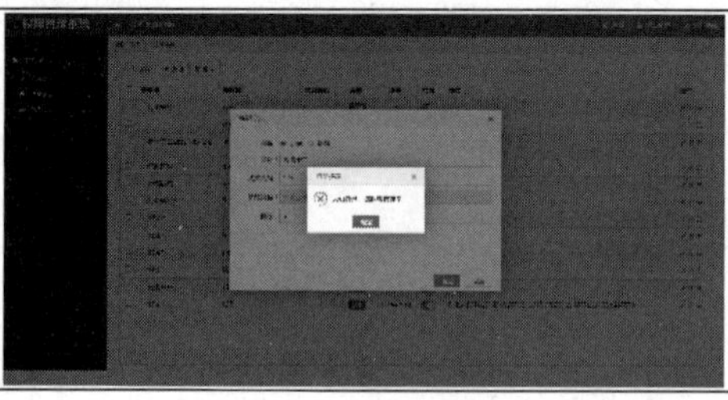
操作步骤： 1. 系统管理员登录，进入首页 2. 单击左侧导航栏中的“通用字典”模块菜单，进入通用字典页面 3. 在字典列表页，单击“修改”按钮，弹出“修改字典”窗口 4. 类型：目录 5. 名称：测试十二 6. 英文代码：123 7. 参数类型：一级目录 8. 排序：， 9. 单击“确定”按钮	
预期结果： 提示“序号输入有误，请重新输入。”	
实际结果： 弹出弹框显示“未知错误，请联系管理员”，单击“确定”按钮回到修改字典界面，区域列表中没有修改字典	
缺陷严重程度： 严重	

缺陷编号：QXGL-082	角色：系统管理员
模块名称：通用字典	抓图说明：
摘要描述： 修改字典，排序输入特殊字符，出现未知错误	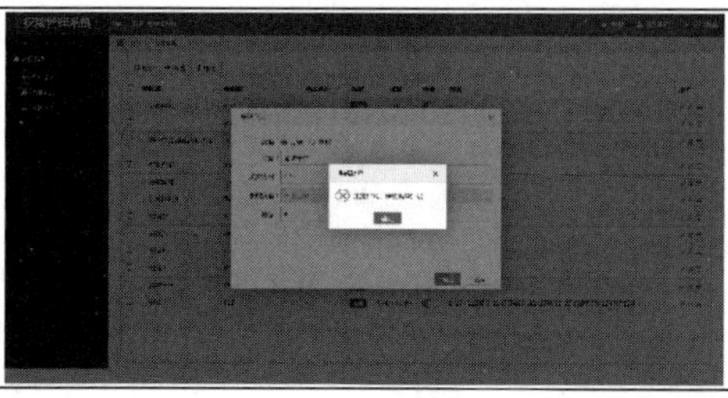
操作步骤： 1. 系统管理员登录，进入首页 2. 单击左侧导航栏中的“通用字典”模块菜单，进入通用字典页面 3. 在字典列表页，单击“修改”按钮，弹出“修改字典”窗口 4. 类型：目录 5. 名称：测试十二 6. 英文代码：123 7. 参数类型：一级目录 8. 排序：# 9. 单击“确定”按钮	

续表

预期结果： 提示“序号输入有误，请重新输入。”	
实际结果： 弹出弹框显示“未知错误，请联系管理员”，单击“确定”按钮回到修改字典界面，区域列表中没有修改字典	
缺陷严重程度： 严重	

模块名称：通用字典	抓图说明：
缺陷编号：QXGL-083	角色：系统管理员
摘要描述： 修改字典，排序输入长度大于 10，出现未知错误	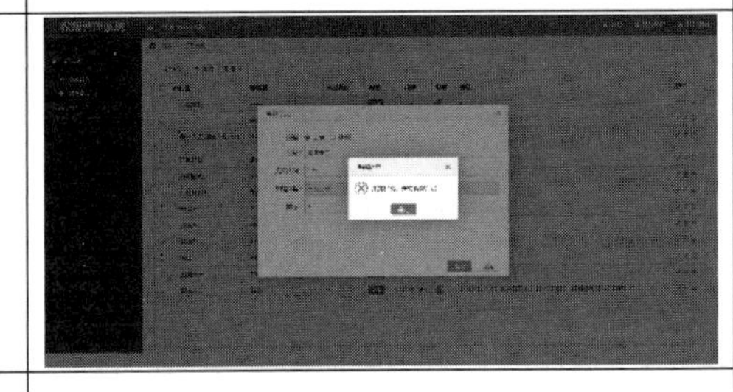
操作步骤： 1. 系统管理员登录，进入首页 2. 单击左侧导航栏中的“通用字典”模块菜单，进入通用字典页面 3. 在字典列表页，单击“修改”按钮，弹出“修改字典”窗口 4. 类型：目录 5. 名称：测试十二 6. 英文代码：123 7. 参数类型：一级目录 8. 排序：12345678901 9. 单击“确定”按钮	
预期结果： 提示“序号输入有误，请重新输入。”	
实际结果： 弹出弹框显示“未知错误，请联系管理员”，单击“确定”按钮回到修改字典界面，区域列表中没有修改字典	
缺陷严重程度： 严重	

缺陷编号：QXGL-084	角色：系统管理员
模块名称：通用字典	抓图说明：
摘要描述： 修改字典，备注输入长度大于 500，出现未知错误	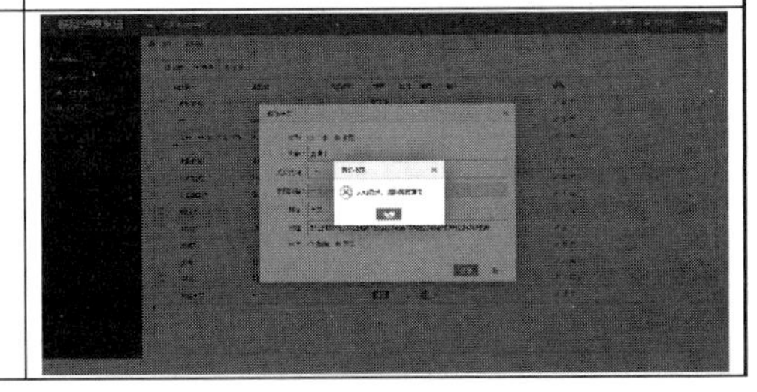

续表

操作步骤： 1. 系统管理员登录，进入首页 2. 单击左侧导航栏中的“通用字典”模块菜单，进入通用字典页面 3. 在字典列表页，单击“修改”按钮，弹出“修改字典”窗口 4. 类型：参数 5. 名称：测试十二 6. 英文代码：123 7. 参数类型：一级目录 8. 排序：12 9. 备注：01234567890123456789012345678901234567890 1234567890 10. 状态：显示	
预期结果： 提示“备注输入有误，请重新输入。”	
实际结果： 弹出弹框显示“未知错误，请联系管理员”，单击“确定”按钮回到修改字典界面，区域列表中没有修改字典	
缺陷严重程度： 严重	

缺陷编号：QXGL-085	角色：系统管理员
模块名称：日志管理	抓图说明：
摘要描述： 设置每页显示 10 条记录，列表中已存在 10 条记录，新增日志成功后，没有自动跳转到下一页	
操作步骤： 1. 系统管理员登录，进入首页 2. 单击左侧导航栏中的“日志管理”模块菜单，进入日志管理页面 3. 日志列表页已有 10 条记录 4. 设置每页显示 10 条记录 5. 新增日志成功	
预期结果： 自动跳转到下一页列表显示新增的日志	
实际结果： 没有自动跳转到下一页	
缺陷严重程度： 中	

缺陷编号：QXGL-086	角色：系统管理员
模块名称：日志管理	抓图说明：
摘要描述： 删除的日志，当前日志的编号也被删除	
操作步骤： 1. 系统管理员登录，进入首页 2. 单击左侧导航栏中的“日志管理”模块菜单，进入角色管理页面 3. 日志列表页已有10条记录，编号为1～10 4. 将10条记录全部删除 5. 新增日志	
预期结果： 新增日志的编号从1开始	
实际结果： 新增日志编号从11开始	
缺陷严重程度： 高	

实训2：权限管理系统——角色管理员用户缺陷集

Web端角色管理员进行角色和权限的日常管理，主要包括登录、首页、机构管理、角色管理、用户管理5个模块，通过本次缺陷查找，角色管理用户共找到Bug数106个。

缺陷编号：QXGL-192	角色：角色管理员
模块名称：用户管理	抓图说明：
摘要描述： 删除的用户，当前用户的编号也被删除	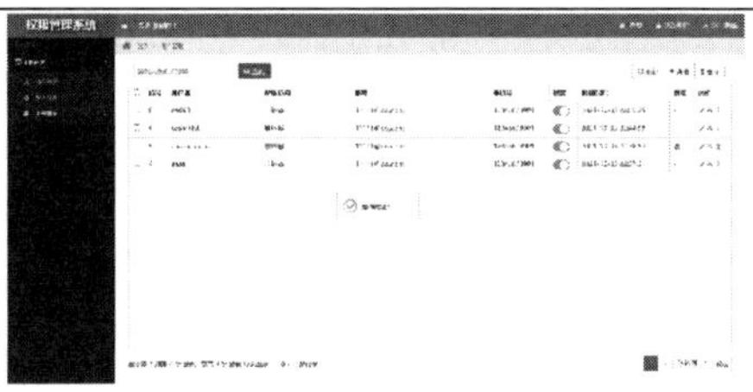
操作步骤： 1. 角色管理员登录，进入首页 2. 单击左侧导航栏中的“用户管理”模块菜单，进入角色管理页面 3. 用户列表页已有10条记录，编号为1～10 4. 将10条记录全部删除 5. 新增用户	

续表

预期结果： 新增用户的编号从 1 开始	
实际结果： 新增用户编号从 11 开始	
缺陷严重程度： 高	

缺陷编号：QXGL-192	角色：角色管理员
模块名称：用户管理	抓图说明：
摘要描述： 删除的用户，当前用户的编号也被删除	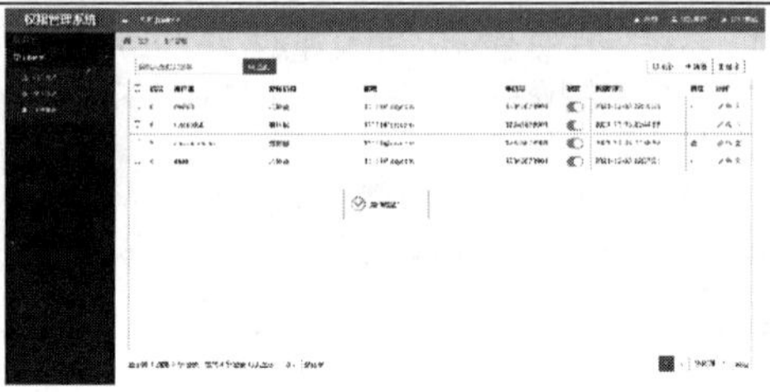
操作步骤： 1. 角色管理员登录，进入首页 2. 单击左侧导航栏中的“用户管理”模块菜单，进入角色管理页面 3. 用户列表页已有 10 条记录，编号为 1～10 4. 将十条记录全部删除 5. 新增用户	
预期结果： 新增用户的编号从 1 开始	
实际结果： 新增用户编号从 11 开始	
缺陷严重程度： 高	

缺陷编号：QXGL-087	角色：角色管理员
模块名称：机构管理	抓图说明：
摘要描述： 单击左侧菜单的“机构管理”，页面 title 显示“权限管理系统”	
操作步骤： 1. 角色管理员登录，进入首页 2. 单击左侧导航栏中的“机构管理”模块菜单，进入机构管理页面	
预期结果： 页面 title 显示“机构管理”	
实际结果： 页面 title 显示“权限管理系统”	
缺陷严重程度： 中	

缺陷编号：QXGL-088	角色：角色管理员
模块名称：机构管理	抓图说明：
摘要描述： 新增机构，页面 title 显示“权限管理系统”	
操作步骤： 1. 角色管理员登录，进入首页 2. 单击左侧导航栏中的“机构管理”模块菜单，进入机构管理页面 3. 在机构列表页，勾选要修改的机构名称，单击“新增”按钮，弹出“新增机构”窗口	
预期结果： 页面 title 显示“新增机构”	
实际结果： 页面 title 显示“权限管理系统”	
缺陷严重程度： 中	

缺陷编号：QXGL-089	角色：角色管理员
模块名称：机构管理	抓图说明：
摘要描述： 新增机构，机构名称小于 2 个字，仍能新增成功	
操作步骤： 1. 角色管理员登录，进入首页 2. 单击左侧导航栏中的“机构管理”模块菜单，进入机构管理页面 3. 在机构列表页，单击“新增”按钮，弹出“新增机构”窗口 4. 机构名称：一 5. 机构编码：one 6. 上级机构：一级机构 7. 排序：1 8. 可用：正常 9. 单击“确定”按钮	
预期结果： 提示“机构名称输入有误，请重新输入。”	
实际结果： 提示“操作成功！”，列表中出现新增机构	
缺陷严重程度： 高	

<table>
<tr><td>缺陷编号：QXGL-090</td><td>角色：角色管理员</td></tr>
<tr><td>模块名称：机构管理</td><td>抓图说明：</td></tr>
<tr><td>摘要描述：
新增机构，机构名称大于 10 个字，仍能新增成功</td><td rowspan="5"></td></tr>
<tr><td>操作步骤：
1. 角色管理员登录，进入首页
2. 单击左侧导航栏中的“机构管理”模块菜单，进入机构管理页面
3. 在机构列表页，单击“新增”按钮，弹出“新增机构”窗口
4. 机构名称：零一二三四五六七八九十
5. 机构编码：two
6. 上级机构：一级机构
7. 排序：2
8. 可用：正常
9. 单击“确定”按钮</td></tr>
<tr><td>预期结果：
提示“机构名称输入有误，请重新输入。”</td></tr>
<tr><td>实际结果：
提示“操作成功！”，列表中出现新增机构</td></tr>
<tr><td>缺陷严重程度：
高</td></tr>
</table>

<table>
<tr><td>缺陷编号：QXGL-091</td><td>角色：角色管理员</td></tr>
<tr><td>模块名称：机构管理</td><td>抓图说明：</td></tr>
<tr><td>摘要描述：
新增机构，机构名称与系统内的机构名称重复，仍能新增成功</td><td rowspan="2"></td></tr>
<tr><td>操作步骤：
1. 角色管理员登录，进入首页
2. 单击左侧导航栏中的“机构管理”模块菜单，进入机构管理页面
3. 在机构列表页，单击“新增”按钮，弹出“新增机构”窗口
4. 机构名称：吉林省
5. 机构编码：three
6. 上级机构：一级机构
7. 排序：3
8. 可用：正常
9. 单击“确定”按钮</td></tr>
</table>

续表

预期结果： 提示："机构名称不唯一，请重新输入。"	
实际结果： 提示"操作成功！"，列表中出现新增机构	
缺陷严重程度： 高	

缺陷编号：QXGL-092	角色：角色管理员
模块名称：机构管理	抓图说明：
摘要描述： 新增机构，机构名称包含符号，仍能新增成功	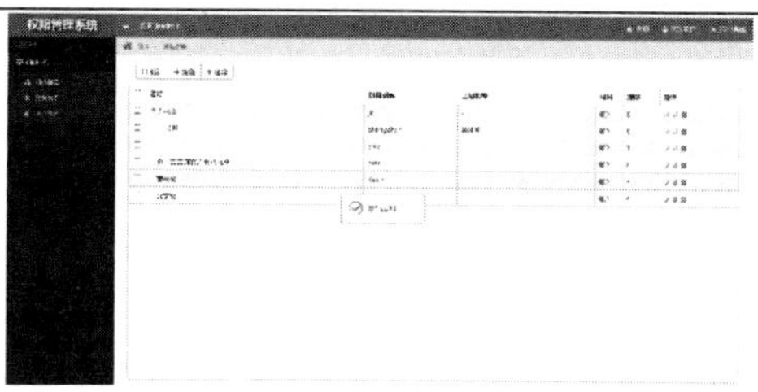
操作步骤： 1. 角色管理员登录，进入首页 2. 单击左侧导航栏中的"机构管理"模块菜单，进入机构管理页面 3. 在机构列表页，单击"新增"按钮，弹出"新增机构"窗口 4. 机构名称：辽宁省 5. 机构编码：four 6. 上级机构：一级机构 7. 排序：4 8. 可用：正常 9. 单击"确定"按钮	
预期结果： 提示"机构名称输入有误，请重新输入。"	
实际结果： 提示"操作成功！"，列表中出现新增机构	
缺陷严重程度： 高	

缺陷编号：QXGL-093	角色：角色管理员
模块名称：机构管理	抓图说明：
摘要描述： 新增机构，机构名称包含特殊字符，仍能新增成功	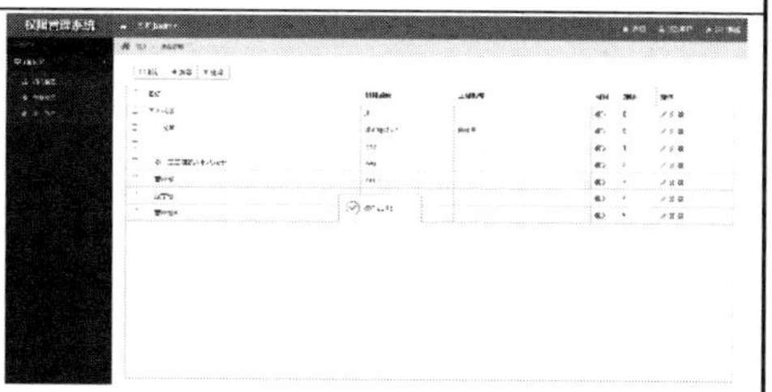

续表

操作步骤： 1. 角色管理员登录，进入首页 2. 单击左侧导航栏中的“机构管理”模块菜单，进入机构管理页面 3. 在机构列表页，单击“新增”按钮，弹出“新增机构”窗口 4. 机构名称：辽宁省# 5. 机构编码：five 6. 上级机构：一级机构 7. 排序：5 8. 可用：正常 9. 单击“确定”按钮	
预期结果： 提示“机构名称输入有误，请重新输入。”	
实际结果： 提示“操作成功！”，列表中出现新增机构	
缺陷严重程度： 高	

缺陷编号：QXGL-094	角色：角色管理员
模块名称：机构管理	抓图说明：
摘要描述： 新增机构，英文代码小于 2 个字，仍能新增成功	
操作步骤： 1. 角色管理员登录，进入首页 2. 单击左侧导航栏中的“机构管理”模块菜单，进入机构管理页面 3. 在机构列表页，单击“新增”按钮，弹出“新增机构”窗口 4. 机构名称：测试六 5. 机构编码：a 6. 上级机构：一级机构 7. 排序：6 8. 可用：正常 9. 单击“确定”按钮	
预期结果： 提示“机构编码输入有误，请重新输入。”	
实际结果： 提示“操作成功！”，列表中出现新增机构	
缺陷严重程度： 高	

<table>
<tr><td>缺陷编号：QXGL-095</td><td>角色：角色管理员</td></tr>
<tr><td>模块名称：机构管理</td><td>抓图说明：</td></tr>
<tr><td>摘要描述：
新增机构，英文代码大于 10 个字，仍能新增成功</td><td> 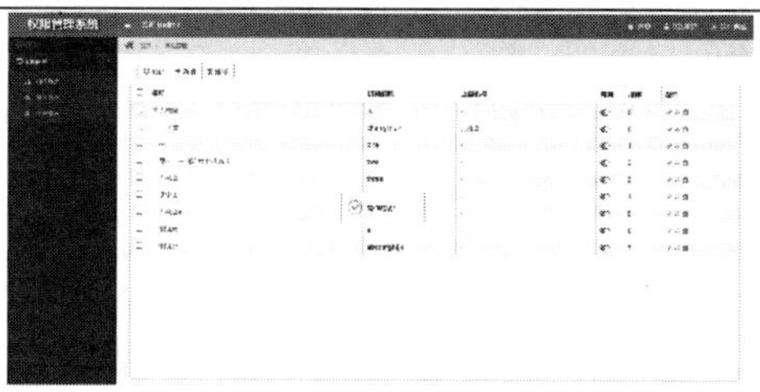</td></tr>
<tr><td>操作步骤：
1. 角色管理员登录，进入首页
2. 单击左侧导航栏中的“机构管理”模块菜单，进入机构管理页面
3. 在机构列表页，单击“新增”按钮，弹出“新增机构”窗口
4. 机构名称：测试七
5. 机构编码：abcdefghijk
6. 上级机构：一级机构
7. 排序：7
8. 可用：正常
9. 单击“确定”按钮</td><td rowspan="4"></td></tr>
<tr><td>预期结果：
提示“机构编码输入有误，请重新输入。”</td></tr>
<tr><td>实际结果：
提示“操作成功！”，列表中出现新增机构</td></tr>
<tr><td>缺陷严重程度：
高</td></tr>
</table>

<table>
<tr><td>缺陷编号：QXGL-096</td><td>角色：角色管理员</td></tr>
<tr><td>模块名称：机构管理</td><td>抓图说明：</td></tr>
<tr><td>摘要描述：
新增机构，英文代码与系统内的英文代码重复，仍能新增成功</td><td> 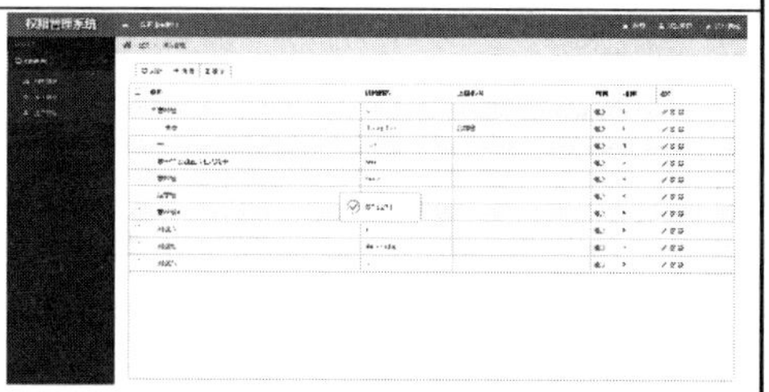</td></tr>
<tr><td>操作步骤：
1. 角色管理员登录，进入首页
2. 单击左侧导航栏中的“机构管理”模块菜单，进入机构管理页面
3. 在机构列表页，单击“新增”按钮，弹出“新增机构”窗口
4. 机构名称：测试八
5. 机构编码：js
6. 上级机构：一级机构
7. 排序：8
8. 可用：正常
9. 单击“确定”按钮</td><td></td></tr>
</table>

续表

预期结果： 提示“机构编码不唯一，请重新输入。”	
实际结果： 提示“操作成功！”，列表中出现新增机构	
缺陷严重程度： 高	

缺陷编号：QXGL-097	角色：角色管理员
模块名称：机构管理	抓图说明：
摘要描述： 新增机构，英文代码包含符号，仍能新增成功	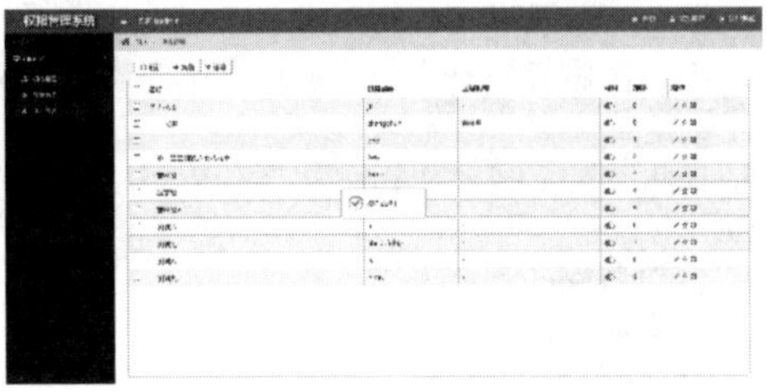
操作步骤： 1. 角色管理员登录，进入首页 2. 单击左侧导航栏中的“机构管理”模块菜单，进入机构管理页面 3. 在机构列表页，单击“新增”按钮，弹出“新增机构”窗口 4. 机构名称：测试九 5. 机构编码：nine， 6. 上级机构：一级机构 7. 排序：9 8. 可用：正常 9. 单击“确定”按钮	
预期结果： 提示“机构编码输入有误，请重新输入。”	
实际结果： 提示“操作成功！”，列表中出现新增机构	
缺陷严重程度： 高	

缺陷编号：QXGL-098	角色：角色管理员
模块名称：机构管理	抓图说明：
摘要描述： 新增机构，英文代码包含特殊字符，仍能新增成功	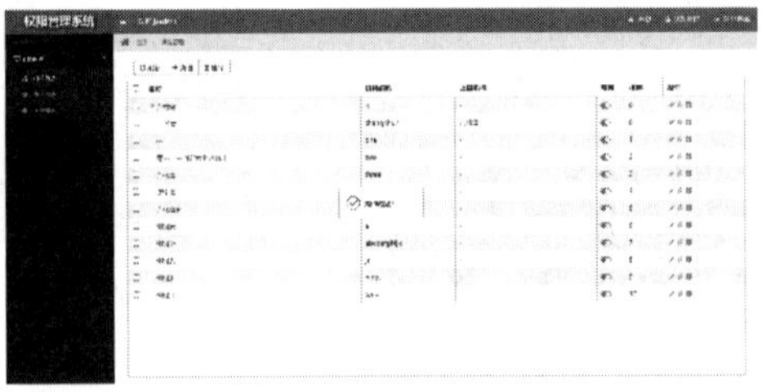

续表

<table>
<tr><td>操作步骤：
1. 角色管理员登录，进入首页
2. 单击左侧导航栏中的“机构管理”模块菜单，进入机构管理页面
3. 在机构列表页，单击“新增”按钮，弹出“新增机构”窗口
4. 机构名称：测试十
5. 机构编码：ten#
6. 上级机构：一级机构
7. 排序：10
8. 可用：正常
9. 单击“确定”按钮</td><td rowspan="4"></td></tr>
<tr><td>预期结果：
提示“机构编码输入有误，请重新输入。”</td></tr>
<tr><td>实际结果：
提示“操作成功！”，列表中出现新增机构</td></tr>
<tr><td>缺陷严重程度：
高</td></tr>
</table>

<table>
<tr><td>缺陷编号：QXGL-099</td><td>角色：角色管理员</td></tr>
<tr><td>模块名称：机构管理</td><td>抓图说明：</td></tr>
<tr><td>摘要描述：
新增机构，英文代码包含汉字，仍能新增成功</td><td></td></tr>
<tr><td>操作步骤：
1. 角色管理员登录，进入首页
2. 单击左侧导航栏中的“机构管理”模块菜单，进入机构管理页面
3. 在机构列表页，单击“新增”按钮，弹出“新增机构”窗口
4. 机构名称：测试十一
5. 机构编码：eleven 啊
6. 上级机构：一级机构
7. 排序：11
8. 可用：正常
9. 单击“确定”按钮</td><td rowspan="4"></td></tr>
<tr><td>预期结果：
提示“机构编码输入有误，请重新输入。”</td></tr>
<tr><td>实际结果：
提示“操作成功！”，列表中出现新增机构</td></tr>
<tr><td>缺陷严重程度：
高</td></tr>
</table>

缺陷编号：QXGL-100	角色：角色管理员
模块名称：机构管理	抓图说明：
摘要描述： 新增机构，排序输入英文字母，出现未知错误	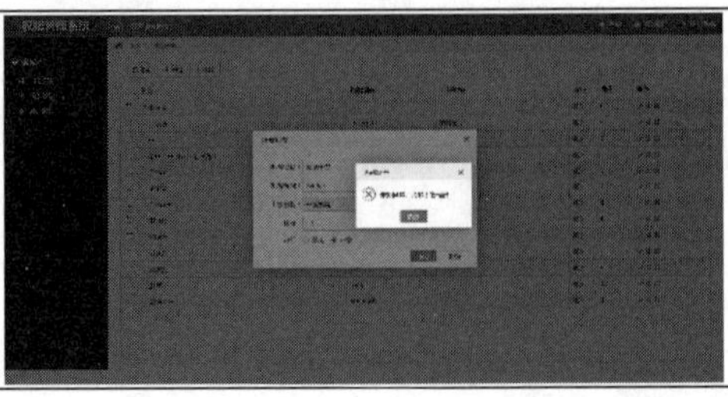
操作步骤： 1. 角色管理员登录，进入首页 2. 单击左侧导航栏中的“机构管理”模块菜单，进入机构管理页面 3. 在机构列表页，单击“新增”按钮，弹出“新增机构”窗口 4. 机构名称：测试十二 5. 机构编码：twelve 6. 上级机构：一级机构 7. 排序：12a 8. 可用：正常 9. 单击“确定”按钮	
预期结果： 提示“序号输入有误，请重新输入。”	
实际结果： 弹出弹框显示“未知错误，请联系管理员”，单击“确定”按钮回到新增机构界面，区域列表中没有新增机构	
缺陷严重程度： 严重	

缺陷编号：QXGL-101	角色：角色管理员
模块名称：机构管理	抓图说明：
摘要描述： 新增机构，排序输入汉字，出现未知错误	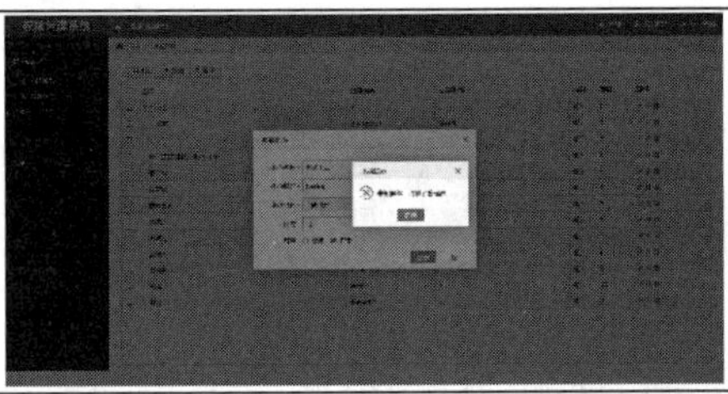
操作步骤： 1. 角色管理员登录，进入首页 2. 单击左侧导航栏中的“机构管理”模块菜单，进入机构管理页面 3. 在机构列表页，单击“新增”按钮，弹出“新增机构”窗口 4. 机构名称：测试十二 5. 机构编码：twelve 6. 上级机构：一级机构 7. 排序：12 啊 8. 可用：正常 9. 单击“确定”按钮	

续表

<table>
<tr><td>预期结果：
提示“序号输入有误，请重新输入。”</td><td rowspan="3"></td></tr>
<tr><td>实际结果：
弹出弹框显示“未知错误，请联系管理员”，单击“确定”按钮回到新增机构界面，区域列表中没有新增机构</td></tr>
<tr><td>缺陷严重程度：
严重</td></tr>
</table>

<table>
<tr><td>缺陷编号：QXGL-102</td><td>角色：角色管理员</td></tr>
<tr><td>模块名称：机构管理</td><td>抓图说明：</td></tr>
<tr><td>摘要描述：
新增机构，排序输入符号，出现未知错误</td><td>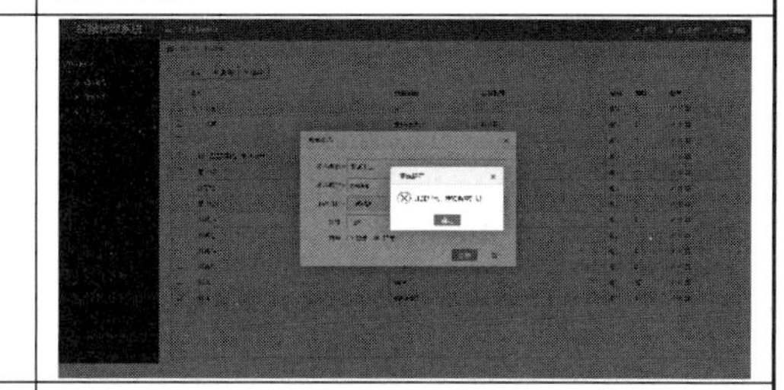</td></tr>
<tr><td>操作步骤：
1. 角色管理员登录，进入首页
2. 单击左侧导航栏中的“机构管理”模块菜单，进入机构管理页面
3. 在机构列表页，单击“新增”按钮，弹出“新增机构”窗口
4. 机构名称：测试十二
5. 机构编码：twelve
6. 上级机构：一级机构
7. 排序：12，
8. 可用：正常
9. 单击“确定”按钮</td><td rowspan="4"></td></tr>
<tr><td>预期结果：
提示“序号输入有误，请重新输入。”</td></tr>
<tr><td>实际结果：
弹出弹框显示“未知错误，请联系管理员”，单击“确定”按钮回到新增机构界面，区域列表中没有新增机构</td></tr>
<tr><td>缺陷严重程度：
严重</td></tr>
</table>

<table>
<tr><td>缺陷编号：QXGL-103</td><td>角色：角色管理员</td></tr>
<tr><td>模块名称：机构管理</td><td>抓图说明：</td></tr>
<tr><td>摘要描述：
新增机构，排序输入特殊字符，出现未知错误</td><td>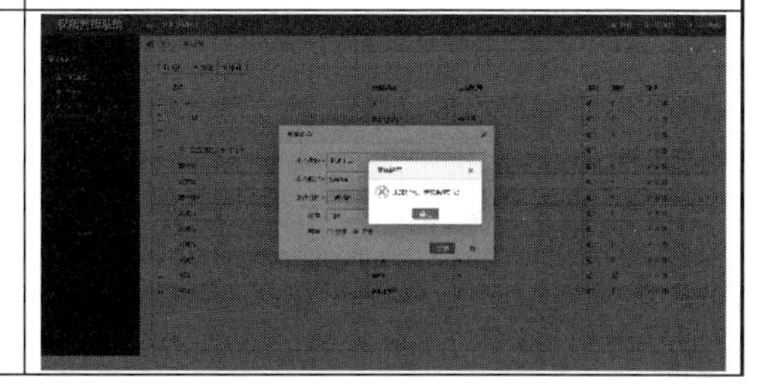</td></tr>
</table>

续表

操作步骤： 1. 角色管理员登录，进入首页 2. 单击左侧导航栏中的“机构管理”模块菜单，进入机构管理页面 3. 在机构列表页，单击“新增”按钮，弹出“新增机构”窗口 4. 机构名称：测试十二 5. 机构编码：twelve 6. 上级机构：一级机构 7. 排序：12# 8. 可用：正常 9. 单击“确定”按钮	
预期结果： 提示“序号输入有误，请重新输入。”	
实际结果： 弹出弹框显示“未知错误，请联系管理员”，单击“确定”按钮回到新增机构界面，区域列表中没有新增机构	
缺陷严重程度： 严重	

缺陷编号：QXGL-104	角色：角色管理员
模块名称：机构管理	抓图说明：
摘要描述： 新增机构，排序输入长度大于 10，出现未知错误	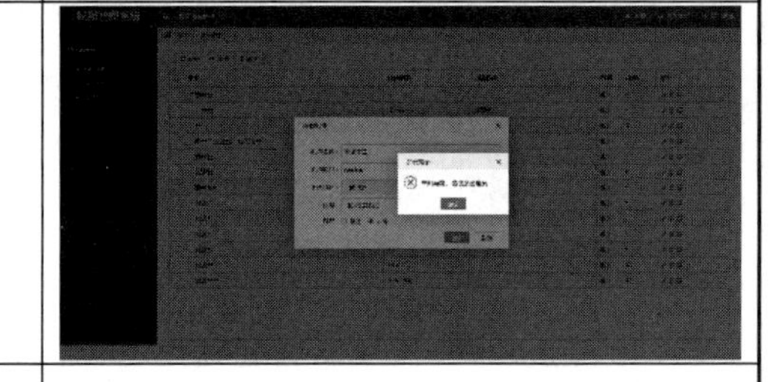
操作步骤： 1. 角色管理员登录，进入首页 2. 单击左侧导航栏中的“机构管理”模块菜单，进入机构管理页面 3. 在机构列表页，单击“新增”按钮，弹出“新增机构”窗口 4. 机构名称：测试十二 5. 机构编码：twelve 6. 上级机构：一级机构 7. 排序：12345678901 8. 可用：正常 9. 单击“确定”按钮	
预期结果： 提示“序号输入有误，请重新输入。”	
实际结果： 弹出弹框显示“未知错误，请联系管理员”，单击“确定”按钮回到新增机构界面，区域列表中没有新增机构	
缺陷严重程度： 严重	

缺陷编号：QXGL-105	角色：角色管理员
模块名称：机构管理	抓图说明：
摘要描述： 修改机构，页面 title 显示“权限管理系统”	
操作步骤： 1. 角色管理员登录，进入首页 2. 单击左侧导航栏中的“机构管理”模块菜单，进入机构管理页面 3. 在机构列表页，勾选要修改机构的机构名称，单击“修改”按钮，弹出“修改机构”窗口	
预期结果： 页面 title 显示“修改机构”	
实际结果： 页面 title 显示“权限管理系统”	
缺陷严重程度： 中	

缺陷编号：QXGL-106	角色：角色管理员
模块名称：机构管理	抓图说明：
摘要描述： 修改机构，机构名称小于 2 个字，仍能修改成功	
操作步骤： 1. 角色管理员登录，进入首页 2. 单击左侧导航栏中的“机构管理”模块菜单，进入机构管理页面 3. 在机构列表页，单击“修改”按钮，弹出“修改机构”窗口 4. 机构名称：一 5. 机构编码：one 6. 上级机构：一级机构 7. 排序：1 8. 可用：正常 9. 单击“确定”按钮	
预期结果： 提示“机构名称输入有误，请重新输入。”	
实际结果： 提示“操作成功！”，列表中出现修改机构	
缺陷严重程度： 高	

缺陷编号：QXGL-107	角色：角色管理员
模块名称：机构管理	抓图说明：
摘要描述： 修改机构，机构名称大于 10 个字，仍能修改成功	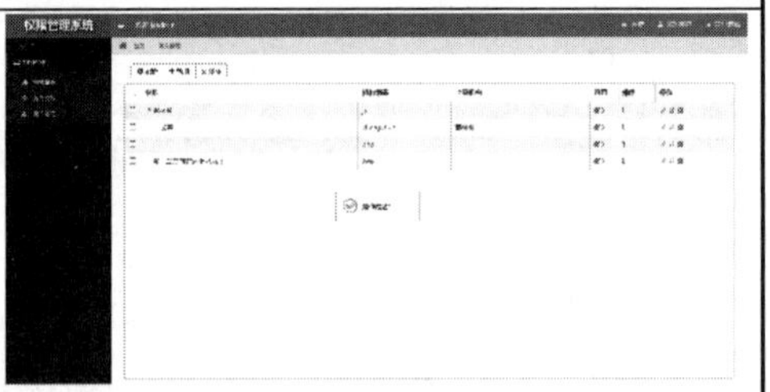
操作步骤： 1. 角色管理员登录，进入首页 2. 单击左侧导航栏中的“机构管理”模块菜单，进入机构管理页面 3. 在机构列表页，单击“修改”按钮，弹出“修改机构”窗口 4. 机构名称：零一二三四五六七八九十 5. 机构编码：two 6. 上级机构：一级机构 7. 排序：2 8. 可用：正常 9. 单击“确定”按钮	
预期结果： 提示“机构名称输入有误，请重新输入。”	
实际结果： 提示“操作成功！”，列表中出现修改机构	
缺陷严重程度： 高	

缺陷编号：QXGL-108	角色：角色管理员
模块名称：机构管理	抓图说明：
摘要描述： 修改机构，机构名称与系统内的机构名称重复字，仍能修改成功	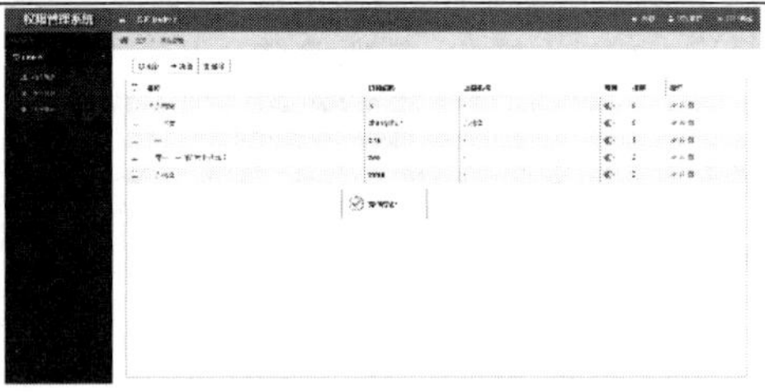
操作步骤： 1. 角色管理员登录，进入首页 2. 单击左侧导航栏中的“机构管理”模块菜单，进入机构管理页面 3. 在机构列表页，单击“修改”按钮，弹出“修改机构”窗口 4. 机构名称：吉林省 5. 机构编码：three 6. 上级机构：一级机构 7. 排序：3 8. 可用：正常 9. 单击“确定”按钮	

续表

预期结果： 提示："机构名称不唯一，请重新输入。"	
实际结果： 提示"操作成功！"，列表中出现修改机构	
缺陷严重程度： 高	

缺陷编号：QXGL-109	角色：角色管理员
模块名称：机构管理	抓图说明：
摘要描述： 修改机构，机构名称包含符号，仍能修改成功	
操作步骤： 1. 角色管理员登录，进入首页 2. 单击左侧导航栏中的"机构管理"模块菜单，进入机构管理页面 3. 在机构列表页，单击"修改"按钮，弹出"修改机构"窗口 4. 机构名称：辽宁省 5. 机构编码：four 6. 上级机构：一级机构 7. 排序：4 8. 可用：正常 9. 单击"确定"按钮	
预期结果： 提示"机构名称输入有误，请重新输入。"	
实际结果： 提示"操作成功！"，列表中出现修改机构	
缺陷严重程度： 高	

缺陷编号：QXGL-110	角色：角色管理员
模块名称：机构管理	抓图说明：
摘要描述： 修改机构，机构名称包含特殊字符，仍能修改成功	

续表

操作步骤： 1. 角色管理员登录，进入首页 2. 单击左侧导航栏中的“机构管理”模块菜单，进入机构管理页面 3. 在机构列表页，单击“修改”按钮，弹出“修改机构”窗口 4. 机构名称：辽宁省# 5. 机构编码：five 6. 上级机构：一级机构 7. 排序：5 8. 可用：正常 9. 单击“确定”按钮	
预期结果： 提示“机构名称输入有误，请重新输入。”	
实际结果： 提示“操作成功！”，列表中出现修改机构	
缺陷严重程度： 高	

缺陷编号：QXGL-111	角色：角色管理员
模块名称：机构管理	抓图说明：
摘要描述： 修改机构，英文代码小于 2 个字，仍能修改成功	
操作步骤： 1. 角色管理员登录，进入首页 2. 单击左侧导航栏中的“机构管理”模块菜单，进入机构管理页面 3. 在机构列表页，单击“修改”按钮，弹出“修改机构”窗口 4. 机构名称：测试六 5. 机构编码：a 6. 上级机构：一级机构 7. 排序：6 8. 可用：正常 9. 单击“确定”按钮	
预期结果： 提示“机构编码输入有误，请重新输入。”	
实际结果： 提示“操作成功！”，列表中出现修改机构	
缺陷严重程度： 高	

缺陷编号：QXGL-112	角色：角色管理员
模块名称：机构管理	抓图说明：
摘要描述： 修改机构，英文代码大于 10 个字，仍能修改成功	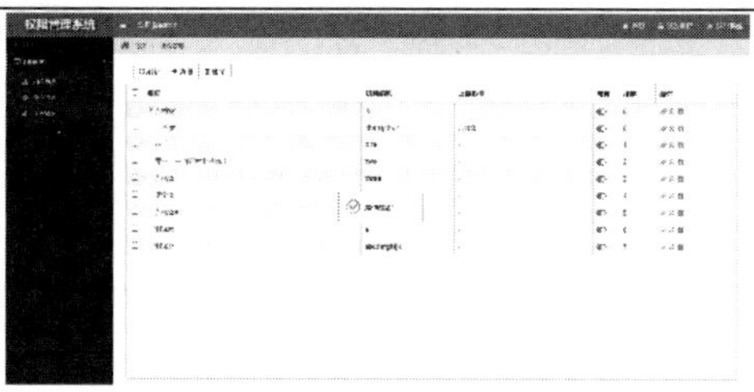
操作步骤： 1. 角色管理员登录，进入首页 2. 单击左侧导航栏中的“机构管理”模块菜单，进入机构管理页面 3. 在机构列表页，单击“修改”按钮，弹出“修改机构”窗口 4. 机构名称：测试七 5. 机构编码：abcdefghijk 6. 上级机构：一级机构 7. 排序：7 8. 可用：正常 9. 单击“确定”按钮	
预期结果： 提示“机构编码输入有误，请重新输入。”	
实际结果： 提示“操作成功！”，列表中出现修改机构	
缺陷严重程度： 高	

缺陷编号：QXGL-113	角色：角色管理员
模块名称：机构管理	抓图说明：
摘要描述： 修改机构，英文代码与系统内的英文代码重复，仍能修改成功	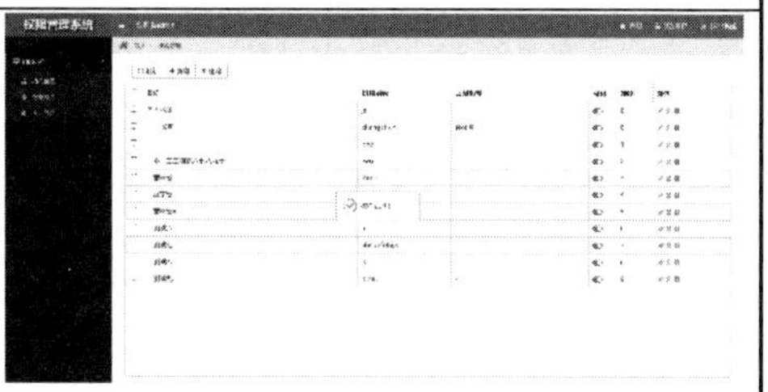
操作步骤： 浏览器版本：93.0.4577.82 操作步骤： 1. 角色管理员登录，进入首页 2. 单击左侧导航栏中的“机构管理”模块菜单，进入机构管理页面 3. 在机构列表页，单击“修改”按钮，弹出“修改机构”窗口 4. 机构名称：测试八 5. 机构编码：js 6. 上级机构：一级机构	

续表

7. 排序：8 8. 可用：正常 9. 单击“确定”按钮	
预期结果： 提示“机构编码不唯一，请重新输入。”	
实际结果： 提示“操作成功！”，列表中出现修改机构	
缺陷严重程度： 高	

缺陷编号：QXGL-114	角色：角色管理员
模块名称：机构管理	抓图说明：
摘要描述： 修改机构，英文代码包含符号，仍能修改成功	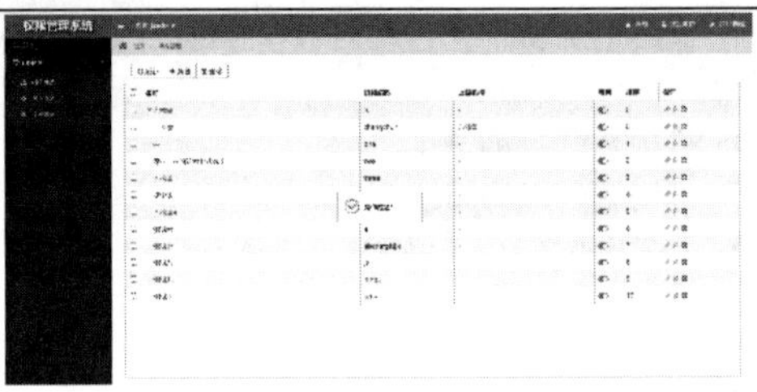
操作步骤： 1. 角色管理员登录，进入首页 2. 单击左侧导航栏中的“机构管理”模块菜单，进入机构管理页面 3. 在机构列表页，单击“修改”按钮，弹出“修改机构”窗口 4. 机构名称：测试九 5. 机构编码：nine， 6. 上级机构：一级机构 7. 排序：9 8. 可用：正常 9. 单击“确定”按钮	
预期结果： 提示“机构编码输入有误，请重新输入。”	
实际结果： 提示“操作成功！”，列表中出现修改机构	
缺陷严重程度： 高	

缺陷编号：QXGL-115	角色：角色管理员
模块名称：机构管理	抓图说明：
摘要描述： 修改机构，英文代码包含特殊字符，仍能修改成功	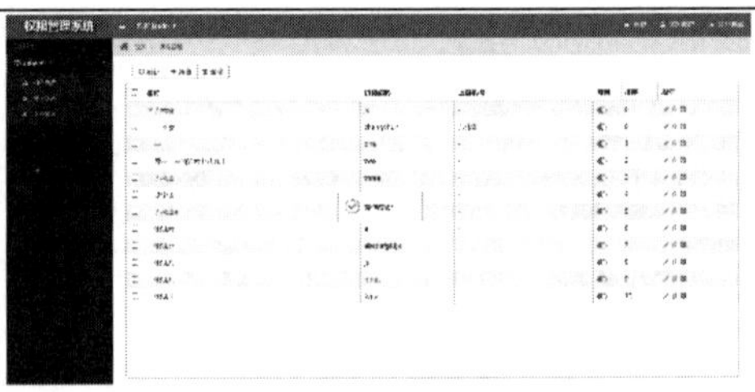

续表

操作步骤： 1. 角色管理员登录，进入首页 2. 单击左侧导航栏中的“机构管理”模块菜单，进入机构管理页面 3. 在机构列表页，单击“修改”按钮，弹出“修改机构”窗口 4. 机构名称：测试十 5. 机构编码：ten# 6. 上级机构：一级机构 7. 排序：10 8. 可用：正常 9. 单击“确定”按钮	
预期结果： 提示“机构编码输入有误，请重新输入。”	
实际结果： 提示“操作成功！”，列表中出现修改机构	
缺陷严重程度： 高	

缺陷编号：QXGL-116	角色：角色管理员
模块名称：机构管理	抓图说明：
摘要描述： 修改机构，英文代码包含汉字，仍能修改成功	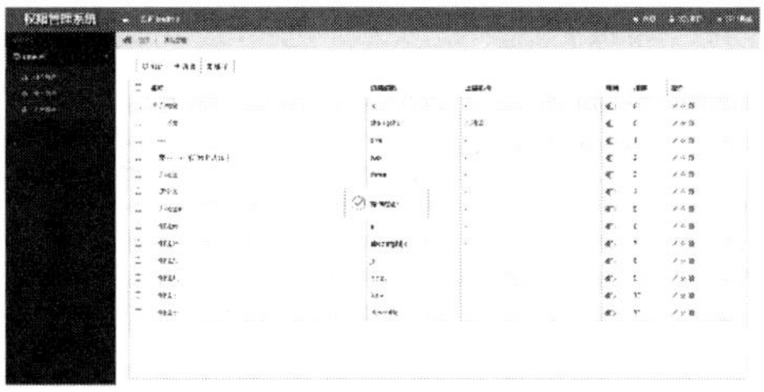
操作步骤： 1. 角色管理员登录，进入首页 2. 单击左侧导航栏中的“机构管理”模块菜单，进入机构管理页面 3. 在机构列表页，单击“修改”按钮，弹出“修改机构”窗口 4. 机构名称：测试十一 5. 机构编码：eleven 啊 6. 上级机构：一级机构 7. 排序：11 8. 可用：正常 9. 单击“确定”按钮	
预期结果： 提示“机构编码输入有误，请重新输入。”	
实际结果： 提示“操作成功！”，列表中出现修改机构	
缺陷严重程度： 高	

缺陷编号：QXGL-117	角色：角色管理员
模块名称：机构管理	抓图说明：
摘要描述： 修改机构，排序输入英文字母，出现未知错误	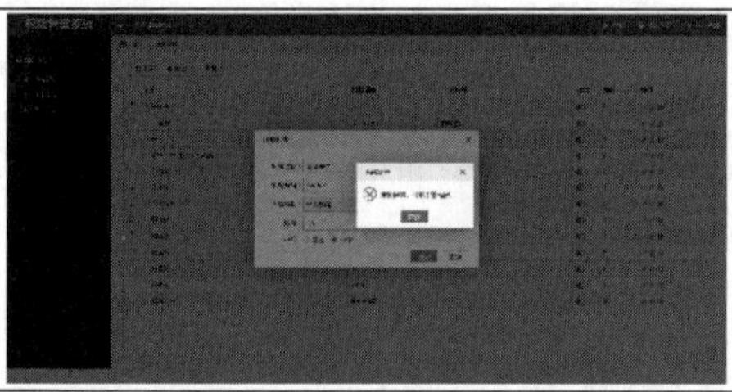
操作步骤： 1. 角色管理员登录，进入首页 2. 单击左侧导航栏中的“机构管理”模块菜单，进入机构管理页面 3. 在机构列表页，单击“修改”按钮，弹出“修改机构”窗口 4. 机构名称：测试十二 5. 机构编码：twelve 6. 上级机构：一级机构 7. 排序：12a 8. 可用：正常 9. 单击“确定”按钮	
预期结果： 提示“序号输入有误，请重新输入。”	
实际结果： 弹出弹框显示“未知错误，请联系管理员”，单击“确定”按钮回到修改机构界面，区域列表中没有修改机构	
缺陷严重程度： 严重	

缺陷编号：QXGL-118	角色：角色管理员
模块名称：机构管理	抓图说明：
摘要描述： 修改机构，排序输入汉字，出现未知错误	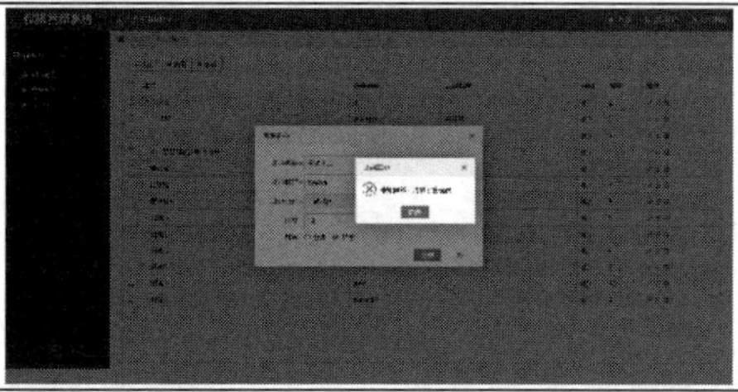
操作步骤： 1. 角色管理员登录，进入首页 2. 单击左侧导航栏中的“机构管理”模块菜单，进入机构管理页面 3. 在机构列表页，单击“修改”按钮，弹出“修改机构”窗口 4. 机构名称：测试十二 5. 机构编码：twelve 6. 上级机构：一级机构 7. 排序：12 啊 8. 可用：正常 9. 单击“确定”按钮	

续表

预期结果： 提示“序号输入有误，请重新输入。”	
实际结果： 弹出弹框显示“未知错误，请联系管理员”，单击“确定”按钮回到修改机构界面，区域列表中没有修改机构	
缺陷严重程度： 严重	

缺陷编号：QXGL-119	角色：角色管理员
模块名称：机构管理	抓图说明：
摘要描述： 修改机构，排序输入符号，出现未知错误	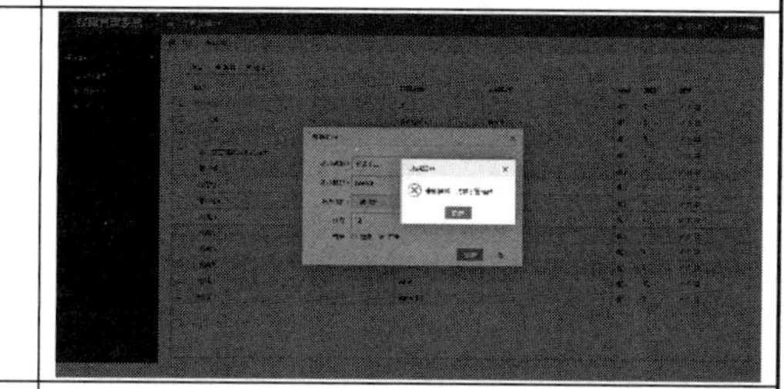
操作步骤： 1. 角色管理员登录，进入首页 2. 单击左侧导航栏中的“机构管理”模块菜单，进入机构管理页面 3. 在机构列表页，单击“修改”按钮，弹出“修改机构”窗口 4. 机构名称：测试十二 5. 机构编码：twelve 6. 上级机构：一级机构 7. 排序：12， 8. 可用：正常 9. 单击“确定”按钮	
预期结果： 提示“序号输入有误，请重新输入。”	
实际结果： 弹出弹框显示“未知错误，请联系管理员”，单击“确定”按钮回到修改机构界面，区域列表中没有修改机构	
缺陷严重程度： 严重	

缺陷编号：QXGL-120	角色：角色管理员
模块名称：机构管理	抓图说明：
摘要描述： 修改机构，排序输入特殊字符，出现未知错误	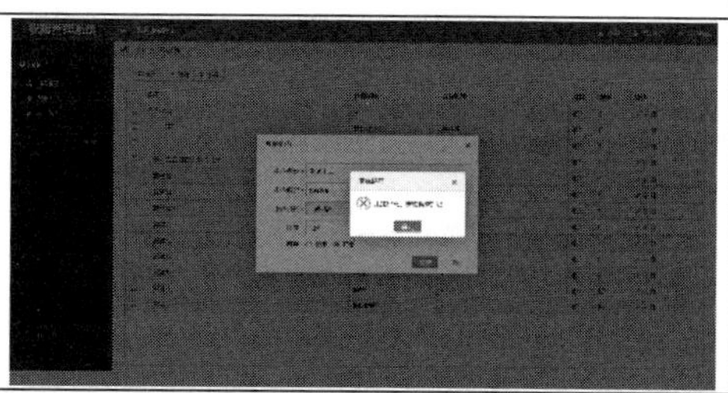

续表

<table>
<tr><td>操作步骤：
1. 角色管理员登录，进入首页
2. 单击左侧导航栏中的“机构管理”模块菜单，进入机构管理页面
3. 在机构列表页，单击“修改”按钮，弹出“修改机构”窗口
4. 机构名称：测试十二
5. 机构编码：twelve
6. 上级机构：一级机构
7. 排序：12#
8. 可用：正常
9. 单击“确定”按钮</td><td rowspan="4"></td></tr>
<tr><td>预期结果：
提示“序号输入有误，请重新输入。”</td></tr>
<tr><td>实际结果：
弹出弹框显示“未知错误，请联系管理员”，单击“确定”按钮回到修改机构界面，区域列表中没有修改机构</td></tr>
<tr><td>缺陷严重程度：
严重</td></tr>
</table>

<table>
<tr><td>缺陷编号：QXGL-121</td><td>角色：角色管理员</td></tr>
<tr><td>模块名称：机构管理</td><td>抓图说明：</td></tr>
<tr><td>摘要描述：
修改机构，排序输入长度大于 10，出现未知错误</td><td>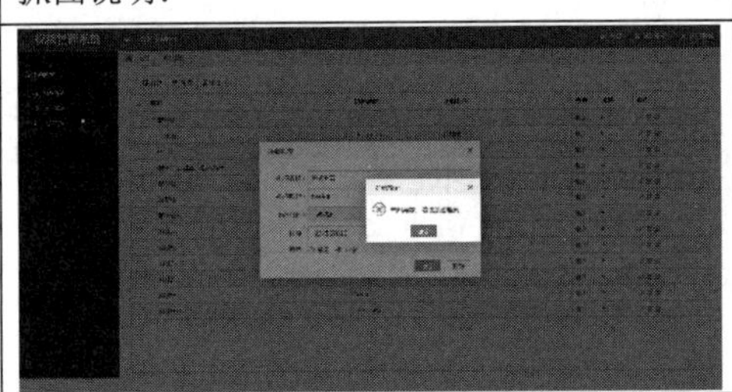</td></tr>
<tr><td>操作步骤：
1. 角色管理员登录，进入首页
2. 单击左侧导航栏中的“机构管理”模块菜单，进入机构管理页面
3. 在机构列表页，单击“修改”按钮，弹出“修改机构”窗口
4. 机构名称：测试十二
5. 机构编码：twelve
6. 上级机构：一级机构
7. 排序：12345678901
8. 可用：正常
9. 单击“确定”按钮</td><td rowspan="4"></td></tr>
<tr><td>预期结果：
提示“序号输入有误，请重新输入。”</td></tr>
<tr><td>实际结果：
弹出弹框显示“未知错误，请联系管理员”，单击“确定”按钮回到修改机构界面，区域列表中没有修改机构</td></tr>
<tr><td>缺陷严重程度：
严重</td></tr>
</table>

缺陷编号：QXGL-122	角色：角色管理员
模块名称：角色管理	抓图说明：
摘要描述： 单击左侧菜单的角色管理，页面 title 显示“权限管理系统”	
操作步骤： 1. 角色管理员登录，进入首页 2. 单击左侧导航栏中的“角色管理”模块菜单，进入角色管理页面	
预期结果： 页面 title 显示“角色管理”	
实际结果： 页面 title 显示“权限管理系统”	
缺陷严重程度： 中	

缺陷编号：QXGL-123	角色：角色管理员
模块名称：角色管理	抓图说明：
摘要描述： 新增角色，页面 title 显示“权限管理系统”	
操作步骤： 1. 角色管理员登录，进入首页 2. 单击左侧导航栏中的“角色管理”模块菜单，进入角色管理页面 3. 在角色列表页，勾选要修改角色的角色名称，单击“新增”按钮，弹出“新增角色”窗口	
预期结果： 页面 title 显示“新增角色”	
实际结果： 页面 title 显示“权限管理系统”	
缺陷严重程度： 中	

缺陷编号：QXGL-124	角色：角色管理员
模块名称：角色管理	抓图说明：
摘要描述： 新增角色，角色名称小于 2 个字，仍能新增成功	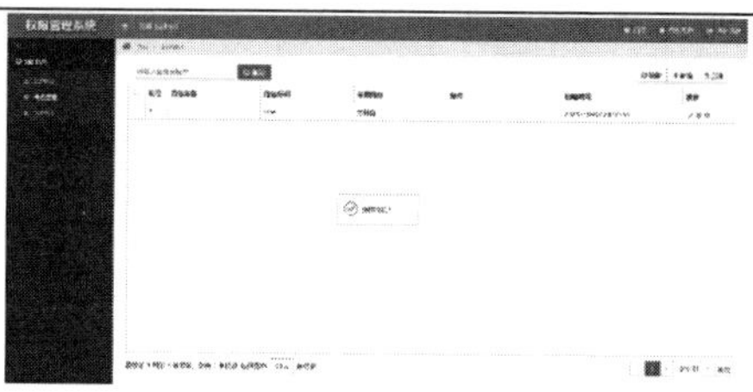
操作步骤： 1. 角色管理员登录，进入首页 2. 单击左侧导航栏中的“角色管理”模块菜单，进入角色管理页面 3. 在角色列表页，单击“新增”按钮，弹出“新增角色”窗口	

续表

4. 角色名称：一 5. 角色标识：one 6. 所属角色：吉林省 7. 备注：一	
预期结果： 提示“角色名称输入有误，请重新输入。”	
实际结果： 提示“操作成功！”，列表中出现新增角色	
缺陷严重程度： 高	

缺陷编号：QXGL-125	角色：角色管理员
模块名称：角色管理	抓图说明：
摘要描述： 新增角色，角色名称大于 10 个字，仍能新增成功	
操作步骤： 1. 角色管理员登录，进入首页 2. 单击左侧导航栏中的“角色管理”模块菜单，进入角色管理页面 3. 在角色列表页，单击“新增”按钮，弹出“新增角色”窗口 4. 角色名称：零一二三四五六七八九十 5. 角色标识：two 6. 所属角色：吉林省 7. 备注：二	
预期结果： 提示“角色名称输入有误，请重新输入。”	
实际结果： 提示“操作成功！”，列表中出现新增角色	
缺陷严重程度： 高	

缺陷编号：QXGL-126	角色：角色管理员
模块名称：角色管理	抓图说明：
摘要描述： 新增角色，角色名称与系统内的角色名称重复，仍能新增成功	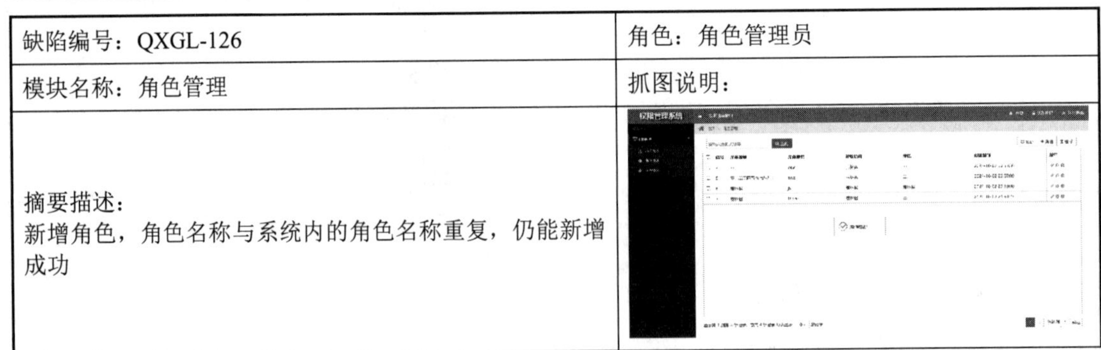

续表

<table>
<tr><td>操作步骤：
1. 角色管理员登录，进入首页
2. 单击左侧导航栏中的“角色管理”模块菜单，进入角色管理页面
3. 在角色列表页，单击“新增”按钮，弹出“新增角色”窗口
4. 角色名称：吉林省
5. 角色标识：three
6. 所属角色：吉林省
7. 备注：三</td><td rowspan="4"></td></tr>
<tr><td>预期结果：
提示：“角色名称不唯一，请重新输入。”</td></tr>
<tr><td>实际结果：
提示“操作成功！”，列表中出现新增角色</td></tr>
<tr><td>缺陷严重程度：
高</td></tr>
</table>

<table>
<tr><td>缺陷编号：QXGL-127</td><td>角色：角色管理员</td></tr>
<tr><td>模块名称：角色管理</td><td>抓图说明：</td></tr>
<tr><td>摘要描述：
新增角色，角色名称包含符号，仍能新增成功</td><td></td></tr>
<tr><td>操作步骤：
1. 角色管理员登录，进入首页
2. 单击左侧导航栏中的“角色管理”模块菜单，进入角色管理页面
3. 在角色列表页，单击“新增”按钮，弹出“新增角色”窗口
4. 角色名称：辽宁省
5. 角色标识：four
6. 所属角色：吉林省
7. 备注：四</td><td rowspan="4"></td></tr>
<tr><td>预期结果：
提示“角色名称输入有误，请重新输入。”</td></tr>
<tr><td>实际结果：
提示“操作成功！”，列表中出现新增角色</td></tr>
<tr><td>缺陷严重程度：
高</td></tr>
</table>

<table>
<tr><td>缺陷编号：QXGL-128</td><td>角色：角色管理员</td></tr>
<tr><td>模块名称：角色管理</td><td>抓图说明：</td></tr>
</table>

续表

摘要描述： 新增角色，角色名称包含特殊字符，仍能新增成功	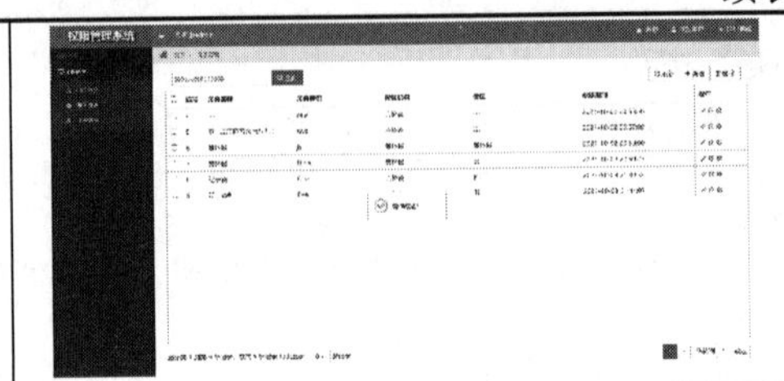
操作步骤： 1. 角色管理员登录，进入首页 2. 单击左侧导航栏中的“角色管理”模块菜单，进入角色管理页面 3. 在角色列表页，单击“新增”按钮，弹出“新增角色”窗口 4. 角色名称：辽宁省 5. 角色标识：five 6. 所属角色：吉林省 7. 备注：五	
预期结果： 提示“角色名称输入有误，请重新输入。”	
实际结果： 提示“操作成功！”，列表中出现新增角色	
缺陷严重程度： 高	

缺陷编号：QXGL-129	角色：角色管理员
模块名称：角色管理	抓图说明：
摘要描述： 新增角色，角色标识小于 2 个字，仍能新增成功	
操作步骤： 1. 角色管理员登录，进入首页 2. 单击左侧导航栏中的“角色管理”模块菜单，进入角色管理页面 3. 在角色列表页，单击“新增”按钮，弹出“新增角色”窗口 4. 角色名称：测试六 5. 角色标识：6 6. 所属角色：吉林省 7. 备注：六	
预期结果： 提示“角色标识输入有误，请重新输入。”	
实际结果： 提示“操作成功！”，列表中出现新增角色	
缺陷严重程度： 高	

缺陷编号：QXGL-130	角色：角色管理员
模块名称：角色管理	抓图说明：
摘要描述： 新增角色，角色标识大于 10 个字，仍能新增成功	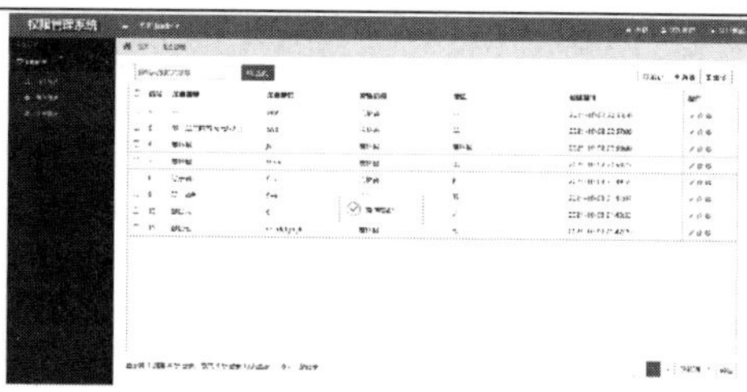
操作步骤： 1. 角色管理员登录，进入首页 2. 单击左侧导航栏中的“角色管理”模块菜单，进入角色管理页面 3. 在角色列表页，单击“新增”按钮，弹出“新增角色”窗口 4. 角色名称：测试七 5. 角色标识：abcdefghijk 6. 所属角色：吉林省 7. 备注：七	
预期结果： 提示“角色标识输入有误，请重新输入。”	
实际结果： 提示“操作成功！”，列表中出现新增角色	
缺陷严重程度： 高	

缺陷编号：QXGL-131	角色：角色管理员
模块名称：角色管理	抓图说明：
摘要描述： 新增角色，角色标识包含符号（排除逗号），仍能新增成功	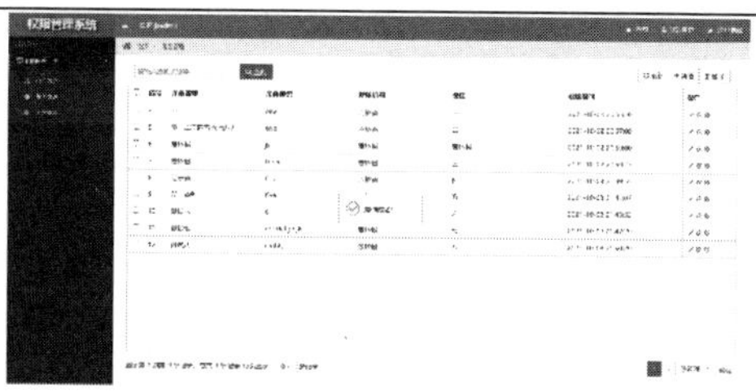
操作步骤： 1. 角色管理员登录，进入首页 2. 单击左侧导航栏中的“角色管理”模块菜单，进入角色管理页面 3. 在角色列表页，单击“新增”按钮，弹出“新增角色”窗口 4. 角色名称：测试八 5. 角色标识：eight。 6. 所属角色：吉林省 7. 备注：八	
预期结果： 提示“角色标识输入有误，请重新输入。”	
实际结果： 提示“操作成功！”，列表中出现新增角色	

续表

缺陷严重程度： 高	

缺陷编号：QXGL-132	角色：角色管理员
模块名称：角色管理	抓图说明：
摘要描述： 新增角色，角色标识包含特殊字符，仍能新增成功	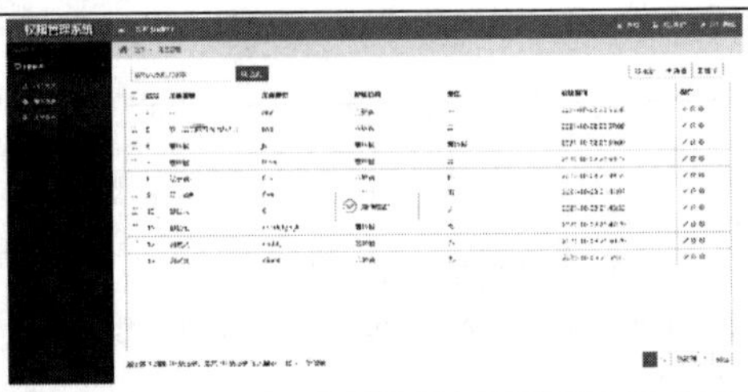
操作步骤： 1. 角色管理员登录，进入首页 2. 单击左侧导航栏中的“角色管理”模块菜单，进入角色管理页面 3. 在角色列表页，单击“新增”按钮，弹出“新增角色”窗口 4. 角色名称：测试九 5. 角色标识：nine# 6. 所属角色：吉林省 7. 备注：九	
预期结果： 提示“角色名称输入有误，请重新输入。”	
实际结果： 提示“操作成功！”，列表中出现新增角色	

缺陷编号：QXGL-133	角色：角色管理员
模块名称：角色管理	抓图说明：
摘要描述： 新增角色，角色标识包含汉字，仍能新增成功	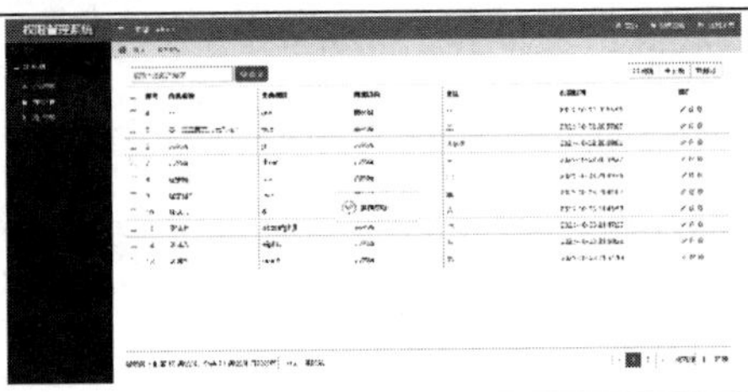
操作步骤： 1. 角色管理员登录，进入首页 2. 单击左侧导航栏中的“角色管理”模块菜单，进入角色管理页面 3. 在角色列表页，单击“新增”按钮，弹出“新增角色”窗口 4. 角色名称：测试十 5. 角色标识：ten 十 6. 所属角色：吉林省 7. 备注：十	
预期结果： 提示“角色标识输入有误，请重新输入。”	

续表

实际结果： 提示“操作成功！”，列表中出现新增角色	
缺陷严重程度： 高	

缺陷编号：QXGL-134	角色：角色管理员
模块名称：角色管理	抓图说明：
摘要描述： 新增角色，备注输入长度大于500，出现未知错误	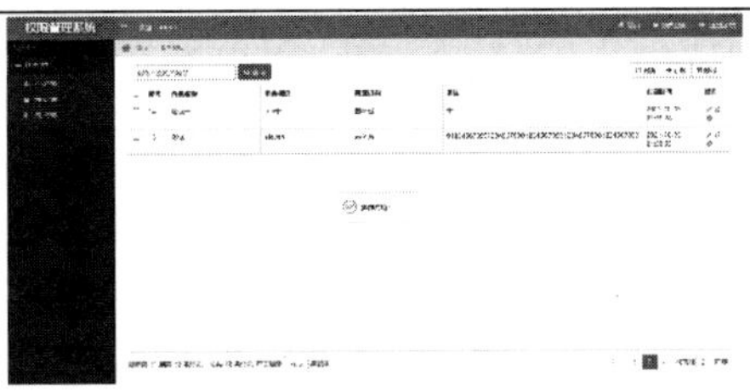
操作步骤： 1. 角色管理员登录，进入首页 2. 单击左侧导航栏中的“角色管理”模块菜单，进入角色管理页面 3. 在角色列表页，单击“新增”按钮，弹出“新增角色”窗口 4. 角色名称：测试十一 5. 角色标识：eleven 6. 所属角色：吉林省 7. 备注：01234567890123456789012345678901234567890 1234567890	
预期结果： 提示“备注输入有误，请重新输入。”	
实际结果： 提示“操作成功！”，列表中出现新增角色	
缺陷严重程度： 严重	

缺陷编号：QXGL-135	角色：角色管理员
模块名称：角色管理	抓图说明：
摘要描述： 设置每页显示10条记录，列表中已存在10条记录，新增角色成功后，没有自动跳转到下一页	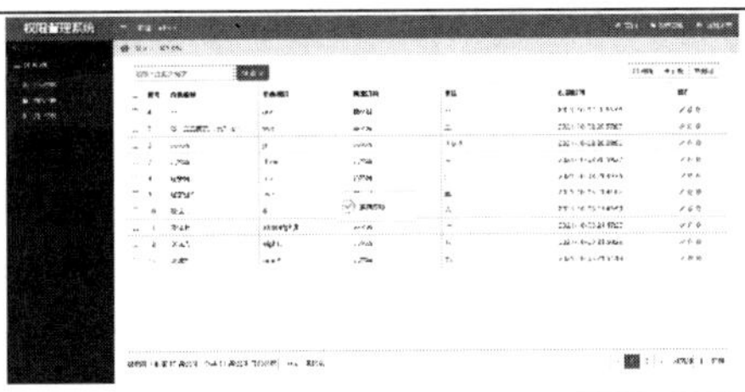
操作步骤： 1. 角色管理员登录，进入首页 2. 单击左侧导航栏中的“角色管理”模块菜单，进入角色管理页面 3. 角色列表页已有10条记录 4. 设置每页显示10条记录 5. 新增角色成功	

续表

预期结果： 自动跳转到下一页列表显示新增的角色	
实际结果： 没有自动跳转到下一页	
缺陷严重程度： 中	

缺陷编号：QXGL-136	角色：角色管理员
模块名称：角色管理	抓图说明：
摘要描述： 删除的角色，当前角色的编号也被删除	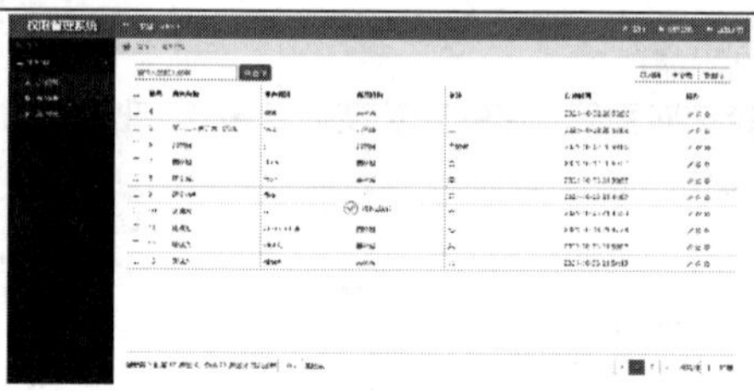
操作步骤： 1. 角色管理员登录，进入首页 2. 单击左侧导航栏中的“角色管理”模块菜单，进入角色管理页面 3. 角色列表页已有 10 条记录，编号为 1～10 4. 将 10 条记录全部删除 5. 新增角色成功	
预期结果： 新增角色的编号从 1 开始	
实际结果： 新增角色的编号从 11 开始	
缺陷严重程度： 高	

缺陷编号：QXGL-137	角色：角色管理员
模块名称：角色管理	抓图说明：
摘要描述： 修改角色，页面 title 显示“权限管理系统”	
操作步骤： 1. 角色管理员登录，进入首页 2. 单击左侧导航栏中的“角色管理”模块菜单，进入角色管理页面 3. 在角色列表页，勾选要修改角色的角色名称，单击“修改”按钮，弹出“修改角色”窗口	
预期结果： 页面 title 显示“修改角色”	
实际结果： 页面 title 显示“权限管理系统”	
缺陷严重程度： 中	

缺陷编号：QXGL-138	角色：角色管理员
模块名称：角色管理	抓图说明：
摘要描述： 修改角色，角色名称小于 2 个字，仍能修改成功	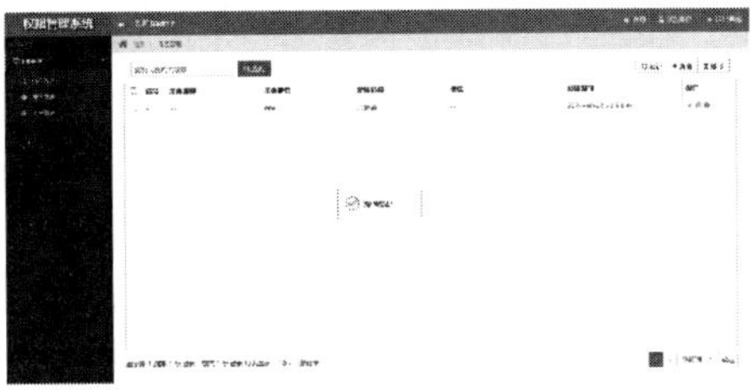
操作步骤： 1. 角色管理员登录，进入首页 2. 单击左侧导航栏中的“角色管理”模块菜单，进入角色管理页面 3. 在角色列表页，单击“修改”按钮，弹出“修改角色”窗口 4. 角色名称：一 5. 角色标识：one 6. 所属角色：吉林省 7. 备注：一	
预期结果： 提示“角色名称输入有误，请重新输入。”	
实际结果： 提示“操作成功！”，列表中出现修改角色	
缺陷严重程度： 高	

缺陷编号：QXGL-139	角色：角色管理员
模块名称：角色管理	抓图说明：
摘要描述： 修改角色，角色名称大于 10 个字，仍能修改成功	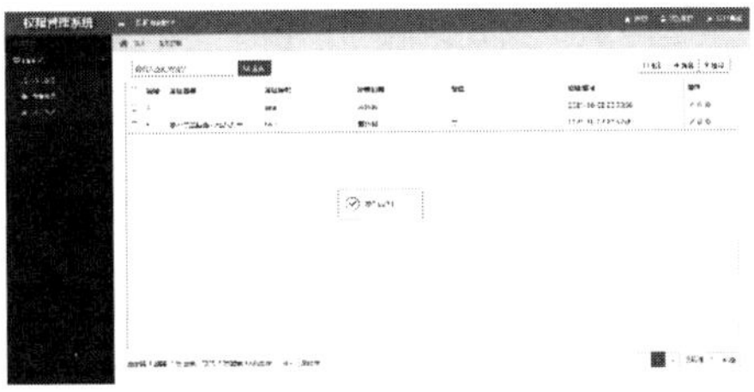
操作步骤： 1. 角色管理员登录，进入首页 2. 单击左侧导航栏中的“角色管理”模块菜单，进入角色管理页面 3. 在角色列表页，单击“修改”按钮，弹出“修改角色”窗口 4. 角色名称：零一二三四五六七八九十 5. 角色标识：two 6. 所属角色：吉林省 7. 备注：二	

续表

预期结果： 提示“角色名称输入有误，请重新输入。”	
实际结果： 提示“操作成功！”，列表中出现修改角色	
缺陷严重程度： 高	

缺陷编号：QXGL-140	角色：角色管理员
模块名称：角色管理	抓图说明：
摘要描述： 修改角色，角色名称与系统内的角色名称重复，仍能修改成功	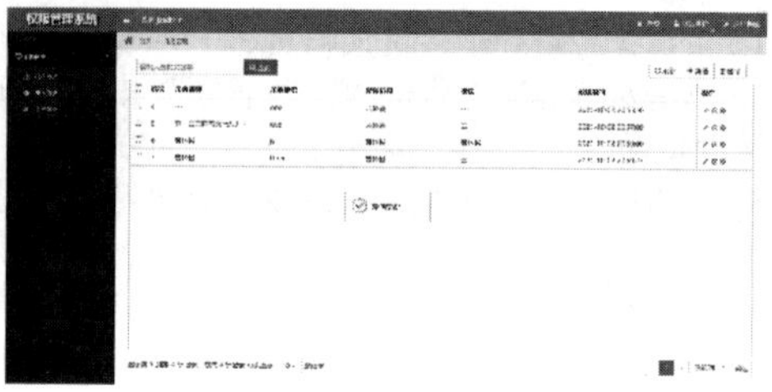
操作步骤： 1. 角色管理员登录，进入首页 2. 单击左侧导航栏中的“角色管理”模块菜单，进入角色管理页面 3. 在角色列表页，单击“修改”按钮，弹出“修改角色”窗口 4. 角色名称：吉林省 5. 角色标识：three 6. 所属角色：吉林省 7. 备注：三	
预期结果： 提示：“角色名称不唯一，请重新输入。”	
实际结果： 提示“操作成功！”，列表中出现修改角色	
缺陷严重程度： 高	

缺陷编号：QXGL-141	角色：角色管理员
模块名称：角色管理	抓图说明：
摘要描述： 修改角色，角色名称包含符号，仍能修改成功	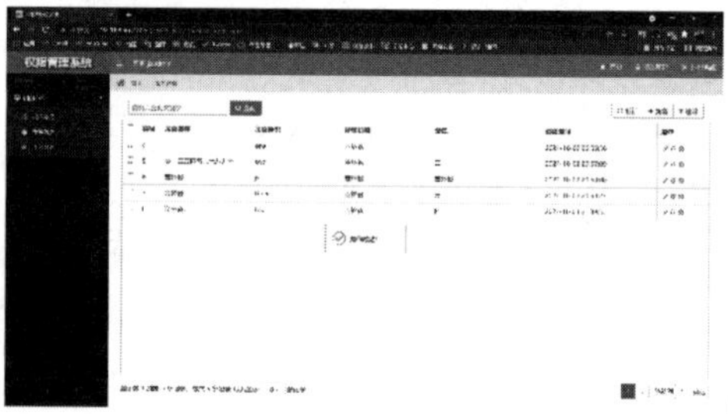

续表

操作步骤： 1. 角色管理员登录，进入首页 2. 单击左侧导航栏中的“角色管理”模块菜单，进入角色管理页面 3. 在角色列表页，单击“修改”按钮，弹出“修改角色”窗口 4. 角色名称：辽宁省 5. 角色标识：four 6. 所属角色：吉林省 7. 备注：四	
预期结果： 提示“角色名称输入有误，请重新输入。”	
实际结果： 提示“操作成功！”，列表中出现修改角色	
缺陷严重程度： 高	

缺陷编号：QXGL-142	角色：角色管理员
模块名称：角色管理	抓图说明：
摘要描述： 修改角色，角色名称包含特殊字符，仍能修改成功	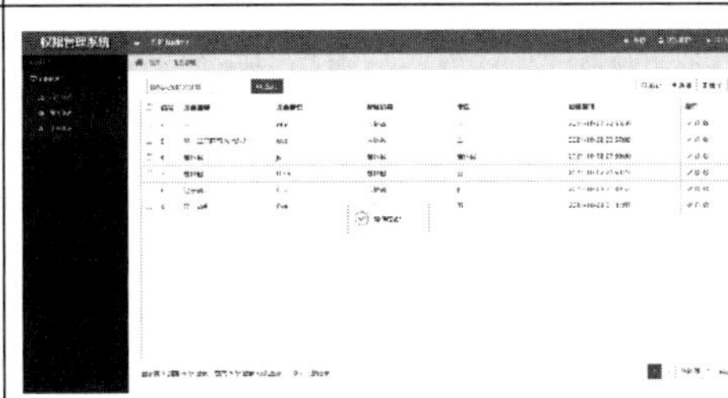
操作步骤： 1. 角色管理员登录，进入首页 2. 单击左侧导航栏中的“角色管理”模块菜单，进入角色管理页面 3. 在角色列表页，单击“修改”按钮，弹出“修改角色”窗口 4. 角色名称：辽宁省 5. 角色标识：five 6. 所属角色：吉林省 7. 备注：五	
预期结果： 提示“角色名称输入有误，请重新输入。”	
实际结果： 提示“操作成功！”，列表中出现修改角色	
缺陷严重程度： 高	

缺陷编号：QXGL-143	角色：角色管理员
模块名称：角色管理	抓图说明：

续表

摘要描述： 修改角色，角色标识小于 2 个字，仍能修改成功	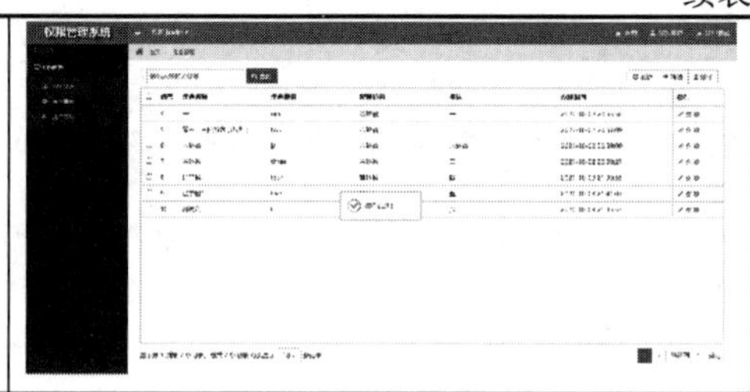
操作步骤： 1. 角色管理员登录，进入首页 2. 单击左侧导航栏中的“角色管理”模块菜单，进入角色管理页面 3. 在角色列表页，单击“修改”按钮，弹出“修改角色”窗口 4. 角色名称：测试六 5. 角色标识：6 6. 所属角色：吉林省 7. 备注：六	
预期结果： 提示“角色标识输入有误，请重新输入。”	
实际结果： 提示“操作成功！”，列表中出现修改角色	
缺陷严重程度： 高	

缺陷编号：QXGL-144	角色：角色管理员
模块名称：角色管理	抓图说明：
摘要描述： 修改角色，角色标识大于 10 个字，仍能修改成功	
操作步骤： 1. 角色管理员登录，进入首页 2. 单击左侧导航栏中的“角色管理”模块菜单，进入角色管理页面 3. 在角色列表页，单击“修改”按钮，弹出“修改角色”窗口 4. 角色名称：测试七 5. 角色标识：abcdefghijk 6. 所属角色：吉林省 7. 备注：七	
预期结果： 提示“角色标识输入有误，请重新输入。”	
实际结果： 提示“操作成功！”，列表中出现修改角色	
缺陷严重程度： 高	

缺陷编号：QXGL-145	角色：角色管理员
模块名称：角色管理	抓图说明：
摘要描述： 修改角色，角色标识包含符号（排除逗号），仍能修改成功	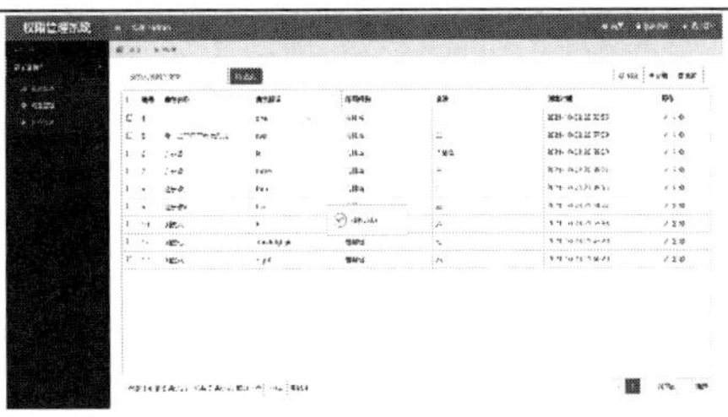
操作步骤： 1. 角色管理员登录，进入首页 2. 单击左侧导航栏中的“角色管理”模块菜单，进入角色管理页面 3. 在角色列表页，单击“修改”按钮，弹出“修改角色”窗口 4. 角色名称：测试八 5. 角色标识：eight 6. 所属角色：吉林省 7. 备注：八	
预期结果： 提示“角色标识输入有误，请重新输入。”	
实际结果： 提示“操作成功！”，列表中出现修改角色	

缺陷编号：QXGL-146	角色：角色管理员
模块名称：角色管理	抓图说明：
摘要描述： 修改角色，角色标识包含特殊字符，仍能修改成功	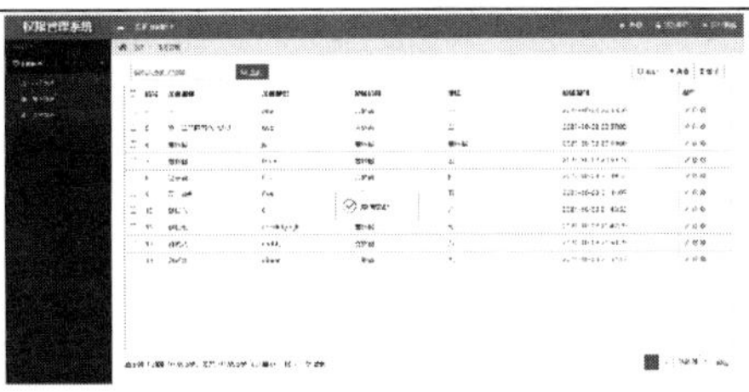
操作步骤： 1. 角色管理员登录，进入首页 2. 单击左侧导航栏中的“角色管理”模块菜单，进入角色管理页面 3. 在角色列表页，单击“修改”按钮，弹出“修改角色”窗口 4. 角色名称：测试九 5. 角色标识：nine 6. 所属角色：吉林省 7. 备注：九	
预期结果： 提示“角色名称输入有误，请重新输入。”	
实际结果： 提示“操作成功！”，列表中出现修改角色	
缺陷严重程度： 高	

缺陷编号：QXGL-147	角色：角色管理员
模块名称：角色管理	抓图说明：
摘要描述： 修改角色，角色标识包含汉字，仍能修改成功	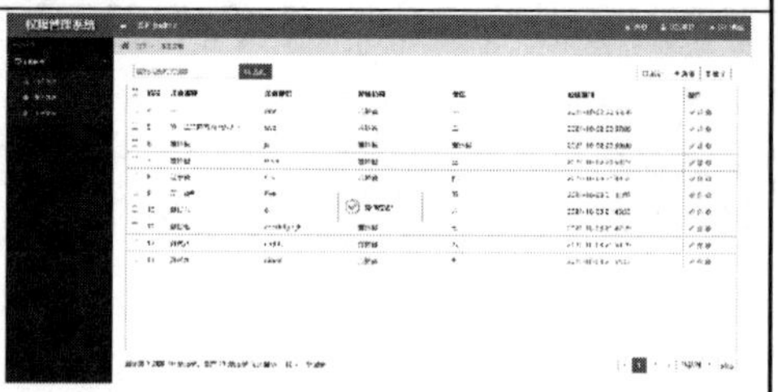
操作步骤： 1. 角色管理员登录，进入首页 2. 单击左侧导航栏中的“角色管理”模块菜单，进入角色管理页面 3. 在角色列表页，单击“修改”按钮，弹出“修改角色”窗口 4. 角色名称：测试十 5. 角色标识：ten 十 6. 所属角色：吉林省 7. 备注：十	
预期结果： 提示“角色标识输入有误，请重新输入。”	
实际结果： 提示“操作成功！”，列表中出现修改角色	
缺陷严重程度： 高	

缺陷编号：QXGL-148	角色：角色管理员
模块名称：角色管理	抓图说明：
摘要描述： 修改角色，备注输入长度大于 500，出现未知错误	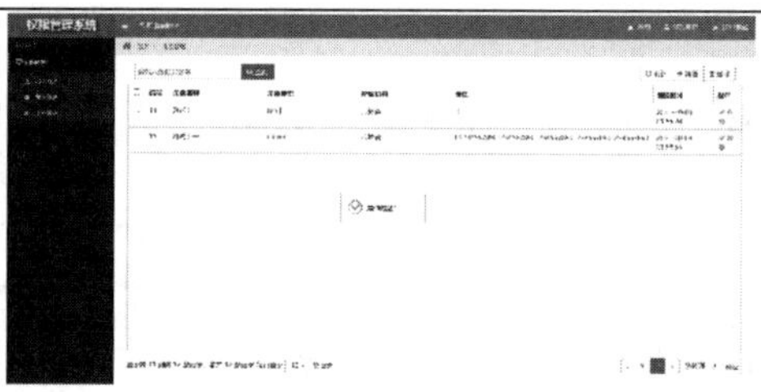
操作步骤： 1. 角色管理员登录，进入首页 2. 单击左侧导航栏中的“角色管理”模块菜单，进入角色管理页面 3. 在角色列表页，单击“修改”按钮，弹出“修改角色”窗口 4. 角色名称：测试十一 5. 角色标识：eleven 6. 所属角色：吉林省 7. 备注：01234567890123456789012345678901234567890 1234567890…	
预期结果： 提示“备注输入有误，请重新输入。”	

续表

实际结果： 提示“操作成功！”，列表中出现修改角色	
缺陷严重程度： 严重	

缺陷编号：QXGL-149	角色：角色管理员
模块名称：角色管理	抓图说明：
摘要描述： 操作权限显示失败	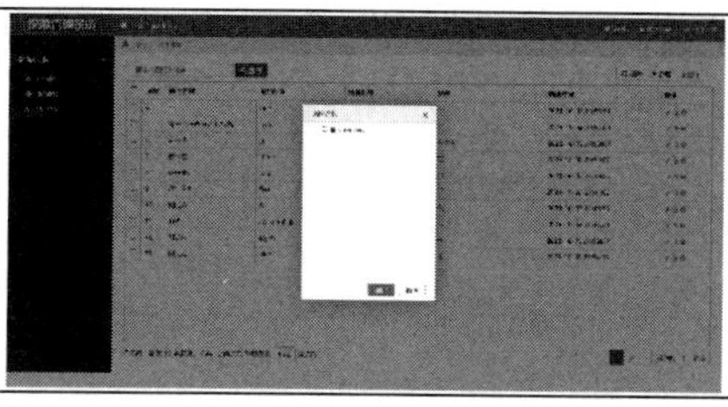
操作步骤： 1. 角色管理员登录，进入首页 2. 单击左侧导航栏中的“角色管理”模块菜单，进入角色管理页面 3. 在角色列表页，单击蓝色箭头按钮，弹出菜单“操作权限”“数据权限” 4. 选择操作权限	”
预期结果： 显示所有可分配的操作	
实际结果： 显示“undefined”	
缺陷严重程度： 严重	

缺陷编号：QXGL-150	角色：角色管理员
模块名称：用户管理	抓图说明：
摘要描述： 单击左侧菜单的用户管理，页面 title 显示“权限管理系统”	
操作步骤： 1. 角色管理员登录，进入首页 2. 单击左侧导航栏中的“用户管理”模块菜单，进入用户管理页面	
预期结果： 页面 title 显示“用户管理”	
实际结果： 页面 title 显示“权限管理系统”	
缺陷严重程度： 中	

缺陷编号：QXGL-151	角色：角色管理员
模块名称：用户管理	抓图说明：
摘要描述： 新增用户，页面 title 显示“权限管理系统”	

续表

操作步骤： 1. 角色管理员登录，进入首页 2. 单击左侧导航栏中的“用户管理”模块菜单，进入用户管理页面 3. 单击“新增”按钮，弹出“新增用户”窗口	
预期结果： 页面 title 显示“新增用户”	
实际结果： 页面 title 显示“权限管理系统”	
缺陷严重程度： 中	

缺陷编号：QXGL-152	角色：角色管理员
模块名称：用户管理	抓图说明：
摘要描述： 新增用户，用户名称小于 5 个字，仍能新增成功	
操作步骤： 1. 角色管理员登录，进入首页 2. 单击左侧导航栏中的“用户管理”模块菜单，进入用户管理页面 3. 单击“新增”按钮，弹出“新增用户”窗口 4. 用户名：aaaa 5. 所属机构：吉林省 6. 密码：12345678 7. 邮箱：11111@qq.com 8. 手机号：12345678901 9. 备注：一 10. 角色：系统管理员 11. 状态：正常	
预期结果： 提示“用户名输入有误，请重新输入。”	
实际结果： 提示“操作成功！”，列表中出现新增用户	
缺陷严重程度： 高	

缺陷编号：QXGL-153	角色：角色管理员
模块名称：用户管理	抓图说明：

续表

摘要描述： 新增用户，用户名称大于 20 个字，仍能新增成功	
操作步骤： 1. 角色管理员登录，进入首页 2. 单击左侧导航栏中的“用户管理”模块菜单，进入用户管理页面 3. 单击“新增”按钮，弹出“新增用户”窗口 4. 用户名：aaaaaaaaaaaaaaaaaaaaaa 5. 所属机构：吉林省 6. 密码：12345678 7. 邮箱：11111@qq.com 8. 手机号：12345678901 9. 备注：二 10. 角色：系统管理员 11. 状态：正常	
预期结果： 提示“用户名输入有误，请重新输入。”	
实际结果： 提示“操作成功！”，列表中出现新增用户	
缺陷严重程度： 高	

缺陷编号：QXGL-154	角色：角色管理员
模块名称：用户管理	抓图说明：
摘要描述： 新增用户，用户名称大于 50 个字，出现未知异常	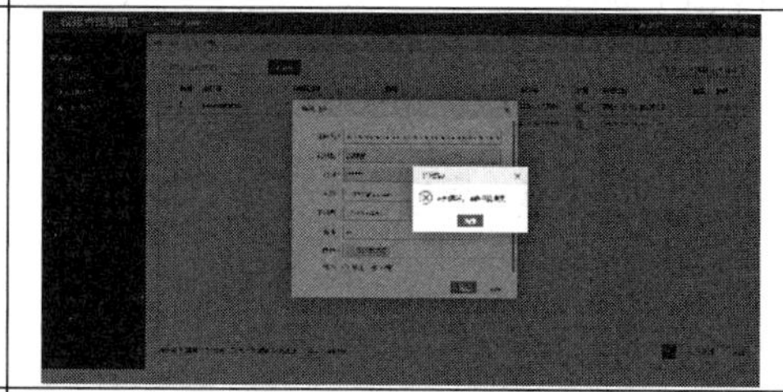
操作步骤： 1. 角色管理员登录，进入首页 2. 单击左侧导航栏中的“用户管理”模块菜单，进入用户管理页面 3. 单击“新增”按钮，弹出“新增用户”窗口 4. 用户名：aaaaaaaaaaaaaaaaaaaaaaaaaaaaaaaaaaaaaaaaaaaaaaaaaaa 5. 所属机构：吉林省 6. 密码：12345678 7. 邮箱：11111@qq.com 8. 手机号：12345678901 9. 备注：三 10. 角色：系统管理员 11. 状态：正常	

续表

预期结果： 提示“用户名输入有误，请重新输入。”	
实际结果： 系统提示：“未知异常请联系管理员”	
缺陷严重程度：严重	

缺陷编号：QXGL-155	角色：角色管理员
模块名称：用户管理	抓图说明：
摘要描述： 新增用户，用户名称与系统内的用户名称重复，仍能新增成功	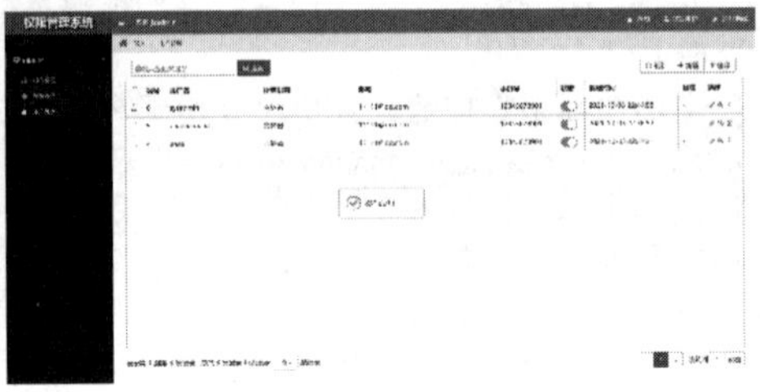
操作步骤： 1. 角色管理员登录，进入首页 2. 单击左侧导航栏中的“用户管理”模块菜单，进入用户管理页面 3. 单击“新增”按钮，弹出“新增用户”窗口 4. 用户名：sysadmin 5. 所属机构：吉林省 6. 密码：12345678 7. 邮箱：11111@qq.com 8. 手机号：12345678901 9. 备注：三 10. 角色：系统管理员 11. 状态：正常	
预期结果： 提示：“用户名不唯一，请重新输入。”	
实际结果： 提示“操作成功！”，列表中出现新增用户	
缺陷严重程度： 高	

缺陷编号：QXGL-156	角色：角色管理员
模块名称：用户管理	抓图说明：
摘要描述： 新增用户，用户名称包含符号，仍能新增成功	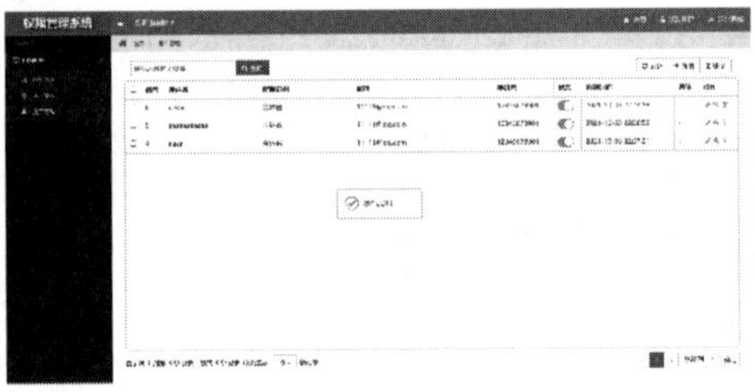

续表

操作步骤： 1. 角色管理员登录，进入首页 2. 单击左侧导航栏中的“用户管理”模块菜单，进入用户管理页面 3. 单击“新增”按钮，弹出“新增用户”窗口 4. 用户名：ceshi， 5. 所属机构：吉林省 6. 密码：12345678 7. 邮箱：11111@qq.com 8. 手机号：12345678901 9. 备注：四 10. 角色：系统管理员 11. 状态：正常	
预期结果： 提示“用户名输入有误，请重新输入。”	
实际结果： 提示“操作成功！”，列表中出现新增用户	
缺陷严重程度： 高	

缺陷编号：QXGL-157	角色：角色管理员
模块名称：用户管理	抓图说明：
摘要描述： 新增用户，用户名称包含特殊符号，仍能新增成功	b
操作步骤： 1. 角色管理员登录，进入首页 2. 单击左侧导航栏中的“用户管理”模块菜单，进入用户管理页面 3. 单击“新增”按钮，弹出“新增用户”窗口 4. 用户名：ceshi# 5. 所属机构：吉林省 6. 密码：12345678 7. 邮箱：11111@qq.com 8. 手机号：12345678901 9. 备注：三 10. 角色：系统管理员 11. 状态：正常	
预期结果： 提示“用户名输入有误，请重新输入。”	
实际结果： 提示“操作成功！”，列表中出现新增用户	
缺陷严重程度： 高	

缺陷编号：QXGL-158	角色：角色管理员
模块名称：用户管理	抓图说明：
摘要描述： 新增用户，用户名称包含汉字，仍新增成功	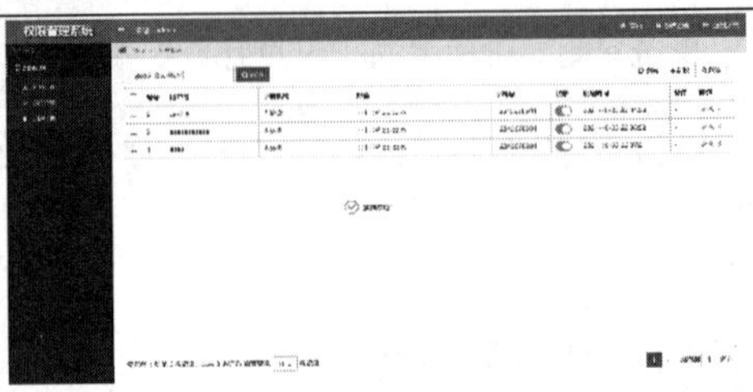
操作步骤： 1. 角色管理员登录，进入首页 2. 单击左侧导航栏中的“用户管理”模块菜单，进入用户管理页面 3. 单击“新增”按钮，弹出“新增用户”窗口 4. 用户名：ceshi 测试 5. 所属机构：吉林省 6. 密码：12345678 7. 邮箱：11111@qq.com 8. 手机号：12345678901 9. 备注：三 10. 角色：系统管理员 11. 状态：正常	
预期结果： 提示“用户名输入有误，请重新输入。”	
实际结果： 提示“操作成功！”，列表中出现新增用户	
缺陷严重程度： 高	

缺陷编号：QXGL-159	角色：角色管理员
模块名称：用户管理	抓图说明：
摘要描述： 新增用户，密码小于 8 个字，仍能新增成功	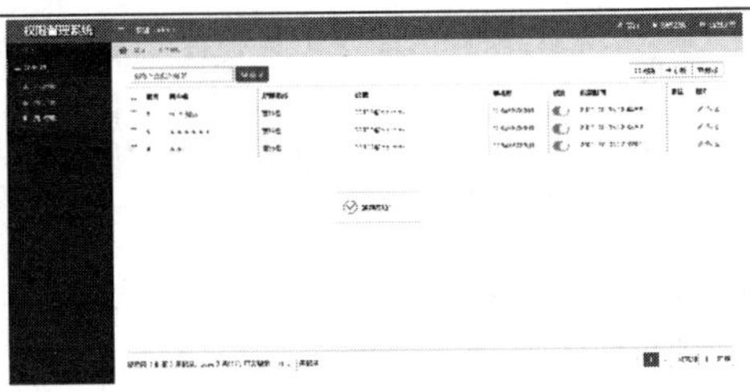
操作步骤： 1. 角色管理员登录，进入首页 2. 单击左侧导航栏中的“用户管理”模块菜单，进入用户管理页面 3. 单击“新增”按钮，弹出“新增用户”窗口 4. 用户名：ceshi1 5. 所属机构：吉林省 6. 密码：1234567 7. 邮箱：11111@qq.com 8. 手机号：12345678901 9. 备注：一	

续表

10：角色：系统管理员 11：状态：正常	
预期结果： 提示“密码输入有误，请重新输入。”	
实际结果： 提示“操作成功！”，列表中出现新增用户	
缺陷严重程度： 高	

缺陷编号：QXGL-160	角色：角色管理员
模块名称：用户管理	抓图说明：
摘要描述： 新增用户，密码大于 8 个字，仍能新增成功	
操作步骤： 1. 角色管理员登录，进入首页 2. 单击左侧导航栏中的“用户管理”模块菜单，进入用户管理页面 3. 单击“新增”按钮，弹出“新增用户”窗口 4. 用户名：ceshi2 5. 所属机构：吉林省 6. 密码：123456789 7. 邮箱：11111@qq.com 8. 手机号：12345678901 9. 备注：二 10. 角色：系统管理员 11. 状态：正常	
预期结果： 提示“密码输入有误，请重新输入。”	
实际结果： 提示“操作成功！”，列表中出现新增用户	
缺陷严重程度： 高	

缺陷编号：QXGL-161	角色：角色管理员
模块名称：用户管理	抓图说明：
摘要描述： 新增用户，密码包含汉字，仍新增成功	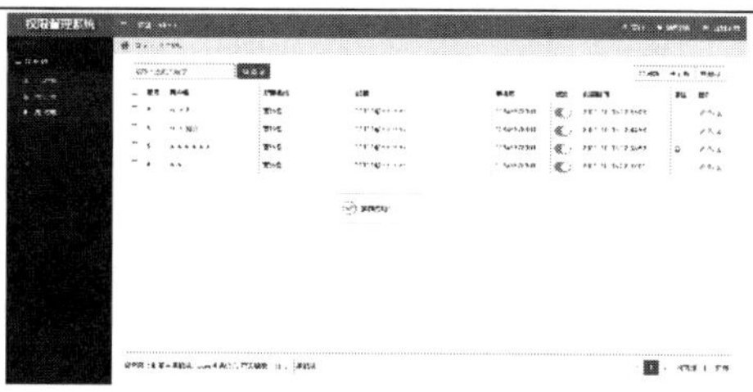

续表

<table>
<tr><td>操作步骤：
1. 角色管理员登录，进入首页
2. 单击左侧导航栏中的“用户管理”模块菜单，进入用户管理页面
3. 单击“新增”按钮，弹出“新增用户”窗口
4. 用户名：ceshi3
5. 所属机构：吉林省
6. 密码：1234567八
7. 邮箱：11111@qq.com
8. 手机号：12345678901
9. 备注：三
10. 角色：系统管理员
11. 状态：正常</td><td rowspan="4"></td></tr>
<tr><td>预期结果：
提示“密码输入有误，请重新输入。”</td></tr>
<tr><td>实际结果：
提示“操作成功！”，列表中出现新增用户</td></tr>
<tr><td>缺陷严重程度：
高</td></tr>
</table>

<table>
<tr><td>缺陷编号：QXGL-162</td><td>角色：角色管理员</td></tr>
<tr><td>模块名称：用户管理</td><td>抓图说明：</td></tr>
<tr><td>摘要描述：
新增用户，邮箱账号小于5个字，仍能新增成功</td><td></td></tr>
<tr><td>操作步骤：
1. 角色管理员登录，进入首页
2. 单击左侧导航栏中的“用户管理”模块菜单，进入用户管理页面
3. 单击“新增”按钮，弹出“新增用户”窗口
4. 用户名：ceshi4
5. 所属机构：吉林省
6. 密码：12345678
7. 邮箱：1
8. 手机号：12345678901
9. 备注：一
10. 角色：系统管理员
11. 状态：正常</td><td rowspan="4"></td></tr>
<tr><td>预期结果：
提示“邮箱输入有误，请重新输入。”</td></tr>
<tr><td>实际结果：
提示“操作成功！”，列表中出现新增用户</td></tr>
<tr><td>缺陷严重程度：
高</td></tr>
</table>

缺陷编号：QXGL-163	角色：角色管理员
模块名称：用户管理	抓图说明：
摘要描述： 新增用户，邮箱账号大于 20 个字，仍能新增成功	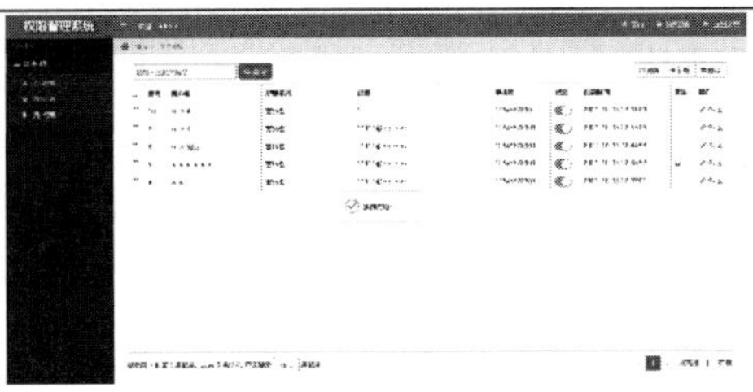
操作步骤： 1. 角色管理员登录，进入首页 2. 单击左侧导航栏中的“用户管理”模块菜单，进入用户管理页面 3. 单击“新增”按钮，弹出“新增用户”窗口 4. 用户名：ceshi5 5. 所属机构：吉林省 6. 密码：12345678 7. 邮箱：11111@qq.com11111@qq.com11111@qq.com 8. 手机号：12345678901 9. 备注：二 10. 角色：系统管理员 11. 状态：正常	
预期结果： 提示“邮箱输入有误，请重新输入。”	
实际结果： 提示“操作成功！”，列表中出现新增用户	
缺陷严重程度： 高	

缺陷编号：QXGL-164	角色：角色管理员
模块名称：用户管理	抓图说明：
摘要描述： 新增用户，手机号为 1 开头但大于 11 个字，仍能新增成功	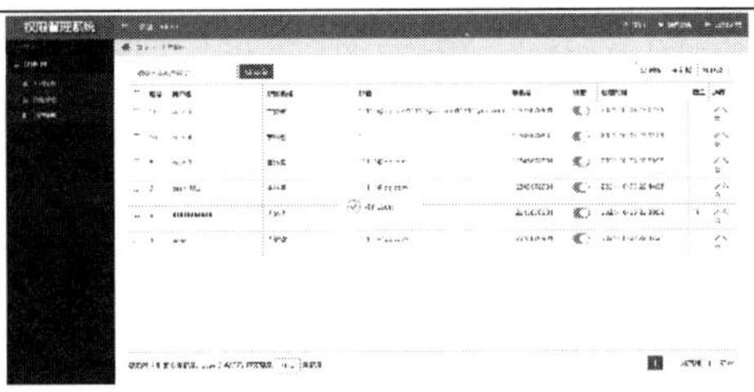
操作步骤： 1. 角色管理员登录，进入首页 2. 单击左侧导航栏中的“用户管理”模块菜单，进入用户管理页面 3. 单击“新增”按钮，弹出“新增用户”窗口 4. 用户名：ceshi6 5. 所属机构：吉林省 6. 密码：12345678 7. 邮箱：11111@qq.com 8. 手机号：123456789012 9. 备注：二	

续表

10. 角色：系统管理员 11. 状态：正常	
预期结果： 提示“手机号输入有误，请重新输入。”	
实际结果： 提示“操作成功！”，列表中出现新增用户	
缺陷严重程度： 高	

缺陷编号：QXGL-165	角色：角色管理员
模块名称：用户管理	抓图说明：
摘要描述： 新增用户，手机号为 1 开头但小于 11 个字，仍能新增成功	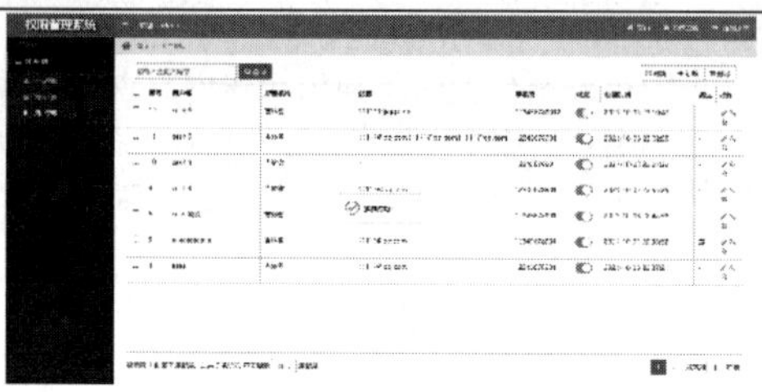
操作步骤： 1. 角色管理员登录，进入首页 2. 单击左侧导航栏中的“用户管理”模块菜单，进入用户管理页面 3. 单击“新增”按钮，弹出“新增用户”窗口 4. 用户名：ceshi7 5. 所属机构：吉林省 6. 密码：12345678 7. 邮箱：11111@qq.com 8. 手机号：1234567890 9. 备注：二 10. 角色：系统管理员 11. 状态：正常	
预期结果： 提示“手机号输入有误，请重新输入。”	
实际结果： 提示“操作成功！”，列表中出现新增用户	
缺陷严重程度： 高	

缺陷编号：QXGL-166	角色：角色管理员
模块名称：用户管理	抓图说明：
摘要描述： 新增用户，手机号为 11 个字但不以 1 开头，仍能新增成功	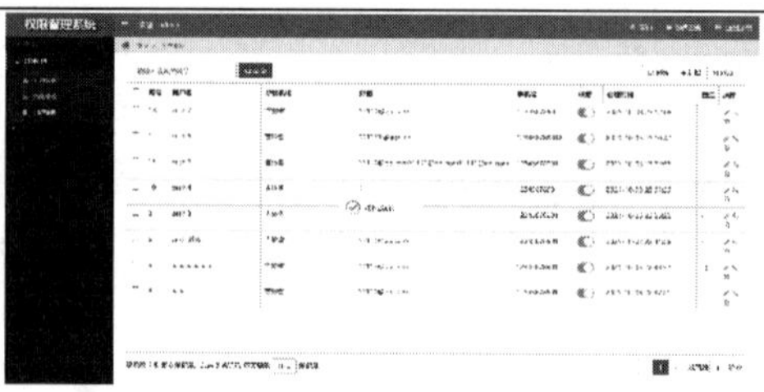

续表

操作步骤： 1. 角色管理员登录，进入首页 2. 单击左侧导航栏中的“用户管理”模块菜单，进入用户管理页面 3. 单击“新增”按钮，弹出“新增用户”窗口 4. 用户名：ceshi8 5. 所属机构：吉林省 6. 密码：12345678 7. 邮箱：11111@qq.com 8. 手机号：02345678901 9. 备注：二 10. 角色：系统管理员 11. 状态：正常	
预期结果： 提示“手机号输入有误，请重新输入。”	
实际结果： 提示“操作成功！”，列表中出现新增用户	
缺陷严重程度： 高	

缺陷编号：QXGL-167	角色：角色管理员
模块名称：用户管理	抓图说明：
摘要描述： 新增用户，手机号为 1 开头、11 个字、包含字母，仍能新增成功	
操作步骤： 1. 角色管理员登录，进入首页 2. 单击左侧导航栏中的“用户管理”模块菜单，进入用户管理页面 3. 单击“新增”按钮，弹出“新增用户”窗口 4. 用户名：ceshi9 5. 所属机构：吉林省 6. 密码：12345678 7. 邮箱：11111@qq.com 8. 手机号：1234567890a 9. 备注：二 10. 角色：系统管理员 11. 状态：正常	
预期结果： 提示“手机号输入有误，请重新输入。”	
实际结果： 提示“操作成功！”，列表中出现新增用户	
缺陷严重程度： 高	

缺陷编号：QXGL-168	角色：角色管理员
模块名称：用户管理	抓图说明：
摘要描述： 新增用户，手机号为1开头、11个字、包含符号，仍能新增成功	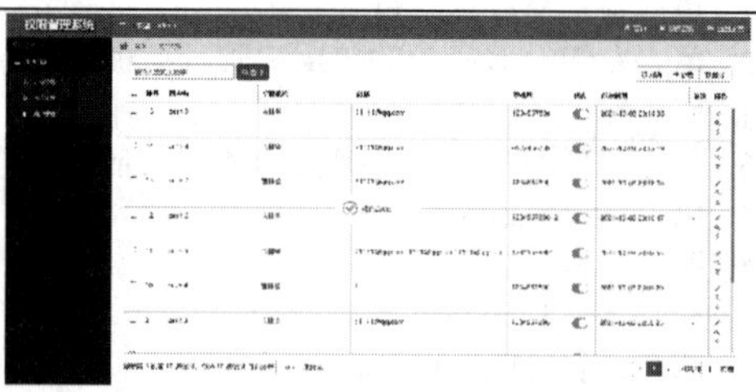
操作步骤： 1. 角色管理员登录，进入首页 2. 单击左侧导航栏中的“用户管理”模块菜单，进入用户管理页面 3. 单击“新增”按钮，弹出“新增用户”窗口 4. 用户名：ceshi10 5. 所属机构：吉林省 6. 密码：12345678 7. 邮箱：11111@qq.com 8. 手机号：1234567890， 9. 备注：二 10. 角色：系统管理员 11. 状态：正常	
预期结果： 提示“手机号输入有误，请重新输入。”	
实际结果： 提示“操作成功！”，列表中出现新增用户	
缺陷严重程度： 高	

缺陷编号：QXGL-169	角色：角色管理员
模块名称：用户管理	抓图说明：
摘要描述： 新增用户，手机号为1开头、11个字、包含特殊符号，仍能新增成功	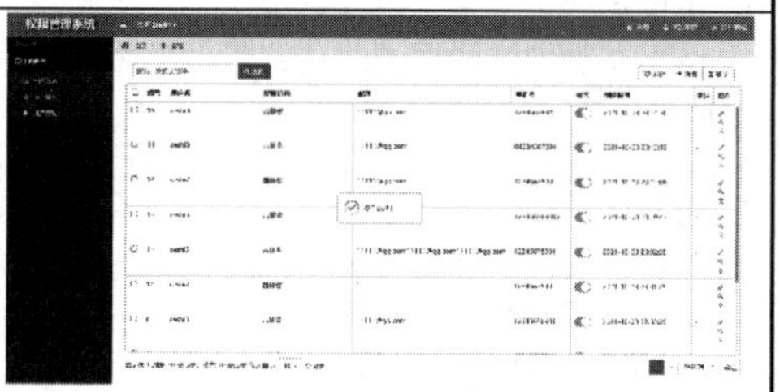
操作步骤： 1. 角色管理员登录，进入首页 2. 单击左侧导航栏中的“用户管理”模块菜单，进入用户管理页面 3. 单击“新增”按钮，弹出“新增用户”窗口 4. 用户名：ceshi11 5. 所属机构：吉林省 6. 密码：12345678 7. 邮箱：11111@qq.com 8. 手机号：1234567890# 9. 备注：二	

续表

10. 角色：系统管理员 11. 状态：正常	
预期结果： 提示“手机号输入有误，请重新输入。”	
实际结果： 提示“操作成功！”，列表中出现新增用户	
缺陷严重程度： 高	

缺陷编号：QXGL-170	角色：角色管理员
模块名称：用户管理	抓图说明：
摘要描述： 新增用户，手机号为 1 开头、11 个字、包含汉字，仍能新增成功	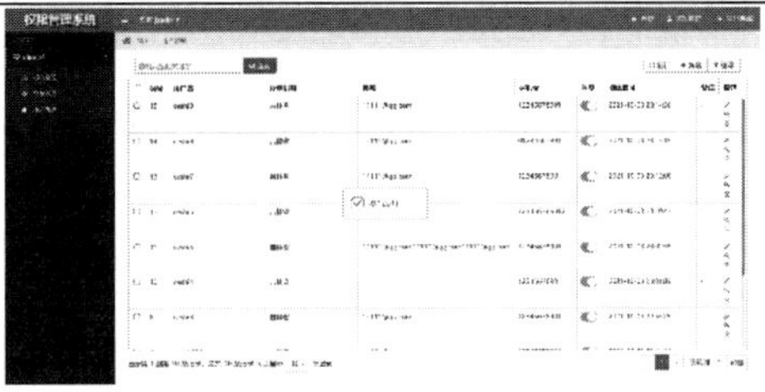
操作步骤： 1. 角色管理员登录，进入首页 2. 单击左侧导航栏中的“用户管理”模块菜单，进入用户管理页面 3. 单击“新增”按钮，弹出“新增用户”窗口 4. 用户名：ceshi12 5. 所属机构：吉林省 6. 密码：12345678 7. 邮箱：11111@qq.com 8. 手机号：1234567890 啊 9. 备注：二 10. 角色：系统管理员 11. 状态：正常	
预期结果： 提示“手机号输入有误，请重新输入。”	
实际结果： 提示“操作成功！”，列表中出现新增用户	
缺陷严重程度： 高	

缺陷编号：QXGL-171	角色：角色管理员
模块名称：用户管理	抓图说明：
摘要描述： 修改用户，页面 title 显示“权限管理系统”	
操作步骤： 1. 角色管理员登录，进入首页 2. 单击左侧导航栏中的“用户管理”模块菜单，进入用户管理页面 3. 单击“修改”按钮，弹出“修改用户”窗口	

续表

预期结果： 页面 title 显示“修改用户”	
实际结果： 页面 title 显示“权限管理系统”	
缺陷严重程度： 中	

缺陷编号：QXGL-172	角色：角色管理员
模块名称：用户管理	抓图说明：
摘要描述： 修改用户，用户名称小于 5 个字，仍能修改成功	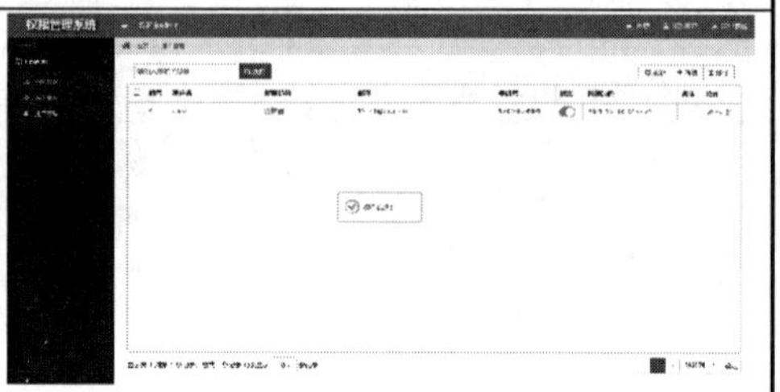
操作步骤： 1. 角色管理员登录，进入首页 2. 单击左侧导航栏中的“用户管理”模块菜单，进入用户管理页面 3. 单击“修改”按钮，弹出“修改用户”窗口 4. 用户名：aaaa 5. 所属机构：吉林省 6. 密码：12345678 7. 邮箱：11111@qq.com 8. 手机号：12345678901 9. 备注：一 10. 角色：系统管理员 11. 状态：正常	
预期结果： 提示“用户名输入有误，请重新输入。”	
实际结果： 提示“操作成功！”，列表中出现修改用户	
缺陷严重程度： 高	

缺陷编号：QXGL-173	角色：角色管理员
模块名称：用户管理	抓图说明：
摘要描述： 修改用户，用户名称大于 20 个字，仍能修改成功	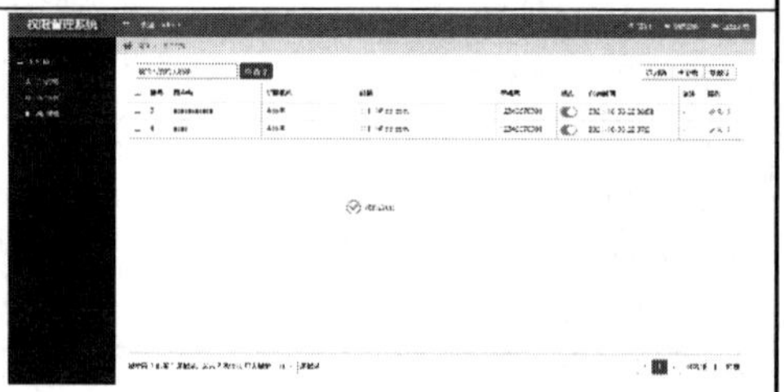

续表

操作步骤： 1. 角色管理员登录，进入首页 2. 单击左侧导航栏中的“用户管理”模块菜单，进入用户管理页面 3. 单击“修改”按钮，弹出“修改用户”窗口 4. 用户名：aaaaaaaaaaaaaaaaaaaaa 5. 所属机构：吉林省 6. 密码：12345678 7. 邮箱：11111@qq.com 8. 手机号：12345678901 9. 备注：二 10. 角色：系统管理员 11. 状态：正常	
预期结果： 提示“用户名输入有误，请重新输入。”	
实际结果： 提示“操作成功！”，列表中出现修改用户	
缺陷严重程度： 高	

缺陷编号：QXGL-174	角色：角色管理员
模块名称：用户管理	抓图说明：
摘要描述： 修改用户，用户名称大于 50 个字，出现未知异常	
操作步骤： 1. 角色管理员登录，进入首页 2. 单击左侧导航栏中的“用户管理”模块菜单，进入用户管理页面 3. 单击“修改”按钮，弹出“修改用户”窗口 4. 用户名：aaaaaaaaaaaaaaaaaaaaaaaaaaaaaaaaaaaaaaaaaaaaaaaaaaa 5. 所属机构：吉林省 6. 密码：12345678 7. 邮箱：11111@qq.com 8. 手机号：12345678901 9. 备注：三 10. 角色：系统管理员 11. 状态：正常	
预期结果： 提示“用户名输入有误，请重新输入。”	
实际结果： 系统提示：“未知异常请联系管理员”	
缺陷严重程度： 严重	

缺陷编号：QXGL-175	角色：角色管理员
模块名称：用户管理	抓图说明：
摘要描述： 修改用户，用户名称与系统内的用户名称重复，仍能修改成功	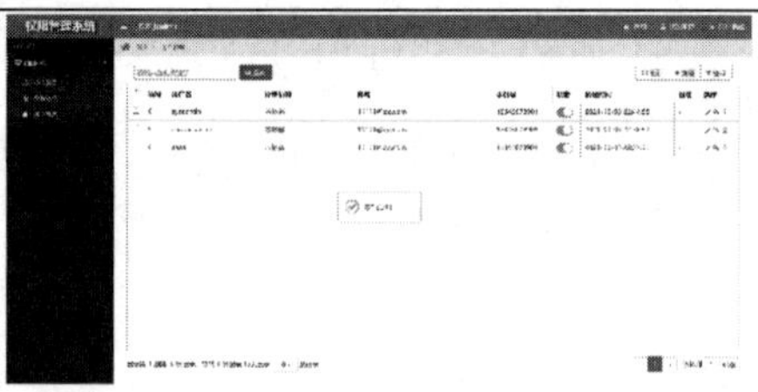
操作步骤： 1. 角色管理员登录，进入首页 2. 单击左侧导航栏中的“用户管理”模块菜单，进入用户管理页面 3. 单击“修改”按钮，弹出“修改用户”窗口 4. 用户名：sysadmin 5. 所属机构：吉林省 6. 密码：12345678 7. 邮箱：11111@qq.com 8. 手机号：12345678901 9. 备注：三 10. 角色：系统管理员 11. 状态：正常	
预期结果： 提示：“用户名不唯一，请重新输入。”	
实际结果： 提示“操作成功！”，列表中出现修改用户	
缺陷严重程度： 高	

缺陷编号：QXGL-176	角色：角色管理员
模块名称：用户管理	抓图说明：
摘要描述： 修改用户，用户名称包含符号，仍能修改成功	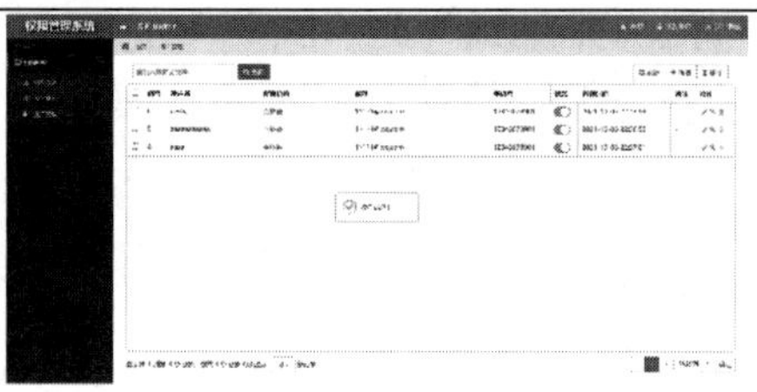
操作步骤： 1. 角色管理员登录，进入首页 2. 单击左侧导航栏中的“用户管理”模块菜单，进入用户管理页面 3. 单击“修改”按钮，弹出“修改用户”窗口 4. 用户名：ceshi, 5. 所属机构：吉林省 6. 密码：12345678 7. 邮箱：11111@qq.com 8. 手机号：12345678901 9. 备注：四 10. 角色：系统管理员 11. 状态：正常	

续表

<table>
<tr><td>预期结果：
提示“用户名输入有误，请重新输入。”</td><td rowspan="3"></td></tr>
<tr><td>实际结果：
提示“操作成功！”，列表中出现修改用户</td></tr>
<tr><td>缺陷严重程度：
高</td></tr>
</table>

<table>
<tr><td>缺陷编号：QXGL-177</td><td>角色：角色管理员</td></tr>
<tr><td>模块名称：用户管理</td><td>抓图说明：</td></tr>
<tr><td>摘要描述：
修改用户，用户名称包含特殊符号，仍能修改成功</td><td> 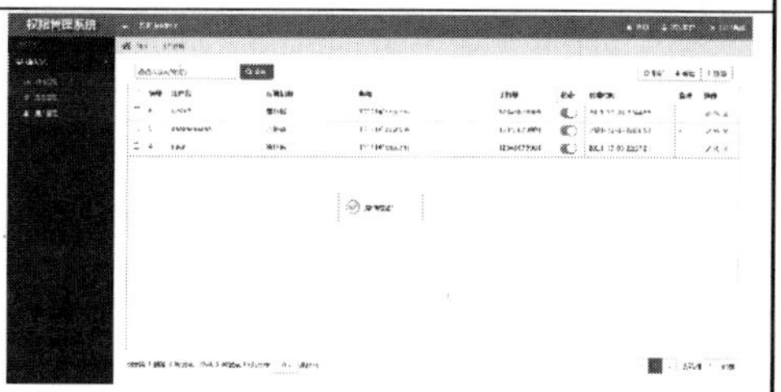</td></tr>
<tr><td>操作步骤：
1. 角色管理员登录，进入首页
2. 单击左侧导航栏中的“用户管理”模块菜单，进入用户管理页面
3. 单击“修改”按钮，弹出“修改用户”窗口
4. 用户名：ceshi#
5. 所属机构：吉林省
6. 密码：12345678
7. 邮箱：11111@qq.com
8. 手机号：12345678901
9. 备注：三
10. 角色：系统管理员
11. 状态：正常</td><td rowspan="4"></td></tr>
<tr><td>预期结果：
提示“用户名输入有误，请重新输入。”</td></tr>
<tr><td>实际结果：
提示“操作成功！”，列表中出现修改用户</td></tr>
<tr><td>缺陷严重程度：
高</td></tr>
</table>

<table>
<tr><td>缺陷编号：QXGL-178</td><td>角色：角色管理员</td></tr>
<tr><td>模块名称：用户管理</td><td>抓图说明：</td></tr>
<tr><td>摘要描述：
修改用户，用户名称包含汉字，仍修改成功</td><td> </td></tr>
</table>

续表

<table>
<tr><td>操作步骤：
1. 角色管理员登录，进入首页
2. 单击左侧导航栏中的“用户管理”模块菜单，进入用户管理页面
3. 单击“修改”按钮，弹出“修改用户”窗口
4. 用户名：ceshi 测试
5. 所属机构：吉林省
6. 密码：12345678
7. 邮箱：11111@qq.com
8. 手机号：12345678901
9. 备注：三
10. 角色：系统管理员
11. 状态：正常</td><td rowspan="4"></td></tr>
<tr><td>预期结果：
提示“用户名输入有误，请重新输入。”</td></tr>
<tr><td>实际结果：
提示“操作成功！”，列表中出现修改用户</td></tr>
<tr><td>缺陷严重程度：
高</td></tr>
</table>

<table>
<tr><td>缺陷编号：QXGL-179</td><td>角色：角色管理员</td></tr>
<tr><td>模块名称：用户管理</td><td>抓图说明：</td></tr>
<tr><td>摘要描述：
修改用户，邮箱账号小于 5 个字，仍能修改成功</td><td> 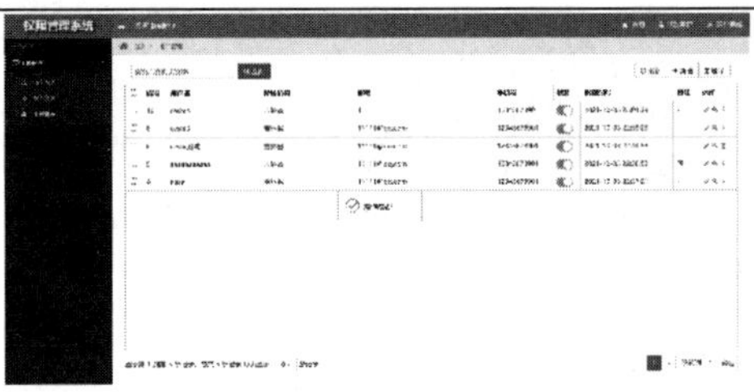</td></tr>
<tr><td>操作步骤：
1. 角色管理员登录，进入首页
2. 单击左侧导航栏中的“用户管理”模块菜单，进入用户管理页面
3. 单击“修改”按钮，弹出“修改用户”窗口
4. 用户名：ceshi4
5. 所属机构：吉林省
6. 密码：12345678
7. 邮箱：1
8. 手机号：12345678901
9. 备注：一
10. 角色：系统管理员
11. 状态：正常</td><td rowspan="4"></td></tr>
<tr><td>预期结果：
提示“邮箱输入有误，请重新输入。”</td></tr>
<tr><td>实际结果：
提示“操作成功！”，列表中出现修改用户</td></tr>
<tr><td>缺陷严重程度：
高</td></tr>
</table>

缺陷编号：QXGL-180	角色：角色管理员
模块名称：用户管理	抓图说明：
摘要描述： 修改用户，邮箱账号大于 20 个字，仍能修改成功	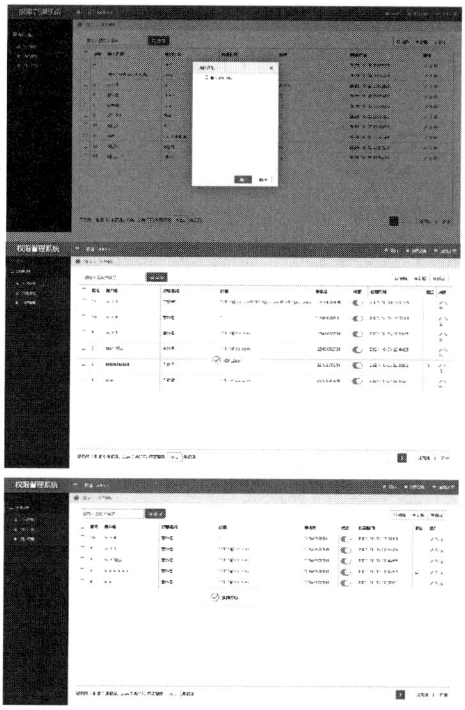
操作步骤： 1. 角色管理员登录，进入首页 2. 单击左侧导航栏中的“用户管理”模块菜单，进入用户管理页面 3. 单击“修改”按钮，弹出“修改用户”窗口 4. 用户名：ceshi5 5. 所属机构：吉林省 6. 密码：12345678 7. 邮箱：11111@qq.com11111@qq.com11111@qq.com 8. 手机号：12345678901 9. 备注：二 10. 角色：系统管理员 11. 状态：正常	
预期结果： 提示“邮箱输入有误，请重新输入。”	
实际结果： 提示“操作成功！”，列表中出现修改用户	
缺陷严重程度： 高	

缺陷编号：QXGL-181	角色：角色管理员
模块名称：用户管理	抓图说明：

续表

摘要描述： 修改用户，手机号为 1 开头但大于 11 个字，仍能修改成功	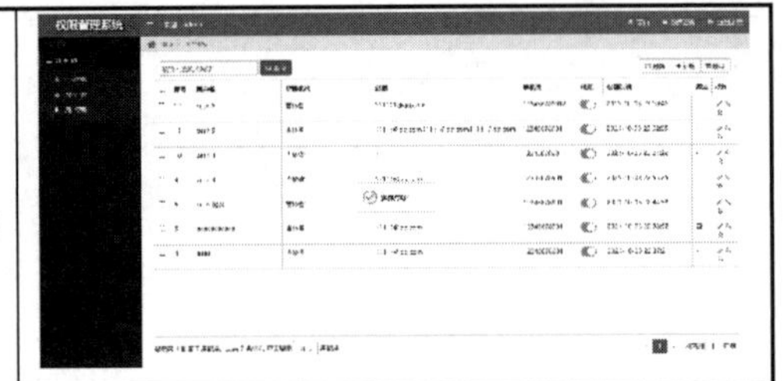
操作步骤： 1. 角色管理员登录，进入首页 2. 单击左侧导航栏中的“用户管理”模块菜单，进入用户管理页面 3. 单击“修改”按钮，弹出“修改用户”窗口 4. 用户名：ceshi6 5. 所属机构：吉林省 6. 密码：12345678 7. 邮箱：11111@qq.com 8. 手机号：123456789012 9. 备注：二 10：角色：系统管理员 11：状态：正常	
预期结果： 提示“手机号输入有误，请重新输入。”	
实际结果： 提示“操作成功！”，列表中出现修改用户	
缺陷严重程度： 高	

缺陷编号：QXGL-182	角色：角色管理员
模块名称：用户管理	抓图说明：
摘要描述： 修改用户，手机号为 1 开头但小于 11 个字，仍能修改成功	
操作步骤： 1. 角色管理员登录，进入首页 2. 单击左侧导航栏中的“用户管理”模块菜单，进入用户管理页面 3. 单击“修改”按钮，弹出“修改用户”窗口 4. 用户名：ceshi7 5. 所属机构：吉林省 6. 密码：12345678 7. 邮箱：11111@qq.com 8. 手机号：1234567890 9. 备注：二 10. 角色：系统管理员 11. 状态：正常	

续表

预期结果： 提示“手机号输入有误，请重新输入。”	
实际结果： 提示“操作成功！”，列表中出现修改用户	
缺陷严重程度： 高	

缺陷编号：QXGL-183	角色：角色管理员
模块名称：用户管理	抓图说明：
摘要描述： 修改用户，手机号为 11 个字、不以 1 开头，仍能修改成功	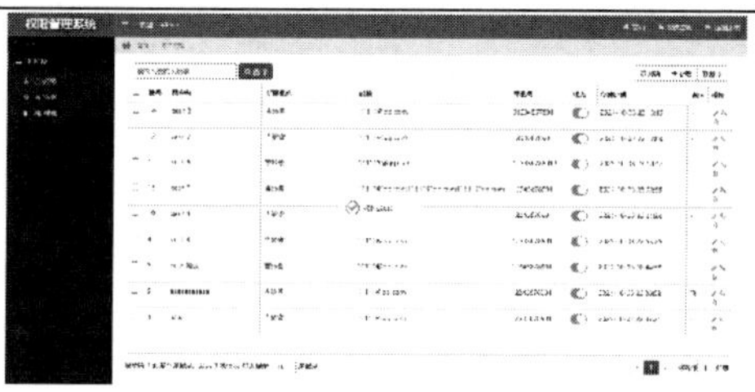
操作步骤： 1. 角色管理员登录，进入首页 2. 单击左侧导航栏中的“用户管理”模块菜单，进入用户管理页面 3. 单击“修改”按钮，弹出“修改用户”窗口 4. 用户名：ceshi8 5. 所属机构：吉林省 6. 密码：12345678 7. 邮箱：11111@qq.com 8. 手机号：02345678901 9. 备注：二 10. 角色：系统管理员 11. 状态：正常	
预期结果： 提示“手机号输入有误，请重新输入。”	
实际结果： 提示“操作成功！”，列表中出现修改用户	
缺陷严重程度： 高	

缺陷编号：QXGL-184	角色：角色管理员
模块名称：用户管理	抓图说明：
摘要描述： 修改用户，手机号为 1 开头、11 个字、包含字母，仍能修改成功	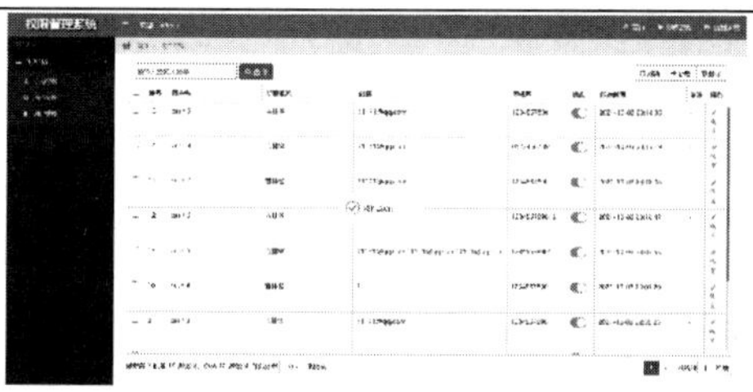

续表

操作步骤： 1. 角色管理员登录，进入首页 2. 单击左侧导航栏中的“用户管理”模块菜单，进入用户管理页面 3. 单击“修改”按钮，弹出“修改用户”窗口 4. 用户名：ceshi9 5. 所属机构：吉林省 6. 密码：12345678 7. 邮箱：11111@qq.com 8. 手机号：1234567890a 9. 备注：二 10. 角色：系统管理员 11. 状态：正常	
预期结果： 提示“手机号输入有误，请重新输入。”	
实际结果： 提示“操作成功！”，列表中出现修改用户	
缺陷严重程度： 高	

缺陷编号：QXGL-185	角色：角色管理员
模块名称：用户管理	抓图说明：
摘要描述： 修改用户，手机号为1开头、11个字、包含符号，仍能修改成功	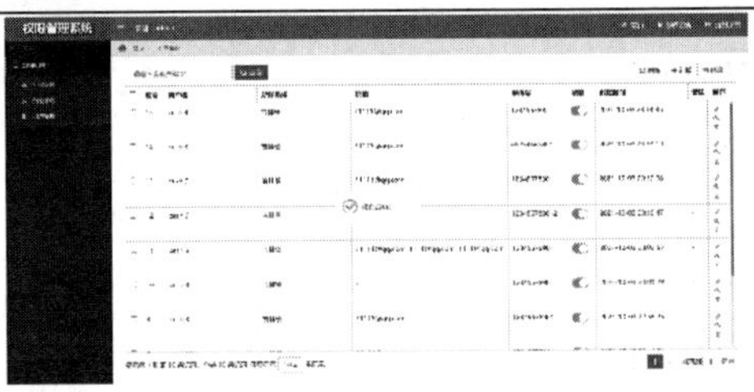
操作步骤： 1. 角色管理员登录，进入首页 2. 单击左侧导航栏中的“用户管理”模块菜单，进入用户管理页面 3. 单击“修改”按钮，弹出“修改用户”窗口 4. 用户名：ceshi10 5. 所属机构：吉林省 6. 密码：12345678 7. 邮箱：11111@qq.com 8. 手机号：1234567890 9. 备注：二 10. 角色：系统管理员 11. 状态：正常	
预期结果： 提示“手机号输入有误，请重新输入。”	
实际结果： 提示“操作成功！”，列表中出现修改用户	
缺陷严重程度： 高	

<table>
<tr><td>缺陷编号：QXGL-186</td><td>角色：角色管理员</td></tr>
<tr><td>模块名称：用户管理</td><td>抓图说明：</td></tr>
<tr><td>摘要描述：
修改用户，手机号为 1 开头、11 个字、包含特殊符号，仍能修改成功</td><td rowspan="5"> </td></tr>
<tr><td>操作步骤：
1. 角色管理员登录，进入首页
2. 单击左侧导航栏中的“用户管理”模块菜单，进入用户管理页面
3. 单击“修改”按钮，弹出“修改用户”窗口
4. 用户名：ceshi11
5. 所属机构：吉林省
6. 密码：12345678
7. 邮箱：11111@qq.com
8. 手机号：1234567890#
9. 备注：二
10. 角色：系统管理员
11. 状态：正常</td></tr>
<tr><td>预期结果：
提示“手机号输入有误，请重新输入。”</td></tr>
<tr><td>实际结果：
提示“操作成功！”，列表中出现修改用户</td></tr>
<tr><td>缺陷严重程度：
高</td></tr>
</table>

<table>
<tr><td>缺陷编号：QXGL-187</td><td>角色：角色管理员</td></tr>
<tr><td>模块名称：用户管理</td><td>抓图说明：</td></tr>
<tr><td>摘要描述：
修改用户，手机号为 1 开头、11 个字、包含汉字，仍能修改成功</td><td rowspan="2"> 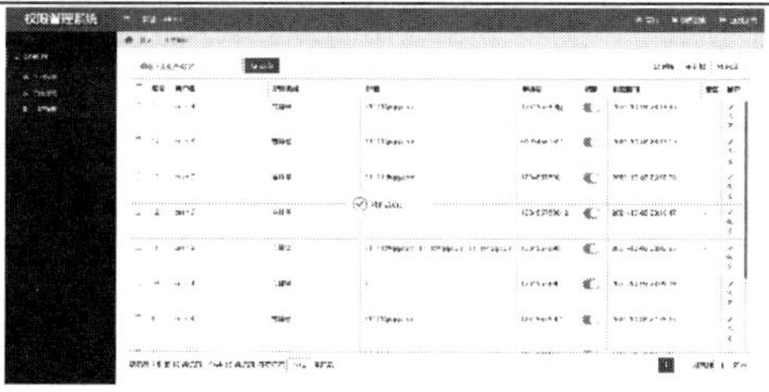</td></tr>
<tr><td>操作步骤：
1. 角色管理员登录，进入首页
2. 单击左侧导航栏中的“用户管理”模块菜单，进入用户管理页面
3. 单击“修改”按钮，弹出“修改用户”窗口
4. 用户名：ceshi12
5. 所属机构：吉林省
6. 密码：12345678
7. 邮箱：11111@qq.com
8. 手机号：1234567890 啊
9. 备注：二</td></tr>
</table>

续表

10：角色：系统管理员 11：状态：正常	
预期结果： 提示“手机号输入有误，请重新输入。”	
实际结果： 提示“操作成功！”，列表中出现修改用户	
缺陷严重程度： 高	

缺陷编号：QXGL-188	角色：角色管理员
模块名称：用户管理	抓图说明：
摘要描述： 重置密码，密码小于 8 个字，仍能重置成功	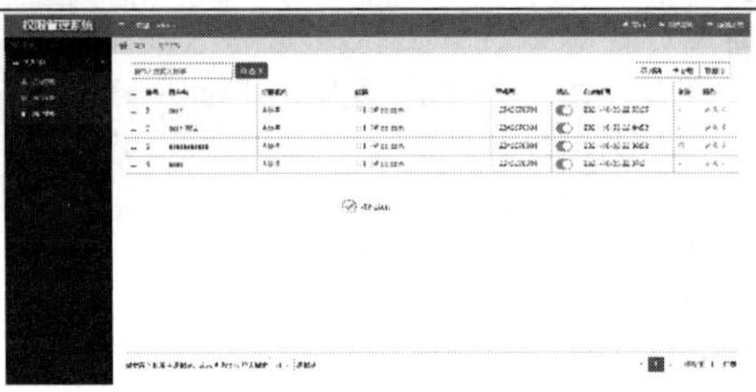
操作步骤： 1. 角色管理员登录，进入首页 2. 单击左侧导航栏中的“用户管理”模块菜单，进入用户管理页面 3. 单击“重置”按钮，弹出“重置密码”窗口 4. 新密码：0123456	
预期结果： 提示“密码输入有误，请重新输入。”	
实际结果： 提示“操作成功！”，列表中出现重置密码	
缺陷严重程度： 高	

缺陷编号：QXGL-189	角色：角色管理员
模块名称：用户管理	抓图说明：
摘要描述： 重置密码，密码大于 8 个字，仍能重置成功	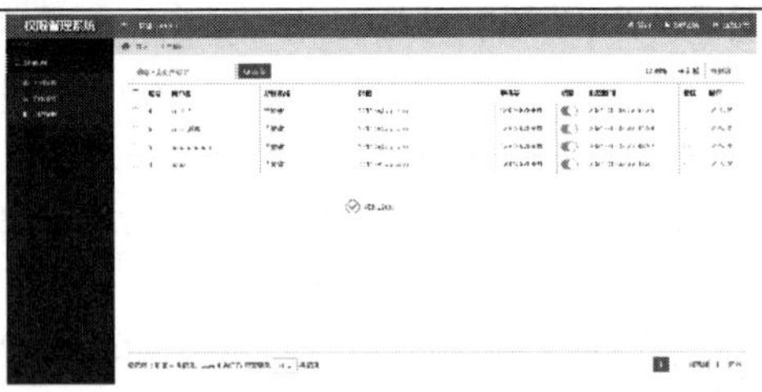
操作步骤： 1. 角色管理员登录，进入首页 2. 单击左侧导航栏中的“用户管理”模块菜单，进入用户管理页面 3. 单击“重置”按钮，弹出“重置密码”窗口 4. 新密码：0123456789	

续表

预期结果： 提示“密码输入有误，请重新输入。”	
实际结果： 提示“操作成功！”，列表中出现重置密码	
缺陷严重程度： 高	

缺陷编号：QXGL-190	角色：角色管理员
模块名称：用户管理	抓图说明：
摘要描述： 重置密码，密码包含汉字，仍重置成功	
操作步骤： 1. 角色管理员登录，进入首页 2. 单击左侧导航栏中的“用户管理”模块菜单，进入用户管理页面 3. 单击“重置”按钮，弹出“重置密码”窗口 4. 新密码：1234567 啊	
预期结果： 提示“密码输入有误，请重新输入。”	
实际结果： 提示“操作成功！”，列表中出现重置密码	
缺陷严重程度： 高	

缺陷编号：QXGL-191	角色：角色管理员
模块名称：用户管理	抓图说明：
摘要描述： 设置每页显示 10 条记录，列表中已存在 10 条记录，新增用户成功后，没有自动跳转到下一页	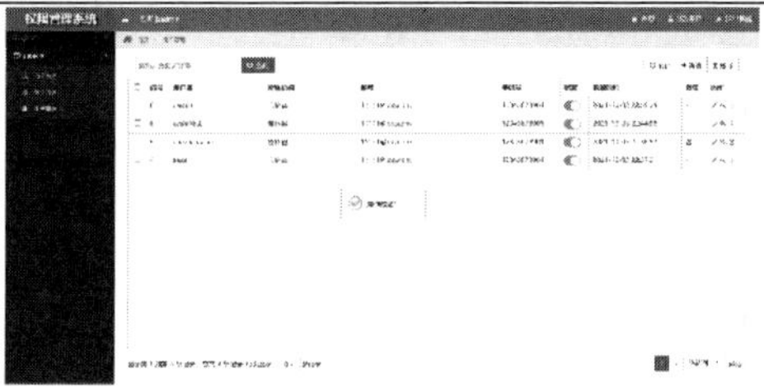
操作步骤： 浏览器版本：93.0.4577.82 操作步骤： 1. 角色管理员登录，进入首页 2. 单击左侧导航栏中的“用户管理”模块菜单，进入用户管理页面 3. 用户列表页已有 10 条记录 4. 设置每页显示 10 条记录 5. 新增用户成功	

续表

预期结果： 自动跳转到下一页列表显示新增的用户	
实际结果： 没有自动跳转到下一页	
缺陷严重程度： 中	

缺陷编号：QXGL-192	角色：角色管理员
模块名称：用户管理	抓图说明：
摘要描述： 删除的用户，当前用户的编号也被删除	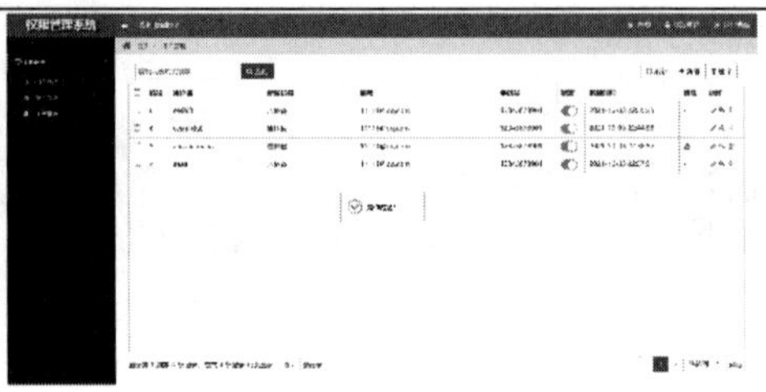
操作步骤： 1. 角色管理员登录，进入首页 2. 单击左侧导航栏中的“用户管理”模块菜单，进入角色管理页面 3. 用户列表页已有 10 条记录，编号为 1～10 4. 将 10 条记录全部删除 5. 新增用户	
预期结果： 新增用户的编号从 1 开始	
实际结果： 新增用户编号从 11 开始	
缺陷严重程度： 高	

第 4 章　白盒测试项目实训

白盒测试也称结构测试或逻辑驱动测试，是针对被测单元内部如何进行工作的测试。它根据程序的控制结构设计测试用例，主要用于软件或程序验证。

白盒测试法检查程序的内部逻辑结构，对所有逻辑路径进行测试，是一种穷举路径的测试方法。但即使每条路径都测试过了，仍然可能存在错误。因为：

① 穷举路径测试无法检查出程序本身是否违反了设计规范，即程序是否是一个错误的程序。

② 穷举路径测试不可能查出程序因为遗漏路径而出错。

③ 穷举路径测试发现不了一些与数据相关的错误。

实训 1：代码走查

要求：阅读分析 Java 代码，编译执行本段代码的输出结果。如果题目代码的执行结果是编译不能通过，则请注明编译失败的行数；如果题目代码的错误是在运行中抛出异常，则请注明抛出异常的行数及抛出异常的类型；如果结果正确，请写出正确结果。

```
1.
public class FindPrimeNumber {
    public static boolean isPrimeNumber(int n){
        if(n == 2) return true;

        for(int i=2; i<=n/2; i++){
            if(n % i == 0) return false;
        }
        return true;
    }
    public static void main(String[] args) {
        int n = 0;
        for(int i=101; i<=200; i++){
            if(isPrimeNumber(i)){
                n++;
                System.out.print(i + ",");
            }
        }
        System.out.println("\n101-200 之间有"+n+"个素数");
    }
}
```

2.

```
class Cat {
	int size;

	Cat(int s) {
		size = s;
	}
}

public class Car {
	public static void main(String[] args) {
		Cat b1 = new Cat(5);
		Cat b2 = new Cat(6);
		Cat[] ba = go(b1, b2);
		ba[0] = b1;
		for (Cat b : ba)
			System.out.print(b.size + " ");
	}

	static Cat[] go(Cat b1, Cat b2) {
		b1.size = 4;
		Cat[] ma = { b2, b1 };
		return ma;
	}
}
```

3.

```
public class FindDaffodilNumber {
	public static boolean isDaffodNumber(int n){
		char[] ch = String.valueOf(n).toCharArray();
		int cup = 0;
		for(int i=0; i<ch.length; i++){
			cup = cup + (int)Math.pow(Integer.parseInt(String.valueOf(ch[i])), 3) ;
		}

		return (cup == n);
	}

	public static void main(String[] args) {
		for(int i=100; i<1000; i++){
			if(isDaffodNumber(i)){
				System.out.print(i + ",");
			}
	}
}
```

4.

```
interface man {
}
interface human {
```

```
}
class God implements man {
}
class Speedboat extends God implements human {
}

public class Tree {
    public static void main(String[] args) {
        String s = "0";
        God g = new God();
        God g2 = new Speedboat();
        Speedboat s2 = new Speedboat();
        if ((g instanceof man) && (g2 instanceof human))
            s += "1";
        if ((s2 instanceof man) && (s2 instanceof human))
            s += "2";
        System.out.println(s);
    }
}
```

5.

```
import java.io.BufferedReader;
import java.io.IOException;
import java.io.InputStreamReader;

public class Explode {

    /**
     * 判断 n 是不是质数
     * @param n
     * @return
     */
    public static boolean isPrimeNumber(int n){

        if(n == 2) return true;

        for(int i=2; i<=n/2; i++){
            if(n % i == 0) return false;
        }
        return true;
    }
    public static void main(String[] args) {
        BufferedReader buffer = new BufferedReader(new InputStreamReader(
                System.in));
        int N = 0;            try {
            N = Integer.parseInt(buffer.readLine());
        } catch (IOException e) {
            e.printStackTrace();
        }
        System.out.print(N+"=");
```

```
            for(int i=2; i<N; i++){
                if(!isPrimeNumber(i)) continue;
                while(N%i == 0){
                    System.out.print(i);
                    N = N/i;
                    if(N != 1) System.out.print("*");
                    else break;
                }
            }
            if(N != 1) System.out.println(N);
    }
}
```

6.

```
public class Cat extends Animal {
    public static void main(String[] args) {
        Cat rw = new Cat();
        rw.go();
    }

    void go() {
        Animal animal = new Animal();
        Cat red = new Cat();
        go2(animal, red);//调用方法


        Animal txt = new Animal();
        Cat rwd1 = (Cat) txt;
        Cat rwd2 = new Cat();
        go2(rwd1, rwd2);
    }

    //定义方法
    void go2(Animal t1, Cat r1) {
        Cat r2 = (Cat)t1;// 父类转子类 可能会报错
        Animal t2 = (Animal)r1;          // 子类转父类 允许
    }
}
class Animal { }
```

7.

```
public class Dog {
    static int Dog = 7;

    public static void main(String[] args) {
        Dog dog = new Dog();
        dog.go(Dog);
        System.out.print(" 2 + Dog);
    }
```

```
    void go(int Dog) {
        Dog++;
        for (int Dog = 3; Dog < 6; Dog++);
        System.out.print(" " + Dog);
    }

}
```

8.

```
class Method {
    static String f = "-";
    public static void main(String[] args) {
        Method method = new Method();
        method.p1();
        System.out.println(f);
    }

    void p1() {
    try { p2(); }
    catch (Exception e) { f += "c"; }
    }
    void p2() throws Exception {
    p3(); f += "2";
    p3(); f += "2b";
    }
    void p3() throws Exception {
    throw new Exception();
    }
    }
```

9.

```
class Place {
    void location() {
        System.out.println("外");
    }
}

public class Position {
    public static void main(String[] args) {
        Position a1 = new Position();
        a1.get();
    }

    void get() {
        Place a = new Place();
        a.location();
        class Place {
            void location() {
                System.out.println("里");
            }
```

```
            }
        }

        class Place {
            void location() {
                System.out.println("中");
            }
        }
}

10.
public class Demo implements Runnable {
        public static void main(String[] args) {
            Thread thread = new Thread(new Demo());
            thread.start();
            System.out.print("yes ");
            thread.join();
            System.out.print("no ");
        }

        public void run() {
            System.out.print("run one ");
            System.out.print("run two ");
        }
}

11.
public class TestRabbit {
        public static int sumRabbitNumber(int m){
            int n = 1;//第 0 个月对数
            int e = 0;//第 0 个月对数
            int cup = 0;
            for(i=1; i<m; i++){
                cup = n;
                n = e + n;
                e = cup;
            }
            return n;
        }

        public static void main(String[] args) {

            for(int i=1; i<=10; i++){
                System.out.print(sumRabbitNumber(i)+",");
            }
        }
}

12.
public class Programme10 {
```

```
        public static void main(String[] args) {
            System.out.println("请输入小球下落的高度和落地的次数：");
            Scanner scanner=new Scanner(System.in);
            float h=scanner.nextFloat();
            float n=scanner.nextFloat();
            //float h=100,n=3;
            float sum=h;//经过的路径总和
            h/=2;//第一次下落是在最高点，sum 中不会有两倍的 h，所以写在外面，循环从第二次开始
            for (inti = 2; i <=n; i++) {
                //经过的距离的总和
                sum+=h*2;
                //第 N 次反弹的高度为
                h /=2;
            }
            System.out.println("在"+100+"米，经过"+n+"次后，能反弹："+h+"米，经过的距离："+sum);
            scanner.close();
        }
    }

13.
public class Programme11 {
    public static void main(String[] args) {
      int sum=0;
      for (intbite = 1; bite < 5;bite++) {
        for (intten = 1; ten < 5;ten++) {
          for (inthundred = 1; hundred < 5;hundred++) {
            if (bite!=ten&&bite!=hundred&&ten!=hundred) {//符合条件的数字
              System.out.print((hundred*100+ten*10+bite)+"    ");
              sum++;//计算个数
              if (sum%10==0) {//十个一行
              System.out.println();
              }
            }
          }
        }
      }
      System.out.println("\n 总共有："+sum+"个这样的数");
    }
}
```

实训 2：编写程序并写出测试数据

1．题目要求：长春市出租车的起步价（2 千米以内）为 8 元，超过 2 千米的按照每千米 3 元计算。要求根据路程计算费用。

（1）写出程序代码。

（2）设计测试数据，并设计最少的测试数据进行判定覆盖测试。

```
package HomeWork.Part2;

import java.util.Scanner;

public class HomeWork_Part2_01_DiShi {
        public static void main(String[] args){
                System.out.println("请输入出行的路程：");
                Scanner scan = new Scanner(System.in);
                float distance = scan.nextFloat();
                float price;
                if(distance>0&&distance<=2){
                        price= 8f;
                }
                else if(distance>2){
                        price = 8F+(distance-2)*3;
                }
                else {
                        price = 0;
                }
                System.out.println("你的费用为"+price);
        }

}
```

2．题目要求：闰年的条件是能被 4 整除，但不能被 100 整除；或能被 400 整除。

（1）写出程序代码。

（2）设计测试数据，并设计最少的测试数据进行判定覆盖测试。

```
package HomeWork.Part2;
import java.util.Scanner;
public class HomeWork_Part2_02_RunNian {
        public static void main(String[] args) {
                System.out.println("请输入年份：");
                Scanner scan = new Scanner(System.in);
                int year = scan.nextInt();
                int flag= 0;
                if(year%4==0&&year%100!=0){
                        flag=1;
                }
                else if(year%400==0){
                        flag=1;
                }
                if(flag==1){
                        System.out.printf("%d 是闰年！",year);
                }
                else{
                        System.out.printf("%d 不是闰年！",year);
                }
        }
}
```

3．题目要求：当气温高于 25℃时，需要开启制冷空调，气温低于 8℃则开启制热空调；其余情况只需要开启送风模式即可。编制自动温控程序，控制操作用输出相应的提示字符串来模拟，比如“开启制冷”。

```
package HomeWork.Part2;
import java.util.Scanner;
public class HomeWork_Part2_05_WenKong {
    public static void main(String[] args) {
        System.out.println("请输入当前的气温：(摄氏度)");
        Scanner scan = new Scanner(System.in);
        float temperature = scan.nextFloat();
        if(temperature>25){
            System.out.println("开启制冷！");
        }
        else if(temperature<8){
            System.out.println("开启制热！");
        }
        else{
            System.out.println("开启送风！");
        }
    }
}
```

4．根据《吉林省电网销售电价表》，居民生活用电按 3 个梯度收费：月用电量 150 千瓦时及以下部分，每千瓦时 0.46 元，151～500 千瓦时部分为每千瓦时 0.47 元，501 千瓦时以上部分为每千瓦时 0.57 元。请编写程序：当输入用户的用电量时，计算出所需付的费用。

```
package HomeWork.Part2;
import java.util.Scanner;
public class HomeWork_Part2_07JieTiDianJia {
    public static final float PRICE1=0.46f;
    public static final float PRICE2=0.47f;
    public static final float PRICE3=0.57f;
    public static void main(String[] args) {
        System.out.println("请输入月用电量(千瓦)：");
        Scanner scan = new Scanner(System.in);
        float electricityConsumption = scan.nextFloat();
        float price =0f;
        if(electricityConsumption<=150){
            price = electricityConsumption*PRICE1;
        }
        if(electricityConsumption>150&&electricityConsumption<=500){
            price = 150*PRICE1+(electricityConsumption-150)*PRICE2;
        }
        if(electricityConsumption>500){
            price = 150*PRICE1+250*PRICE2+(electricityConsumption-500)*PRICE3;
        }
        System.out.println("你需要支付的电费为："+price);
    }
}
```

5．题目要求：要求输入月份，判断该月所处的季节并输出季节（假设：12、1、2 月为冬季，依次类推）。

```
package HomeWork.Part2;
import java.util.Scanner;
public class HomeWork_Part2_11_PanDuanJiJie {
    public static void main(String[] args) {
        Scanner scan = new Scanner(System.in);
        System.out.println("请输入月份：");
        int month = scan.nextInt();
        if(month==12||month==1||month==2){
            System.out.println("冬季！");
        }
        else if(month>2&&month<=5){
            System.out.println("春季！");
        }
        else if(month>5&&month<=8){
            System.out.println("夏季！");
        }
        else if(month>8&&month<=11){
            System.out.println("秋季！");
        }
    }
}
```

第5章　自动化测试项目实训

Selenium是业内流行的开源Web自动化测试工具，直接运行在浏览器中，就像是真正的用户在操作一样，支持的浏览器包括IE、Firefox、Chrome等。

自动化测试的优点是能够快速回归、脚本重用，从而替代人的重复活动。回归测试阶段可利用自动化测试工具进行，无须大量测试工程师手动执行测试用例，极大地提高了工作效率。

实训：权限管理系统自动化测试——Selenium

本部分按照软件自动化测试任务书的要求，执行自动化测试；对页面元素进行识别和定位、编写自动化测试脚本、成功执行脚本并将脚本复制粘贴在自动化测试报告中。

一、自动化测试具体要求

第一题：按照以下步骤在PyCharm中进行自动化测试脚本编写，并执行脚本。

步骤：

（1）从Selenium中引入WebDriver。

（2）使用Selenium模块的WebDriver打开谷歌浏览器。

（3）在谷歌浏览器中通过get方法发送网址，打开权限管理系统登录页面。

（4）查看登录页面中的用户名输入框元素，通过class_name复数方法定位用户名输入框，并输入用户名jsadmin（注意：定位用户名输入框时用到了复数知识）。

（5）查看登录页面中的密码输入框元素，通过tag_name复数方法定位密码输入框，并输入密码jsadmin（注意：定位密码输入框时用到了复数知识）。

（6）查看登录页面中的“登录”按钮元素，通过css_selector方法定位“登录”按钮，使用click()方法单击“登录”按钮进入权限管理系统首页。

第二题：按照以下步骤在PyCharm中进行自动化测试脚本编写，并执行脚本。

步骤：

（1）从Selenium中引入WebDriver。

（2）使用Selenium模块的WebDriver打开谷歌浏览器。

（3）在谷歌浏览器中通过get方法发送网址，打开权限管理系统登录页面。

（4）增加智能时间等待30秒。

（5）查看登录页面中的用户名输入框元素，通过name属性定位用户名输入框，并输入用户名sysadmin。

（6）查看登录页面中的密码输入框元素，通过 id 属性定位密码输入框，并输入密码 sysadmin。

（7）查看登录页面中的“登录”按钮元素，通过 css_selector 方法定位“登录”按钮，使用 click()方法单击“登录”按钮进入权限管理系统首页。

（8）在权限管理系统首页查看左侧“通用字典”按钮元素，通过 partial_link_text 方法进行定位，使用 click()方法单击“通用字典”按钮进入通用字典页面。

第三题：按照以下步骤在 PyCharm 中进行自动化测试脚本编写，并执行脚本。

测试数据：

名称	英文代码
行政区域	area
通用字典	dictionary
系统日志	log
机构管理	organ
角色管理	character
用户管理	user

步骤 1：新建 csv 格式的测试数据 testdata.csv，并编写 csvv.py 脚本读取 csv 中的测试数据。

步骤 2：新建 test01.py。

（1）从 Selenium 中引入 WebDriver。

（2）引入 UnitTest。

（3）引入 ddt 库。

（4）引入步骤 1 中的 csvv.py 里面的数据读取的方法。

（5）使用 Selenium 模块的 WebDriver 打开谷歌浏览器。

（6）在谷歌浏览器中通过 get 方法发送网址，打开权限管理系统登录页面。

（7）增加智能时间等待 30 秒。

（8）查看登录页面中的用户名输入框元素，通过 name 属性定位用户名输入框，并输入用户名 sysadmin。

（9）查看登录页面中的密码输入框元素，通过 name 属性定位密码输入框，并输入密码 sysadmin。

（10）查看登录页面中的“登录”按钮元素，通过 tag_name 方法定位“登录”按钮，使用 click()方法单击“登录”按钮进入权限管理系统首页。

（11）在权限管理系统首页查看左侧“通用字典”按钮元素，通过 link_text 方法进行定位，使用 click()方法单击“通用字典”按钮进入存放地点页面。

（12）通过索引切换到 iframe。

（13）在通用字典页面通过 css_selector 方法单击“新增”按钮。

（14）退出当前 iframe。

（15）通过索引切换到下一个 ifarme。

（16）通过 css_selector 类型选择“目录”。

（17）通过数据驱动输入“名称”“英文代码”。

（18）退出当前 iframe。

（17）通过 css_selector 方法定位并单击“确定”按钮。

第四题：按照以下步骤在 PyCharm 中进行自动化测试脚本编写，并执行脚本。

测试数据：

名称	英文代码	预期结果
敏捷开发	Agile	操作成功!

步骤 1：新建 csv 格式的测试数据 testdata.csv，并编写 csvv.py 脚本读取 csv 中的测试数据。

步骤 2：新建 test01.py。

（1）从 Selenium 中引入 WebDriver。

（2）引入 ddt。

（3）引入 UnitTest。

（4）使用 Selenium 模块的 WebDriver 打开谷歌浏览器。

（5）引入步骤 1 中的数据读取的方法。

（6）在谷歌浏览器中通过 get 方法发送网址，打开权限管理系统登录页面。

（7）增加智能时间等待 30 秒。

（8）查看登录页面中的用户名输入框元素，通过 id 属性定位用户名输入框，并输入用户名 sysadmin。

（9）查看登录页面中的密码输入框元素，通过 name 属性定位密码输入框，并输入密码 sysadmin。

（10）查看登录页面中的“登录”按钮元素，通过 tag_name 方法定位“登录”按钮，使用 click()方法单击“登录”按钮进入权限管理系统首页。

（11）在权限管理系统首页查看左侧“通用字典”按钮元素，通过 link_text 方法进行定位，使用 click()方法单击“品牌”按钮进入通用字典页面。

（12）通过索引切换到 iframe。

（13）在通用字典页面通过 css_selector 方法单击“新增”按钮。

（14）退出当前 iframe。

（15）通过索引切换到下一个 ifarme。

（16）通过 css_selector 类型选择“目录”。

（17）通过数据驱动输入“名称”“英文代码”。

（18）退出当前 iframe。

（19）通过 css_selector 方法定位并单击“确定”按钮。

（20）定位并获取提示信息文字，通过 assertEqual 断言方法来验证预期结果和实际结果是否一致。

二、自动化测试脚本执行结果

第一题脚本：

```
    from selenium import webdriver
driver = webdriver.Chrome()
```

```
driver.get("http://192.168.56.2:8080/asset_war")
driver.find_elements_by_class_name("loginInput")[0].send_keys("jsadmin")
driver.find_elements_by_tag_name("input")[1].send_keys("jsadmin")
driver.find_element_by_css_selector("#loginBtn").click()
```

是否执行成功：成功

第二题脚本：

```
from selenium import webdriver
from time import sleep
driver = webdriver.Chrome()
driver.get("http://192.168.56.2:8080/asset_war")
driver.implicitly_wait(30)
driver.find_element_by_name("username").send_keys("sysadmin")
driver.find_element_by_id("password").send_keys("sysadmin")
driver.find_element_by_css_selector("#loginBtn").click()
sleep(2)
driver.find_element_by_partial_link_text("通用字典").click()
```

是否执行成功：成功

第三题脚本：

```
from time import sleep
from selenium import webdriver
import unittest
import ddt
import csv
from ddt import ddt, data, unpack

def get_csv_data(csv_path):
    rows = []
    csv_data = open(str(csv_path), encoding="utf-8")
    content = csv.reader(csv_data)

    for row in content:
        rows.append(row)
        print(row)
    return rows

@ddt
class TestCase1(unittest.TestCase):
    def setUp(self):
        self.driver = webdriver.Chrome()
        self.driver.get("http://192.168.56.2:8080/asset_war")

    @data(*get_csv_data("test_03.csv"))
    @unpack
    def test_03(self, title, remark):
        self.driver.find_element_by_name("username").send_keys("sysadmin")
        self.driver.find_element_by_name("password").send_keys("sysadmin")
        self.driver.find_elements_by_tag_name("input")[2].click()
        sleep(2)
        self.driver.find_element_by_link_text("通用字典").click()
        sleep(2)
        self.driver.switch_to.frame(0)
        self.driver.find_element_by_css_selector("#dpLTE > div:nth-child(1) > div > div > div > 
a:nth-child(2)").click()
        sleep(2)
        self.driver.switch_to.default_content()
        self.driver.switch_to.frame(1)
        self.driver.find_element_by_css_selector("#form > tbody > tr:nth-child(1) > td.formValue > 
label:nth-child(1)").click()
        self.driver.find_element_by_css_selector("#form > tbody > tr:nth-child(2) > td.formValue > 
input").send_keys(title)
        self.driver.find_element_by_css_selector("#form > tbody > tr:nth-child(3) > td.formValue > 
input").send_keys(remark)
        sleep(2)
        self.driver.switch_to.default_content()
```

```
            self.driver.find_element_by_css_selector("#layui-layer4    >    div.layui-layer-btn.layui-layer-btn-    >
a.layui-layer-btn0").click()
            sleep(2)
        def tearDown(self):
            self.driver.close()

if __name__ == '__main__':
        unittest.main
```

是否执行成功：成功

第四题脚本：

```
        from time import sleep
from selenium import webdriver
import unittest
import ddt
import csv
from ddt import ddt, data, unpack

def get_csv_data(csv_path):
        rows = []
        csv_data = open(str(csv_path), encoding="utf-8")
        content = csv.reader(csv_data)

        for row in content:
                rows.append(row)
                print(row)
        return rows

@ddt
class TestCase1(unittest.TestCase):
        def setUp(self):
                self.driver = webdriver.Chrome()
                self.driver.get("http://192.168.56.2:8080/asset_war")

        @data(*get_csv_data("test_04.csv"))
        @unpack
        def test_03(self, title, remark):
                self.driver.find_element_by_id("username").send_keys("sysadmin")
                self.driver.find_element_by_name("password").send_keys("sysadmin")
                self.driver.find_elements_by_tag_name("input")[2].click()
                sleep(2)
                self.driver.find_element_by_link_text("通用字典").click()
                sleep(2)
                self.driver.switch_to.frame(0)
                self.driver.find_element_by_css_selector("#dpLTE   >   div:nth-child(1)   >   div   >   div   >   div   >
a:nth-child(2)").click()
                sleep(2)
                self.driver.switch_to.default_content()
                self.driver.switch_to.frame(1)
                self.driver.find_element_by_css_selector("#form   >   tbody   >   tr:nth-child(1)   >   td.formValue   >
label:nth-child(1)").click()
                self.driver.find_element_by_css_selector("#form   >   tbody   >   tr:nth-child(2)   >   td.formValue   >
input").send_keys(title)
                self.driver.find_element_by_css_selector("#form   >   tbody   >   tr:nth-child(3)   >   td.formValue   >
input").send_keys(remark)
                sleep(2)
                self.driver.switch_to.default_content()
                self.driver.find_element_by_css_selector("#layui-layer4    >    div.layui-layer-btn.layui-layer-btn-    >
a.layui-layer-btn0").click()
                sleep(2)
                self.assertEqual(self.driver.find_element_by_link_text("首页").text , " 首页" , msg="测试不通过，保
存失败")
```

```
    def tearDown(self):
        self.driver.close()

if __name__ == '__main__':
    unittest.main
```

是否执行成功：成功

第 6 章　性能测试项目实训

本部分按照软件性能测试任务书的要求，执行性能测试；使用性能测试工具 LoadRunner，录制脚本、回放脚本、配置参数、设置场景、执行性能测试并且截图，截图须粘贴在性能测试报告中。

实训：权限管理系统性能测试——LoadRunner

一、性能测试具体要求

使用性能测试工具 LoadRunner 执行性能测试。

（1）脚本录制。录制脚本协议选择“Web-HTTP/HTML”。录制两份脚本：

脚本一：录制系统管理员登录、新增通用字典、退出操作，录制完成后将脚本名称命名为 C_ZD。录制脚本的具体要求如下：系统管理员登录操作录制在 init；新增通用字典操作录制在 action；退出操作录制在 end。

action 录制新增通用字典，新增字典类型选择“目录”，名称为“行政区域”，英文代码为“area”，参数类型为“一级目录”，排序为“0”；对新增通用字典保存操作设置事务。事务名称为 T_ZD；新增通用字典成功设置检查点，使用字典序号作为检查点，检查是否新增字典成功。

截图要求：一共 1 张图，action 中进行新增通用字典操作部分截图，包括事务、检查点代码。

脚本二：录制角色管理员登录、新增机构、退出操作。录制完成后将脚本名称命名为 C_JG。录制脚本的具体要求如下：角色管理员登录操作录制在 init；新增机构操作录制在 action；退出操作录制在 end。

action 录制新增机构，机构名称为“辽宁省”，机构编码为“ln”，上级机构选择“一级机构”，排序为“1”，可用选择“正常”，对新增机构保存操作设置事务。事务名称为 T_JG；新增机构操作成功设置检查点，使用机构序号作为检查点，检查是否新增机构成功。

截图要求：一共 1 张图，action 中进行新增机构操作部分截图，包括事务、检查点。

（2）脚本回放。脚本录制完成后使用回放功能对脚本的正确性进行校验。

脚本一回放的具体要求如下：回放需要对脚本数据进行修改，将字典名称改为“通用字典”，英文代码为“dictionary”，排序为“1”，进行回放；在检查点检查字典序号。

截图要求：一共 2 张图：①回放新增字典脚本截图；②回放成功概要（Replay Summary）截图及检查点成功日志截图。

脚本二回放的具体要求如下：回放需要对脚本数据进行修改，对机构名称进行参数化设置。参数名称为 title，参数类型选择的唯一数（Unique Number），数字格式选择%07d，起始为 1，块大小设置为 100。

在检查点设置按照机构名称检查，使用 title 参数，运行完成后，查看 LoadRunner 回放日志。

截图要求：一共 2 张图，分别为①检查点参数化截图；②检查点回放成功截图。

（3）脚本参数设置。脚本回放成功后可继续进行下面的操作。先对资产名称进行参数化设置，脚本参数设置要求如下：使用字典序号作为参数化；字典序号参数名称为 value，参数类型选择为 File，输入 60 条字典信息值，取值方式选择“Sequential”和“Each iteration”，参数 Select column 选择 By number 方式。

检查点参数名称为 title，参数类型选择为 File，参数 Select column 选择 By number 方式，取值规则选择同 value 值相同行。

截图要求：一共 2 张图，分别为①字典序号参数化截图；②检查点参数化截图。

填写表格：填写性能测试报告中的表格，表格中填写 value 和 title 参数值。

（4）场景设置。按照要求设置虚拟用户个数以及进行场景配置，配置要求如下：

脚本修改：新增字典事务脚本前添加思考时间，将思考时间设置为 15，运行时设置中设置思考时间选择“Use random percentage of recorded think time”，最小值设置为 5，最大值设置为 200。

脚本修改：新增机构事务脚本前添加思考时间，思考时间设置为 8，运行时设置中设置思考时间选择“Use random percentage of recorded think time”，最小值设置为 10，最大值设置为 300。

选择新增字典和新增机构两个脚本进行场景设置。

新增字典设置虚拟用户数量为 6，新增机构业务设置虚拟用户数量为 15。

场景配置选择为 Scenario，场景名称为 S_ZD_JG，场景策略为每隔 30 秒初始化 5 个虚拟用户，每隔 10 秒加载 3 个虚拟用户，执行时间 10 分钟，每分钟停止 10 个用户。

截图要求：一共 5 张图，分别为①新增字典思考时间脚本及思考时间设置配置截图；②新增机构思考时间脚本及思考时间设置配置截图；③新增字典和新增机构业务虚拟用户数量截图；④Design 中的场景设置策略和交互计划图截图；⑤场景执行完成后 Run 界面截图，包括运行结果。

（5）图形结果分析。场景执行完成后，需对测试结果进行截图操作，需要截图的图表要求如下：所有截图均需截取完整的结果图，包含下方的说明和左侧的树形结构。一共 2 张图，分别为①Transaction Summary；②Average Transaction Response Time。

二、性能测试实施过程

（1）新增通用字典 action 部分脚本截图。

截取新增通用字典脚本截图，包含左侧结构树、新增通用字典操作、检查点、事务脚本，如图 6-1 所示。

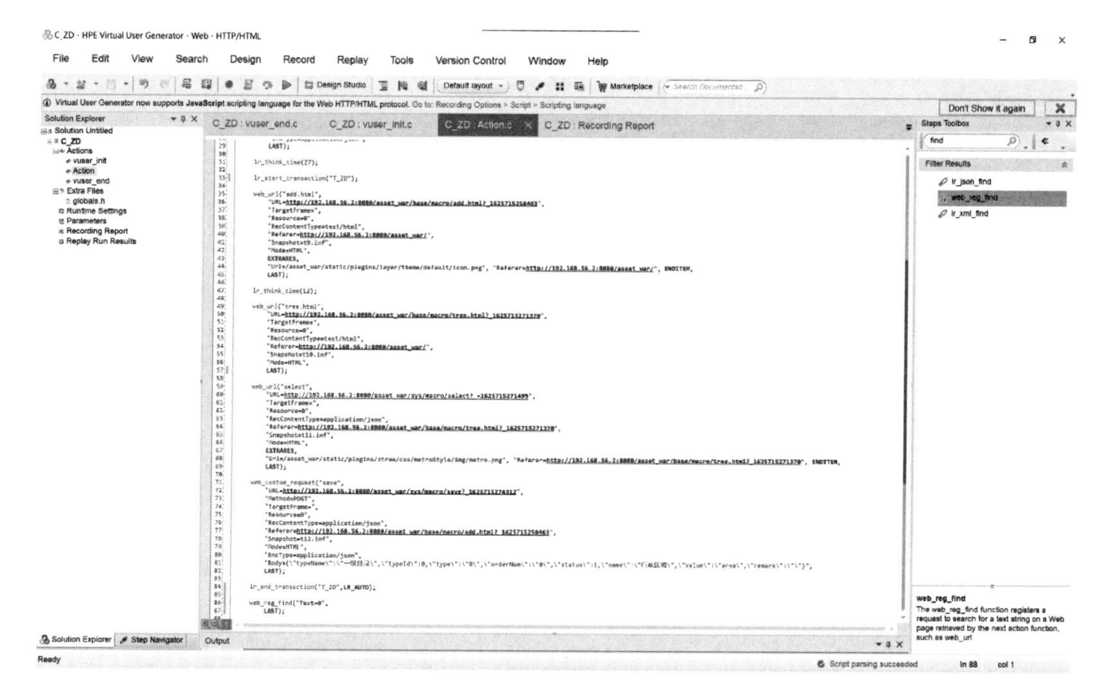

图 6-1　新增通用字典脚本截图

（2）新增机构 action 中进行登记操作部分截图。

截取新增机构脚本截图，包含左侧结构树、新增机构操作、检查点及事务脚本，如图 6-2 所示。

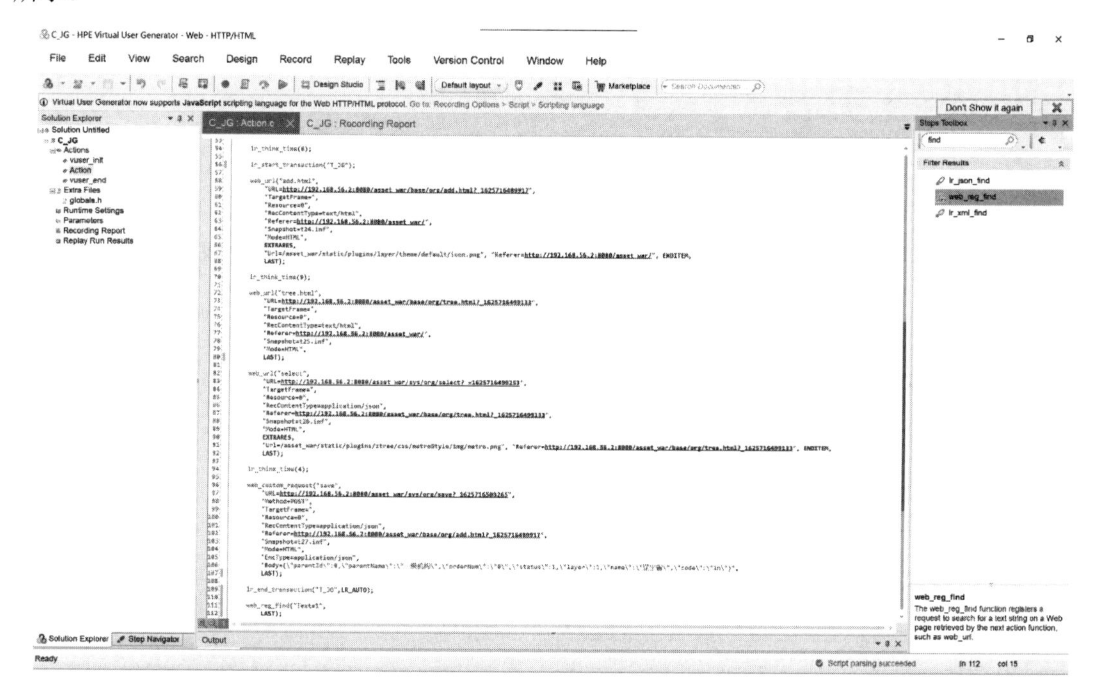

图 6-2　新增机构脚本截图

（3）新增通用字典回放脚本截图。

截取新增通用字典回放脚本截图，包含左侧结构树、借用登记、检查点脚本，如图 6-3

所示。

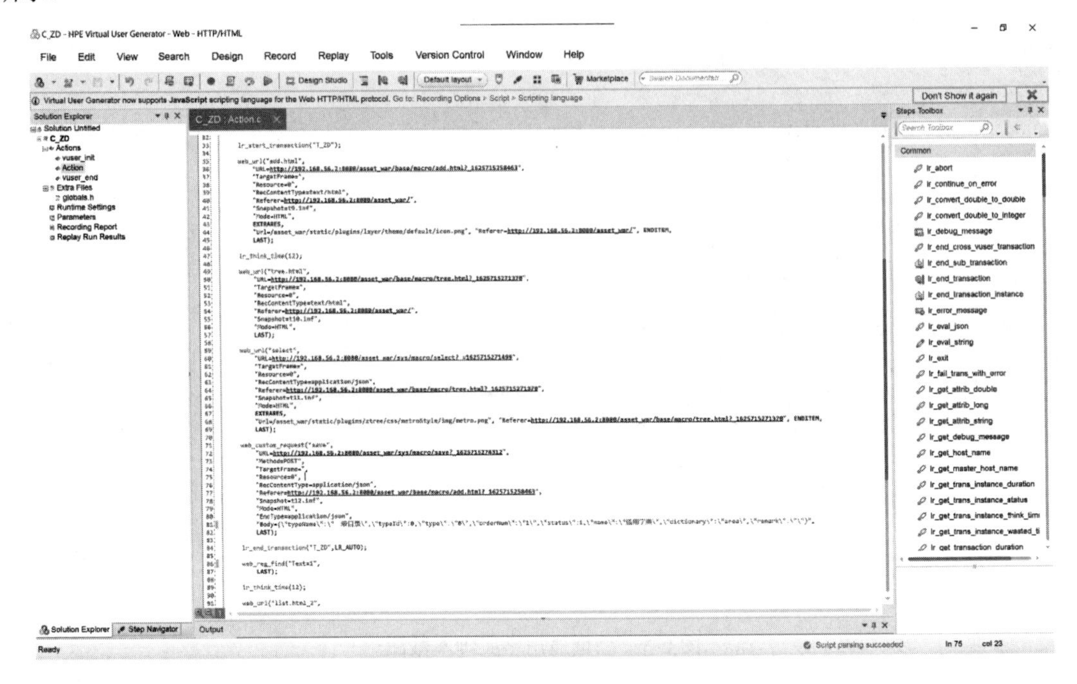

图 6-3　新增通用字典回放截图

（4）新增通用字典回放概要（Replay Summary）和检查点成功日志截图。

截取新增通用字典回放概要（Replay Summary）图和检查点日志截图，如图 6-4 所示。

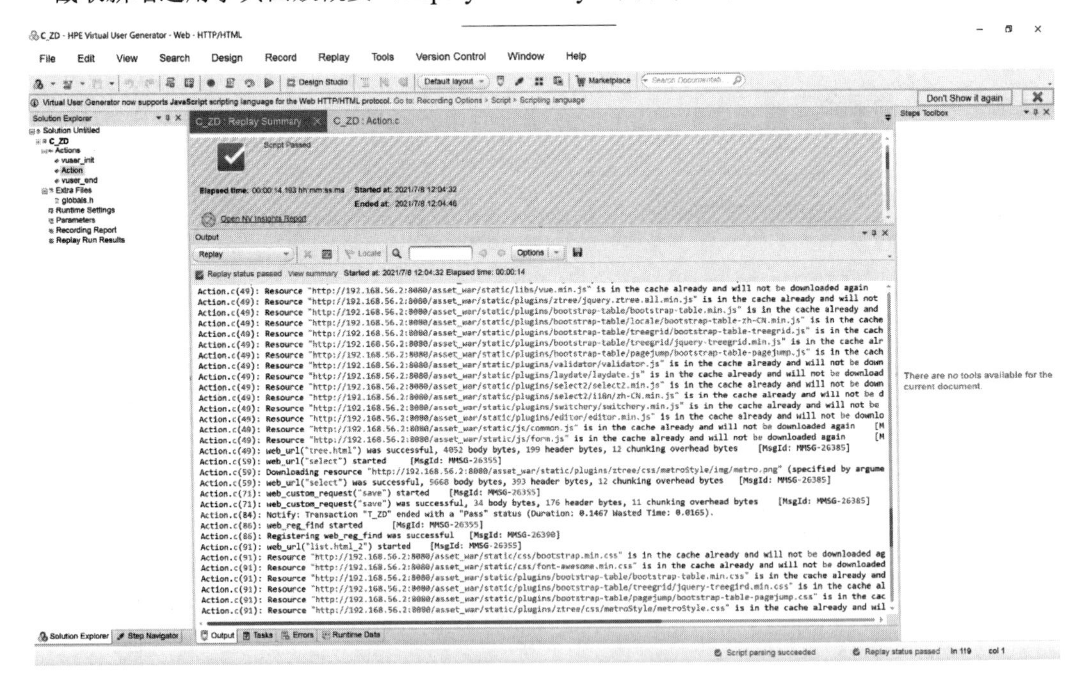

图 6-4　新增通用字典回放概要截图

（5）新增机构登记回放检查点参数化截图。

截取新增机构脚本中检查点参数化信息截图，包括脚本中参数化名称、参数化设置，如

图 6-5 所示。

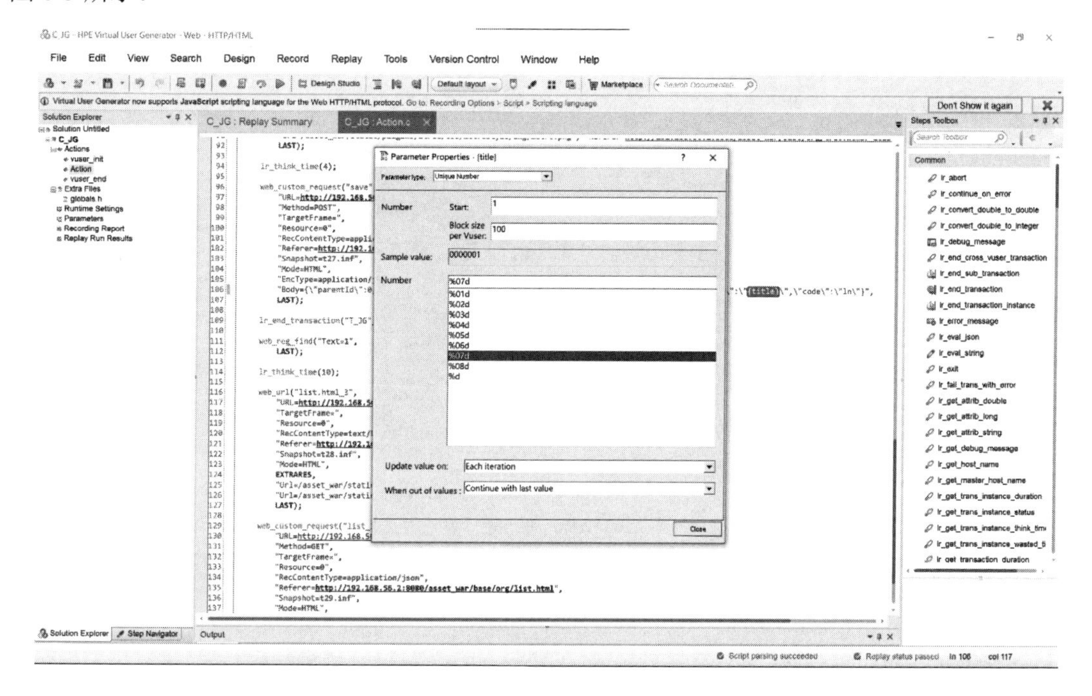

图 6-5　新增机构登记回放检查点参数化截图

（6）资产申购登记检查点日志成功截图。

截取新增机构回放成功检查点日志截图，如图 6-6 所示。

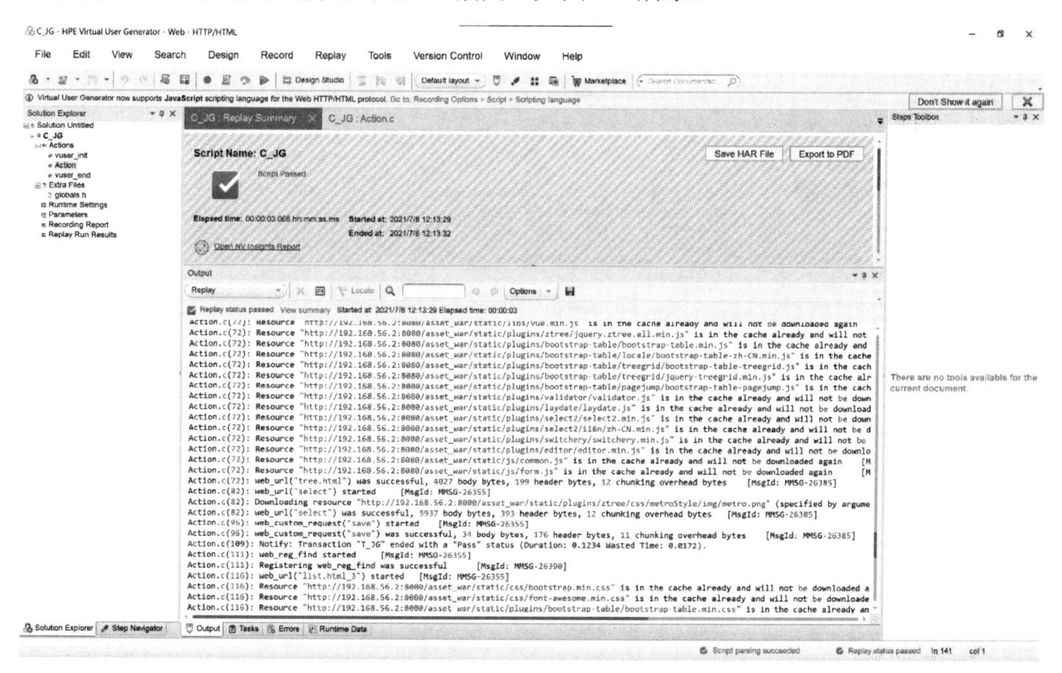

图 6-6　新增机构回放成功检查点日志截图

（7）通用字典资产名称参数化截图。

截取新增通用字典脚本中字典序号参数化信息截图，包括脚本中参数化名称、参数化设置，如图 6-7 所示。

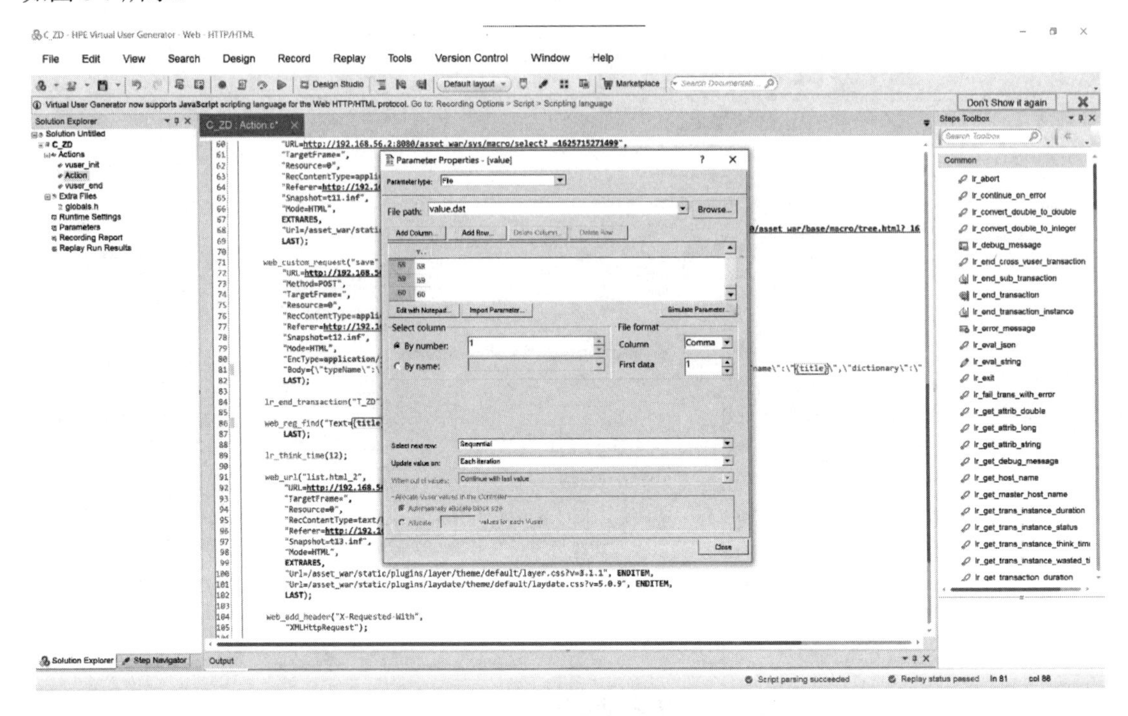

图 6-7　通用字典资产参数化截图

（8）新增通用字典检查点参数化截图。

截取新增通用字典脚本中检查点参数化信息截图，包括脚本中参数化名称、参数化设置，如图 6-8 所示。

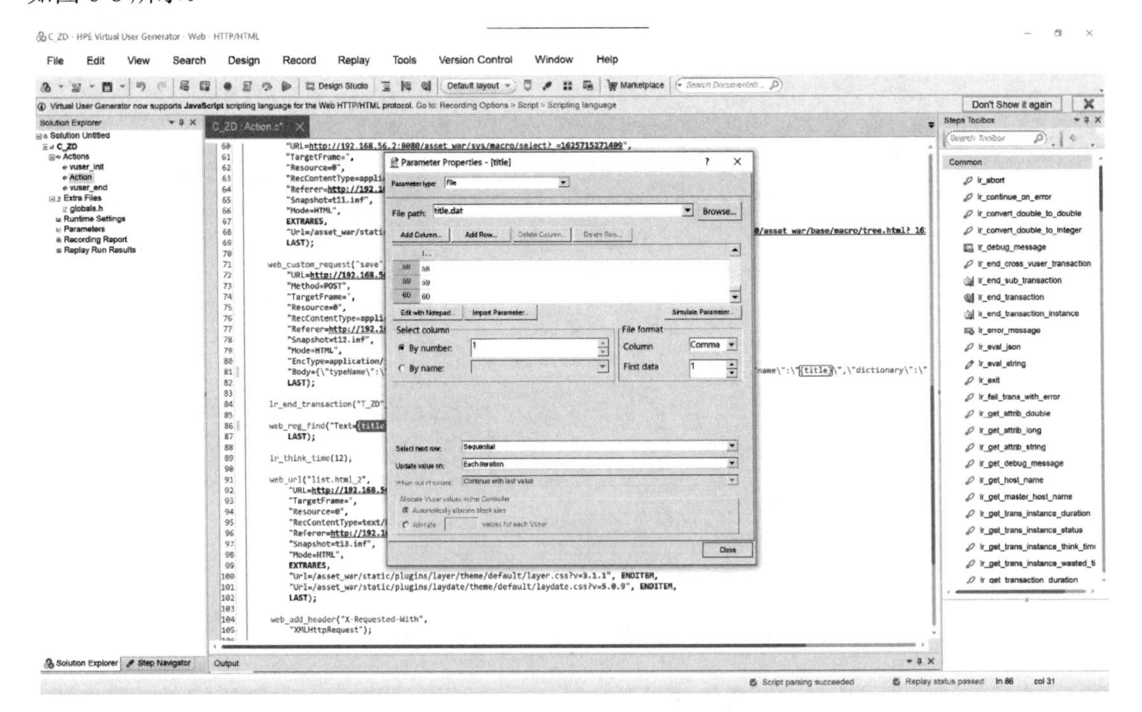

图 6-8　新增通用字典检查点参数化截图

（9）新增通用字典参数化对应值。

在表格中填写新增通用字典参数化的 value 值和对应的 title 值，如表 6-1 所示。

表 6-1

value	title	value	title	value	title	value	title
1	1	16	16	31	31	46	46
2	2	17	17	32	32	47	47
3	3	18	18	33	33	48	48
4	4	19	19	34	34	49	49
5	5	20	20	35	35	50	50
6	6	21	21	36	36	51	51
7	7	22	22	37	37	52	52
8	8	23	23	38	38	53	53
9	9	24	24	39	39	54	54
10	10	25	25	40	40	55	55
11	11	26	26	41	41	56	56
12	12	27	27	42	42	57	57
13	13	28	28	43	43	58	58
14	14	29	29	44	44	59	59
15	15	30	30	45	45	60	60

性能测试场景设计与场景执行截图如下：

（1）新增字典思考时间脚本及思考时间设置截图。

截取新增字典脚本中添加的思考时间代码及思考时间设置截图，如图 6-9、图 6-10 所示。

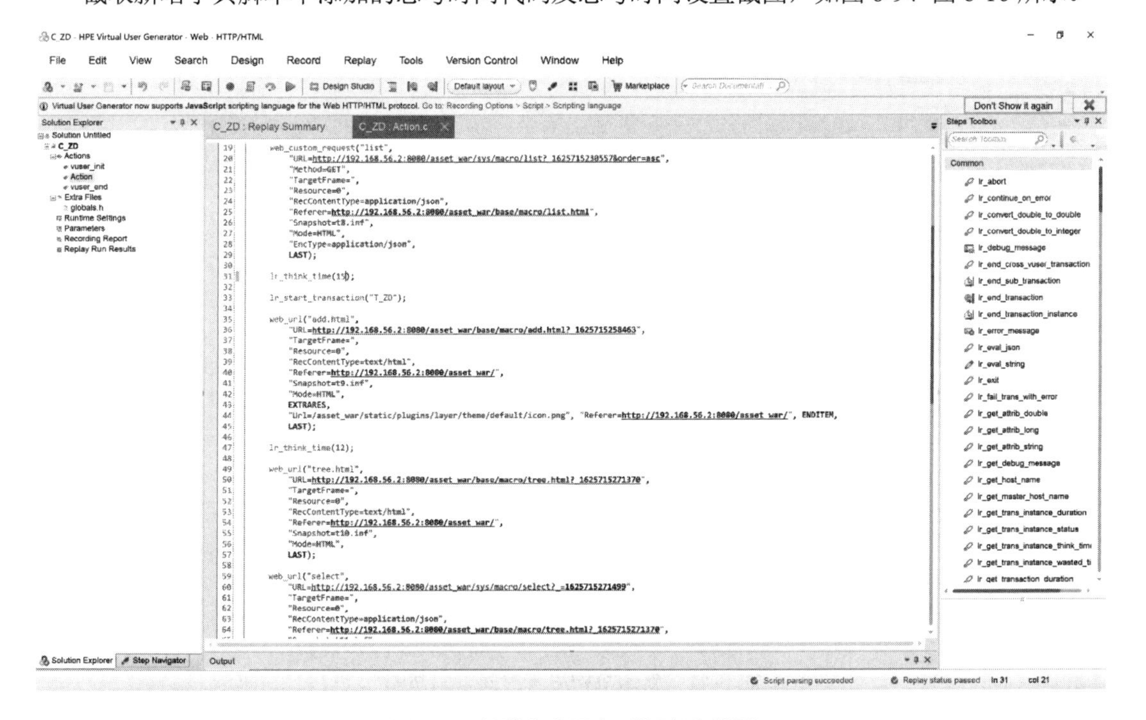

图 6-9　新增字典思考时间脚本截图

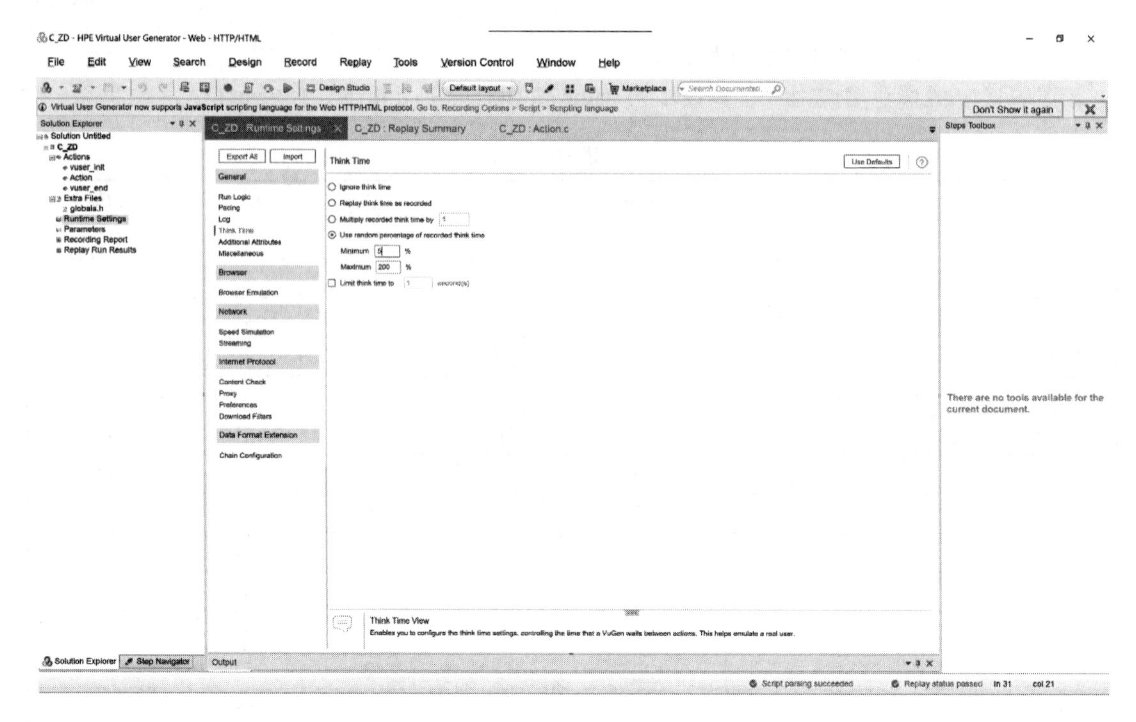

图 6-10　新增字典思考时间设置

（2）新增机构思考时间脚本及思考时间设置截图。

截取新增机构脚本中添加的思考时间代码以及思考时间设置截图，如图 6-11、图 6-12 所示。

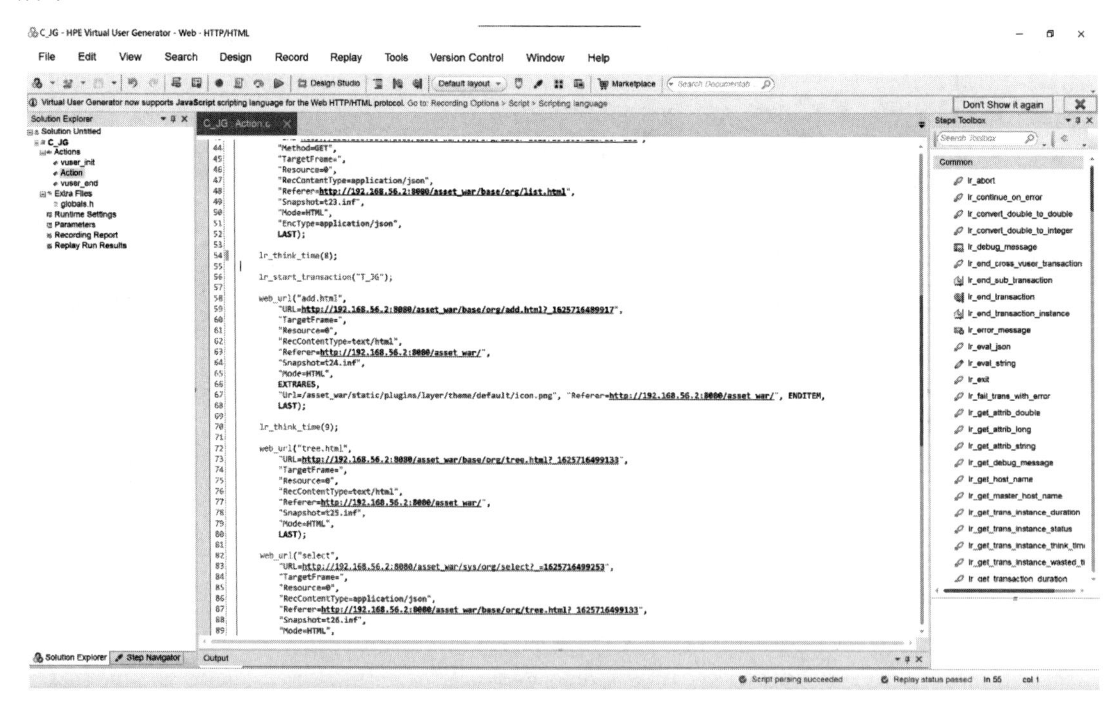

图 6-11　新增机构思考时间脚本截图

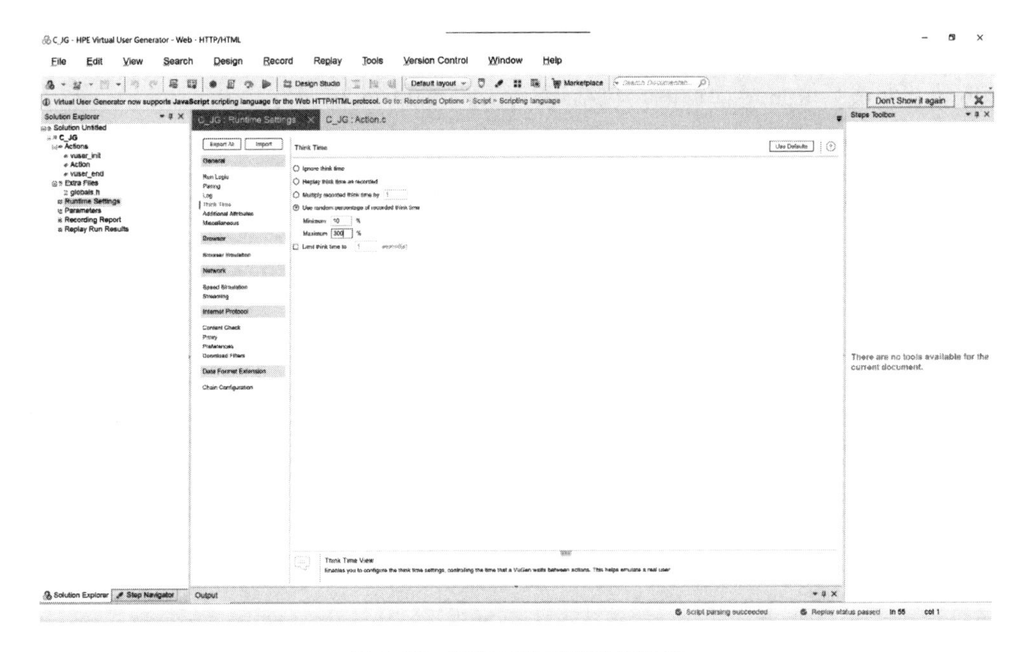

图 6-12　新增机构思考时间设置

（3）新增字典和新增机构管理虚拟用户数量截图。

截取新增机构和新增字典虚拟用户数量截图，如图 6-13 所示。

Group Name	Script Path	Virtual Location	NV Insights	Quantity	Load Generators
c_jg	C:\Users\ControlZ\Documents\VuGen\Scripts\C_JG	None		15	localhost
c_zd	C:\Users\ControlZ\Documents\VuGen\Scripts\C_ZD	None		6	localhost

图 6-13　新增机构和新增字典虚拟用户数量截图

（4）Design 中的场景设置策略和交互计划图截图。

截取场景设置策略以及对应的交互计划图，如图 6-14 所示。

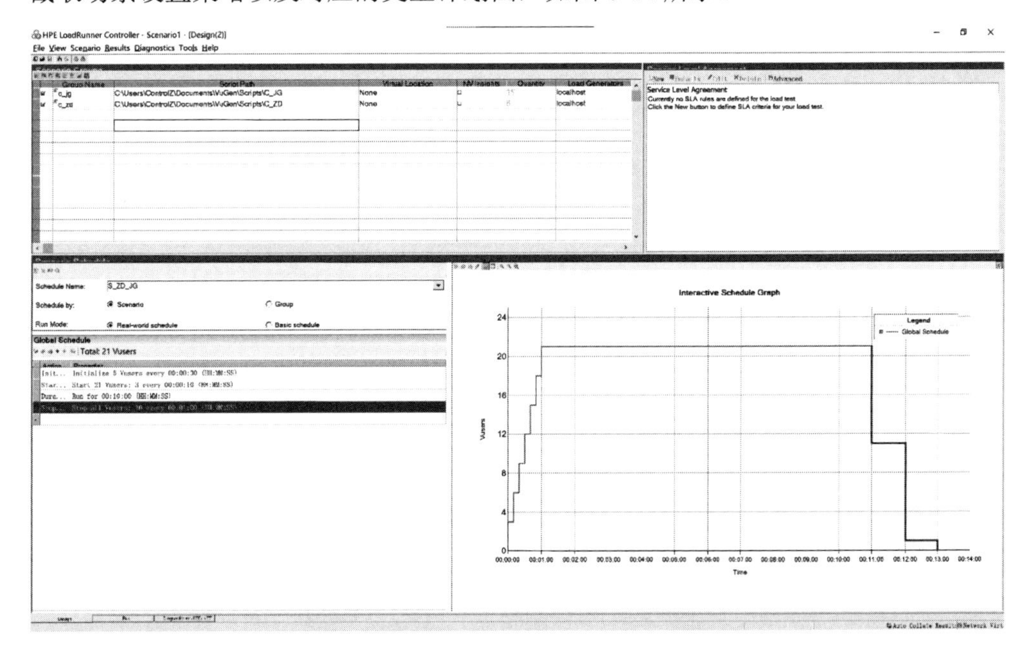

图 6-14　场景设置策略及对应交互计划图

（5）场景执行完成后 Run 界面截图。

截取执行完成后 Run 界面截图，包括运行结果，如图 6-15 所示。

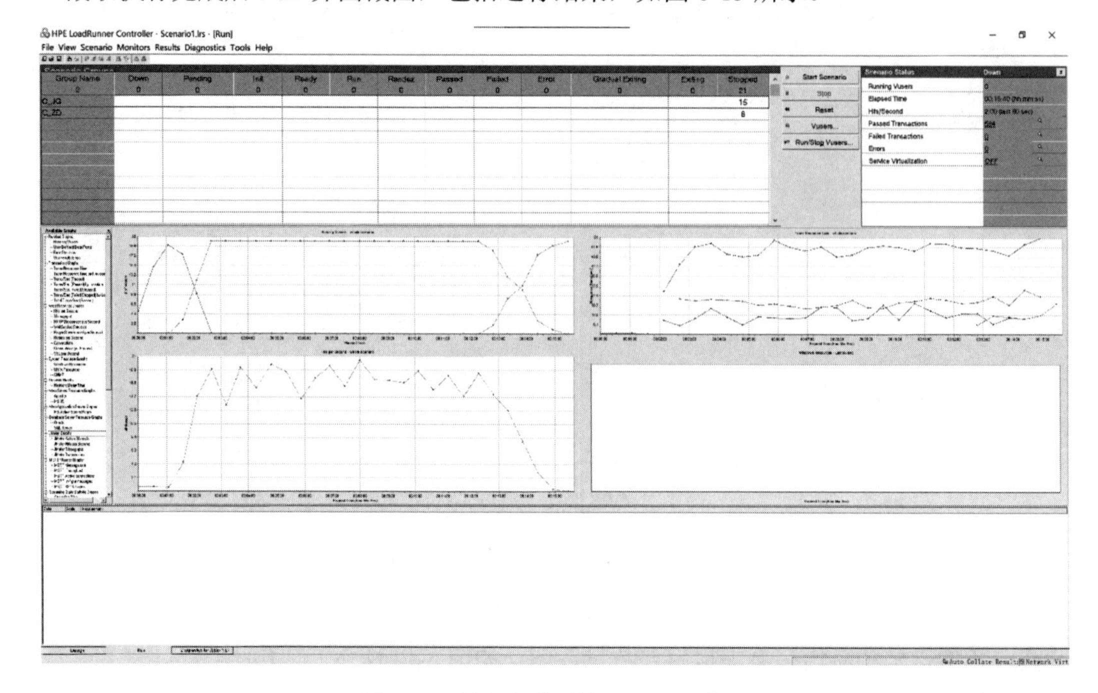

图 6-15　执行完成后的 Run 界面截图

性能测试结果截图如下：

（1）Transaction Summary。

Analysis 中截取 Transaction Summary 全图，包括左侧结构树，如图 6-16 所示。

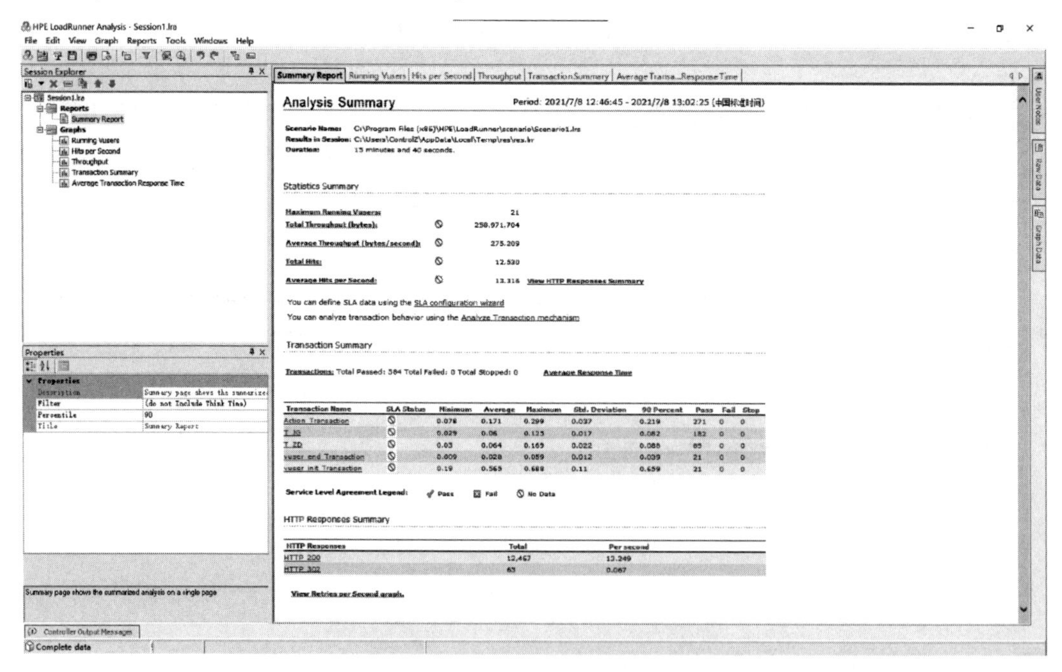

Transaction Name	SLA Status	Minimum	Average	Maximum	Std. Deviation	90 Percent	Pass	Fail	Stop
Action_Transaction	⃠	0.078	0.171	0.299	0.037	0.219	271	0	0
T_JG	⃠	0.029	0.06	0.125	0.017	0.082	182	0	0
T_ZD	⃠	0.03	0.064	0.169	0.022	0.088	85	0	0
vuser_end_Transaction	⃠	0.009	0.028	0.059	0.012	0.039	21	0	0
vuser_init_Transaction	⃠	0.19	0.565	0.688	0.11	0.659	21	0	0

HTTP Responses	Total	Per second
HTTP_200	12,467	13.249
HTTP_302	63	0.067

图 6-16　Transaction Summary

（2）Average Transaction Response Time。

Analysis 中截取 Average Transaction Response Time 全图，包括左侧结构树，如图 6-17 所示。

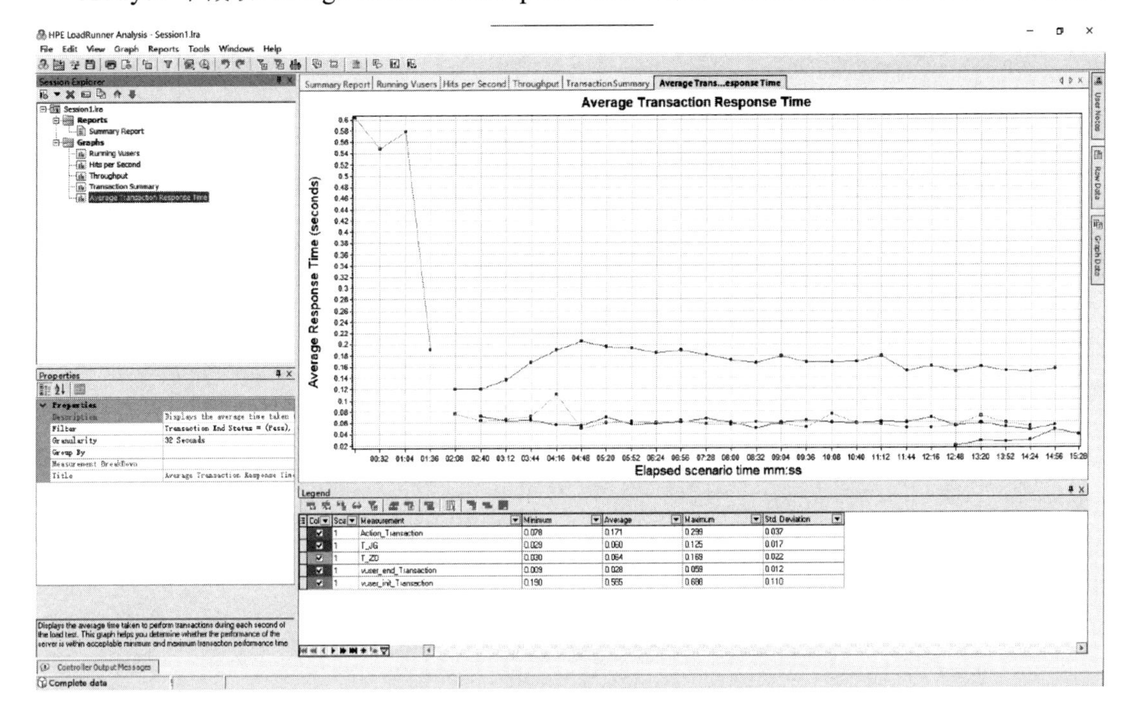

图 6-17　Average Transaction Response Time

执行结果如表 6-2 所示。

表 6-2　执行结果

事务名称	最小事务响应时间（秒）	平均事务响应时间（秒）	最大事务响应时间（秒）	90%事务响应时间	通过事务数（个）	失败事务数（个）
Vuser_init	0.190	0.138	0.181	0.659	21	0
Action	0.078	0.171	0.299	0.219	271	0
T_JG	0.029	0.06	0.125	0.082	182	0
T_ZD	0.030	0.064	0.169	0.088	89	0
Vuser_end	0.009S	0.028	0.059	0.039	21	0